高更弟　高　歌◎著

大国统筹
治理长河与大漠

——解决中国 水荒、地荒、粮荒、油气荒 的战略思考

中国农业科学技术出版社

图书在版编目（CIP）数据

大国统筹治理长河与大漠：解决中国水荒、地荒、粮荒、油气荒的战略思考 / 高更弟，高歌著 . — 北京：中国农业科学技术出版社，2021.6

ISBN 978-7-5116-5166-2

Ⅰ.①大… Ⅱ.①高…②高… Ⅲ.①水资源管理—研究—中国 Ⅳ.① TV213.4

中国版本图书馆 CIP 数据核字（2021）第 019143 号

责任编辑　张国锋
责任校对　李向荣
责任印制　姜义伟　王思文

出 版 者	中国农业科学技术出版社
	北京市中关村南大街 12 号　邮编：100081
电　　话	（010）82106625（编辑室）（010）82109704（发行部）
	（010）82109702（读者服务部）
传　　真	（010）82106625
网　　址	http://www.castp.cn
经 销 者	各地新华书店
印 刷 者	北京建宏印刷有限公司
开　　本	710mm×1 000mm　1/16
印　　张	21.5　彩插　7 面
字　　数	422 千字
版　　次	2021 年 6 月第 1 版　2021 年 6 月第 1 次印刷
定　　价	98.00 元

编 者 按

    作者以强烈的忧患意识，用心用情完成了《大国统筹治理长河与大漠——解决中国水荒、地荒、粮荒、油气荒的战略思考》书稿，编者审阅后感到有极高的出版价值，既有战略思想、战术方法，又有科技创新，是一部全景式、综合性的学术研究报告。其理念先进，观点新颖。现状描述翔实，分析比较透彻。提出的《黄河流域统筹保护治理建议方案》《西北荒漠化统筹治理开发构想》《南水北调西线管网工程建设设想》《"北水南调"从东北向华北调水的设想》，综合了不同门类专家、学者的思路，用天人合一的整体观，着眼于解决长河、大漠治理的根本问题，对经济社会发展有重要借鉴作用。

    作者知识积累有厚度，研究思辨有深度，不仅将强烈的艺术感染力，与严谨的学术思辨力，有效地结合起来，还在书中运用了综合概述描写和多角度论证写法，不铺陈演化过程，不追求描写的细腻，而是从海量的、多样化的信息数据中选取最有价值的，用大量专家、学者和社会有识之士在自然科学、社会科学中的研究成果，并汲取发达国家的经验，进行分析综合、归纳演进，其感性认识与理性思考，均是以大量例证和数据支撑，思想性、学术性很强。

导读语

本书以大国统筹治理长河与大漠为主题主线，主要围绕"除水害、兴水利、控水失、通水运、治荒漠"等从三个层面展开。

第一篇——长河大漠治理的忧伤与喜悦。主要是提出问题，讲是什么？笔者根据四十多年的一些工作生活学习经历和思考，着眼于长河的咆哮哀伤与大漠的辽阔荒凉，着重从制约国家建设发展的重大理论与现实问题，围绕如何治理"长河与大漠"，解决北方"缺水"的问题，以学术研究报告的形式，谈自己的所见、所闻、所感、所思，实际上是讲述《方案》《构想》和两个《设想》形成的起因及过程。

第二篇——长河大漠治理的紧迫与艰难。主要是分析问题，讲为什么？重点从制约国家安全与发展战略的一些重大难题，回望过去我国我军三次备战备荒的战略意义，应对今后经济发展与人口分布调整，实现中华民族伟大复兴，从根本上解决水荒、地荒、粮荒和油气荒，进行广泛深入的学术研究论证，并阐明研究提出《方案》《构想》和两个《设想》的必要性、可行性、紧迫性。

第三篇——长河大漠治理的统筹与构思。主要是探索解决问题，讲怎么办？提出《方案》《构想》和两个《设想》，是本书的重点部分，着重从国家治理开发长河与大漠的战略上，探索提出统筹黄河流域生态保护和高质量发展、西北地区荒漠化治理开发，以及实现东北、华北、西北、西南地区之间水资源合理调配的对策性思路和建议。

序　言

科学研究重在用心用情

全军信息化专家咨询委员会副主任

原总后勤部军需物资油料部部长

冯　亮　少将

　　水是生命之源。在农耕文明时代，水是农业的命脉，村庄、城镇多依河流而建设；在工商业文明时代，水是工业的血液，物资财富多依江河而流动。在人类发展的漫长岁月里，森林是人们生存繁衍的家园。今天，水、森林仍然是地球上最重要的资源。

　　中国是治水大国，也是治水古国，几千年来水治理从未间断。中华民族治理黄河的历史也是一部治国史，治水成为重大的治国方略，也是立国的基本国策。新中国成立以来，在江河治理、水资源调配利用和荒漠化治理方面，取得了重大进展和成就，尤其是党的十八大以来，在江河保护、荒漠治理等方面，成效十分显著。

　　中国是世界第一贫水大国，人均水资源量占有为世界平均水平的1/4，且水资源分布极不均衡，洪旱灾害频发。中国也是荒漠化受害最严重的国家，荒漠已占国土面积的1/4多。森林覆盖率为23%，也远低于全球森林覆盖率30%。

中国是世界第一人口大国、第二大经济体、拥有第三大国土面积。有党中央、国务院坚强的决心和意志，有全中国人民的聪明和才智，统筹国家资源，我们一定能、也一定会解决好西北、华北地区严重缺水和生态环境等诸多问题，实现中国经济社会可持续发展，建设好美丽中国。

作者依据习近平总书记关于水资源节约和合理调配利用、黄河流域生态保护和高质量发展、生态文明建设的系列思想，经过多年的调查研究、学习思考、艰难耕笔，完成了《大国统筹治理长河与大漠——解决中国水荒、地荒、粮荒、油气荒的战略思考》一书。

我与高更弟同志相识、共事多年，他长期在作战部队、军事院校、总部机关综合部门工作，养成了善于学习、勤于思考、坚持积累、关注大事的优良习惯。他作为一名非生态学领域专业的职业军人，能完成这样一部跨领域、多学科、综合性强的宏观著述，仅就其勇气和担当精神而言就值得十分赞赏。他自幼生长在黄土高原，对水的渴望、森林的向往、美好生活的追求，早已深深地根植于心田，也许就是这种朴素的"黄土乡情"，成为他始终关注长河与大漠治理的初衷与源头。书中涉猎的翔实资料、海量数据、多专业知识，必定是他长期调研、点滴积累、刻苦钻研的结果。提出的统筹治理黄河和荒漠的若干思路、设想，必定是他长期关注国际大局、国家大事、科技发展，进行宏观思辨、科学研究的结晶。这是一部站在各领域专家的肩膀上，着眼国家发展大战略，运用统筹学大视野，从体系上研究问题的好著作。

难能可贵的是第二作者高歌，她是高更弟的爱女，在美国加州大学学习期间，收集整理了世界上有代表性的40条人工运河主要情况，专程到美国伊利运河实地察看，并到其博物馆了解情况。她曾在国际绿色和平组织参与起草了中国各省水质调查报告。她协助父亲攻坚克难，寻找科学答案，在本书稿的形成中收集整理了大量资料，提出了许多建设性的观点和意见，是位值得称赞的90后。

作者站在国家经济社会可持续发展和长治久安的战略高度，提出《黄河流域统筹保护治理建议方案》《西北荒漠化统筹治理开发构想》《南水北调西线管网工程建设设想》《北水南调从东北向华北调水的设想》，内容丰富、见解独到。不仅统筹兼顾了水资源节约利用、黄河流域保护治理和西北荒漠化治理开发，而且统筹兼顾了西北、西南、华北、东北的水资源调配与国土整治、气候环境改变、乡村振兴、运河开发和新能源开发等内容。

书中提出了不少新思路、新观点、新方法，对突破工程技术难点有重要意义。如《方案》中提出根治黄河，不能"头疼医头、脚疼医脚"，年年送走黄河洪水和泥沙的办法，是不能根治黄河的，要像防控疫情一样，在源头控制好水土流失。《构想》中提出的治理沙漠，要通过多种途径和办法节水、控水、借水、调水，大规模的植树造林，利用太阳能使植物吸足水分蒸腾，利用盆地四周高山冷凝系统增加降水量，以加速天空、地表、浅层地下水系的多次循环利用，来改变西北地区的荒漠化气候环境。两个《设想》提出，绕开过去研究从青藏高原各大江河调水，修筑高坝大库技术难度大、地质灾害风险大和工程造价高等系列难题。而采用"高水高调、低水低调，逐层截水、少建高坝，多点取水、多路输水，水量水能、高效利用"的观点、很有现实价值。

本书清晰地描绘了大国统筹治理长河与大漠的宏伟蓝图，可供有关专业领域人员借鉴，也能让普通读者关注思考。该书出版适逢国家制定"十四五"发展规划之际，希望能对相关部门有参考作用。本书出版喜迎中国共产党建党一百周年，算是为本书出版作出贡献的所有共产党员的一份献礼！

冯晓

2020 年 10 月 24 日

我的读后感言

科技日报副总编辑、高级记者 郭姜宁

读高更弟、高歌所著《大国统筹治理长河与大漠——解决中国水荒、地荒、粮荒、油气荒的战略思考》，犹如参加黄河大合唱，感动良多、感受良多，这里用"杂、情、博"三个字概括。

一是杂。也说不上它是报告文学，还是学术著作，或者新闻通讯、调查报告。但是，它杂而不乱，自成体系，更像是一个学富五车、才高八斗的博士，所观、所思、所叹、所提高见，文学家没有其学术理论素养，新闻记者没有其深入思辨。总之，与这对父女相比，我自己好汗颜。

二是情。通读此书，处处渗透着强烈的家国情怀，浓浓的人民至上理念。这是当今许多著书立说者，最最缺乏的，也是我对此书最为推崇的。高更弟是一位职业军人，本与书中生态学等很多专业没有多大关系，可他集半生之经历，走到哪里，记到哪里，思到哪里，研究到哪里，最终提出了许多重磅高见。其原因，大校同志自己总结为"爱管闲事"，我认为这是对祖国母亲、对生养自己的土地和黄河水，由衷的热爱。

三是博。内容太丰富了。书中提供的翔实资料和海量数据，如果没有几十年如一日的坚持和积累，是很难完成这本鸿篇巨作的。作者之为人为文，精神可嘉，值得大家，特别是年轻人好好学习！

　　本书确实是一本不可多得的国策建议，一本难得的生态学专著，一本国民生态文明建设的科学普及读本！

2020 年 9 月 11 日

前　言

　　黄河是中华文明的摇篮，也是制约中华民族发展的短板。它水少、沙多，洪凌灾害频发，是世界上最难治理的一条大河，几千年来治理从未间断。新中国成立后党和国家极为重视黄河治理，投入了大量人力财力物力，使治黄事业取得了辉煌成就，洪凌灾害基本得到控制。但是，全流域供水、灌溉、发电、航运、悬河、生态和水资源短缺与浪费等矛盾和问题仍然交织在一起，是个极为复杂的大难题、大课题。

　　西北、华北地区因缺水造成的荒漠化和土地沙化，相当于6个半黄淮海平原。虽然近几年国家和地方政府治理沙漠成效显著，每年减少了1 980千米^2，并已得到联合国的肯定。但是，若没有大量外调水，仍按现行办法治理，甚至提高到5倍的治理速度，每年减少1万千米^2，治理时间约需110年。

　　面对中华民族的伟大复兴，习近平总书记指出："河川之危、水源之危是生存环境之危，民族存续之危。""黄河流域是我国重要的生态屏障和重要的经济地带。""保护黄河是事关中华民族伟大复兴和永续发展的千秋大计。""要加强生态环境保护，正确处理开发和保护的关系，加快发展生态产业，构筑国家西部生态安全屏障。"

　　本书围绕与"水"有关的国家一级重大课题，提出《黄河流域统筹保护治理建议方案》《西北荒漠化统筹治理开发构想》《南水北调西线管网工程建设设想》《"北水南调"从东北向华北调水的设想》（以下简称《方案》《构想》和两个《设想》），是按照习近平总书记关于水资源节约和合理调配、黄河流域生态保护和高质量发展、生态文明建设的系列思想，充分汲取了历史上有关经验教训和水利、农业、林业、航运、管道、生态、能源等领域专家、学者的智慧，从全局上、整体观上进行广泛深入的统筹思考论证。提出的新思路、新观点、新方法，供国家决策层和专家学者研究论证时参考，也供各界有识之士和广大人民群众了解思考。

《方案》是搞好黄河流域生态保护、实现高质量发展的方略。治国须治水，治河似治病。根治黄河的首要问题，是解决"洪水"和"沙多"两大难题。只要控制住了洪水，泥沙就自然不会向下游输送。要像防控疫情一样，在源头控制好水土流失。否则，就不能从根本上解决黄河高河床、高含沙水的问题，也就不可能实现全流域经济社会高质量发展。犹如一个有严重"三高"的人，就不可能有高质量的生活。治黄的目标，不仅使"堤防不决口、河床不抬高、河道不断流、河水不污染"，而且要能"除水害、兴水利、控水失、通水运、治荒漠"。预计可控水失 300 亿米^3 以上，节约土地 1 000 万亩（1 亩 ≈ 667 米^2）。黄河东到渤海、引水向西到新疆能全线通航，郑州至入海口通行 10 万吨海轮。可彻底将灾害河变为国家的"黄金水腰带河"。

《构想》是构筑西北生态安全屏障、建设美丽中国的设想。沙漠变绿洲，干盆变湿盆。这不是征服自然、改造自然的幻想，而是努力顺应和尊重自然的一种理性选择与超越。通过"严控失水、高效用水、不断存水、有效造水和调用青藏水、借用黄河水"共 900 亿米^3，用 15 年时间能造防风固沙林带网 8.5 亿亩，逐步改良 5.5 亿亩林间沙漠为粮棉草地，在不大规模用水的季节向各大盆地不断存水增加的湖面面积 1.5 亿亩，利用 1 亿亩沙漠建设交通道路、光伏发电场和生活、公用等配套设施。若对创伤面大的 110 万千米^2（16.5 亿亩）沙漠戈壁有效治理，就能使西部大开发真正见成效，各类产业能快速成长、深度融合，各种资源能合理调配、高效利用，能走上绿色、低碳、循环、可持续发展道路。随着中西部调水量增加和人造绿洲面积增大，有些不易治理的荒漠也能依靠自然恢复植被。塔里木、准噶尔、吐鲁番、柴达木等"干盆地"，二三十年后将变成"湿盆地"。

两个《设想》是确保实现《方案》和《构想》的国家重大战略工程。存水如存钱，输水如输血。技术难题不应限制想象的时空和科学方法。一方面，可调配水资源共 520 亿米^3 至西北，主要用于在沙漠戈壁植树造林。(1) 从青藏高原五大江河上游干支流分段筑坝蓄水，可以不建 300～400 米的高坝大库。用大型管道多点取水、多路输水，向西北全程自流调水 300 亿米^3；(2) 节省黄河冲沙入海水 160 亿米^3 调配到西北；(3) 减少分配给冀豫鲁黄河水 60 亿米^3 调配到西北。另一方面，从东北的鸭绿江、松花江分别用管道自流调水 50 亿米^3 到华北平原，综合效益极高。既能缓解华北平原水资源短缺问题，又可为伤痕累累、负重供水的黄河流域减负。可以说，两个《设想》是实现黄河流域生态保护和高质量发展，构筑西北生态安全屏障的国家重大工程，是实施我国水资源南北调配、东西互济的配置格局，具有重大战略意义，是大国统筹治理长河与大漠的充分与必要条件。

着眼于中华民族复兴和国际战略大格局变化的思考，统筹治理长河与大漠，是对西北地区的国土资源大整治，国民经济布局大调整，供给侧结构性大改革，实体经济大发展，人流、物流、资金流大汇集，能吸引人才从东南沿海向西北流动，是按照习近平总书记提出解决人民日益增长的美好生活需要与发展不平衡不充分之间的矛盾，建设美丽中国，实现第二个百年目标的重大行动，是解决李克强总理提出破解"胡焕庸线"的一条重要途径。黄河经济带与长江经济带发展遥相呼应，经济会由东部快速向中、西部"滚动式"发展，能配合党中央、国务院推进"京津冀协同发展""中部崛起""西部大开发"战略和"一带一路"倡议，能增强国家安全、粮食安全、能源安全、生态安全，能突破东南经贸围堵，构建防务地理纵深，建设国家战略大后勤，使边疆民族稳定和西部走向富裕，也能为军队平、战时的后勤和技术保障创造有利条件，是实现强国梦、强军梦的一项重要举措。

提出的《方案》《构想》和两个《设想》，是治理黄河和西部荒漠的方略，是思路性、事业性的，不是水利、能源、生态、农林和交通运输等工程技术性、业务性的。对黄河和荒漠的治理，不仅经济、社会、生态效益巨大，而且军事、政治、安全意义重大；不仅涉及黄河和荒漠的过去、现在、未来，而且涉及方方面面的单位和个人利益，是沿黄地区、调水地区和有荒漠地区政府的大事，更是国家的大事。军队和武警也有责任和义务，成为西部大开发必不可少的战略预备队。因此，大统筹黄河流域和西北的荒漠化治理开发，涉及水利、能源、交通运输、工农业、生态环境、自然资源、国防和军队建设事业等，需要全国"一盘棋"大统筹。应当在党中央、国务院、中央军委统筹主导下，由国务院发展改革委员会和中央军民融合发展委员会牵头负责顶层设计和战略筹划。同时，需要国家和军队有关部门、沿黄和有沙漠的地区各级政府的统筹协调、凝心聚力；需要水电运林等工程技术专业队伍的科学设计、精心组织；需要充分调动工农商学兵的积极性，发挥各自的优势和创造性，化解各种消极因素，群策群力共同治理开发，可使"西部大开发""中部崛起"达到如意目标，也将是对"一带一路"地缘战略的重要支撑。

著者

2020 年 9 月

目 录

第一篇　长河大漠治理的忧伤与喜悦

第二篇　长河大漠治理的紧迫与艰难

第三篇　长河大漠治理的统筹与构思

第一篇

长河大漠治理的忧伤与喜悦

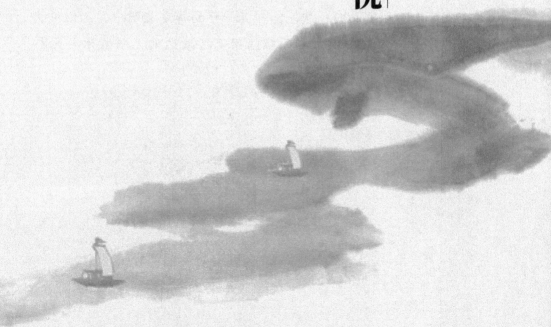

通过在工作和生活中的所见所闻所思，对统筹治理长河大漠有了一定的认识。几曾想，如果长河与大漠会言语的话，大漠也许会问：长河呀，你为什么将滋养世间万物的水送到万里之外的东海，而不能分流一部分为干焦、飞扬的沙漠戈壁解渴？因荒漠有水就能生长无际的森林，也能帮你储存大量的泥沙，以减轻你的负担！长河也许会问：大漠呀，你为什么总将仅有的天雨很快蒸发，变成稀稀拉拉的云飘向远方，而不能更多一些汇入长河？何况已汇入的少量水还携带了大量的沙子，抬高了河床，形成了让人忧怨的地上悬河。真想为你分去一部分水解渴，让你我永远相依相助！然而，在五千年的华夏文明中，人们对长河、大漠的爱恨情仇，有着难以用语言表达的无限欢乐与无尽忧伤……

第一章　抗洪忧思

1998 年 6—8 月，长江、嫩江、松花江、珠江和闽江流域相继发生了历史上特大洪涝灾害，我国亿万军民齐心协力，与洪水展开了一场波澜壮阔、气壮山河的抗洪抢险斗争。7 月初，人民解放军和武警部队受领任务后迅速出动，先在长江、嫩江、松花江流域摆开了自辽沈战役和渡江战役以来，投入兵力最多的南北两大战场。仅解放军就投入兵力达 30 多万人（不含武警部队）。

1998 年的长江抗洪抢险，是自 1954 年以来军民同心合力又一次战胜了全流域大洪灾的伟大壮举。曾先后出现洪峰八次，中、下游干流全线超过警戒水位，有360 千米的江段以及洞庭湖、鄱阳湖超过历史最高水位，全流域的水灾是历史上最大的水灾，超过了 1931 年、1954 年的特大洪水。嫩江、松花江出现的特大洪水，三次洪峰均超历史最高纪录，珠江、闽江流域也发生了历史罕见的特大洪水。

当时，笔者刚调到原总后勤部机关工作，奉命参加了全军部队抗洪抢险后勤保障的军需保障工作。虽然没有被派往抗洪最前线，但全程参加了情况收集编报、文电起草等综合性工作，也深切感受到那一场场惊心动魄的抗洪抢险场面……

在全国军民战胜了"五江"洪水后，开始了全军部队"菜篮子工程"建设三年规划的验收评估工作。笔者参加了西北战区组，先后到过新疆、宁夏、陕西各军兵种部队，整个验收工作历时近一个月之久。

1998 年 8 月 29 日上午，我们从南苑机场乘联航图 –154 飞机到新疆库尔勒市，四个半小时的飞行，感觉至少 3 小时都在荒漠上空。我不时地望着飞机下苍茫无边的荒漠，偶尔看到大地上星星点点的绿色，越来越无困意，头脑中不时浮现出电视上播放的千里长江上军民日夜奋战抢险的一幕幕……

接到一份份各流域洪灾情况危急的通报、报告，一件件频频告急请示保障各部队抢险军需物资的传真电报，特别是某江段水位又上涨了，某部又组织上堤抢险了。在那一次次险象环生的危难时刻，部队叫响"人在阵地在，誓与大堤共存亡"。死守荆江大堤、抢堵九江决口、会战武汉三镇、保卫大庆油田、阻截哈尔滨浸堤洪水、抢救江心遇险群众、迎战一次次洪峰……当时的我和大家一样心急如焚，难以用语言表述。

奋战在大堤上的官兵们不怕苦、不怕死，就像当年黄继光堵枪眼那样用沙袋去阻挡决口的洪流，像坚守上甘岭阵地那样誓死守卫每一寸大堤。战士们顶着近40℃的高温，每人每天要往大堤上扛几百袋沙子、石料；四五十天下来已极度疲劳，有的嘴里衔着饼干、腿还浸在水里就睡着了；有的年轻战士累得吐血或昏倒在大堤上；有的为救群众脱险而英勇牺牲。事后通报，有30名年轻的官兵牺牲在没有硝烟的抗洪战场，30个家庭无限悲伤……

第一批带部队上长江大堤的某师副师长，79个日夜始终战斗在第一线，每当危急时刻，他和140多名团以上干部，高喊"跟我来""看我的"，用模范英勇行动指挥部队抢险。

长江抗洪抢险总指挥、南京军区副司令员董万瑞中将，在大堤上年龄最大、军衔最高，他坚持与大堤共存亡、与洪魔共进退、与战士同战斗，曾72小时不合眼。

北京军区第27集团军的工兵团，在关键时刻显本领。九江大堤决口后，当地政府组织沉了8艘船，把几千吨的东西填进去了也没堵住口子，最后，还是工兵部队用钢桩搭脚手架，然后填石料，终于堵住了。[①]

海军南海舰队陆战旅奉命赶赴武汉，参加奋战长江洪峰8次。工兵、炮兵、装甲兵上了，军校、医院、仓库和人武部的，就近能上的单位、人员都上了。

抗洪救灾先后投入建制师（旅）50多个，出动飞机2 200多架次，车辆1.25万余台，舟艇1 170余艘。当时仅长江、嫩江、松花江共投入兵力36万人。除兰州军区外的各大军区、各军兵种和武警部队都直接参加了抗洪抢险。其中有110多名将军和5 000多名师团干部深入一线指挥，有9 000多名即将转业和已免职、待分配的干部，有10万多名即将退伍的战士积极响应，参加了新中国成立以来我军组织的最大一次救灾行动。

水火无情，洪灾更是残酷无情，"五江"洪水受灾人口2亿多人，直接经济损失1 600多亿元（近年每年因水灾造成的损失有1 000亿元），上百万人失去家园，数千人丧失生命，农田6 260万亩被淹没。九江是受灾最严重的地区之一，348.2万人受灾，直接经济损失114.7亿元。

据历史记载，早在1931年，长江发生了一次严重的洪水，干堤决口350多处，武汉三镇被淹3个多月，沿江平原、洞庭湖区和鄱阳湖区大部被淹，死亡14万多人，后病死300多万人；1954年长江又遭受特大洪水，淹了100多座城市，死亡3.3万人，可见洪灾是多么残酷无情[②]。

然而，在"五江"发生洪水时，黄河却发生了严重的断流。1972—1998年

---

① 朱镕基讲话实录编写组，2011.朱镕基讲话实录（第三卷）[M].北京：人民出版社，108–109.

② 朱镕基讲话实录编写组，2011.朱镕基讲话实录（第三卷）[M].北京：人民出版社，104–106，114.

27 年中，黄河有 21 年发生断流。1995 年，地处河口段的利津水文站，断流时间长达 122 天，断流河长 683 千米。1997 年断流时间长达 226 天……

长江平均年径流量 9 500 亿米^3，珠江为 3 330 亿米^3，松花江为 760 亿米^3，而黄河仅 580 亿米^3，"水患"与"水荒"问题并存。总体上讲，中国年水资源总量 2.8 万亿米^3，在世界各国中排名第六，但人均水资源只有世界平均水平的 2/7，北方仅有 1/10，加之人口增长，水污染加剧，水资源短缺问题十分严重。

华北平原在 20 世纪 80 年代以来越来越缺水，极大影响了水稻种植。笔者 1981 年 10 月入伍到驻北京市顺义县部队，当时的团农场还种植水稻，每当播种、收获时节，全团官兵们都要到农场插秧、拔草、割稻。由于有潮白河水和机井灌溉，有充分的阳光，管理也比较到位，水稻长势好，大米质量也非常好，官兵收割水稻时的那种热情干劲，吃香甜白米时的喜悦心情，三十多年来难以忘怀，历历在目。记得到 1985 年，潮白河因缺水，团领导决定由种水稻改为种旱稻，而旱稻种了一年后，因无水产量太低不得不停种了，后听说玉泉山下有名的"京西稻"也停止种植了。

曾经的华北平原稻香遍野，北京的"京西稻"、天津的"小站米"很有名。1965 年，时任长江水利委员会主任的林一山，按照毛主席、周总理的指示，在黄河下游的河南、山东，利用黄河水成功地进行了大规模的稻改试验。到 1988 年达近 3 000 万亩。但受黄河断流和华北地区地下水超采严重影响，北京停止了 20 万亩水稻种植。

2018 年 11 月 15 日《北京日报》有一文《玉泉山下稻花香》，讲"京西稻"兴起于西周，发展于东汉，繁荣于清代，玉泉山下"京西稻"多达万亩。《后汉书》记载，顺义曾开稻田八千余顷，百姓因此而殷富。《中国通史》记载，宋太祖时，戍兵 1.8 万人自霸州界引滹沱河水灌溉稻田。

华北地区的水资源仅占全国的 4%，却支撑着全国 25% 的人口、27% 的国内生产总值、25% 的农田灌溉和粮食产量。由于不少河流干涸，地下水超采，造成了水稻大量停种，而且小麦、蔬菜也在渐渐减少种植面积。北京市因缺水无法大量种植蔬菜，常住和流动人口近 3 000 万人，吃菜要由河北、山东、内蒙古、东北和南方省区供应（来自山东寿光县的更多），不仅长途运输成本高，而且蔬菜不太新鲜，用化肥、农药多。如果北京市及周边的河北省供水问题得到解决，即可就近供应优质、低价、安全的新鲜蔬菜。

随着人口的增长和工农业生产发展，华北平原缺水，黄土高原也缺水，西北的荒漠化地区更缺水。而长江以南、东北有的地区却水患严重。中国第一长河——长江，也是世界第三长河，水多时简直无法承受。而中国的第二长河——黄河，也是世界第五长河，历史上水患非常严重，现水灾虽基本得到控制，但黄河流域旱情却越来越严重，严重制约了沿黄流域人民的生产、生活改善。

苍茫无际的大漠，它需要更多的水来滋养。老天爷为什么把大量雨水降到南方发洪水，却不给这干旱难耐的大西北呢？我脑海中时不时闪现那一份份情况告急的传真电报、情况通报，那一幅幅惊天地、泣鬼神、惊心动魄的抗洪抢险画面……举世震撼的军民抗洪抢险，使我陷入深深的不安、久久的忧虑中……

后来的许多年，笔者常常思考一个问题，当洪水形成灾难时，有上百万的军民投入抗洪一线，这体现了中华民族的凝聚力、战斗力，非常可贵。但是，形成灾害的主观原因，是我们没有善待大自然，没有科学合理地利用大自然，也可以说没有对洪水进行有效的管控与利用。所以，面对大的灾难，我们付出了极大的代价。

当然，哪里有灾难，哪里就有军旗在飘扬；哪里有危险，哪里就有军徽在闪耀。军队既是保卫国家的坚强力量，又是抢险救灾的突击力量。尽管执行国家赋予的抢险救灾任务不是军人的专业、专长，但却是军队、军人的使命义务。

1975 年 8 月，河南省中南部发生特大水灾，驻马店、许昌、周口地区 32 个县（市）遭受历史上罕见的特大水灾，受灾群众达 1 200 万人。解放军共紧急出动 7 万多人、近 3 万辆汽车，共抢救和转移群众 34.8 万人。1966 年河北邢台、1975 年辽宁海城、1976 年河北唐山、2008 年四川汶川、2010 年青海玉树等地发生强地震的抢险救灾，军队也是受命迅速出动，军人挺身而出。

就是在国家经济建设中，军队也是义不容辞承担大型工业、交通、水利电力工程建设任务。1952 年 1 月 4 日，毛泽东主席指示组建工程和农垦部队。共抽调 40 万正规部队，成建制转业，组建了 21 个师的工业部队，19 个师的屯垦部队，从事铁路、建筑、水利、林业、屯垦等工农业生产建设。[①]先后抽调 35 个建制师，参加鞍山、本溪、包头、马鞍山、武汉、北京、太原、昆明等钢铁基地建设。六七十年代参加攀枝花、酒泉和上海钢厂、辽阳、上海石化，大庆、胜利油田，湖北二汽，以及一些大型煤矿、金矿、铁矿等建设；还承担了著名的鹰厦、宝成、宝兰、成昆、贵昆、襄渝和南疆等铁路，川藏、青藏、滇藏、新藏和天山等公路，南京长江大桥、雷州半岛青年运河、北京地铁、首都机场和上海、广州国际机场的新建、扩建等；参加北京密云、怀柔和十三陵水库，长江的狮子滩、丹江口、葛洲坝水电工程，黄河的龙羊峡和刘家峡水电工程，四川映秀湾、广西龙滩、西藏纳金水电站和引滦入津等水电工程建设等等[②]。

在支援国家经济建设时，有百万解放军指战员英勇无畏地参加，有些官兵献

① 姜思毅 . 1992. 中国人民解放军大事典（下）[M]. 天津：天津人民出版社，1 160.
② 中国人民解放军军史编写组 . 2010. 中国人民解放军军史 [M]. 北京：军事科学出版社，（第五卷）434–442，（第六卷）392–396.

出了宝贵的生命。官兵们服从命令，不讲价钱脱下军装集体转业，这说明在国家遇到危难或很大困难时，必须依靠人民军队，正如毛主席所说："军队向前进，生产长一寸。"

新时代，作为军人仍然要有政治意识、大局意识。在履职尽责时，不仅主动思考为国家避免、遏制、打赢战争建言献策，而且军队、军人也有责任和义务，为国分忧提出合理建议，避免国家发生大的灾难，哪怕从旁观者的角度观察思考，而不是被动地等待灾难来临时，再去舍生忘死、冲锋在前的救灾！

如果把长江上游的水量调一些到黄河、到西北大漠，那将产生难以估量的经济效益、生态效益、社会效益、军事和政治效益。当然，这都是千千万万关心西部大开发和水利事业人所期盼的，也是很多专家、学者为之不懈努力奋斗的事业。

早在 1935 年 7 月，伟大领袖毛泽东率中央红军爬雪山过草地，登上四川阿坝地区麦尔玛北面的一座山，他发现山南的一条河是大渡河为长江上游的支流，山北的一条河是贾曲河为黄河上游的支流，这座山就是长江与黄河的分水岭。毛泽东感慨地说："长江与黄河仅一丘之隔，打个洞就能把长江的水引到黄河了。"由此可见，伟大领袖的高瞻远瞩和深谋远虑，为我国除害兴利指明了方向。

从 1998 年抗洪到现今已过去 20 多年了，这些年，随着综合国力的增强，科学技术的迅猛发展，我国通过对"五江"水患进行有效治理，再没有发生过特大洪水，特别是在长江中游建设了三峡大型水利水电工程，上游已建、在建一些大型水利水电工程群，有效控制了特大洪水的发生。但是，2019 年入汛以来，全国有 17 个省（区、市）279 条河道发生超警戒以上洪水，较 1998 年以来同期超警戒河流数量偏多五成，一些中小河流洪水超过历史水平。长江中下游干流及两湖水位、黄河上中游及太湖水位较常年同期偏高 0.09～2.47 米。709 座大型水库蓄水量 3 352 亿方（1 方 =1 米^3），较常年同期偏多一成。[①]2020 年 7 月上旬，长江流域 23 条河流发生超警戒水位，全国已有 27 个省区、212 条河流发生超警以上洪水。可见，还应当未雨绸缪，做到有备无患。

通过观察了解，参加 1998 年抗洪抢险牺牲的 30 位烈士母亲中，有 10 位母亲的生活得到很好安置，心灵伤痛得到抚慰。而天津市退伍老兵杨贵武，1998 年在电视前看过抗洪抢险英雄们牺牲的报道后，流着泪发出"你为国尽忠，我为你尽孝"的誓言，赶赴湖南、安徽、陕西、甘肃等地认养了 10 位烈士母亲，坚持 20 年替抗洪烈士母亲养老送终，目前还有 6 位烈士母亲在杨贵武照顾下生活得很幸福。这可歌可泣的感人事迹，常常激励着我对长河与大漠治理不断地进行认识与思考。

---

① 《参考消息》《长江中下游干流及两湖水位偏高》，2019-1-10.

第二章　走进沙漠

1998 年 8 月 29 日，乘飞机从北京到新疆库尔勒市飞行了四个多小时，进入大漠深处时，透过舷窗俯瞰这片辽阔神奇的土地，雪山连绵，沙海茫茫。飞机开始盘旋降落时，先看到下面一片绿洲，鸟瞰库尔勒市像沙漠中的一幅清新的山水画，沙漠与绿洲的边界线像用尺子画过一样，很笔直、很清晰，一条条街道、一座座建筑，都是被一条条绿带分割环绕，整洁有序。笔者平生第一次看到无限广阔沙漠中的城市，感到非常神奇，比内地拥挤的城市规划建设得更加美丽、清新、合理，心中感慨万分、跌宕起伏，久久不能平静。

戈壁绿军营

走出库尔勒机场大厅，马兰基地后勤机关人员接到我们后，乘车穿过一条条整洁、宽阔的街道。一路上我边张望外面，边与司机聊天。带着许多惊奇、疑问，提出沙漠、绿洲、气候、水源和矿产资源等一些常识性问题。他说：库尔勒市境内最著名的河流有两条，一条是中国最长的内陆河——塔里木河，另一条是库尔勒市的母亲河——孔雀河，也是罕见的无支流水系，其唯一源头来自博斯腾湖，最后注入罗布泊。这里不仅有水、有绿洲，而且气候温和、土质肥沃、物产丰富，光热资源十分丰富，非常适宜粮、棉、果、瓜、菜生长；这里矿产资源十分富集，有煤、铁、石墨等矿藏 50 多种。特别是毗邻塔里木盆地油气资源充裕，中石油、中石化公司组织勘察和大量开采，带动了库尔勒市经济社会发展。

出了城我们进入中国第一大沙漠，也是世界第二大流动沙漠——塔克拉玛干沙漠东北边沿。中途下车稍作休息，平生第一次真正走进沙漠戈壁，稀稀拉拉的骆驼刺、沙柳、柠条和一些星星点点的杂草，在火红的太阳照射下顽强地挺立着。我捡起几块被风沙长期打磨的鹅卵石，又抓起小沙堆里金色的沙子，心想这平坦、广阔无边的沙漠戈壁，如果有水就好了。

我带着缺雨缺水的许多问题与军需处长聊起来。他说：全新疆多年平均降水量 150 毫米，而这里的年降水量平均不到 50 毫米，沙漠中心不到 10 毫米，主要是降水少蒸发多，年蒸发量一般都在 3 000 毫米以上，特殊的地理位置造成了这里特有的气候特点，盆地四周多是四五千米的高山，南边昆仑山平均海拔近 6 000 米，印度洋的暖流被阻挡过不来；西边距离大西洋太远（6 500 千米），能到达的水气很少；东边距离太平洋也很远（3 800 千米），正所谓"春风不度玉门关"；北边有阿尔泰山阻挡了北冰洋的水气；在塔里木盆地和准噶尔盆地之间，又有天山阻挡。我问他，能打开昆仑山一个缺口吗？他说很多人都这样想，最窄处约 180 多千米，要打通一个大缺口，工程量大得根本不可能，若打开缺口小，飘移到新疆的水汽量很少。

休息片刻后乘车又在沙漠深处的沙石路上继续穿行，汽车行进了近 200 千米后，我们进入了位于塔克拉玛干大沙漠罗布泊西边的巴音郭楞蒙古自治州和硕县，到了戈壁中的一片绿洲马兰基地主营区，忽然感到戈壁里的军营好熟悉、好亲切，看到了一排排高大的杨树，粗壮的槐树，冠形较大的松柏和黄杨相围的花坛，听到了广播里收操的军号声，在夕阳映照下一列列分队迈着整齐有力的步伐，喊着响亮的号子，简直不敢相信大漠之中的军营，似乎就像是我曾经生活过的老部队。

马兰基地是沙漠戈壁深处的某装备试验基地，从事试验的科学家们和保障部队，在这里的工作和生活条件异常艰苦，后勤保障困难很多很大。亲临现场，深切地感受到在沙漠戈壁中，创造了如此整洁、庄重、舒心、神奇的绿色军营，让我们感叹不止，难以忘怀。

我们察看了基地部队的副食品生产基地，看到一块块平整规范的方格大田地里，种植的西红柿、黄瓜、辣椒、豆角、茄子、南瓜等有 20 多个蔬菜品种，长势非常喜人。还有一排排日光温室和塑料大棚，正在做"夏菜冬种""南菜北种"的准备工作；在一座座养殖圈舍里，不仅有鸡、鸭、鹅等禽类，有猪、牛、羊等牲畜，还有在动物园里才能看到的梅花鹿。

这几年，基地广大官兵在沙漠戈壁里挖沙搬石，在很远的地方运土整地、打井抽水，还采取走出去请进来的办法培养大批种养技术骨干，使基地部队农副业生产抓得有声有色、振奋人心。基地部队肉菜基本做到了自给，到了 6 个连队检查，看到官兵早餐有 6 个小菜，午餐有"六菜一汤"，一周食谱多数不重样，应该说走在了全军前列，非常难能可贵。

基层官兵们讲，伙食现在比在家里吃得都好，彻底告别了前几年主要靠土豆、萝卜、白菜过日子的"老三样"历史，不仅能吃上传统的新鲜蔬菜，也能吃上引进的美国西芹、日本萝卜、以色列西红柿等等。

我深切感到，戈壁中的基地抓农副业生产，搞得比北京郊区我的老部队还好，不仅解决了自身生存生活保障问题，创造了拴心留人的环境条件，而且为全军部队搞好农副业生产提供了丰富有效的实践经验，非常不容易、不简单，让人很受启发，备受鼓舞。大家一致认为，在这广阔无污染的沙漠戈壁里，只要有足够的水，就能非常好地利用光热资源，种养出比内地产量更高、质量更好的农产品。

干涸罗布泊

我们乘越野车进入大漠戈壁深处，进入了死亡之海罗布泊，到了塔克拉玛干大沙漠的罗布泊试验场参观。

大约在 1 800 多年前，这里形成巨大的湖泊，水面有 2 万千米^2。公元 300 年以前，罗布泊湖泊面积 1.2 万千米^2，为中国第二大咸水湖。罗布泊西北侧的楼兰古城为著名"丝绸之路"的咽喉，那里曾是牛马成群、绿树环绕、河水清澈的生命绿洲。经过近两千年后的 1942 年，湖水面积减至 3 000 千米^2。到了 1962 年，则减为 600 千米^2。1970 年以后干涸，盆地的塔里木河、车尔臣河、孔雀河和疏勒河曾汇集于此，现今都已出现了断流。原因虽是多方面的，但塔里木河及上游人口增加，用水较多是一个重要原因。

而今，这里已成为一望无际的戈壁滩，夏季沙面气温最高达 71℃。当地俗语称为"天上无飞鸟，地上不长草，风吹石头跑"。罗布泊地区更被称为亚洲大陆上一块"魔鬼三角区"，古丝绸之路从中穿过，留下不少枯骨。1980 年，著名科学家彭加木第 3 次在罗布泊考察时不幸神秘失踪，几千人花了半年时间却找不到一点踪迹。这里曾经是沧海桑田，如今却是千里黄沙，望着"大漠落日、沙海壮景"的茫茫沙漠戈壁，我心中生出无尽的忧伤……

后查阅资料得知，古代的罗布泊所在地楼兰王国人口众多，也很有规模，公元前 176 年建国，公元 630 年消亡，有 800 多年的历史。据南北朝时期北魏官员、著名地理学家郦道元的《水经注》记载，东汉以后楼兰因严重缺水而废弃，曾几何时，繁华兴盛的楼兰城退出了历史舞台，变成了一片干涸的盐泽。

据《中国年鉴》记载，公元前 2 世纪西汉时期，从张骞出使西域，标志着开辟了通往欧亚的"丝绸之路"[①]。据中央新闻历史节目部编的《大漠长河》纪录片和书中[②]讲，早在公元前 4 世纪，和田已经是古丝绸之路上的交通贸易重镇，那里人们就与荒漠化进行着艰苦的斗争。也有资料显示，自西汉后，开始向中亚、西亚、印度、黑海沿岸至地中海沿岸甚至东欧、南欧，发展经贸合作，开展科学

---

① 宋继朝 . 1989. 中国年鉴 [M]. 北京：新华出版社，6.
② 中央新闻历史节目部，2014. 大漠长河 [M]. 北京：中国人民大学出版社，103.

文化和艺术交流，并不断反击匈奴的侵扰。

法国历史学家勒内·格鲁塞著《草原帝国》[①]中讲述"丝绸之路与塔里木"的关系，认为东汉时的中国从恢复塔里木盆地绿洲的保护权中受益匪浅。盆地南北两缘的绿洲形成了两条弧线，进而演变成连接伊朗文明、印度文明和中华文明的南北两条交通线。南道经敦煌、楼兰、且末、于田、和田、喀什、帕米尔山谷到阿富汗；北道从敦煌、哈密、吐鲁番、库尔勒、库车、阿克苏、喀什到阿富汗。从此，东方文明与西方文明有了最早的交流，促进了商贸往来和文化艺术繁荣，也成了最早、最著名的商路——古丝绸之路。这也引发匈奴与汉朝为控制丝绸之路，展开了对沿途国家财富的不断争夺。公元 5 世纪，一代匈奴王阿提那西征至罗马帝国及莱茵河、北海、阿尔卑斯山。公元 6 世纪，匈奴人的后裔西突厥汗国为争取丝绸贸易自由权，与波斯第二帝国打了 20 年战争。到 13 世纪，成吉思汗和他的子孙们为保护丝绸之路商贸安全，曾打到欧洲的心脏——波兰和匈牙利。可见，塔里木盆地绿洲对丝绸之路产生、发展的影响是重大而深远的。

2006 年，笔者又一次到了马兰基地，看到部队的生产生活条件得到进一步改善，生活水平有了新的提高，营区建设了一些新楼房和生活配套设施，内外环境更加清新、美丽、舒适。他们不等不靠、艰苦创业的精神，又一次教育了我，为做好本职工作增加了新的动力。

缺雨吐鲁番

离开了罗布泊，离开了马兰基地，乘车穿越在沙漠戈壁，向下一个目的地——乌鲁木齐进发，途中经过了博斯腾湖。当发现在这茫茫大漠中，有水域辽阔的淡水湖，水天一色，我就非常兴奋。走到湖边，湖水清亮蔚蓝。基地军需处长讲，这湖面大约有 1 100 多千米^2，平均深度 9 米，最深处 17 米，水面海拔1 048 米，为全国最大的内陆含盐量很小的咸水湖相当淡水湖。

汽车行驶了 260 多千米，到了四面环山的吐鲁番盆地，这里年降水量平均16 毫米，年蒸发量（实为年蒸发能力）则高达 3 000 毫米以上。盆地最低处的艾丁湖水面，低于海平面 154 米，在世界上也仅比低于海平面 392 米的约旦死海水平面高。这里日照时间长，气温高，昼夜温差大，降水少，风力强，素有"火洲""风库"之称。全年高于 35℃的炎热天气平均为 99 天，高于 40℃的酷热天气为 28 天，中午沙面最高温度超过 80℃。四季气候夏季最长，为 152 天，无霜期长达 210 天，全年日照约 3 200 小时，风能和光热资源十分丰富。

---

① ［法］勒内·格鲁塞，2013. 草原帝国 [M]. 西宁：青海人民出版社，18.

我们的车子不停地向下走，向葡萄沟走，一路尘土飞扬，但越来越清晰地看到了一片片绿洲，一排排葡萄架，汽车停在一维族人家的一片葡萄架下休息，大家品尝了价廉、甘甜的，也是世界上质量最好的绿色马奶子葡萄、红玫瑰葡萄，还有哈密瓜。

笔者在与一位维族老大爷的交谈中得知，吐鲁番维吾尔族人口占总人口的70%以上。这里虽然极度干旱少雨，但种植葡萄都是利用坎儿井的水进行灌溉。坎儿井是一种古老的地下输水工程，在春夏时节，天山大量的融雪和雨水流下山谷，潜入戈壁滩下，人们利用地面坡度，在地下顺着山势开挖暗渠，引潜流灌溉。我跑到老大爷手指的稍远处一个井口边，井口直径约60厘米，蹲下向里面看深约十多米，有点像老家打的水窖，只不过里面增加了多个输水通道，听说有的地方深达50多米，甚至比这还深。

还听说2 000多年前的西汉就出现了坎儿井，但至清朝道光年间，吐鲁番的坎儿井仅三十余处。林则徐在（1842年10月至1845年12月）发配新疆期间，发现并改进和大力推行坎儿井，达到100多条。在之后的100年里，吐鲁番和哈密等地则达到1 700多条。现全新疆的坎儿井总长5 000多千米，灌溉面积13万亩。在生产力落后的农耕时代，大力推广应用坎儿井，在大漠中有效地解决了输水用水的远见卓识，令人敬佩不已。

然而，说起民族英雄林则徐，人们多是从教科书上和电影电视上了解他抗击英国侵略军的悲壮故事，后经笔者查阅资料，深入了解到民族英雄林则徐不仅是军事家、政治家、国际关系学家、诗人，官至一品，而且还是杰出的水利专家，曾兴修浙江和上海的海塘、太湖流域水利工程，治理海河、黄河、运河、淮河、长江和伊犁河、塔里木河等水系，著有《北直水利书》。1831年任河道总督，1841年因抗英和虎门销烟，成了朝廷一名"罪人"被发配新疆流放。他在新疆勘察行程两万多里，绘制地图。警惕沙俄威胁，提出"屯田耕战、有备无患"的思想。带领当地群众兴修水利，推广坎儿井和纺车，为发展新疆经济、改善群众生活作出了卓越的贡献。

离开吐鲁番葡萄沟后，乘车穿过一大片沙漠时，看到一棵棵古老的胡杨树在秋日艳阳下闪着金光。据司机讲，地下水位在3米内的胡杨树长得枝叶繁茂，地下水位低于9米的就会枯死。它还是一个神奇的树种，春夏为绿色，深秋为黄色，冬天为红色，耐寒耐旱，不畏盐碱，防风固沙，生命力顽强，有着"生而千年不死，死后千年不倒，倒后千年不朽"的品质，被誉为"沙漠守护神"。全世界90%的胡杨在中国，中国90%的胡杨在新疆，10%生长在黑河下游额济纳河，而胡杨最早生长在伊拉克的幼发拉底河流域。

新疆的风能、太阳能非常丰富，途经达坂城时，看到了一大片风力发电场。

发电风机有 100 多台，风叶在秋风中有力地飞转，场面十分壮观。当时想，如果对风能、太阳能广泛开发利用好，将会生产非常多的清洁能源，否则就是浪费资源，因当时还无法存储电能。

近年了解的一些情况，也使我对吐鲁番经济社会发展、生态环境改善有了新的认识。2013 年看到了三峡新能源新疆分公司一些统计情况：新疆风能资源总储量达 8.72 亿千瓦，约占全国的 20%，拥有达坂城、哈密、塔城等九大风口区，能开发利用的风区总面积约 15 万千米^2，可装机容量总计在 8 000 万千瓦以上。新疆年日照数为 2 550～3 500 小时，居全国第二位，仅次于西藏高原；荒漠化面积达 107 万多千米^2，占其国土总面积的 64.3%，发展大规模风电、光伏产业优势明显。

近年国家非常重视生态环境治理，为保护塔里木盆地"死亡之海"的胡杨林，完全恢复胡杨林的原始状态，2018 年西北油田共投入资金 7 000 万元，完成了永久封井 31 口油气井，拆除 5 座已建地面集输站场，清退 58 条、143.6 千米管道，年损失原油产量达 5 万吨。

从一些资料的比较研究中，笔者对中国与外国的大小干、湿盆地有了粗浅的认识。塔里木盆地面积约 53 万千米^2，准噶尔盆地面积约 38 万千米^2，吐鲁番和哈密盆地、疏勒河流域、库姆塔格沙漠面积约 22 万千米^2，河西走廊和阿拉善高原的山间盆地（含银额盆地 12.3 万千米^2）面积约 30 万千米^2，二连盆地面积 10.1 万千米^2，柴达木盆地面积 25.7 万千米^2，可可西里盆地面积 8.3 万千米^2，羌塘盆地面积 16 万千米^2（不含中央隆起带），总面积共 203 万千米^2，占国土总面积的 21.15%，都是"干盆地"，云少日光多，年降水少于 30 天，相对湿度在多数时间低于 40% 状态。

但是，西伯利亚盆地多达 700 万千米^2，亚马孙盆地约 560 万千米^2，刚果盆地 337 万千米^2，南美大盆地 60 万千米^2，这些巨大盆地都是"湿盆地"，年降水多于 100 天，相对湿度在多数时间处于高于 80% 状态。亚马孙盆地、刚果盆地还是热带雨林。地球上 10% 的氧气来源于占地球表面积 1% 多的亚马孙热带雨林。而我国四川盆地 26 万千米^2、关中盆地 3.9 万千米^2、汉中盆地 0.8 万千米^2，也是"湿盆地"，与我国上述的"干盆地"一样都有高山冷凝系统。我常常思考，如何才能把"沙漠变绿洲，干盆变湿盆，沙盆变金盆"……

神秘的南疆

南疆喀什市距离乌鲁木齐市有 1 500 多千米，比西安、武汉到北京还远。据新疆军区机关的同志讲，感觉神秘的南疆很独特，那里有雪山、冰川，有沙漠、绿洲,有生产优质高产的水稻、棉花,有500年树龄的核桃树,也有利用农田道路在两侧建成葡萄长廊。和田县有总长达1 500千米葡萄长廊。南疆还有很多历史上的传说,那里是"古丝绸之路"的重要通道,是欧亚大陆的心脏,是世界列强纷争的热点。西汉外交家张骞出使西域,唐玄奘(唐僧)西天取经,意大利的马可·波罗探险东方,世界著名考古学家、地理学家英国的斯坦因旅行考察,在这里都留下历史的足印。

到乌鲁木齐后的第二天下午又乘坐飞机到南疆喀什。飞机在蓝天、白云、夕阳、彩霞中穿行,通过机窗望着无边无际的荒漠,脑海里又在回放抗洪抢险英勇悲壮的一幕幕,黄土高原故乡缺水的情景,茫茫大漠的荒凉,戈壁中绿色的军营,无人区干涸的罗布泊,达坂城的胡杨、风电机,博斯腾湖的碧水、蓝天,吐鲁番的葡萄、坎儿井……

到南疆军区驻地喀什后,感到坐落在欧亚大陆中心十字路口的这座古城,汇集了东西方文化的精华,处处表现出浓浓的民族风情,每栋古典建筑都是艺术瑰宝,各种特色瓜果、小吃、工艺品数不胜数,热情奔放的民族音乐格外有激情,在这有着2 100多年历史的丝绸之路上的商贸重镇,处处充满着生机活力。

我们在喀什住宿一晚后,就向驻守在喀喇昆仑山脉帕米尔高原的边防某团赶路。从喀什至帕米尔高原的红其拉甫边防口岸,与巴基斯坦连接的喀喇昆仑公路全长1 030千米,其中中国境内416千米。汽车驶出塔什库尔干河谷后,疾驰在314国道上,沿途有风、有雨、有雪,公路两旁雪山绵延不断。

这里是世界上海拔最高的路,也是世界十大险峻公路之一,路的尽头就是红其拉甫口岸。这一带与巴基斯坦、阿富汗、塔吉克斯坦三国接壤,很多国际贸易,都是通过这里来往于中国与3个国家之间。30多年前拍摄的影响几代人的电影《冰山上的来客》,就取景于此。帕米尔是塔吉克语,意为"世界屋脊",红其拉甫意为"血染的通道"。

该团驻守在海拔4 300米左右的边防线上,巡逻点高的5 420米,年平均气温约为−20℃,含氧量只有内地的46%。到红其拉甫等边防连队,看到在高寒缺氧的冻土地上,挖地深1.5米,建温室大棚,采用多层覆盖、棚中棚、垫马粪等办法,终于在零下四五十度的高寒区,海拔四五千米的高原永冻层,种出了西葫芦、芹菜、辣椒、萝卜等十余种生机盎然的绿色蔬菜,养殖的鸡、猪长势很好,开了前无古人的历史先河,产生了非常大的军事经济效益。

边防连队官兵的年龄大多为20多岁,因环境恶劣、长期新鲜肉菜不能自给,面色黝黑、嘴唇干裂、指甲凹陷、脱发失眠等。在没搞农副业生产前,由新疆军区某分部汽车部队承担,在夏、秋天送上来的蔬菜,运菜的卡车上山一趟怎么也得耽搁三五天,每次车运到了高原部队有一半坏了,不是颠烂就是冻烂,没有冰柜有的鲜肉都变质了。冬天和春天大雪封山车上不去。现在通过上级的经费支持、技术指导、培训保留种养技术骨干，加之边防官兵发扬"南泥湾"和"喀喇昆仑"精神，大干苦干，终于结束了天天拌干菜、顿顿吃罐头的苦日子，全团肉、菜自给率分别达到 78% 和 75% 以上，大大超过全军"菜篮子工程"建设三年规划所要求的 40% 的目标。同时，也切身感受到官兵们长年驻守在战略地位十分重要的帕米尔高原，是一种极大的奉献。

在苍茫的帕米尔高原塔什库尔干县境内，雪峰连绵、沟壑纵横，平均海拔 4 000 米以上。听说素有"万山之祖，万水之源"美誉的昆仑山、喀喇昆仑山，就在这里汇聚。世界 12 座 8 000 米以上的高峰，其县境内有 4 座。乔戈里峰海拔 8 611 米，是世界第二高峰。这里风景优美，冰川草场共存，冰雪储量很大，融水汇成的河流，就像一条碧绿的丝带，成为塔里木河上游第一大支流叶尔羌河的发源地。叶尔羌河长 970 千米，平均年径流量 70 多亿米^3，灌溉塔什库尔干、叶城、泽普、莎车、麦盖提、巴楚 6 个县和农三师的农场共 400 多万亩耕地，以及新疆最大的绿洲叶尔羌绿洲。

返回喀什，我们还检查验收了某师两个团，南疆军区所属几个保障团、站和买买提农场，感到各单位对部队农副业生产高度重视，种植养殖搞得成效好，官兵生活由过去吃得饱，向吃得好、吃得营养迈出了一大步。同时，也感到，无论是在帕米尔雪域高原，还是在南疆的喀什，这里都有丰富的水资源。但是，水资源利用率很低。据了解，灌溉水利用系数在 0.3～0.4。南疆喀什、莎车用水量达 1 000～1 200 米^3/ 亩，和田达 1 100～1 200 米^3/ 亩，阿克苏高达 1 200～1 500 米^3/ 亩。而北疆的农七师、农八师和新疆军区农副业生产基地，井渠灌溉多，实行喷灌、膜上灌，毛灌定额为 500～550 米^3/ 亩，并不影响产量。

后来，每次回想起南疆军区的帕米尔雪域高原，深感地缘战略地位十分重要，有关大国和列强曾经争斗、侵略的历史，说明我军艰难搞生产、保生活、守边防的战略意义重大。

2001 年，美国以反恐和打击塔利班的名义入侵阿富汗，笔者承担了部机关安排的《关于阿富汗战争对我军军需保障的启示》课题研究，方知贫穷落后的阿富汗地缘战略位置的重要。位于阿富汗边境的瓦罕走廊，在近代史上见证了列强纷争的风云变幻。1880 年，俄国军事占领帕米尔地区军事要点，1895 年俄英私下瓜分了部分帕米尔高原[①]，南边属于英国控制下的现巴基斯坦地区，北边为俄控制下的现塔吉克斯坦地区。自然条件最为恶劣的瓦罕走廊甩给了阿富汗，作为

---

① 中国人民解放军军史编写组，2010. 中国人民解放军军史（第五卷）[M]. 北京：军事科学出版社，330.

俄英势力的缓冲区，这正是阿富汗的版图伸出了一只长 400 千米、宽 15～75 千米细长的手臂与中国接壤的原因所在。

阿富汗这个荒蛮之地，被西方称为帝国的坟墓，世界三大帝国都曾入侵阿富汗没有成功。英国为建立从北非到印度的殖民势力范围带，曾有三次入侵阿富汗，1839—1841 年用兵 2.1 万人，1879—1881 年为 3.5 万人，1919—1921 年为 3.4 万人，都被维护民族独立的阿富汗人击退。苏联不惜代价想实现沙俄时期梦想，从中亚南下冲到印度洋获得一个不冻港的入海口。1979 年苏联入侵阿富汗，先后共 62 万官兵死伤 5 万多，1989 年在无力控制的情况下宣布战争结束开始撤兵。仅 10 年战争就造成苏联国力重大消耗，也一定程度上加快了苏联的解体。2001 年美国入侵阿富汗，2014 年美国宣布阿富汗战争结束。可是，2017 年 7 月特朗普就任总统后，宣称收缩在全球的军事部署，却找各种理由向阿富汗增兵，而阿富汗人无奈地认为美国越反越恐。2020 年 2 月底，美国又宣布从阿富汗撤兵，至于何时完成撤兵没有讲，只能拭目以待。

为什么美国不放手这个世界上自然条件最差、最贫穷的国家呢？关键在于阿富汗位于非常重要的地缘战略位置。阿富汗地理上位于东西方的交界点，连接着南亚、东亚、中亚、西亚，历史上曾经历无数的侵略征服。自公元前 6 世纪以来，阿富汗先后被波斯、马其顿、希腊、阿拉伯等帝国侵略吞并过，曾被苏联侵占 10 年，被美国侵占近 20 年。由于中国、伊斯兰、俄罗斯三大世界级文明势力，均与美国存在较严重的矛盾与冲突，美国的目的是控制了阿富汗，等于在欧亚大陆中间地带有了一个重要的作战保障基地，牵制、威胁中俄伊三国，尤其是能在东、南、西三个方向威胁中国的安全。美国耶鲁大学地缘政治学家斯派克曼指出，"谁控制了欧亚大陆，谁就掌握世界命运"。

现如今，此方向是我国西南与西亚战略屏障的前沿阵地，也是我国发展中巴经济走廊战略的重要部位。瓜达尔深水港的建成和中巴之间的铁路、油气管道修通，将使中国从中东和北非进出口的货物，比原来经马六甲海峡的路线缩短约 80% 路程，也能摆脱近 80% 的能源进口依赖马六甲海峡的困局。

神奇的北疆

人们常说，不到新疆，不知新疆有多大。我们在乌鲁木齐住了一夜后，乘车穿越准噶尔盆地的古尔班通古特沙漠，整整用了一天时间，行程 800 多千米赶到北疆阿勒泰军分区。北疆的沙漠、戈壁、雪山、森林、河流、湖泊、矿脉、魔鬼城等景观都很有名气，也很神奇。阿尔泰山的蒙古语意为金山。先到军分区基层连队，然后到驻吉木乃县的某边防团，重点到了与哈萨克斯坦接壤的几个边防连检查。发现全团官兵的肉、菜自给率分别达到 100% 和 97%，远远超过总部确定高原高寒连队自给率 40% 的标准，实现了产到、补到、吃到的要求。早餐保证 6 个小菜，中餐达到"六菜一汤"，晚餐少有重样，连队肉菜消耗超过了食物定量标准和官兵所需营养素标准。经问卷调查，97% 的战士对伙食表示满意。

总体感觉北疆边防团农副业生产抓的成效非常好，肉菜自给率高于南疆边防团很多。原因是北疆与南疆的边防团相比，驻地海拔相对要低一点，尽管纬度要高 13° 左右，光照时间少一点，但降水量多一些，应当说南北地理气候差异较大，两个边防团的农副业生产建设发展各有特色。

在有着历史通商口岸的吉木乃会晤站，站长讲，边防团和基层连队大力发展农副业生产后，官兵的伙食有了根本性的改善，既调动了他们工作训练和站岗值勤的积极性，又为戍边创造了拴心留人的良好环境。就连边境对岸的哈萨克斯坦边防会晤站军官，也经常主动到我方会晤，其实他们来的主要目的是美美吃上一顿丰盛的中餐，而且每次吃饱临走时还要求带一些，说是家里还有老婆和孩子，因为他们边防部队不搞农副业生产。

晚饭时饭菜很丰盛，尤其是羊肉非常好吃。分区的领导讲，边防官兵都说，这里的羊生活得很幸福，吃的是中草药，喝的是矿泉水，走的是金光大道（金矿多）。实际上，北疆水资源很丰富，水质好，森林多，草原品质在国内最好。在阿勒泰，我们没有去人间仙境的喀纳斯湖，但经过了水面宽阔、水质清澈的乌伦古湖，也经过了水大流急、清澈透明的哈巴河。乌伦古湖和哈巴河都在额尔齐斯河的上游，且都发源于富蕴县阿勒泰山南麓。

近年查阅资料得知，额尔齐斯河全长 4 248 千米，而在我国境内仅长 546 千米，流域面积 5.7 万千米^2，年均地表径流量约 119 亿米^3，是新疆第二长河，每年约有 90 亿米^3 的水流出我国境内，流到哈萨克斯坦的斋桑湖，并与卡拉干达运河相连，之后进入俄罗斯汇入鄂毕河时年均径流量为 950 亿米^3，再流到北冰洋时，年平均径流量高达 3 850 亿米^3，是我国黄河年平均径流量的 7 倍多。

斋桑湖又名布赫塔尔马水库，是苏联于 1959 年修建的，库容 530 亿米^3、水域面积 5 500 千米^2（三峡水库 175 米蓄水位库容 393 亿米^3，水面 1 084 千米^2），水深在 11 ~ 13 米。1901 年，中俄签订了在额尔齐斯河通航的协议。1962 年，中苏关系恶化后中断了航运，在此之前将阿勒泰可可托海三号矿富含 80 多种有色金属的矿藏（其中稀有金属矿物 26 种，主要用于航空、航天、电子和通信等行业。有 7 种稀有元素，填补了门捷列夫化学元素周期表的空白），用船通过额尔齐斯河运往苏联，以抵偿曾援助我国经济和国防建设等债务。

斋桑湖蒙古语为"斋桑淖尔"，原属于中国的蒙古准噶尔部，1860 年沙俄强迫清政府签订《中俄北京条约》后，用武力威胁于 1864 年签订《中俄勘分西北界约记》，将 600 多千米长、水面 17 000 千米^2 的巴尔喀什湖，5 500 千米^2 的斋桑湖和 6 236 千米^2 的伊塞克湖等（都比青海湖大得多），连同周围大片领土约 44 万千米^2 全部割占；1881 年，《中俄伊犁条约》签订后，中国虽收回伊犁九城等领土，但仍割让了塔城东北和伊犁、喀什噶尔以西的 7 万千米^2 领土；1883 年额尔齐斯河及斋桑湖附近，约 2 万千米^2 高质量土地被沙俄割占。1944 年 8 月，在我国抗日战争的关键时刻，苏联政府又非法将我国西北唐努乌梁海地区约 17 万千米^2 领土并入苏联版图。

据肖石桥将军著《边疆军事地理》记载，唐朝初期在今吉尔吉斯斯坦的伊塞克湖以西、楚河南岸的碎叶城设置都护府，派遣驻军，碎叶城是丝绸之路上的一个著名重镇，也是历代王朝在西部地区设防最远的一座边陲城镇，1864 年被沙俄侵占。

有资料显示，伊塞克湖水面海拔 1 607 米，湖长 178 千米，湖面平均宽 35 千米，平均深度 278.4 米，蓄水量 17 380 亿米^3，相当于长江年径流量的近 2 倍，黄河年径流量的 30 倍，三峡水库蓄水量的 40 倍。1820 年前，在新疆伊犁将军管辖范围之内，称为特穆尔图淖尔。

这里还是唐朝伟大诗人李白的出生地。楚河河谷由于有雪水滋养，土地肥沃，水草丰美，气候宜人，因而，叱咤风云的各路英豪和东西方文明在这里汇集，形成了富商之家弟子李白的豪爽性格，特别是田园牧歌佳地，是李白儿时读书习诗得到启蒙的好地方，造就了华夏一代诗仙，丰富了古代浪漫主义文学。

北疆是一块资源丰富的宝地。腐败的清政府曾经通过克扣大量军费，压榨百姓来修建圆明园、颐和园，却被沙俄强占、割让了资源富饶的大片大好河山。如今，有限的水资源和国土正在开发利用，但北疆还有沙漠戈壁近 5 万千米^2，南疆塔克拉玛干沙漠有 33.7 万千米^2。

近年了解到，西北跨国境流量大的河流，主要是额尔齐斯河和伊犁河，平均每年流入我国境内分别为 13.5 亿米^3 和 5.7 亿米^3，流出到哈萨克斯坦的水分别为 89.6 亿米^3 和 129.1 亿米^3。其中，伊犁河在我国境内年均地表径流量 165 亿米^3，额尔齐斯河在我国境内年均地表径流量 119 亿米^3。流到哈萨克斯坦高达 218.7 亿米^3，约占 77%[①]。我国规划引额济克（乌）第一期工程每年调水 14 亿米^3。笔者想，如果再引 80 亿米^3 到准噶尔盆地，能使 8 000 万亩沙漠变绿洲，有了沙漠防护林带网，就能开垦良田，种植粮棉果菜等，产生的经济社会生态效益难以估量。

中国与哈萨克斯坦于 1992 年 1 月正式建交，建交后于 1992 年、1994 年、

---

① 钱正英，沈国舫，潘家铮，2004. 西北地区水资源配置生态环境建设和可持续发展战略研究（综合卷）[M]. 北京：科学出版社，63.

1995 年、1999 年和 2000 年，双方就跨界河流的利用和保护等一系列问题，进行了多次磋商。2001—2018 年，两国先后就利用和保护跨境河流联合委员会举行了 16 次会议，取得了很大进展，签署了利用、保护、开发等一系列合作协议。但是，中哈两国跨境河流的水量分配经多年的协商仍然存在很大争议。

　　作为中方，特别重视水资源的节约利用。因新疆农业用水量占总用水量的 95% 以上，从 2008 年起，国家支持新疆开始大规模推广高效节水农业，改变用水结构不合理、水资源利用率低的状况。目前已累计建成高效节水灌溉面积 3 000 多万亩，占灌溉总面积的近四成。[①]"十二五"期间，新疆 14 项重大水利工程纳入国务院确定的 172 项节水供水重大水利工程中，总投资 1 036 亿元，其中中央完成投入 460 亿元，基本落实每亩补助高效节水灌溉投资 300 元的政策。[②]

天山脚下好风光

　　离开阿勒泰后，我们乘车南下走西线，经克拉玛依，沿美丽的天山脚下途经乌苏、奎屯、石河子、昌吉等地，最后返回乌鲁木齐。先后到新疆军区的 4 个团和空军 1 个场站，重点检查连队食堂、塑料大棚、日光温室、保温猪圈、田园化菜地、灌溉机井和渠系，种植养殖水平与马兰基地接近，肉菜自给率在 85% 以上。

　　笔者在新疆军区的奎屯农场和石河子农副业生产试验基地，看到规模化种植、养殖的水平更高，几百亩、上千亩的一块块玉米、棉花、葵花地里，庄稼长势比华北平原还要好很多。乘车途中看到了新疆生产建设兵团种植的各种粮、棉、菜、瓜、果，呈现一片片丰收的景象。公路上，时不时遇见一辆辆大卡车拉着红番茄，让人眼睛发亮，司机讲这都是运往工厂制作番茄酱的。

　　下车到公路边的一处番茄地察看，一株株番茄果实累累、鲜红锃亮。装车的兵团人说，这里的番茄亩产高达万余斤，出口量约占全国的 1/3，全世界每 4 瓶番茄酱就有 1 瓶产于新疆。他们用大铁锹直接装卡车，而不是小心地一个个采摘到箱子里再装车，可见产量是多么的高。途中，也看到维吾尔族农民的农田里，各种庄稼、瓜果，要比在电影电视上看到的真实、惊喜，确实像汽车里播放的《我们新疆好地方》中的歌词一样："天山南北好牧场，戈壁沙漠变良田，积雪融化灌农庄，葡萄瓜果甜又甜，煤铁金银遍地藏。"

　　新疆地区光热资源条件非常好，农林牧渔资源极为丰富，各种矿藏资源储量

---

① 廖成梅，2017. 中亚水资源问题研究 [M]. 北京：世界图书出版公司，119–130.
② 中华人民共和国水利部，2016. 2016 中国水利发展报告 [M]. 北京：中国水利水电出版社.

很大，但是，最大的问题是新疆各大盆地的年降水量很少，准噶尔盆地平均多年降水量260毫米。农田灌溉一部分是引用河中的雨雪水，另一部分通过井水灌溉。如果多增加500亿米^{3}的水，在新疆的作用、价值要比内地高很多。

回想在新疆部队验收"菜篮子工程"建设三年规划落实情况，我感到无论是戈壁大漠，还是雪域高原，凡所到部队驻地，到处都有春的气息，到处都有绿的希望。那一块块田园和一排排蔬菜大棚，生机盎然；那一座座保温猪羊圈和鸡鸭鹅舍，沐浴着阳光；立体种植、无土栽培、滴灌喷灌、生态养殖、蔬菜嫁接、南菜北种、夏菜冬种和洋菜中种等，开始在部队试验推广，丰富了官兵的菜篮子。

我也深深地感到，新疆幅员辽阔、山川壮丽、民族众多，土地和光热资源丰富，石油、天然气和煤炭储量均占全国的1/3以上，可以说是山山藏宝、盆盆盛油。驻守边疆官兵为了守好这片富饶神奇的国土，想方设法创造拴心留人的环境。他们用瓜果长廊来美化营区，用花红菜绿来抵制灯红酒绿。这是当代军人用青春和汗水，谱写出的一曲曲田园牧歌；这是当代军人用勤劳和智慧，描绘出的一幅幅美丽画卷；这是当代军人用浓浓的深情、殷殷的期盼，把南泥湾大生产的壮歌唱响；这是当代军人用信仰和忠诚，在高原大漠改造大自然、利用大自然所创造的又一人间奇迹！

此行我还加深了对新疆的"疆"字的认识，疆字内涵丰富、寓意深刻，有"疆土、疆域、疆场、疆界、边疆"之意。从地理上讲，左边"弓"代表5 600多千米漫长曲折的边防线，与蒙古、俄罗斯、哈萨克斯坦、吉尔吉斯斯坦、塔吉克斯坦、阿富汗、巴基斯坦、印度等8个国家接壤；"弓"中的"土"代表广阔的166万千米^{2}土地，比欧洲的英国、法国、德国、意大利、希腊、保加利亚6国的国土之和还多；右边的三横两田，是"三山夹两盆"，即北部的阿尔泰山、中部的天山、南部的昆仑山和准噶尔盆地、塔里木盆地。据说毛主席曾题写"新疆日报"时，没有左边的"弓"和"土"，是考虑与过去相比已经是不完整的新疆了，"弓"中的广大土地已被沙俄强行割去了，警示后人不要忘了失去领土的国耻。

我想"疆"还应有一种深意：一边开弓守土，一边开垦良田。从西汉开始，到后来的各个朝代都重视屯垦戍边。从1949年王震、徐立清率军进疆，到1954年新疆生产建设兵团11个师、17万官兵集体就地转业，执行屯垦戍边任务，如今发展为14个师（市）、185个农牧团场，在建设边疆、保卫边疆、增进民族团结、推动边疆经济发展的伟大事业中作出了历史性贡献。

关注新疆水（一）

20多年来，我先后去过新疆9次，2011年就去过4次。每次到新疆不仅了解部队物资供应保障和生产生活设施建设管理情况，而且非常注意了解一些水资源调配利用情况。

2008 年到南疆坐的是火车。总的印象，南疆比北疆经济社会发展的速度要慢一些，但南疆日照时间长，积温高，无霜期长。降水量虽比北疆少，但农田有大量雪山融水灌溉的便利条件。也感到新疆交通问题解决得较好，但水的收集、储存、输送、利用解决得不够好。塔里木河平均年径流量达到 300 多亿米³，但上游输水灌溉多是土渠或明渠，渗漏蒸发多，大水漫灌多。总之，在新疆让我切身感受到原中共中央总书记胡锦涛曾指出的："水是生命之源、生产之基、生态之要。"无论走到那里，都是"有水一片绿，无水一片荒"。

新疆大学副教授廖成梅对新疆和中亚水资源问题研究得很深入，他著的《中亚水资源问题研究》讲[1]，新疆国土面积占全国的 1/6，水资源量却占全国约 3%。新疆年平均降水量为 154.6 毫米。其中：北疆降水量 262.9 毫米，南疆 87 毫米，东疆 14 毫米。伊犁河流域是降水量最为丰沛的地区，多年平均降水量 546.1 毫米，占全疆年降水量的 12.2%。年降水量最少的地区是塔克拉玛干沙漠区，平均年降水量仅 14.9 毫米。新疆有大小冰川 18 600 条，冰川总面积 2.6 万千米²，冰雪储量 2.82 万亿米³，多年平均消融量 178.6 亿米³。

辽阔的新疆国土面积 166 万千米²，高山雪山占 27.5%，低山丘陵占 21.8%，沙漠占 22.4%，戈壁占 24%，而平原绿洲仅占 4.3%，且以串珠状分布在交通沿线上[2]。

新疆"三山夹两盆"的地形地貌形成了特殊的水资源特点，高耸宽大的山脉截获大量的空中水汽，在山区形成丰富的降水和径流，98.4% 的地表水形成于山区。中部的天山山系的河流产水量为 438.1 亿米³，南部的昆仑山、喀喇昆仑山山系产水量为 249.3 亿米³，北部的阿尔泰山系产水量 101.2 亿米³，分别占全疆产水量的 55.6%、31.6% 和 12.8%。只有 1.6% 的地表水形成于平原区。[3]水资源分布相差悬殊还表现在，北部地区单位面积水量是南部地区的 2.6 倍。在西北、东南两部分面积大致相当的区域内，水资源量占比为 93% 和 7%。[4]

回想 2005 年，笔者在网上浏览到关于调水的有关报道和资料，发现有一篇介绍民间水利专家郭开团队，关于"南水北调"大西线调水 2 006 亿米³ 的方案。随后，我买到了第二炮兵政治部原研究员李伶著的《西藏之水救中国》，他用 17 年时间，参与了这一治水大略的一系列实地考察和可行性论证等，用了大量心血

[1]　廖成梅，2017. 中亚水资源问题研究 [M]. 北京：世界图书出版公司，27、31-32.
[2]　王忠，周和平，张江辉. 2012. 新疆农业用水定额技术应用研究 [M]. 北京：中国农业科学技术出版社，1.
[3]　廖成梅，2017. 中亚水资源问题研究 [M]. 北京：世界图书出版公司，27.
[4]　矫勇. 2006. 西北地区水资源问题及其对策高层研讨会. 论文集 [M]. 北京：新华出版社，69.

撰写出版发行的。这是以报告文学的形式，专门报告郭开团队提出引西藏 2 006 亿米³ 水到西北、华北的方案，得到了一大批军队离退休老将军的大力支持，自己感到非常振奋，中国北方缺水问题终于有解决的办法了。媒体报道的影响很大，党和国家领导人都很重视，专门作了重要批示，国家有关部门和科研机构专家也做了大量富有成效的工作，但由于各方对此争议大，特别是一些专家、学者意见分歧很大，最终没有下定决心批准实施。

2010 年 11 月，笔者到新疆乌鲁木齐，听新疆军区军需物资油料处陈处长讲，正在此召开一个《陆海统筹海水西调高峰论坛》，引起很大热议。后经了解，"海水西调、引渤入疆"的设想是，从渤海西北海岸提送海水到海拔 1 280 米的内蒙古自治区东南部，再顺北纬 42° 线方向的洼槽地表，流经燕山和阴山山脉以北，出狼山向西进入居延海，绕过马鬃山余脉进入新疆。通过大量的海水填充沙漠中的干盐湖、咸水湖和封闭的构造盆地，形成人造河、人造湖以镇压沙漠，同时大量的海水依靠西北丰富的太阳能自然蒸发，通过增大湿润北方气候的水汽供应源来增加降水，能治理沙漠、沙尘暴，彻底改变西北地区恶劣生态环境的目的。当时心情非常激动，感到国家搞西部大开发有了新办法。

后再了解，提出抽调渤海水 300 亿米³。一是由中国科学院院士徐建中和上海大学教授黄典贵等，2011 年提出将海水抽提到 1 300 米，从内蒙古引至新疆，每年将耗电 1 400 亿度，预计工程投资需 6 000 亿～ 7 000 亿元，约 9 年收回全部投资[①]；二是西安交通大学霍有光教授，1997 年提出将海水抽提到 1 280 米，考虑沿途的水头损失按 1 400 米计算，再从内蒙古引至新疆[②]。还了解到提出"海水西调"1 000 亿～ 2 000 亿米³，是中国地质大学陈昌礼教授等。他与上述两位专家学者一样，都是提出增加大西北降水量的科学假设者，感觉非常可贵。其方案是抽海水到内蒙古的黄旗海、岱海调蓄，然后，分路就近向浑善达克、科尔沁、毛乌素三大沙地，再向西经库布齐、乌兰布和、腾格里、巴丹·吉林沙漠，直到新疆三大盆地。陈昌礼假设调水形成降水的三个条件是：具有高大山脉的冷凝作用，有充足的水汽供给，有稳定合适的风向和风速。笔者认为这种假设是科学的。如宁夏的六盘山、贺兰山，尽管要比新疆昆仑山、天山、阿尔泰山海拔低 2 000 ～ 3 000 毫米，可年降水量分别高达 766 毫米和 430 毫米，而银川平原年降水量仅为 200 毫米左右，说明山区比平原降水量要多很多。

2006 年笔者到澳大利亚，一个国土面积 769.2 万千米²，大陆四面环海，心想应不缺水，但到后才知降水量比较少，沙漠和半沙漠约占全国面积的 35%。

① 林凌，刘宝珺，2015. 南水北调西线工程备忘录（增订版）[M]. 北京：经济科学出版社，20.
② 霍有光，2012. 绸缪中国水战略 [M]. 西安：西安交通大学出版社，86.

根据澳大利亚统计局（ABS）资料，1961—1999 年澳大利亚全国年平均降水量为 472 毫米。39% 的国土面积年平均降水量低于 254 毫米。中国 1956—2000 年全国平均年降水量 649.8 毫米。澳大利亚全国水资源总量为 4 920 亿米³，仅为长江年径流量的一半，而中国水资源总量约 2.8 万亿米³。澳大利亚降水量分布与我国也有相似之处，各地区降水量差异很大。西部高原和中部沙漠区，属热带沙漠气候，大部分海拔在 200 ～ 500 米，降水量不足 250 毫米；北部半岛沿海区，属热带草原气候，降水量 750 ～ 2 000 毫米，也是全国最多雨地区；东部山区，属温带阔叶林多雨气候，大部分海拔在 800 ～ 1 000 米，降水量在 500 ～ 1 200 毫米。塔斯马尼亚岛最高的山海拔 2 230 米，也是全国最高点，降水最多达 3 000 毫米。[①] 可以看出，山高山多水也多，是地理学与气候学上的一个显著特点。

习近平总书记在党的十八届三中全会上指出："人的命脉在田，田的命脉在水，水的命脉在山，山的命脉在土，土的命脉在树。"深刻指出了人与自然和谐相处的哲学思想。他还反复强调："绿水青山就是金山银山。"

从"湿盆地""干盆地"和靠近海洋的热带雨林、沙漠等大量自然现象看，应当说多调水到大西北，以增加降水量的科学假设，依据是充分的。但关键是调水代价特别大，抽渤海水到平均海拔 1 280 米，每吨海水提高 370 米约消耗 1 度电（每吨淡水提高 377.8 米消耗 1 度电），每年 1 000 亿米³ 海水需耗电近 3 500 亿度，需要近 4 个三峡水电站的发电量，实在是太大了。

在新疆了解到植树造林用水效用高，后从网上了解，自 1993 年 3 月—1995 年 9 月，横贯塔克拉玛干沙漠南北的一条 522 千米的公路通车了，解决了起先在塔中油田打井，不得不从塔里木盆地西线绕行近 2 000 千米，经喀什、和田到民丰安迪尔，再用沙漠车把物资运到塔中井场，出现了高成本运输问题。为解决世界上最大的流动沙漠经常阻断公路运输问题，2003 年启动了塔克拉玛干沙漠公路绿化工程，2005 年建成了长 436 千米、宽 72 ～ 78 米的绿色保护长廊。公路两侧共铺设供水干管 959 千米、支管 1 018 千米、毛管 1.9 万千米，在年降水量平均只有 25 毫米，蒸发能力高达 3 750 毫米的沙漠地区，每 4 千米一口水源井抽水灌溉（108 口水井中有 12 口水井用太阳能发电），用草方格固定流沙植树，形成了以灌木为主的造林微灌系统，年用水 600 万米³，亩均 120 米³，这是用水量最大的公路防护林带。红柳成活率达 99% 以上，有的红松已成大树。

朱镕基总理 1995 年 9 月在新疆考察时，提出新疆经济发展的思路："农业是

[①] 水利部国际合作与科技司等，2009. 各国水概况（美洲、大洋洲）[M]. 北京：中国水利水电出版社，395–397.

基础，水利是命脉，交通是关键。"[①]2000 年 9 月 8 日在视察新疆生产建设兵团工作时要求：一要搞好节水工程。20 年来生态变坏了，胡杨林一片一片地死了，因为地下水位越来越低，塔克拉玛干和库姆塔格两个沙漠也快要合拢了。塔里木河水是很丰富的，有 300 亿米^3，但是如果在上中游，在阿克苏的地域里大水漫灌，那下游就只能仰首翘望。要把大水库、山谷的水库修建起来蓄水，把平原水库关掉。山谷的水库能够蓄水的，蒸发量小，能把水留起来。二要调整产业结构。水稻一亩地用水 1 500 米^3，产粮是 800 多千克，平均 1 千克水稻要 2 米^3 的水，耗水量很大。水稻不宜大量种植。[②]

9 月 10 日朱镕基总理在新疆维吾尔自治区考察后的座谈会上，要求新疆加快水资源开发。第一，应该赶快把已经立项的额尔齐斯河的开发完成。第二，南疆可能是一个很富庶的地方，棉花亩产可以达到 135 千克，山东亩产 50 千克就不得了。但是不解决水的问题，光解决交通问题还是不行。塔里木河水有 300 亿米^3，但没有很好地利用，现都是大水漫灌。第三，伊犁河的开发也迫在眉睫。伊犁河的水怎么利用？你们说是可以开发 570 万亩地，干什么用呢？伊犁地区汇报说用 60% 的土地发展畜牧业，20% 造林，20% 种粮。这样搞的话这条河流将很长时间没法利用。修了恰甫其海水利枢纽，水是留住了，但还是没法利用。按照我的想法，你们最好是把土地 70% 造林、20% 种草、10% 种粮。树叶子可以喂牛羊。我说了不算，因为我没有经过科学的调研，但我这个想法有实践的根据。我们后来在阿克苏城西看到的柯柯牙造林工程，长 25 千米，宽几千米到 15 千米不等。这是 1986 年颉富平同志当地委书记时开始干的，是他倡议建造这个人工林。到处都是沙漠、沟壑纵横，又没有水利设施的情况下，从他那一任开始，四任书记下来，奋斗了 14 年，现在青杨都长成材了，果树成林。谁看了那个"绿色长廊"都惊叹不已，这就是人定胜天啊！在那样困难环境下能够经过十几年的努力，取得这样大的成绩，真是了不起！[③]

从上述朱镕基总理两次考察讲话中可以看出，他提出加快新疆建设发展的必要性、可行性都很强。特别强调光解决交通问题，不解决水的问题不行。要重点搞好植树造林，改变新疆的生态环境。

习近平总书记多次到新疆深入考察。2003 年 8 月，为搞好对口支援新疆，他带领浙江省党政代表团在新疆考察 8 天。到中央工作后的 2009 年又到新疆考察 5 天，天山南北都留下了他的足迹。他同各族干部群众坦诚交心，认真听取大

① 朱镕基讲话实录编写组，2011. 朱镕基讲话实录（第二卷）[M]. 北京：人民出版社，183.
② 朱镕基讲话实录编写组，2011. 朱镕基讲话实录（第四卷）[M]. 北京：人民出版社，24.
③ 朱镕基讲话实录编写组，2011. 朱镕基讲话实录（第四卷）[M]. 北京：人民出版社，27-30.

家的意见和建议，非常关心新疆的经济发展、社会稳定、生态治理、资源状况和国家安全等，从战略全局高度谋划新疆未来。2013 年在出访中亚四国时，提出建设丝绸之路经济带的构想。2013—2014 年的一年多时间，对新疆工作先后作出 30 多次指示和批示。

2014 年 4 月 27—30 日，习近平总书记在新疆考察时强调："做好新疆工作事关全国大局，绝不仅仅是新疆一个地区的事情，而是全党全国的事，全党都要站在战略和全局的高度来认识新疆工作的重要性，多算大账，少算小账，特别是要多算政治账、战略账，少算经济账、眼前账，加大对口支援工作力度。""新疆在建设丝绸之路经济带中具有不可替代的地位和作用，要抓住这个历史机遇，把自身的区域性对外开放战略融入国家丝绸之路经济带建设、向西开放的总体布局中去。""如果丝绸之路经济带建设起来，新疆将可能成为繁华的中心。"可见，习近平总书记对新疆的建设发展高度重视，为新疆的大发展指明了前进的方向。今天的新疆，正站在新的历史起点上……

关注新疆水（二）

新疆地区国土面积 166 万千米^2，土地荒漠化面积 107 万千米^2，土地沙化面积约 74.7 万千米^2。而绿洲在新疆地区占不到 4.3％，却承载了新疆近 2 200 万人口的 95％。太阳能在新疆是特产，其辐射到地球表面的总功率为 200 亿千瓦，是全世界发电站的总功率 10 亿千瓦的 20 倍。新疆绿洲地区对太阳能的利用率不到 1％。随着光伏产业发展，工业和交通运输业的用电将主要依靠太阳能和风能。

新疆地区特殊的地理和气候格局形成很早。据中国工程院重大咨询项目——《西北地区水资源配置生态环境建设和可持续发展战略研究》[1] 认为，大约在第三纪早期距今 6 500 万年，塔里木盆地西部海湾与古地中海相连，印度板块和欧亚板块大陆之间存在着上千千米的海洋，喜马拉雅地区为热带海洋。后来，印度板块和欧亚板块碰撞后青藏高原持续隆升，改变了亚洲地区的大气环流与地理格局，将北半球 15°～ 35° 的纬向干旱带向北推进了大约 10 个纬度，并促使西南季风和东南季风形成，在我国造成干旱区与湿润区的东西向分异。喜马拉雅运动对中国地质构造面貌产生了重大影响，造成古地中海消失，青藏高原再隆升，塑造了中国现代的地理格局，也奠定了新疆"三山两盆"的地貌形态。曾经塔里木盆地西南部在印度板块与欧亚板块碰撞期间发生海侵，形成过与古地中海相连的喀什海湾，

① 钱正英，沈国舫，潘家铮，2004. 西北地区水资源配置生态环境建设和可持续发展战略研究 [M]. 北京：科学出版社，110–114.

而其他地区均已成陆地。再后来，印度板块和欧亚板块在帕米尔地区碰撞拼合，西部海湾消失，塔里木盆地形成内陆盆地。在第四纪距今约 260 万年以后，塔克拉玛干沙漠和内蒙古的沙漠开始形成，并在风力作用下堆积形成了黄土高原。

据邱锋、鸿玲编著的《中国如何拯救世界》[1]记述：我国著名地质学家、中国科学院院士刘东生研究认为，青藏高原 300 万千米^2，中国境内 257 万千米^2，平均海拔 4 000 米。大约 5 000 万年前，印度板块冲击欧亚板块使之隆起。1 000 万年前，青藏高原出海不过百米高，是一片森林，在升高 4 000 米高后，使中亚、中国以北成旱区。特别是 260 万年来抬升加快，达到 5 000 米，变化更剧烈，完成今天北半球格局。巨大的高原体逼迫西风环流分成南北两支，70% 南支，30% 北支。南支，顺喜马拉雅山坡向东南—东北，遇阻岷山、秦岭，转西—西南……形成涡流上高原。受高原高寒影响，所带水汽有的被冻结在高原。北支，受帕米尔高原顶托达 6 000 米入高速风道，快速沿天山、阴山谷坡向东，过三江平原到日本海。北支由于高空高速通过，很少形成降水，干旱持续不断。近 150 年工业革命以来，全球变暖，旱情加剧，沙漠爬上高原。

著名地理气象科学家、中国科学院副院长竺可桢院士研究认为，260 万年前，青藏高原隆起，打乱了原来环流格局，北半球季风环流沿北纬 30° ~ 46° 平稳进行。欧亚大陆没有沙漠，那时的欧洲、西亚、中亚、中国北方包括蒙古全是大森林。青藏高原隆起 2 000 米以上，迫使环流分歧，3/4 南支，1/4 北支，水汽在青藏高原形成涡流，冻结成雪降落，上百万年结雪成冰川。遇冰河期成冰盖，遇间冰期成沼泽，经冰河期、间冰期反复十多次，每次几万年或几十万年，日久天长，就累积成冰川、冻土、地下水，总水量达 700 条长江，合 680 万亿米^3。当青藏高原形成达到平均 6 000 米的巨大高原，决定性地影响着欧亚大陆气候，气象水文水循环。[2]

青藏高原的隆起，打乱了原来环流格局，水汽不入，水分减少，森林消失，渐成沙漠。2 000 万千米^2 的森林，变成草原、沙漠，极大地减少了吸纳二氧化碳的能力，加上近 200 年的工业革命，印度、欧洲、中亚、西亚森林砍光了，二氧化碳排放量急剧增加，形成了温室气体导致全球变暖。[3]不仅如此，新疆地区四周高大的山脉阻挡了水汽进入，还因为欧亚大陆中心与大洋不对称的水交换，以及青藏高原的虹吸效应。

曾任贵州大学经济学院教授、后为加拿大劳力尔大学教授的郭晓明，2007年在《南水北调与水利科技》第 1 期（第 74–78 页）上提出《青藏高原的虹吸效应对欧亚大陆水循环的影响》论文，其主要思想是，地球运动使青藏高原地壳隆起，阻隔了印度洋水汽进入西北。夏天，印度洋季风吹不进去，而冬天从西北

---

①②③　邱锋，鸿玲，2011. 中国如何拯救世界 [M]. 香港：香港新闻出版社，35–36，124，154.

刮来的干冷空气又带走西北的水分，且风带出的水比带进的多。同时，因为青藏高原的山脉是东西走势，其寒冷的冰川将中国北部的水汽虹吸到青藏高原，使得融化的冰雪水大部分流到印度洋和太平洋，无法回流到西北各大盆地，造成该地区水循环链断裂，也造成南涝北旱的淡水分配格局。这种虹吸效应通过正反馈，将西北原有大量存水不断吸走。虹吸效应还抽走了中亚的水分，中亚气温逐年升高。降水量的减少和土壤退化造成了西北及中亚地区的沙漠化。

据何跃青主编的《中国自然地理》讲，在塔克拉玛干大沙漠的钻井作业中，发现在现代沙漠下面埋藏着的湖泊地层，是近一万年来的湖泊沉积，这说明塔克拉玛干沙漠的大面积扩张，有可能是近一万年的事情[①]。

从 20 世纪 50 年代开始，中国西北地区的沙漠在快速扩张。虽然柴达木、巴丹·吉林、腾格里、乌兰布和、库布齐沙漠和毛乌素沙地等不断治理，特别是近五年治理的成效很大，每年减少 1 980 千米²。但是，对我国 130 万千米² 的沙漠戈壁而言，治理的时间很长，路程还很遥远。每当到西北，望着一片片大漠紧邻着一条条水量渐小的大河，真有着一种欲哭无泪的无限忧伤……

实际上，国家对治理荒漠化很早就很重视。1999 年 11 月，中央经济工作会议部署，西部大开发战略正式启动。

随后，中国工程院在国务院领导和有关部委的大力支持下，组织了覆盖多学科的 43 位两院院士和近 300 位院外专家，以《中国可持续发展水资源战略研究》[②] 为总项目，分设水资源评价和供需平衡分析、防洪减灾对策、农业用水与高效农业建设、城市水资源利用保护和水污染防治、生态环境建设与水资源保护利用、北方地区水资源配置和南水北调、西部地区水资源开发利用等 7 个课题，对国家重大战略问题开展专题研究，为国家决策直接提供咨询服务。经过一年多团结协作，提出了 8 个专题研究报告和 1 个综合研究报告的重大科研成果。

2001 年经中国工程院建议，在国务院有关部委、中国科学院、很多高校、科研院所和有关省、自治区的大力支持下，中国工程院组织了覆盖地理、地质、气象、水文、农业、林业、草业、牧业、土地、水土保持、生态、环境、城市建设、历史、考古、社会经济以及石油、天然气、煤炭、冶金等学科的 35 位院士和近 300 位院外专家，并有西北 6 省、自治区 130 多位有关领导和专家参与工作，成立了 9 个课题组，专门以《西北地区水资源配置生态环境建设和可持续发

---

① 何跃青，2013. 中国自然地理 [M]. 北京：外文出版社，89.

② 钱正英，张光斗，2001. 中国可持续发展水资源战略研究综合报告及各专题报告 [M]. 北京：中国水利水电出版社 .

展战略研究》为总项目①，两年多时间就取得了显著成果。

这是院士们、专家们多年理论研究和实践经验的总结，对我国水资源的现状，尤其是西北地区的水资源状况，以及面临的问题进行了全面、深入的阐述，提出了我国水资源利用总体战略。笔者近年来有幸阅读学习了这方面一些材料，深感研究范围广泛、内容丰富，观点新颖、数据翔实，是高层次、高水平的创新性、权威性著作，对思考研究《大国统筹治理长河与大漠》有了很多启示和帮助。

西北的新疆、青海、甘肃、宁夏、陕西和内蒙古西部的国土总面积345万千米²，占全国的36%。西北地域广阔、资源丰富、民族众多，在我国的经济建设、社会稳定和国防安全方面都具有重要的战略地位。其特殊的自然地理条件，极大地影响着我国大的生态环境。

2014年底，全国第五次荒漠化和沙化监测显示，新疆、内蒙古、西藏、甘肃、青海的荒漠化土地面积位列全国前五位，分别为107.06万、62.92万、43.26万、19.5万和19.03万千米²，其余13省（区、市）11.38万千米²。全国沙漠、戈壁和沙化土地总面积172.11万千米²，占国土总面积的17.93%。

新疆荒漠化土地总面积，占新疆国土总面积的64.45%。通过保护和人工造林，2004—2009年，共减少荒漠化土地422.5千米²，平均每年减少84.5千米²。2009—2014年，共减少荒漠化土地589.2千米²，每年减少117.8千米²；沙化土地扩张也在持续减缓，2004—2009年，沙化土地面积共增加414.03千米²，平均年增加82.8千米²。2009—2014年，共增加沙化土地367.2千米²，平均年增加73.4千米²，说明荒漠化治理形势不容乐观。

从上述科学家和学者研究，对地球地理结构的变化所引起气候变化的研究情况看，要解决新疆荒漠化问题，缓解气候变暖，只有全国"一盘棋"地调配水资源和大规模、快速度地植树造林。

但是，新疆的荒漠大治理、大开发，关键是解决缺水问题。有水，金木水火土的"五行"，就可相生相克，这也是很多有识之士希望向新疆调水的原因。国家没有批准实施海水西调和藏水入疆的设想，因调水难度和代价都非常大。如果从青藏高原调300亿米³水，并将黄河冲沙入海160亿米³和分配冀鲁豫60亿米³水输送到河西走廊、新疆，将会产生巨大的生态效益和经济、社会效益。

新疆地区国土面积占全国的1/6。调多少水量？如何调？用什么办法和途径能改变新疆的气候，使之变成天蓝、地绿、水清的美丽新疆。

近几年来，笔者在阅读了大量水利和荒漠化治理方面的专业文选、西北大开

---

① 钱正英，沈国舫，潘家铮，2004.西北地区水资源配置生态环境建设和可持续发展战略研究[M].北京：科学出版社.

发一些资料、党和国家领导人的指示精神，以及有关部门出台的规划计划、政策制度后，心情常常不能平静……

对年降水量少、滴水贵如油的新疆来说，农业是用水大户，也是节水的重点和难点。新疆90%的农田需要灌溉，农业用水总量近一条黄河的年径流量。《中国水利统计年鉴》显示：2013—2019年，新疆农业用水量分别为557.7亿、551亿、546.4亿、533.3亿、514.4亿、490.9亿和511.4亿米^3，占总用水量分别为94.85%、94.7%、94.6%、94.3%、93.1%、89.5%和87.0%，灌溉水利用系数由0.521增为0.561，农业节水高达39.6亿米^3，但水利用系数仍很低。人工生态补水由5.3亿米^{3}增加到49亿米^3，所占比例有所提高，但总的很低。

早在1996年，新疆就引进以色列先进的滴灌设备，逐渐在兵团、部队和各地大农场应用，比渠系漫灌节水40%，但每亩滴灌器材成本高达2500元。在国家和兵团的支持下，新疆天业集团不断攻关，每亩滴灌器材成本已降低到800元至350元。2017年9月17日《人民日报》报道，新疆全区高效节水灌溉面积近300万公顷（4500万亩），占总灌溉面积的47.52%，耕地实际灌溉亩均用水量569米^3，水利用系数0.542。2019年新疆耕地实际亩均用水量553米^3，水利用系数0.561。世界上发达国家如英国、法国、德国、匈牙利、以色列等国的水利用系数则达到0.8～0.9。

近年阅读了《世界最大的输水工程——利比亚大人工河》[①]和《各国水概况》[②]，受到很大启发。利比亚国土面积近176万千米^2。南部为撒哈拉沙漠，气候干旱，水资源短缺，夏季气温高达50℃。全国有90%的面积为热带沙漠和半沙漠，年平均降水量在50毫米以下。沿海地区和山区，年降水量为150～350毫米，大部分地区海拔在500米以下。境内无常年有水的河流和湖泊。1980年全国已有8万多眼井。北部地中海沿岸有一条狭长的绿色地带适合农业生产，也聚集着利比亚大多数城镇人口（2017年全国总人口637万）。海水淡化设备每生产1米^{3}的水需要耗费7.8升的油。

利比亚大人工河，实际上是地下管网输水工程，也称"南水北调"工程，被称为世界第八大奇迹。1953年，利比亚在南部探寻石油时发现了惊人的地下水，相当于尼罗河200年的总流量。利比亚领导人卡扎菲决定将撒哈拉沙漠地下水，打井1300口，井深大部分超过500米，抽上来通过主管道总长4000千米，内径4米的巨型钢筋混凝土管道（PCCP），输送到全国各地，特别是地中海沿岸人口密集区。

---

① 张亚平，赵铁军，等，2003.世界最大的输水工程——利比亚大人工河[M].北京：中国建筑工业出版社，25-36.

② 水利部科技教育司和能源部，水利部水利电力情报研究所.1989.各国水概况[M].长春：吉林科学技术出版社，380-383.

该工程是当今世界上输水管道最长、管径最大、投资最多的远距离输水工程。1984年开工，总工期50年，分5个阶段，已完成前三期，共2800千米，总造价300亿美元。

1994年，由我国原铁道部中土公司沈阳铁路局锦州工程集团，投标参与了第二、第三期施工。长7.5米、内径4米的PCCP管重达80吨，由特制的载重80吨拖车从工厂运输，采用起吊能力250吨履带式吊车装卸，450吨的履带式吊车安装施工。工程质量受到利比亚业主、韩国总承包方及英国监理公司的高度评价，说明中国的管网工程技术早已走在世界前列。

早在1970—1975年，沈阳军区派出8个步兵师、3个工兵团、2个舟桥营，协助大庆油田修建了总长2471千米的8条输油主管道，形成从大庆到秦皇岛和从大庆到大连的两条输油大动脉[①]。而在沙漠中修建管道并不难。

新疆应大力发展农林草业管网输水和滴喷灌，彻底告别明渠输水和大水漫流漫灌的问题。按新疆计划2020年农林草地平均水利用系数0.57算，如果国家加大新疆地区财政支持力度，大力发展管道输水和微滴灌技术，将水利用系数提高到0.8以上，至少可节省140亿米^3。同时，严控出国境水80亿米^3。借调黄河水160亿米^3，可减少从西藏的调水量，就解决了从青藏高原跨流域调水的很多大难题。

为更加科学高效地节水、存水、造水，我们可以算一笔账。全国平均灌溉每吨水增产粮食约为1千克，西部干旱地区生产1千克粮食约需2吨水。按照治沙专家的经验，如果在西北平均植灌木树一棵年用水1吨。若用管网控失水、控产汇流失水、控出国境水、借用黄河水和调用青藏高原水，共800亿米^{3}的水，15年内就可造防风沙和农田防护林带网7亿亩（党的十八大期间，全国完成造林5.08亿亩，林产业总值7万亿元，带动5200万人就业）。

笔者通过深入思考，认为若从青藏高原调300亿立方水到新疆，将黄河流入东海的水减少一些，节省一部分水先分流到新疆，然后大规模地植树造林，森林通过抽取地下水和存水，再反复的蒸发、降水，相当空中多梯次调水。同时，在新疆能通过太阳和四周高大山脉形成一个天然大空调，调节当地的气候。随着气候温和湿润，将林间沙漠戈壁改造成耕地、草场，种植粮棉果菜药，可承载2亿～3亿人口。人们能在这里舒适地生存生活，部队的后勤保障也就不再艰难。

因为新疆有巨大的煤炭和油气储量，证明了这里也曾是茂盛的森林区，所以新疆重回湿润气候极有可能。

新疆降水增多后，就可控制减少地下的煤炭自燃。早在1600年前，北魏地

---

① 中国人民解放军军史编写组，2010.中国人民解放军军史（第六卷）[M].北京：军事科学出版社，393.

理学家郦道元在《水经注》中，记载库车、拜城一带就常有煤田火灾。据不完全统计，新疆有 1 000 多个煤炭燃火点，每年 442 万吨煤炭被地下煤火烧毁，威胁储量 7.78 亿吨。

再回望，西部大开发战略实施 20 年了，主要是公路、铁路、机场、天然气和石油管道干线建设的交通运输业，电网、通信、广播电视业，各种矿产资源开发等方面取得的成效很突出，在水利、生态环境保护和治理等方面也取得了很大成就，但由于跨流域向西北调大量水却一直没有解决，严重制约了西部大开发的进程。

由此可见，若通过大量调水到新疆，可大大改善西北生态环境，结合新疆及整个西北地区土地、光热、风能、矿产等大量资源，进行国土大整治和资源大开发，形成现代化生产的大农业、大林业后，调整布局新兴工业产业，并与现代化的装备制造业、交通运输业、信息化产业发展和现代化的国防建设相协调，就为中华民族复兴布好局、立好势，在地缘政治和国际关系中，就有势、有力、有利，能圆满地实现党确定的第二个百年奋斗目标。

第三章　走近黄河

黄河是中国大地上流动的一部诗歌，也是中华大地上流出的一腔腔热血。它全长 5 464 千米，是中国第二长河、世界第五长河，是华夏民族的母亲河，发源青藏高原巴颜喀拉山脉北麓，呈"几"字形自西向东流经 9 省（区）到渤海。笔者生长在黄土高原，距黄河不算远。1998 年前曾 20 多次乘火车经过郑州等地的黄河大桥，却没有一次走近黄河，目睹它的波澜壮阔。1998 年 9 月 19 日，我们离开新疆乘飞机到银川市，怀着激动的心情第一次来到黄河边上，亲眼看到了黄河水在静静流淌。

塞上江南

地图上的宁夏，可谓"沙漠围城"。西、北、东三面被巴丹·吉林沙漠、腾格里沙漠、乌兰布和沙漠、库布齐沙漠、毛乌素沙地和南面的黄土高原所包围，荒漠化土地占全区总面积的一半多。

当乘坐的飞机缓缓降落时，看到银川平原地貌奇特，农田被沙漠和山脉包围，河湖众多，沟渠成网。与古长城大体平行的一条银光闪闪的河，穿过了宁夏大平原一块块金色的田野，绕过了银川市城外的一座座村镇，与田园美景相衬映，像一幅"天神写、地工造、人工描"的水彩画，这真是大地母亲河——黄河的杰作。

我们到银川后，到了宁夏军区的 3 个团级单位和某集团军某师的 3 个团，检查验收了基层部队"菜篮子工程"建设三年规划完成情况。虽然宁夏气候干燥，年平均降水量仅 287.7 毫米，但比起驻新疆沙漠戈壁、高原高寒部队，驻宁夏部队发展农副业生产的自然条件要好得多。地势低的地方用黄河水灌溉，地势高用不上黄河水的，有的部队就由军区给水团打井灌溉，保证了部队肉菜自给率多数达到 95% 以上。

据宁夏军区后勤部军需处长讲，宁蒙平原的"河套"地区，是从宁夏中卫至内蒙古河口镇的"几"字形广袤辽阔的土地.秦汉时期被称为"河南地"。宁夏黄灌区为"前套"地区，内蒙古黄灌区为"后套"地区，历朝历代都重视开渠引黄灌田。1950 年 11 月，西北野战军独立第 2 军整编为西北军区独立第一师，1952 年 2 月又整编为农业建设第一师，驻守贺兰山边，从事军垦生产。面对渠政废弃、农业衰退、民不聊生的状况，驻宁官兵铸剑为犁、屯垦戍边，全面拉开了宁夏农垦事业建设的序幕。不仅改良了长期战乱荒废的良田，也改造了大片的盐碱荒漠成为粮田，后大部分转为地方国营农场。

国家修建了青铜峡水库，引黄灌溉面积扩大到 600 多万亩，使宁夏变成了"塞上粮仓"。银川不仅田野广阔，稻花飘香，且河湖众多，有大小湖泊近 200 个，让人感觉城在湖中，湖又在城中，不逊于江南水乡。用黄河水灌溉的水稻、玉米等庄稼长势喜人，粮食产量高，质量非常好。这真是"天下黄河富宁夏，塞上江南米粮川"的真实写照。

1996 年，沙湖被列为全国 35 个王牌景区之一，湖面 45 千米^2，周边的沙漠 20 多千米^2，有山、水、沙、苇、鸟，构成了独特的秀丽景观，既有大漠戈壁之雄浑，也有江南水乡之秀美，真是一处集江南秀色与塞上壮景于一体的"塞上江南""塞上明珠"。我们路过沙湖时，目睹了沙湖壮美的风光。据讲解员讲，沙湖连接周边的贺兰山森林保护区和半荒漠区，形成了集荒漠草原、湿地、沙漠为一体的湿地生态系统，为鸟类提供丰富的食物资源和良好的繁殖栖息地。我惊奇于西部荒凉的大漠中，竟有这样的世外桃源。

据史料记载，大约一万年前的新石器时代，人们就在这里繁延生息。公元前 221 年秦王朝统一天下后，秦始皇令大将军蒙恬率三十万大军直奔富饶的河套平原，赶走了经常南犯的匈奴人，使其逃向漠北。当时，为就近解决十万常驻军队军需供应问题，大规模移民十万多人，蒙恬率官兵和移民开渠引黄河水灌田，这十年成为宁夏历史上首次的农业水利大开发时期。当时这里富裕文明程度不比中原和关中平原差。他是古代开发宁夏第一人，誉为"中华第一勇士"，还监修万里长城和九州直道，以守万里江山。

公元前 127 年，汉朝与匈奴发生大规模战争，名将卫青带兵驱赶了占领多年的匈奴人，收复了黄河以南大片土地，移民十万人。两年后，又利用山东发大水灾，一次就从灾区向河套移民 72.5 万人，兴修水利、屯垦戍边，取得了巨大的军事、经济效益，大大减轻了人民的负担。[①] 随后，各朝各代都重视宁蒙平原的水利发展，到清朝中期宁夏引黄灌区达 220 万亩。民国时期农业和水利受到动荡时局影响，冯玉祥将军铁面治水，宁夏的农田灌溉面积最多时达 270 万亩。

宁夏地区特别缺水，贺兰山以西为内陆干旱和极干旱区，以东则为半干旱草原区。全区平均年降水量 287.7 毫米，平均年水资源总量 9.9 亿米^3，平均年产

---

① 王岚海 . 2018. 宁夏水利史话 . 银川：宁夏人民出版社，18-28.

水模数为 1.9 万米^3/ 千米^2，为全国最低，比缺水的内蒙古地区的产水模数 4.4 万米^3/ 千米^2 还少一半多，生产生活生态用水完全都依赖黄河供水。

现今，宁夏地区耕地面积达 1 210 万亩，每年得到国家分配的黄河水已由 40 亿米^3（1998—2004 年平均为 30.5 亿米^3）增加到 64.7 亿米^3，占宁夏总用水量的 90% 以上。农业用水量占总用水量 90% 以上，农田有效灌溉面积 690 万亩，成为全国十二大商品粮基地之一。但是，还有耕地 520 万亩和宜农荒地 700 多万亩用不上黄河水。

据《黄河流域综合规划（2012—2030 年）》[①]，2012 年宁夏农田灌溉定额每亩用水 983 米^3，水利用系数 0.4（2018 年为 0.535）。确定到 2020 年和 2030 年，宁夏地区农田有效灌溉面积分别达到 694.2 万亩和 797.8 万亩，其中：2030 年渠道衬砌达到 560.5 万亩，管灌、喷灌、微灌三项达到 81.2 万亩，占 10.1%，非工程节水措施面积 505.05 万亩，水资源利用率仍然很低，但是比 2000 年实灌定额亩均 1 213 米^3 相比节水很多。

近几年，笔者两次到宁夏和河西走廊察看，不明白农田灌溉为什么很少应用管道输水，也问了一些农民，回答基本都一样：个人没钱辅管道，只能依靠政府。后来，阅读了中国社会科学院邓英淘、王小强、崔鹤明、苏丁撰写的《西部调水，事关全局，大有可为——甘宁二省区水土资源问题考察报告》。[②] 其中提出，西部开源，逼近极限；西部调水，势在必行；没有灌溉，没有农业。当地水科所专家认为，尽管渠道衬砌、小畦灌溉和膜上灌溉等技术节水，减少了渗漏、蒸发，但田边、渠边、路边、房边、绿洲外围的树和植被都很难生长，一场干热风过去就把庄稼吹干了。

从年降水量与年蒸发量（实为蒸发能力，蒸发量只是试验数据，严重干旱缺水的地区，本无大量水蒸发）比较看出，宁夏、甘肃年均降水量仅有 287.7 毫米和 301 毫米，蒸发量在 1 500 毫米左右，银川市年均降水量仅有 200 毫米左右，蒸发量高达 1 600 毫米，如果不能大规模调水到西北，大力发展管道输水灌溉，改善西北的大气候环境的可能性不大。那么，如果建设大型水利工程大柳树水库，宁夏开发灌溉农田 1 000 万亩的规划就不难实现，"塞上江南"必将更加广阔壮丽。

---

① 水利部黄河水利委员会 . 2013. 黄河流域综合规划（2012—2030 年）[M]. 郑州：黄河水利出版社，132–134.
② 邓英淘，2013. 再造中国，走向未来 [M]. 上海：上海人民出版社 .

长河落日

在银川市途经黄河公路大桥边停车休息时，第一次走近黄河，望着这条宁静致远，又奔流不息的大河，给了我一种久违的感动，一种激荡于心底的激情。夕阳西下之时，整个河谷笼罩在一片金黄色之中，静静流淌的黄河水，自由舒展地蜿蜒前行，既显得很温柔，又是那么雄浑、从容、平静、安详，使我近距离地看到了古老黄河的自然魅力。站在黄河岸边向西眺望，虽没看到"大漠孤烟直"，但看到了硕大、滚圆、壮观的"长河落日圆"，真切感受到王维的诗句美妙神奇。

千古绝唱的诗句"大漠孤烟直，长河落日圆"，是唐代诗人王维在一千多年前，奉命去西域边疆慰问将士途中一次奇遇时，所作《使之塞上》诗中的两句。有人说，内蒙古巴彦淖尔的乌兰布和沙漠与九曲黄河相依相偎，形成了"大漠孤烟"与"长河落日"的绚丽壮景。还有人说，宁夏中卫市的腾格里沙漠与黄河相依映照，形成了这种壮丽风光。王维看到这荒凉辽阔的大漠中的一股狼烟，又看到这横贯沙漠中的长河落日，既壮阔、煦丽、神奇，又荒寂、惆怅、悲凉，形成鲜明对比，有感而作的诗。事实上，黄河、沙漠的性情很复杂，狂怒、暴躁时最残酷无情，温顺、安静时倍感亲切可爱。

长河，泛称各种大河，特指黄河。在古代，黄河河面宽阔，水量充沛，水流清澈稳定。我国最古老的《说文解字》书中称黄河为"河"。秦汉以前是黄河的专称。最古老的地理书《山海经》中称黄河为"河水"。北魏郦道元的《水经注》以《河水》开卷，河水就是黄河。《史记》中称"大河"。唐朝王维的诗句"长河落日圆"中称"长河"。也有的学者认为，公元前4世纪的战国时，有人称"蚀河"，而"黄河"一词第一次出现在西汉初年，汉高祖刘邦封功臣的誓文中。东汉时因河中泥沙很多，称"蚀河"或"黄河"的人多，但未获认同。唐朝以后，黄河这一名称开始正式使用。

河与江也是有区别的，通常把注入内海或湖泊的河流叫河，把注入外海或大洋的河流叫江。我国北方的河流多称为河，南方的河流多称为江。最早的"河"指黄河，最早的"江"指长江。

黄河发源于青藏高原巴颜喀拉山北麓海拔4 500米的约古宗列盆地，流经青海、四川、甘肃、宁夏、内蒙古、山西、陕西、河南、山东9个省（区）到渤海，横跨青藏高原、内蒙古高原、黄土高原和华北平原4个地貌单元，地势西高东低，逐级下降，为三级阶梯，流域面积79.5万千米^2。

黄河流域多年平均降水量 446 毫米[1]。也有资料显示 464 毫米[2]。近年降水量多在 500 毫米左右。西北部为干旱气候，如宁蒙河套平原年降水量 200 毫米左右；中部属半干旱气候；东南部基本属半湿润气候，秦岭、伏牛山、泰山一带年降水量超过 800 毫米为湿润气候。黄河流域年平均气温 6.41℃。近 20 年来，随着全球气温变暖，黄河流域的气温也升高了 1℃左右。兰州以上气温较低，平均水面蒸发量 790 毫米；兰州至河口镇区间，气候干燥、降水量少，为多沙漠干旱草原，平均水面蒸发量 1 360 毫米；河口镇至花园口的中游区间，平均水面蒸发量 1 070 毫米；花园口以下平均水面蒸发量 990 毫米。

从中国年降水量分布来看，半壁江山是在干旱、半干旱地区，年降水量少于 400 毫米。荒漠化的土地面积 261 万千米²，其中沙漠戈壁约占一半，还有近 100 万千米² 的沙化土地。这些土地大多地处黄河以西、以北地区，自然环境条件比较恶劣。

但是，黄河流域东临大海，南靠秦岭、青藏高原，西靠贺兰山、祁连山脉东，北靠阴山山脉，处于一个相对稳定的环境中。

在北宋以前的一千多年中，黄河中游地区曾是全国最富饶的地区，大量财富的创造和积累，为政治军事的强大、经济贸易的发展、社会文化的繁荣，提供了雄厚的物质基础，成为华夏古代政治经济文化中心。

黄河不仅是一条雄浑的自然之河，也是一条泽润万物的生命之河，一条奔腾不息的文化之河，更是中华民族的母亲河。

天下黄河富宁夏，有什么办法才能富新疆、河西走廊，还有内蒙古高原、黄土高原呢？特别是在黄河穿过或经邻近的腾格里、乌兰布和、库布齐、毛乌素沙以及西北广阔的大漠戈壁，应当考虑多使用黄河水浇灌。

实际上，孙中山先生早在百年前的《建国方略》中第二部分的"实业计划"就曾设想："黄河筑堤，浚水路，以免洪水。蒙古、新疆之灌溉。于中国北部及中部建造森林。移民东三省、蒙古、新疆、青海、西藏。"[3]

后来，笔者曾 5 次到过宁夏、甘肃，在石嘴山、银川、青铜峡、中卫、白银、兰州等地的黄河边驻足观望，又在黄河流经景泰县的石林地质公园坐羊皮筏子横渡黄河。总之，每一次走近黄河，都能对中华民族母亲河的伟大有更进一步的认识。

---

① 水利部黄河水利委员会编 . 2013. 黄河流域综合规划（2012—2030）[M]. 郑州：黄河水利出版社，（1956—2000 年系列），3.

② 中华人民共和国水利部，2019. 2019 中国水利统计年鉴 [M]. 北京：中国水利水电出版社，（1956—1979 年系列），15.

③ 孙中山，2011. 建国方略 [M]. 北京：中国长安出版社，85–86.

大河文明

世界文明是大河文明。走进历史深处，方知四大文明古国都发源于大江大河。

黄河文明是华夏文明之根，也是华夏文明的灿烂之源。据史料记载，黄河文明的形成大约在公元前 4000 年至公元前 2000 年。在早期文明阶段，黄河流域出现了邦国，形成了城池，产生了农业生产的社会化，手工业生产的专门化，言行礼制的规范化，贫富开始分化产生阶级，文化艺术也有了较大发展。

据中央电视台纪录片《稻米之路》报道[①]：早在 1 万年前，小麦在黄河流域被我们的祖先驯化种植，水稻在长江以南就已采集或种植。大约 9 000 年前，水稻已在黄河中下游水量较多的地区出现了种植的奇迹。6 000 年前后，水稻已开始向黄河以北地区扩大种植面积，但因北方干旱少雨，水稻发展面积也是星星点点，只有小麦、谷子、玉米适合黄河流域干旱的气候大面积种植。笔者认为，历史学家们研究分析符合客观实际。冬小麦一年生长经历四季，由秋种、冬眠、春长到夏收。加工成面粉后，制作的美食品种多、口感好、营养丰富，深受百姓喜爱。通过几千年发展，馒头、锅盔、饼子、面条、饸饹、凉皮、包子、饺子、馄饨、点心等，不仅黄河流域的人爱吃，全国其他地区很多人都爱吃，甚至有很多外国人也喜欢，这说明黄河流域的物质文明起源较早。

据葛剑雄、胡云生编著的《黄河与河流文明的历史观察》记述，夏商周三代，是黄河文明的发展阶段。黄河中下游地区森林密布、稻谷飘香，逐渐形成文明的中心，产生了较健全的国家机构，制定了法规礼制，出现了较规范的文字，发展了农业、商贸和科学技术。还出现了中国首部诗歌总集《诗经》和诸经之首《易经》。春秋战国时期，出现了影响中国几千年文明发展的道家、儒家、墨家、兵家、法家、纵横家等百家争鸣的学术流派，应当说，在此前两千多年黄河文明诞生的诸之百家，开始为华夏文明发展产生了不懈的动力源泉。

到秦汉唐三朝，是黄河文明发展的黄金时代。虽然战争不断，但黄河流域的经济、文化很繁荣，出现了天象、历法、农学、地理、水利、机械、冶炼、陶瓷、纺织和四大发明等科学技术，还创立了医学、药学、数学（珠算、几何）、力学、光学、声学、磁学和建筑学等学科，产生了秦腔、汉赋、唐诗、宋词、元曲、书法、绘画、雕塑等文化艺术。留传后世的各类史书浩如烟海，记载着古往今来王朝的兴替。名家、名人更是层出不穷。长安、洛阳、开封都是世界级的大都市。《孙子兵法》《河图洛书》《清明上河图》《千金要方》《水经注》和勾股定

---

① 中央电视台，2019.稻米之路 . 2019-7-6.

理、圆周率、地理高程等，都是黄河文明对世界文明的贡献。

从各种史书中记载和文献资料中均显示，中国从夏商周、春秋战国到秦汉唐和北宋，文明的中心在黄河流域，在此建立国都的总时长达 3 000 多年，曾是我国的政治中心、经济重地、文化摇篮。到了南宋和元明清王朝，文明中心渐渐向长江流域转移，形成了黄河与长江的"两河文明"。

黄河也是国家大统一的利器。各诸候小国无能力治理黄河泛滥，下游想治理上游不治理也没有用，甚至上游决开河堤淹没下游，小国无法独立生存。

黄河是华夏民族生生不息的一条大血脉。她以母亲般的慈善之心支撑起民族大厦，以勇往直前的精神承担了历史责任，是中华政治、经济、军事、科技、文化、社会发展的中坚力量，受到万国朝拜。黄土、黄河、黄帝、黄种人，渐渐成为中华民族的象征。

黄河流域无论遭遇了多少次大的水灾、旱灾，打了多少次的内外战争，历经分分合合，中华民族大家庭始终追求统一。黄河孕育的民族，已经发展成为世界上人口最多的民族。黄河，是中华民族的摇篮，是中华灿烂文化发展的沃土。奔腾在辽阔大地上的这条黄色巨龙，创造了中华的文明史。

五千年过去了，黄河孕育中华志，从未中断轩辕情。黄河文明的传播是纵向的，也是横向的，它汇集流淌了五千年不曾中断的各民族的智慧与勇敢、苦乐和酸甜。

1948 年 3 月 23 日，中共中央机关离开陕北东渡黄河前往华北时，毛泽东主席站在汹涌奔腾的黄河岸边，凝望着混浊咆哮的黄河叹道："你们可以藐视一切，但不能藐视黄河。藐视黄河，就是藐视我们这个民族。"

美国地缘政治家罗伯特·D.卡普兰在所著《即将到来的地缘战争》[①] 书中分析："中国的威胁几千年来主要来自欧亚草原地带，集中位于北部和西北部。过去中原本土的汉人和满族、蒙古、匈奴等沙漠民族相互交融，已经形成了中国历史的核心主题。这也是中国早期王朝的都城往往建在渭河流域的原因之一，那里有足够的降水量，适宜农业人口定居，也比较安全，不易受到北方高原游牧民族的侵扰。"笔者认为，他的分析比较符合华夏各民族的历史。

他还进一步分析：美国地理环境的典型特征是排列整齐有序的森林、草原、沙漠、高山和海岸，密西西比河和密苏里河呈南北流向从中间贯穿而过。中国疆域辽阔，渭水、汉水、黄河和长江从西向东奔流不息，从欧亚内陆严寒干燥的高地流向湿润的农业区域，直达太平洋海岸。这些农田耕地，也可分为华北地区生长季节较短的旱地，如小麦和谷子的主产区，以及华南湿润高产的双季水稻秧

---

① [美] 地缘政治家罗伯特·D.卡普兰，2016. 即将到来的地缘战争 [M]. 广州：广东人民出版社，203–205.

田。这种逐步扩大的过程始于渭水周围的"摇篮"区域，在 3 000 年前的西周时期那里最为繁荣昌盛，中国的经济增长从渭河和黄河下游河道向外扩散，后进一步南移到大米和茶叶的主产区，即现今中国的东南部直到越南北部。

从以上这些情况比较分析可以看出，罗伯特对黄河农耕文明的发展及地位作用评价，是比较客观的。在中国数千年的历史长河中，游牧民族由于人逐水草而居，生存环境差，与黄河流域的农耕文明不断发生冲突，也不断融合。这两支文明的交汇处，实际上是一条 400 毫米的等降水量线。

大河赐予了世界四大文明肥沃的土地，使人类能繁衍生息。古埃及文明，是尼罗河的赐予，广袤的河谷土地得到灌溉，成为埃及人的天然粮仓。古巴比伦文明，是幼发拉底河和底格里斯河冲积形成的平原，得到灌溉的耕地形成发达的农业，带动了经济社会文化的繁荣昌盛。古印度文明，发祥于印度河和恒河，使冲积的印度半岛平原河流纵横、土地肥沃、农业发达。

据有关专家们考证，中国之外的三大文明古国，除政治上、军事上不能支撑和保持文明的发展外，还有一个重要原因，就是曾因上中游地区森林过度砍伐，草原过度放牧、垦荒，农田过度灌溉等行为，导致大量水土流失，土地沙化、沙漠化、盐碱化及气候变化，使昔日的"地中海粮仓"，美丽的"空中花园"，世界的"佛教圣地"，渐渐衰落或消亡。曾经的世界四大文明古国，如今只有华夏文明在延续发展。而中国至少有 3 000 多年的时间，是东亚最强大的国家。

当然，华夏文明的延续发展，原因虽然很多，如有象形文字的保持，浩瀚的古代文献，崇敬祖先传承的勤劳勇敢善良的精神等，但也与黄河文明中的汉民族与各少数民族的交往交融有关。

2019 年 7 月 15 日，习近平总书记在内蒙古赤峰市博物馆视察后深刻指出："我国是一个统一的多民族国家。中华民族是多民族不断交流交往交融而形成的。中华文明植根于和而不同的多民族文化沃土，历史悠久，是世界上唯一没有中断、发展至今的文明。"

2019 年 9 月，习近平总书记在郑州考察黄河治理及黄河博物馆后强调："保护传承弘扬黄河文化，让黄河成为造福人民的幸福河。""黄河文化是中华文明的重要组成部分，是中华民族的根和魂。要推进黄河文化遗产的系统保护，深入挖掘黄河文化蕴含的时代价值，讲好'黄河故事'，延续历史文脉，坚定文化自信，为实现中华民族伟大复兴的中国梦凝聚精神力量。"

黄河悲伤

黄河是一条举世闻名的多泥沙河流，缘于在中上游有 64 万千米^2 的黄土高原盛产泥沙。数万年以来，黄河用大量的泥沙，在下游冲积形成了约 25 万千米^{2}的"黄淮海大平原"，又称华北大平原，为中华儿女提供了一片生存和发展的热土。

黄河也是一条多灾多难的河，它水少沙多，水沙异源。上游水多，中游沙多，下游善淤、善决、善徙，洪灾频繁暴发，"三年一决口，百年一改道"，渐渐形成了地上"悬河"。

据《黄河流域综合规划》讲述，从公元前 602 年到 1938 年花园口扒口的 2 540 年中，史料记载的黄河决口泛滥年份有 543 年，决堤次数达 1 590 次，经历 5 次大改道和迁徙，洪灾波及范围北达天津，南抵江淮，包括冀、鲁、豫、皖、苏五省的黄淮海平原，纵横 25 万千米^2，给两岸人民带来了巨大、深重的灾难。

两千多年来，黄河上游的宁蒙平原引水灌溉，中游渭河、泾河等支流开渠灌田，下游河道不仅灌溉了两岸农田，还沟通了各地的航运。

近千年来，黄河流域的灾害日益加重，经济重心逐渐向长江以南地区转移。通向江南的运河，从战国时期以军需物资运输为主，渐渐转为以运粮为主。到了宋元明清，疏通黄河中下游的运粮河道是治理黄河的主要任务，而其他兴利除害则不在考虑之内。

近 20 多年来，笔者曾到访山东、河南、陕西、山西、内蒙古、宁夏、甘肃、青海 8 个省、区的黄河沿岸。也曾从济南沿黄河到青铜峡，专程又到滨州、东营的河口察看。尤其是 2017 年 7 月和 9 月，两次来到黄河壶口岸边，面对着这震撼人心、日夜奔腾不息的黄色大河，耳边仿佛听到了诗人赞颂黄河的声音：黄河——中华民族的母亲河，您是那样的气势磅礴，您是那样的宏伟壮观，您是亿万华夏儿女力量的源泉，您滋润着祖国富饶的大地，养育了千秋万代的炎黄子孙……

黄河滋养了北方大地，孕育了五千年华夏文明。黄河是中国的大动脉，奔流着民族的血液。黄河流域壮丽的美景、骄傲的伟业、悠久的历史，使许许多多文人墨客写下了不朽篇章，发出了由衷的歌唱。

黄河水从巍巍的雪山中走来，在荒漠风沙中跋涉，在惊涛骇浪中前行。当她来到黄土高原壶口时，已汇聚了无数条河流的奔跑与歌唱、激情与忧伤……

久久地站在这条长河边，有时感觉她在咆哮、怒吼，有狂傲、悲愤的感觉，有时感觉她在哀号、沉吟，声声悲凄、悠长，就像秦腔剧一样在撕心裂肺地唱诉着曾经无数个苦难家庭的经历，也好像在怨愤人们没有善待她一样，有着说不完、道不尽的愤怒与悲伤、痛恨与哀怨……

黄河曾为华夏民族提供了优越的生存生活环境，但随着环境的变迁，黄河在哺育了一代代华夏儿女后伤痕累累，有时表现出暴躁、不安，有时在呻吟、泣诉，有时却沉默、无言。缘于人们无序地开发使用黄河水，破坏了流域的生态环境，形成了万里黄河万里沙。特别是近千年来，黄河两岸的树木被砍伐，河岸的草场枯萎，草原沙化，湿地萎缩，湖泊干涸。得到养育的亿万人对母亲河心存无限的感激、感念，也有受灾的千万人对她怀有无尽的怨恨、无奈、忧愁……

黄河流域有过数不清的苦难史，不仅洪、涝、旱、蝗、瘟疫等自然灾害不断，两千多年来的战乱也不断，几乎每个朝代更替都是通过战争完成的。黄河以南的大汉民族与黄河以北的匈奴、突厥、义渠、蒙古、鲜卑、柔然、拓跋、党项、契丹、女真等少数民族不断进行冲突和融合。黄河流域的中华儿女，也经历了从第一次鸦片战争开始同西方列强不屈不挠的斗争。

特别是抗日战争国共合作时，八路军和杨虎城的陕军作为主力，依靠黄河和中条山天然屏障，英勇抗击阻挡了日军大规模、长时间、高强度的向西进攻，最终使陕西及西北地区免遭日本铁骑践踏。

保卫黄河，保卫华北，保卫全中国的黄河大合唱，就是在抗日战争时期产生并唱响了祖国的大江南北。它既是赞美中华民族五千年的灿烂文化，反映中华民族历经苦难与大自然不懈斗争的一曲可歌可泣的史诗，更是凝聚中华各民族强大意志和力量，共同抗击和战胜帝国主义，推翻封建主义和官僚资本主义的崇高伟大精神的颂歌。

近千年以来，黄河曾不合理的过度开发或将大量珍贵的水输送入海，20 世纪 60 年代年平均入海为 499.6 亿米^3，70 年代为 313 亿米^3，80 年代为 284 亿米^3，90 年代为 187 亿米^3。近年在 200 亿米^3 左右。

《黄河流域综合规划（2012—2030）》[①] 记述，1919—1975 年黄河多年平均年径流量 580 亿米^3；1956—2000 年为 534.8 亿米^3；《2019 中国水利统计年鉴》[②] 显示，1949—1988 年则为 628 亿米^3；1956—1979 年则为 661 亿米^3。近年也多在 600 亿米^3 以上（如果是 1919—2018 年的百年统计数据则更好），这有全球气候变暖，青藏高原冰雪融化增加，也有西北地区退耕还林还草的原因。

黄河作为中国第二长河，2012 年河川径流量仅占全国的 2%，位居我国七大江河第五位（小于长江、珠江、松花江和淮河）。年人均 470 米^3，耕地亩均 220 米^3，分别占全国人均值的 23% 和亩均的 15%。扣除调往外流域的 100 多亿米^3 水量后，流域内人均、耕地亩均水量则更少。

20 世纪 80 年代以来开展的历次流域规划，采用 1919—1975 年的 56 年系

①　水利部黄河水利委员会 . 2013. 黄河流域综合规划（2012—2030）[M]. 郑州：黄河水利出版社，4–5.
②　中华人民共和国水利部，2020. 中国水利统计年鉴 2019[M]. 北京：中国水利水电出版社，4，15.

列，黄河流域多年平均天然径流量为 580 亿米^3，上中游来水多达 559.2 亿方，其中兰州以上年径流量占全河的 61.7%，而流域面积仅占全河的 28%。下游来水仅 21 亿米^3。

根据 1987 年经国务院批准的"黄河可供水量分配方案"，称"八七分水方案"。分配上游 143.5 亿米^3（青海 14.1、四川 0.4、甘肃 30.4、宁夏 40、内蒙古 58.6）；分配中游 81.1 亿米^3（陕西 38、山西 43.1）；分配下游 145.4 亿米^3（供黄河以北海河流域的河北和天津各 10，供黄河以南淮河流域北部地区的河南 55.4、山东 70）。耗水限额共 370 亿米^3。冲沙入海水量不少于 200 亿米^3[①]。2012 年国务院批准的《黄河流域综合规划》（第 42 页），在南水北调东、中线工程生效后至西线一期工程生效前，黄河流经各省（区）的地表水量限额为共 401.7 亿米^3。其中：上游 182.2 亿米^3（青海 15.6、四川 0.4、甘肃 37.5、宁夏 64.7、内蒙古 64）；中游 89.3 亿米^3（陕西 42、山西 47.3）；下游 130.2 亿米^3（河南 57.3、山东 66.7、河北 6.2）。冲沙入海和河道基流水量不少于 187 亿米^3。可是，2002 年批准南水北调东、中线调水量 278 亿米^3，至 2019 年底一期工程已通水 5 年，每年调水约 60 亿米^3，华北平原缺水问题依然很严重。

黄河流域干旱少雨严重。现如今，不仅是资源性缺水、结构性缺水，而且还是工程性缺水，用水浪费现象也很严重。据中国水资源公报：2014 年黄河区供水量 387.5 亿米^3，农业用水 274.5 亿米^3，占总用水量的 70.83%；2015 年黄河区供水量 395.5 亿米^3，农业用水 281.5 亿米^3，占总用水量的 71.17%。可见农业用水是黄河用水大户，占黄河总用水量的 70% 以上。农业用水量很大，水资源浪费也很严重。黄河灌区用水大户如宁夏、内蒙古、甘肃、青海等，2015 年水利用系数为 0.501、0.521、0.541、0.489；2018 年水利用系数为 0.535、0.543、0.560、0.499，意味着大量的水被渠系渗漏、蒸发。而有条件的地区采取管灌、滴灌、喷灌等先进的灌溉方式。其中：管道输水滴灌比传统方式节水 50%～70%，喷灌比畦灌、渠灌等传统方式节水 30%～50%。

由此可见，大力发展管道输水、滴灌和喷灌，将是今后农业灌溉发展的必然趋势，近年来黄河流域节水系数有所提高，如果黄河流域大力推广管道输水和滴、喷灌，水利用系数达到 0.8 以上，可节水 80 亿米^3 以上。

1954 年黄河流域共有耕地面积 6.56 亿亩。据《黄河流域综合规划（2012—2030》讲，在大量退耕还林后，2012 年耕地总面积 2.44 亿亩，农田有效灌溉面积 7 765 万亩，平均用水定额 420 米^3/亩，水利用系数为 0.49。下游的流域外农田灌溉面积 3 335 万亩，全流域内、外农田灌溉面积 1.11 亿亩。《规划》确定

---

① 交通部黄河水系航运规划办公室，1988. 黄河水系航运规划报告 . 100-101.

2020 年、2030 年，流域内农田灌溉面积分别为 8 383 万亩、8 697 万亩，水利用系数分别达到 0.56、0.61，说明节水任务很艰巨。

2019 年 8 月，习近平总书记在甘肃考察时，就谈到黄河之"病"："我曾经讲过，长江病了，而且病得还不轻。今天我要说，黄河一直以来也是体弱多病，水患频繁。""究其原因，既有先天不足的客观制约，也有后天失养的人为因素。这些问题，表象在黄河，根子在流域。"习近平总书记对黄河流域的问题看得很准，讲得很形象。

一个月后他在郑州考察后指出："黄河生态系统是一个有机整体，要充分考虑上中下游的差异。上游要以三江源、祁连山、甘南黄河上游水源涵养区等为重点，推进实施一批重大生态保护修复和建设工程，提升水源涵养能力。中游要突出抓好水土保持和污染治理，有条件的地方要大力建设旱作梯田、淤地坝等，有的地方则要以自然恢复为主，减少人为干扰，对污染严重的支流，要下大气力推进治理。下游的黄河三角洲要做好保护工作，促进河流生态系统健康，提高生物多样性。"

河患治理

孕育了中华文明的黄河是我国经济社会的生命线。据考古发现，黄河流域在距今 1 万至 3 000 年前，由温暖湿润气候期渐渐变为较干凉气候期。在温暖湿润气候期中，黄河流域气温高、雨量多。黄河中下游地区属亚热带，河流、湖泊众多，土地肥沃，森林密布，植物动物种类繁多。尤其是犀、象、鹿、鳄等对气温要求高的动物多，竹子分布广泛。河南简称"豫"的由来，是象形字"豫"的根源，被描述为人牵象之地。

以中国科学院院士竺可桢为代表的气候气象学家研究表明，近 5 000 年来，黄河流域气候经历了 4 个温暖期和 4 个寒冷期的交替变化，且表现出经常性、突发性与周期性。但总的来讲，近 2 500 年来黄河流域转为温带，降水减少，有的湖泊消失，有的支流干涸。尽管如此，黄河中下游仍然是我国经济社会文化发展最早、最快的地区，人口繁多，经贸繁荣，社会繁华，文化繁茂。

黄河由于自然灾害频发，特别是水害严重，给沿岸百姓带来深重灾难。几千年来，中华民族为了黄河安澜进行了不屈不挠的斗争，历朝历代都投入大量人财物治理黄河。从公元前约 2 100 多年的夏朝大禹治水，到秦朝统一中国后的 2 200 多年间，开始大规模修筑黄河下游坚固的大堤，虽然水灾基本得到控制。但总体上讲，黄河流域洪、旱灾害曾很严重，出现"三年一决口，百年一改道"。下游河道变迁的范围，大致北到海河，南达江淮。

在治河的历史上出现了很多杰出人物。从汉朝到民国的 2 100 多年间，西汉有"治河三策"的贾让，东汉有"十里立一水门"的王景，元代有疏、浚、塞并举的贾鲁，明朝有"束水攻沙"的潘季驯，民国有"疏浚下游河道，修建支流拦洪库"的李仪祉。还有美国的费礼门主张"使黄河流于狭道中"，德国的学者恩格斯主张"固定中水河槽"。以他们为代表的外国友人专门到黄河考察采水样、土样检验，有的在大学建立黄河水工实验模型开展实验，或发表不少论述。[1] 日本的吉冈义信著有《宋代黄河史研究》，对埽工的创建与应用、四季水情的鉴别、堤防修筑和堵口工程、引黄放淤、民夫调用制度、治黄机构和主要治黄方策等均有较详细的论述，这种研究治理黄河的科学精神可敬可佩[2]。

可是，很多人却不知道，上马能率兵杀敌，下马能治水理政的人物也不少。如秦朝的大将军蒙恬和监御史禄，西汉的大将军卫青，三国时期的军事家邓艾将军，宋朝时的大政治家、军事家、文学家、教育家，官至兵部尚书的范仲淹积极治理黄河；明朝曾任兵部尚书的徐有贞，清朝任陕甘总督、两江总督等的左宗棠等。还有我国前水电部部长傅作义将军，在 1943 年曾任国民党绥远省政府主席和警备司令时，为增强抗日作战军需供应保障能力，提出"治水治军并重"的口号，开渠灌田 1 000 多万亩。

历史上还有不少治水人物，都有过治国、治军或在沙场指挥作战的光辉史绩。如春秋时期楚国的孙叔敖，南北朝时北魏的郦道元，北宋的王安石、沈括，明朝的刘天和、刘大夏、潘季训，清朝的靳辅、林则徐、魏源等。明清时期有 7 位水利专家都曾任过兵部尚书或授过兵部尚书官衔，这说明有些会治水的人多会带兵、理政。因治水如同打仗和治国，需要调动人、财、物等资源，统筹指挥、运筹帷幄，尤如隔行似隔山，然而隔行不隔理[3]。

我国不仅历代将相组织治河、护河，历朝帝王也都将治水、治军与治国理政同等看待。秦始皇统一六国后，提出"南修金堤挡黄水，北修长城拦大兵"，在下游用石头修建了中国历史上最早的标准化堤防，号称"千里金堤"。汉武帝在瓠子堵口亲临黄河，命随行将军、大臣与官兵参加堵口。清康熙皇帝亲政后将"三藩、河务、漕运"作为国家的三件头等大事写在宫内立柱上。

孙中山先生在 1918 年著的《建国方略》第二部分《实业计划》中，对黄河流域的治理有着深刻的认识。"黄河之水，实中国数千年愁苦之所寄。水决堤溃，数百万生灵、数十万万财货为之破弃净尽。旷古以来，中国政治家靡不引为深患

---

① 杨明，2016. 极简黄河史 [M]. 桂林：漓江出版社 .

② [日] 吉冈义信，薛华译 . 2013. 宋代黄河史研究 [M]. 郑州：黄河水利出版社 .

③ 请见附表 21《古今治水治军治国历史人物概览》

者。以故一劳永逸之策，不可不立，用费虽巨，亦何所惜，此全国人民应有之担负也。"他还预计："修理黄河费用或极浩大，以获利计，亦难动人。顾防止水灾，斯为全国至重大之一事。浚濯河口，整理堤防，建筑石坝，仅防灾工事之半而已；他半工事，则植林于全河流域倾斜之地，以防河流之漂卸土壤是也。"最后讲，"至于建筑之计划预算，斯则专门家之责，兹付阙如"。[①]

新中国成立后，黄河没有发生大的洪灾，缘于毛泽东主席、周恩来总理十分重视黄河的治理，亲自到现地调研、听取专家汇报和群众意见。

1952 年 10 月 31 日，毛主席到兰考县视察黄河时叮嘱："要把黄河的事情办好"，这是新中国成立后毛主席第一次出京巡视就先到黄河。1953 年 2 月、1954年冬和 1955 年 6 月，毛主席又连续三年三次视察黄河，了解掌握治理黄河的情况。1958 年 8 月，毛主席再次来到兰考，视察了黄河治理和农田建设情况。

周恩来总理对黄河的治理也非常重视，多次主持召开治黄工作会议。1964年 12 月，在周恩来总理亲自安排和主持下，在北京召开了一次为期 14 天的治黄工作会议，充分发扬民主，形成了"对三门峡水库改建增加排沙洞，对中上游地区做好水土保持减沙工程"等重大正确决策。他的侄女周秉德讲，周总理在晚年时候说："我这二十多年的总理，主要抓两件事，一个是上天，一个是水利。"

改革开放后的前三十多年间，邓小平、江泽民、胡锦涛等党和国家领导人都曾亲临黄河岸边，筹划治黄战略。

1998 年初，张光斗院士联系 163 名中国科学院、中国工程院院士，以满腔激情联合发出了《行动起来拯救黄河》的呼吁书，希望全社会共同投入到拯救黄河的行动中，并希望科技工作者尽快提出解决黄河断流和治理水土流失的建议或方案。

黄河不仅断流，污染问题一度也很严重。主要是水量小、泥沙多，加之过度垦荒、砍伐、放牧和排污，20 世纪民间对黄河污染的顺口溜是：50 年代淘米洗菜，60 年代洗衣灌溉，70 年代水质变坏，80 年代鱼虾绝代，90 年代人畜受害。

水利主管部门和专家学者群策群力，使治黄事业取得举世瞩目的成就。黄河流域修建了大小 3 000 多座水库，总库容相当于黄河的年径流量。黄河下游两岸 1 300 千米的大堤全部加高加固 3 次。黄土高原退耕还林还草，将近 2/5 面积的水土流失得到了控制。黄河在 70 多年里没有发生决口，近 20 年来也没有出现断流，尽最大能力保障流域经济社会的发展。

但是，黄河流域是中国水资源最为紧缺、供需矛盾最为突出、生态环境最为脆弱的地区，也是世界上水情最为复杂、治理任务最为艰巨、管理保护难度最大

---

① 孙中山，2011. 建国方略 [M]. 北京：中国长安出版社，96.

的河流之一。尤其是上中游地区水土流失、下游高堤悬河、水资源浪费、利用率不高和西北荒漠化的问题，严重制约着中、西部地区大发展，需要进一步调整治黄的思路、方略。

2002 年 7 月 17 日，时任国务院总理朱镕基对黄河潜伏的风险越来越表示担忧。他在河南省郑州市考察黄河后主持召开了四个省和黄河水利委员会参加的座谈会，在听取汇报后指出："黄河在历史上三年两决口，但是近 50 年来岁岁平安，人们的警惕性很难提高起来。应该说，黄河这几十年来潜伏的风险越来越大。黄河已成为地上悬河，一旦某个地方决口，居高临下，一泻千里，后果不堪设想。1998 年，我们没有料到九江会决堤，这是很少有的长江决口。前一个阶段，我花了 12 天时间，跑了长江沿岸几个省，看到 1998 年以来加大投资力度，长江 3 500 千米干堤修复相当稳固，看起来相当壮观，但我不能保证它不决口，谁也不能保证。"曾培炎（时任国家计划委员会主任）同志讲，近四年投资 1 700 多亿元。1998 年以来对黄河的投资相当于从 1950 年到 1997 年投资总额的 2.5 倍。但是黄河的投资还是比长江少。刚才李克强同志讲，黄河大堤是多少个朝代修的，参差不齐，有很多隐患。朱镕基总理强调："黄河绝对不能出事，因为一出事就不是小事，就不得了。1998 年九江决堤，很快就把口子堵住了影响很小。而黄河是地上悬河，万一决口是不好堵的。要从战略和全局的高度出发，进一步把黄河的事情办好。"[1]

朱镕基总理考察黄河后，对黄河存在严重隐患的忧虑是很客观的，从 1998 年后 4 年的投资，相当之前 47 年投资总和的 2.5 倍，也仍然感到黄河决口的风险很大，并且这只是从自然灾害方面分析的，如果有战事或敌人破坏呢？

2012 年，国务院批准的《黄河流域综合规划（2012—2030）》[2] 中，对黄河存在的隐患讲得更具体：一是黄河下游的"地上悬河"问题很严重。在新乡市高出地面 20 米，在开封和济南市则分别高出地面 13 米和 5 米。二是下游的洪水泥沙威胁依然存在。在目前地形地物条件下，黄河下游的悬河一旦发生洪水决溢，其洪灾范围将涉及冀、鲁、豫、皖、苏 5 省的 24 个地区（市）所属的 112 个县（市），总土地面积约 12 万千米²，耕地 1.12 亿亩，现状年人口 9 064 万人。人口密集的城市有郑州、开封、新乡、济南、聊城、菏泽、东营、徐州、阜阳等大中城市，有京广、京沪、陇海、京九等铁路干线及京珠、连霍、大广、永登、济广、济青等高速公路，有中原油田、胜利油田、永夏煤田、兖济煤田、淮北煤田等能源工业基地。黄河一旦决口，将造成巨大经济损失和人民群众大量伤亡。

---

① 朱镕基讲话实录编写组 . 2011. 朱镕基讲话实录（第四卷）[M]. 北京：人民出版社，407–411.
② 水利部黄河水利委员会 . 2013. 黄河流域综合规划（2012—2030）[M]. 郑州：黄河水利出版社，14.

三是黄河上游洪水灾害也较严重。兰州河段自明朝至 1949 年记载的大洪灾有 21 次；宁夏河段从明清至 1949 年记载的大洪灾有 24 次；同期内蒙古河段发生的大洪灾 13 次。20 世纪 60 年代以前宁蒙河段年年都有不同程度的凌汛灾害发生，1986 年以来先后发生 6 次严重的凌汛堤防决口。2008 年 3 月 20 日，内蒙古杭锦旗黄河大堤先后发生凌汛灾害两处溃堤，受灾人口 1.02 万人，受灾耕地 8.1 万亩，冲毁公路 272 千米、渠道 36 千米、输电线路 831 千米，总经济损失达 9.35 亿元。四是最大的支流渭河和沁河，在历史上发生的洪水灾害也较频繁。

习近平总书记对黄河流域保护和治理高度重视。2014 年 3 月 17 日，在中央组织的第二批党的群众路线教育实践活动中，他来到河南省兰考县焦裕禄精神的发源地，参加了兰考县党委扩大会议后，又到黄河东坝头段考察，向地方干部询问黄河典型的"豆腐腰"地段的防汛情况，黄河滩区群众生产生活情况。黄河的"豆腐腰"部位，是地上"悬河"最突出，历史上决口最多的河段。

2019 年 8 月 21 日，习近平总书记在甘肃考察期间，专门调研了黄河流域生态和经济发展。他郑重地说："黄河、长江都是中华民族的母亲河。保护母亲河是事关中华民族伟大复兴和永续发展的千秋大计。""甘肃省是黄河流域重要的水源涵养区和补给区，要首先担负起黄河上游生态修复、水土保持和污染防治的重任。兰州市要在保持黄河水体健康方面先发力、带好头。"

不到一个月后的 9 月 17 日，习近平总书记在郑州考察黄河时，实地察看黄河的生态保护和堤防建设情况，到了黄河国家地质公园，走进黄河博物馆，深入了解中华民族治黄的历史。18 日他专门主持召开黄河流域生态保护和高质量发展座谈会，很严肃地讲："黄河流域是我国重要的生态屏障和重要的经济地带，是打赢脱贫攻坚战的重要区域，在我国经济社会发展和生态安全方面具有十分重要的地位。保护黄河是事关中华民族伟大复兴和永续发展的千秋大计。黄河流域生态保护和高质量发展，同京津冀协同发展、长江经济带发展、粤港澳大湾区建设、长三角一体化发展一样，是重大国家战略。加强黄河治理保护，推动黄河流域高质量发展，积极支持流域省区打赢脱贫攻坚战，解决好流域人民群众特别是少数民族群众关心的防洪安全、饮水安全、生态安全等问题，对维护社会稳定、促进民族团结具有重要意义。"

在座谈会上他还一一进行梳理："洪水风险依然是最大威胁，流域生态环境脆弱，水资源保障形势严峻，发展质量有待提高……。""黄河治理是事关民族复兴的重大国家战略。""尽管黄河多年没出大的问题，但丝毫不能放松警惕。""黄河宁，天下平。""从某种意义上讲，中华民族治理黄河的历史也是一部治国史。"

2020 年 6 月 9 日，习近平总书记到宁夏考察调研，当来到黄河吴忠滨河大道古城湾砌护段，察看并听取黄河生态治理保护状况，语重心长地讲："黄河是中华民族和中华文明赖以生存发展的宝贵资源。自古以来，黄河水滋养着宁夏这片美丽富饶的土地，今天仍在造福宁夏各族人民。宁夏要有大局观念和责任担当，更加珍惜黄河，精心呵护黄河，坚持综合治理、系统治理、源头治理，明确保护黄河红线底线，统筹推进堤防建设、河道整治、滩区治理、生态修复等重大工程，守好改善生态环境生命线。"

习近平总书记五次考察黄河治理情况，多次主持开会研究做出了一系列重要指示，指出了黄河在中华民族历史和未来发展中的地位和作用，为从根本上治理黄河指明了方向。

根治黄河（一）

黄河是世界上最难治理的一条大河。根治黄河的首要问题是解决"洪水"和"沙多"两大难题，是根治黄河的主要矛盾。只要洪水控制住了，泥沙就自然控制住不向下游输送了。

《黄河流域综合规划》[①]中讲：上游水多，来水量占全河的62%，来沙量仅占8.6%。仅碛口县每年有0.7亿吨泥沙输入黄河；中游沙多，从内蒙古托克托县河口镇至三门峡，来水量占全河的28%，来沙量占全河总量的89.1%。7—9月汛期来沙量占全年来沙量的90%；三门峡站多年平均天然含沙量35千克/米^3，最大含沙量为911千克/米^3（1977年）。支流最大含沙量为1 600千克/米^3，来沙量在世界大河中排第一位。而美国的科罗拉多河为10千克/米^3，中亚的阿姆河为4千克/米^3，印度恒河为3.95千克/米^3，埃及的尼罗河1千克/米^3；下游水少，自1972—1998年的27年中，黄河有21年发生断流。1997年断流时间长达226天，近20年通过有效治理再没有发生断流。

黄河汛期在6—10月，多来自上中游。上游7—9月多为强连阴雨，具有面积大、洪量大、历时长、洪峰低、强度不大的特点，主要降水中心地带为积石山东坡。最长连续降水约一个月，为1981年8月13日至9月13日，共降水634毫米。兰州站一次洪水历时平均为40天左右，最短22天，最长为66天，较大洪水的洪峰流量一般为4 000～6 000米^3/秒。但上游与中游洪水不遭遇，加之河道长，水库多可调蓄，对下游威胁不大。

而黄河中游具有暴雨频繁、强度大、洪峰高、历时短和陡涨陡落的特点，多发生在7月中旬至8月中旬，一次洪水历时一般为2～3天，有时5～10天

---

① 水利部黄河水利委员会.2013.黄河流域综合规划（2012—2030）[M].郑州：黄河水利出版社，11.

甚至更长。1977 年 8 月 1 日，陕西与内蒙古交界的乌审旗地区发生特大暴雨，暴雨中心 9 小时雨量达 1 400 毫米。1953 年 7 月 19 日，郑州花园口洪峰流量 13 000 米³/ 秒。[①]可以说，中游洪水对下游威胁很大。但是，从 1986 年起有龙羊峡、刘家峡、小浪底等大型水库的调蓄作用和工农业用水，花园口来的洪水量约占全年的 44%。

黄河发生冰凌灾多在 2 月。1969 年 2 月 10 日，黄河由于冰凌阻截，洪水带着冰块以每秒 3 ～ 4 米的流速，向山东省平阴县袭来，冰块大的像小山，小的像磨盘，所到之处把碗口粗的树和电线杆拦腰冲断，40 多个村庄被淹，济南军区工程兵某舟桥部队紧急出动，奋力抢救，全部安全转移了受灾群众，牺牲了 9 名官兵。

有关资料显示，用百年最大洪水来检验，黄河水量的 60% ～ 70% 集中于汛期，洪水特点为峰高、量小、时短。黄河丰水期平均持续 9 年，枯水期平均持续 11 年，其水量是丰水期水量的 24%。黄河河流用于输沙的能量超过 95%。而亚马孙河、密西西比河等，只有 40% ～ 60% 的能量被用来向下游输沙。这的确是个大难题、大课题。

1919—1960 年实测黄河多年平均输沙量 16 亿吨。而 1990—2007 年实测输沙量 6 亿吨，减少了约 10 亿吨，其中降水因素减沙占 50% ～ 60%，水利水保措施占 40% ～ 50%。1933 年实测陕县站来沙量 39.1 亿吨，2008 年实测三门峡站来沙量只有 1.3 亿吨。应当说，洪水下泄量少，泥沙也就少。

在现状水利水保措施年，平均来沙量为 12 亿吨，减少了 4 亿吨多。《黄河流域综合规划》实施后，到 2030 年水土流失区将得到有效治理，流域生态环境明显改善，多沙粗沙区拦沙工程及其他水利水保措施年，平均减少入黄河泥沙 6.0 亿～ 6.5 亿吨。在正常的降水条件下，2030 年水平年入黄河泥沙仍高达 9.5 亿～ 10 亿吨。即使考虑远景黄土高原水土流失得到有效治理，进入黄河下游的泥沙量仍有 8 亿吨左右。

近 20 多年来，黄河断流和污染问题得到有效治理，但黄河仍然存在隐患。尤其是运用龙羊峡、刘家峡、三门峡和小浪底四座大型水库联合调水调沙，每年将 200 亿米³ 左右的黄河水输送到渤海。

记得在 2007 年，有次出差到开封时站在黄河边，望着一条大河波浪宽的涛涛黄河水向东汹涌奔流，想起唐朝诗人王之焕的"白日依山尽，黄河入海流"，李白的"黄河之水天上来，奔流到海不复回"的诗句。当时想，黄河水呀，能不能放慢你匆忙的脚步，少一些东流入海，多留给那视水贵如油的上中游地区的百

①　水利部黄河水利委员会 . 2013. 黄河流域综合规划（2012—2030）[M]. 郑州：黄河水利出版社，6-7.

姓，留给大西北的大漠戈壁。

经查阅《中国水资源及其开发利用调查评价》[①]，1956—2000 年黄河多年平均入海水量 313.2 亿米³，最大入海水量为 1964 年 971.4 亿米³，最小入海水量为 1997 年 13.6 亿米³。其年入海水量、径流量分别为，20 世纪 50 年代 436.4 亿米³、636.8 亿米³；60 年代 499.6 亿米³、683.5 亿米³；70 年代 309.5 亿米³、585 亿米³；80 年代 284.2 亿米³、645.2 亿米³；90 年代 128.6 亿米³、512.8 亿米³。在干旱的西北流出的这些水都是极其宝贵的钱、粮、油资源，且流到大海的水多，携带的泥沙就多。

据《林一山纵论治水兴国》记叙，中国社会科学院经济文化研究中心水资源调配与国土整治课题组邓英淘、王小强等，在 1999 年 2 月 8 日采访了当时 88 岁高龄的中国水利界泰斗、水利部原副部长、顾问林一山，请教了有关大西线调水和长江、黄河、淮河等流域治理与开发方面的问题，其间他们访问林老不下 50 次。

林老曾亲自组织领导的长江水利委员会，对丹江口、葛洲坝和三峡水利枢纽、南水北调等，进行了大量的勘察科研规划设计工作。关于对黄河的治理，林老讲："现在治理黄河的核心问题是如何认识黄河。这里有两种完全不同的指导思想，即黄河是条好河、宝河，还是条坏河、害河？是把它当成好河治理还是当成害河治理？是花费大量的钱财把它送到大海里去，还是把水沙资源都用起来？认识不同，措施不同，效果迥异。"他还讲："在 1950 年，开了个全国治黄会议。大家都争着要黄河水，最后水产部门只要求 50 米³/秒入海（每年 15 亿米³），满足鱼虾产卵要求就行了。"

他特别指出："黄河中、下游的河道治理基本上是失败了。一些人有一个错误的理论，就是要把黄河的水尽量往海里送。他们千方百计压缩沿岸的灌溉用水，节约用水的目的不是扩大灌溉面积，而是尽量把水送到海里去。""调水强调治黄，是一个错误的思想。南水北调与治理黄河，很多观点都是错误的。一千多年乃至两千年来，不少人治理黄河的思路都是错误的。""西线的水尽量用在西北，这是一个大的原则。""治黄的基本方针不解决，只能是不断地浪费国家和纳税人的钱财。"[②]

我国水利工程学专家、清华大学教授黄万里曾讲："黄河乃是全世界最优的利河，今人把它看作害河。"这一点他与林一山的观点相同。

经查阅学习近十多年国家水利发展报告和一些相关调查报告、研究报告、会

---

① 水利部水利水电规划设计总院，2014. 中国水资源及其开发利用调查评价 [M]. 郑州：黄河水利水电出版社，66-71.

② 中国社科院经济文化研究中心，2007. 林一山纵论治水兴国 [M]. 武汉：长江出版社，1，110-111，168，188，506.

议报道、水情公报、学术论文，以及《中国水利》《中国水资源问题与可持续发展战略研究》《中国水资源及其开发利用调查评价》《中国西北干旱区水资源研究》《中国西部地区水资源开发利用与管理》《跨流域调水与区域水资源配置》《治理黄河思辨与践行》《治水、治沙、治黄河》《黄河流域水资源利用效率综合评估》《黄河水利史研究》《中国水利史》《中国古代水利》《历代治河方略探讨》《世界高坝大库》等专著，对黄河及三北地区水资源开发、调配、利用现状和发展，形成较全面的认识。纵观黄河治理史，深感黄河是世界上最难治理的一条大河。

从上述中可看出，无论我国党和国家领导人，还是主管部门，对黄河的治理都非常重视。2003—2012 年，由国家水利部主导，黄河水利委员会承办，接连召开 5 届"黄河国际论坛"。来自 32 个国家和地区从事水利工作的政府管理人员、工程师、科学家以及国内两院院士、水利系统的领导和专家、学者 300 多人参加首届论坛，到第三、四、五届论坛时达 60 多个国家和地区千名左右的专家、代表，共同为黄河流域综合治理和水资源可持续利用献计献策。

国家在 2002 年批准"南水北调"的东、中线，为华北平原调水 148 亿米³ 和 130 亿米³，批准小西线调入黄河 170 米³。科研机构、主管部门和民间水利研究人员，对向西北、华北调水 170 亿、200 亿、500 亿、600 亿、800 亿、1 000 亿、2 006 亿米³ 等多种方案争议不断。其焦点是调水少解决不了大问题，调水太多则无水可调；是全程自流，还是增加一部分抽水量；是全程打隧洞，还是堵山谷哑口与打隧洞相结合等，很多专家学者认为大量调水不可行，因大规模调水线路要经过地震带，修筑 300 ~ 400 米高坝大库，工程难度大、风险大，投资回报率低，国力难以承受，对环境破坏严重等。

据《南水北调西线工程备忘录》记述 [①]，国家前水利部一位领导，在《中国国家地理》2005 年第 3 期《调水的战略与哲理》一文中讲，西线调水工程的目的是为了把黄河的泥沙冲向下游入海。黄河一年产生的泥沙有 13 亿吨，其中约有 4 亿吨要冲到海里。若按 30 米³ 水冲 1 吨沙计算，需要用 120 亿米³ 水来冲沙。如果黄河每年有（意为再增加）100 多亿米³ 水，黄河的治理就有把握了，这样才能使黄河维持健康生命。

《黄河流域综合规划》预计：2030 年以后随着流域经济社会发展水平的不断提高，在考虑强化节水措施的情况下，城市生活、生产、生态需水量仍将有一定程度增加，初步估计 2050 年黄河流域及相关地区河道外总需水量达到 680 亿米³ 左右，其中向流域外供水 100 亿米³ 左右。为保持下游河道主槽冲淤基本平衡，长期维持 4 000 米³/秒的中水河槽，河道汛期输沙水量要保持在 250 亿米³ 左右，

① 林凌，刘宝珺，2015.南水北调西线工程备忘录 [M].北京：经济科学出版社，5.

加上非汛期生态需水量，下游河道生态环境需水量 300 亿米³[①]。远景效果展望，达到现行河道再继续行河 150 年以上。

笔者认为，《规划》提出有的观点不当。[③] 如："黄河生产用水严重挤占河道内生态环境用水，严重威胁河流健康。""20 世纪 90 年代以来，平均入海水量仅 133 亿米³，生产用水挤占河道内生态环境用水 47 亿米³，生态环境用水不足使河道淤积严重等。"由此认为"水少、沙多、水沙关系不协调"是黄河复杂难治的症结所在，解决黄河根本问题的有效途径是"增水、减沙、调控水沙"。采取"上拦下排，两岸分滞"的治理目标，保持河床不抬高的继续行河 150 年，这种治水思想并没有解决"地上悬河"问题，也就没有根治黄河。正如水利界泰斗林一山所讲，"这是治理黄河方向上的错误。黄河 500 亿米³ 水尽可能在西北以上地区吃光喝净，水下不来，沙也下不来"。

笔者综合各有关情况、论述，进行整体深思和反思，结合长期在总部机关工作和频频下部队的所见所闻所思，就特别关注相关地区地形地貌变化和河流走势等，渐渐对南水北调西线方案和黄河流域综合治理等，有了较多的感性认识和较深的理性思考。

近几年，面对国家经济、社会、生态建设各种难题，特别是水资源安全、粮食安全、能源安全和国防安全等重大现实问题和矛盾，时常忧虑地站在地图前查看深思，有时夜深也落枕难眠。

2019 年 9 月 18 日，习近平总书记在郑州主持召开黄河流域生态保护和高质量发展座谈会上，对根治黄河的指示赋予了新的时代内涵。深刻指出"当前黄河流域仍存在一些突出困难和问题，这些问题，表象在黄河，根子在流域"。强调"共同抓好大保护，协同推进大治理，让黄河成为造福人民的幸福河"。要求："治理黄河，重在保护，要在治理"。

而对长江流域治理，习近平总书记于 2016 年 1 月在重庆召开的推动长江经济带发展座谈会上提出，"共抓大保护，不搞大开发"，走"生态优先，绿色发展"之路。

笔者理解，"重在保护"，意指保黄河安全，既是目的、目标，也是必要的前提条件，因此，开宗明义讲"共同抓好大保护"。"要在治理"，是讲"治理"是关键，是让河水回归自然，除害兴利，要求"协同推进大治理"。并强调要"大保护、大治理"。同时，指出治理的有效途径和办法是：既要"坚持山水林田湖草沙综合治理、系统治理、源头治理，统筹推进各项工作，加强协同配合，推动

---

①③　水利部黄河水利委员会 . 2013. 黄河流域综合规划（2012—2030）[M]. 郑州：黄河水利出版社，251、255，28-35.

黄河流域高质量发展"，又要"以水而定、量水而行，因地制宜、分类施策，上下游、干支流、左右岸统筹谋划……"要做到"牢固树立'一盘棋'思想，尊重规律，更加注重保护和治理的系统性、整体性、协同性，抓紧开展顶层设计，加强重大问题研究，着力创新体制机制"。

笔者感到，习近平总书记对治理黄河的指示要求，高屋建瓴指明了治理与保护之间的对立统一关系，既是对各部门、各地区在思考筹划、科学组织提出的方法要求，又要求必须树立"一盘棋"的大统筹观念，从体系上考虑，不能单打一、想当然，各行其是。

应当说，近千年来黄河下游严重的水灾和上、中游严重的旱灾以及严重的水土流失，都是密切相关的。

第一，若努力控制住了黄河上、中游黄土高原的洪水和泥沙，就基本控制住了严重的水灾、旱灾，也不再用珍贵的黄河水将泥沙排入大海，河床也不会抬高。也可以说，黄河流域若不从源头上搞好生态大保护，就不能从根本上解决高含沙水、高河床问题，也就不可能实现全流域经济社会高质量发展。犹如有严重高血压、高血脂、高血糖的人，就不可能有高质量的生活。

第二，黄河中游水少就应把水留住，泥沙多更应想法把泥沙留住不到下游河道，使水失、水害变水利，使土失、沙害变百利，这样，防汛与抗旱目标就高度一致，对立的矛盾也会变得统一。正如习近平总书记所指出的这些问题"表象在黄河，根子在流域"，要求"山水林田湖草综合治理、源头治理"。

第三，如果还不从源头上解决控制洪水和泥沙这个主要矛盾，就是在干流多建大的水库拦沙、实施调水调沙、加固下游河堤，也只是治标不治本。西汉末贾让提出的《治河三策》中，上策是"黄河改道"，当今不可能；中策是"开渠灌田、分洪和航运"，现今是可能的；下策是"投入再多的人力物力加高培厚现有堤防，还是免不了经常出问题"。从两千年来的治黄历史看，笔者感到贾让《治河三策》中的中策仅对下游治理是可行的。

第四，公元800年以前黄河下游大洪灾少的原因值得研究。东汉初王景主持修筑了河南荥阳至山东滨州出海口千里黄河大堤，实行"十里立一水门，令更相洄注，无复溃漏之患"的治水策略。杨明著《极简黄河史》认为[①]，"王景治河，千年无恙"的传说基本属实。在黄河主槽边的缕堤每隔十里立一口门，大洪水漫滩时，从口门向滩地分水分沙，水落时清水回河。与贾让提出"多开水门分洪、灌溉"的思路一致。王景治河使黄河八百年安流，既有主河道稳定、下游有大量支流、湖泊起调蓄洪水作用的先天优势，又有"十里立一口门"调节水位等工程措施。还有

---

① 杨明，2016. 极简黄河史 [M]. 桂林：漓江出版社，42–48.

东汉至公元 6 世纪，气候变迁利于植物生长和水土保持，出现严重的大水、大旱年份少，有利于黄河稳定等因素。也有以畜牧为主的匈奴、羌人大批迁入黄土高原，以农为主的汉族人口急剧减少，大量农地改牧地有关，水土流失减缓很多。

第五，黄河下游河床高，河道宽浅散乱，无论高、低含沙洪水都会发生河堤河道"涨冲落淤"。在水量大时河堤无法约束洪水流路，对河道冲击破坏力大；在水量小时河滩地泥沙"多来多淤"，悬河解决不了。尽管黄河干线的龙羊峡、刘家峡、小浪底等大型水库投入运营后，治理泥沙从"拦沙减淤""蓄清排浑""人造洪峰"到"上拦下排"。实则，上、中游"拦沙"工程拦的沙并不多，下游河道实施"排沙"入海工程有所控制悬河，但浪费了大量贵如油的黄河水。

第六，几千年来的治河实践证明，黄河的洪水和泥沙年年都是送不完的，送走洪水和泥沙的办法是不能根治黄河的。过去，限于技术和经济条件，只能无奈地选择在下游送走洪水和泥沙。

第七，四千多年前大禹治水"凿龙门""疏九州"，四百多年前潘季驯治理黄河的"筑堤束水，以水攻沙"，现行的"调水调沙"，都是排洪、排沙一样的思路。而大禹的父亲鲧以"堵"为主治河，此法用在下游解决不了根本问题，但若用在源头治理，却具有重大现实意义和深远的历史意义。大河有水小河满，那是因为相关小河里水满大河才不会断流或发大洪水。

第八，近 20 多年虽加大了对产泥沙多的中、上游治理力度，打淤地坝、修梯田、退耕还林还草等治理很有效，但源头治理力度不大，汛期泥沙下泄到下游的量仍很大，按《规划》到 2030 年泥沙将由 12 亿吨减少为 9.5 亿～10 亿吨，仅拦住了 16.7%～20.8% 的泥沙。2008—2030 年确定黄河上中游治理多沙粗沙区面积 7.86 万千米^2，安排建设拦沙坝 7 070 座。其中：库容在 50 万～500 万米^3 的中型拦沙坝 7 052 座；36 条产泥沙较多的支流，安排大型防洪拦沙坝 19 座。其中：7 座大型控制性水利工程库容在 1 亿～15 亿米^3。有泾河已建在建的东庄、马莲河和亭口水库，北洛河的南沟门水库，无定河的王圪堵水库，延河的王窑和龙安水库；库容在 550 万～7 500 万米^3 的较大型拦沙坝仅 13 座。[①] 这与黄土高原频繁出现汛期洪水成灾、非汛期干旱缺水直接相关。

第九，干旱缺水、沟壑纵横的黄土高原，是世界上水土流失最严重，生态环境最脆弱的地区之一，除一部分河谷台地和较平坦的高原外，其他大部分地区都难以引黄灌溉，理应多建水库和用管道引水。尤其是水土流失严重的陕西、山西、宁夏省份，建设的大型骨干水利工程很少，无论是与水资源丰富的南方各省份相比，还是与干旱缺水的北方各省份相比，所建水库的数量和库容规模，均排

---

① 水利部黄河水利委员会 . 2013. 黄河流域综合规划（2012—2030）[M]. 郑州：黄河水利出版社，84-87.

的靠后（请见附表11）。从1954年以来，规划建设的碛口、古贤、禹门口3座大型水利工程，66年过去了仍没有开工。

第十，如果每年用约200亿米^{3}黄河水冲沙入海，还不如用十艘"天吉"号疏浚船，将河中泥沙排放出来。因每吨黄河水的价值可不是2～3元，它对黄河流域工农业生产和生态环境等产生的综合价值，可能是十倍甚至几十倍。

综上所述，黄河下游河堤决口、河床抬高、河道断流是病症，但黄河"水少、沙多、水沙关系不协调"，并不是黄河复杂难治的症结和病因。因而，以"增水、减沙、调控水沙"的治理办法，尤其是靠"输血"的办法，并不能"维持黄河健康生命"。根除黄河体弱多病，必须从源头上下大力，把水和泥沙留住。

要将治理黄土高原的水土流失，作为恢复黄河健康第一要务；要将以工程为主的治理方式变为以生态保护为主，恢复黄河流域涵蓄水的自然功能。

在当今科学技术和经济发展水平很高的情况下，绝不应让本来分散易解的矛盾和问题，再集中到下游变成大的难解矛盾和问题，或者说把问题变成难题，把难题又变成课题。因此，大统筹保护治理黄河，这既是贯彻落实习近平总书记指示对黄河"大保护、大治理"的实际行动，也是充分开发利用黄河水资源进行灌溉、航运的需要。

由此可见，习近平总书记反复强调要"山水林田湖草沙综合治理、系统治理、源头治理"，其意义是多么的重大深远。

根治黄河（二）

根治黄河的第二个问题，就是解决"水少"的问题。应当用哲学科学思维方式——辩证唯物主义联系的、全面的、发展的观点思考解决。尤如中医治病，既讲辨证、辨病论治，又讲辨因、辨证论治，而不像西医常常采取"头疼医头、脚疼医脚"的办法。同理，解决黄河"水少"问题，既要统筹全河治理，又要考虑各流域、各地区、各行业之间的关系和相互影响，必须从体系上考虑。

党的十八大以来，习近平总书记站在历史和全局的高度深刻指出："河川之危、水源之危是生存环境之危、民族存续之危。"2014年3月14日，他专门就保障国家水安全发表重要讲话，精辟论述了治水的战略意义，系统分析了我国水安全面临的严峻形势，明确了"节水优先、空间均衡、系统治理、两手发力"的治水方针。那么，针对黄河问题而言，若从根本上解决了"悬河"和"水少"问题，也就解决了黄河的"河川之危""水源之危"。

首先，要贯彻习近平总书记关于"节水优先"的方针，推进水资源节约集约利用。他在郑州主持召开的座谈会议上讲："黄河水资源量就这么多，搞生态建设要用水，发展经济、吃饭过日子也离不开水，不能把水当作无限供给的资源。要坚持以水定城、以水定地、以水定人、以水定产，把水资源作为最大的刚性约束，合理规划人口、城市和产业发展，坚决抑制不合理用水需求，大力发展节水产业和技术，大力推进农业节水，实施全社会节水行动，推动用水方式由粗放向节约集约转变。"这是习近平总书记对保护、治理黄河提出的原则性要求。

其次，要贯彻习近平总书记关于"空间均衡"的方针，注重保护和治理的系统性、整体性、协同性。根治黄河，应当将与黄河有关的方方面面问题进行大统筹思考筹划，不能像近几千年来就黄河流域的问题，"头痛医头，脚痛医脚"进行治河。黄河供水负担很重，本流域的水本就很少，还要长期供应流域外一些地区。应考虑减轻黄河的供水负担，对黄河下游的水进行置换，让黄河水主要用在上中游和西北的大漠地区。

原全国政协副主席、原国家水利部部长钱正英，从 1947 年参加治黄工作，她既是我国水利工程的权威专家，又一直是我国治理黄河的主要领导人，为我国黄河、淮河、长江的治理殚精竭虑。2004 年 1 月，在国务院两位副总理曾培炎、回良玉召开相关部委领导和专家座谈会上，她讲："黄河水量的 60% 产生在黄河上游兰州以上地区，青海产水最多，是中国的水塔。1987 年国务院批准的黄河流域水量分配方案，青海分的最少，只有 15 亿米^3，甘肃也不多，这是根据那几年的用水情况……为什么青海、甘肃产的黄河水，当地不能用，要留给下游河南、山东用？南水北调给河南、山东增加了大量水量，为什么不能削减一些黄河供水量给上中游地区用？我认为调整'87'分水方案的时机成熟了，要好好研究黄河水资源分配方案。"[1] 钱正英的上述论述非常切实恰当。

黄河流域年均径流量按 580 亿米^3 计算，其中青海、甘肃、宁夏、陕西产流约 475 亿米^3，而 1987 年确定的"87"分水方案的指标共 370 亿米^3，仅分给四省区 122.5 亿米^3。产水很少的下游流域内外河南、山东、河北和天津共分水 145.4 亿米^3，大约有 200 亿米^3 冲沙入海。

到 1997 年，海河流域自黄河引水 56 亿米^3，淮河流域自黄河引水 23 亿米^3，山东半岛自黄河引水约 12 亿多米^3，原本缺水的黄河共向外流域调出水量 92 亿米^{3}[2]。

黄河缺水，黄河上中游地区缺水更加严重。在"正常来水年份"，《规划》预测[3]：到 2030 年，河川径流量由 534.8 亿米^3 减少到 514.8 亿米^3，考虑规划期采

---

① 林凌，刘宝珺，2015. 南水北调西线工程备忘录（增订版）[M]. 北京：经济科学出版社，58.

② 钱正英，张光斗，2001. 中国可持续发展水资源战略研究综合报告及各专题报告 [M]. 北京：中国水利水电出版社，32.

③ 水利部黄河水利委员会. 2013. 黄河流域综合规划（2012—2030）[M]. 郑州：黄河水利出版社，251-252.

取的强化节水措施和严格水资源管理制度，2030 年全流域河道外生产、生活、生态总需水量达到 547.3 亿米³，下游河道内生态环境需水 220 亿米³；2050 年，河道外总需水量达 680 亿米³ 左右，河道内汛期输沙和非汛期生态需水在 300 亿米³ 左右。考虑南水北调西线一期、引汉济渭等调水工程生效，加大城市中水回用量，2030 年、2050 年黄河缺水量分别为 35.2 亿米³ 和 120 亿～140 亿米³。在"中等枯水年份"缺水量更多。

笔者认为，以上对黄河缺水预测只是按基本需要，如果考虑西北地区生态用水缺水还要多，黄河下游两岸的华北平原缺水问题依然严重。

2002 年国家出台"南水北调"规划时，对华北平原缺水预测，到 2030 年达 350 亿～400 亿米³。随着京津冀发展和人口增长，用水量还将增加，通过强化节水和海水淡化、中水利用等措施，完成南水北调的东、中线等调水，预测到 2050 年华北平原仍将缺水 220 亿米³ 左右。

考虑黄河水应当主要用在西北地区，与其从青藏高原高难度、高风险、高造价调水，进入黄河用一部分水冲沙入海，还不如将远调青藏水和一部分黄河水留在上游和引到河西走廊、内蒙古草原、新疆的盆地，具有极大的战略价值；一部分黄河水留在中游的黄土高原，可防止易产大量粗泥沙输送到下游。下游除南水北调东、中线调水外，还可考虑从水量充沛、水质较好的东北，为华北平原就近调水。主要用于华北地区城乡人民生活；水质较差的"南水北调"东线水，调整主要用于农业、生态。加之华北大平原光热条件优良，可进行机械化大面积种植水稻。

自 2016 年 6 月以来，通过系统查阅资料，了解有关研究情况，并对自己的大胆设想进行小心求证，从中发现了三个具有研究价值的方案，即为黄河下游增调水，可为研究根治黄河提供有价值的参考。

一是"鸭江南调"渡槽公路两用大桥方案。西安交通大学霍有光教授，倾心研究多年，早在 1997 年就提出此方案。从鸭绿江太平湾水库作为调节水库取水，从正常蓄水位 29.5 米筑坝到蓄水位 35 米，再提扬水高程 35 米多，到海拔 70 米进入调水渠道，经辽东半岛跨海架桥用渡槽引水到山东半岛，再到鲁、冀、津、京，年调水 160 亿～180 亿米³。[①] 笔者感到此方案优点很多，鸭绿江多年平均径流量 327.6 亿方，水量大、水质优，引水线路上不需要打隧洞，但缺点是需要抽水 35 米，明渠和渡槽输水末端无供水压力，还需要增加抽水机，且水质易受污染。

二是"小江引水"入黄河方案。2004 年 1 月，水利部为解决黄河缺水问题，

---

① 霍有光，2012. 绸缪中国水战略 [M]. 西安：西安交通大学出版社，28–29.

牵头组织三峡水库小江引水工程方案可行性研究，也称引江济渭济黄济华北工程方案。工程由抽水蓄能电站、高山调节水库、输水隧洞与渡槽等组成，可年引水 135 亿米³，远期可扩大至 300 亿米³，总工期 11 年，静态总投资 961 亿元（土建工程为 2002 年价格，抽水电站和水库为 2004 年价格）。其中：规划从三峡水库年抽水 120 亿米³，扬程 380 米。高山调节水库 4 座，每年吸纳汛期洪水 15 亿米³。利用天然河道和长 312 千米的输水隧洞，洞径 12 米。穿过巴山、汉江、秦岭，后进入渭河，经潼关进黄河，流入三门峡、小浪底水库。[①] 经他们十多年研究，认为该方案是治理黄河和渭河的战略性工程，而从长江源头的南水北调西线工程方案不可行。笔者认为，如果从引汉济渭济黄济华北来讲，优点确实很多，主要是水源充足，水质较好，工程难度、风险、投资等，确实都比南水北调小西线方案优点多。但是，该方案缺点是，不仅有抽水扬程 380 米，每年耗费大量电力，而且有较长的 312 千米输水隧洞。其中：优选较长的秦岭三条隧洞线路为：恒河线可将最长隧洞缩短为 68.4 千米，但隧洞线路总长增加约 46 千米；黄金峡线隧洞增加 31.5 千米，最长隧洞仍有 104 千米；池河线长洞有 107 千米，但秦岭深埋段 2 600 米，分 8 段，需打斜井 7 条。最主要是小江调水不仅受益面小，而且将所调水主要用于冲沙入海，调水效益不高，发电主要由三门峡和小浪底的两级水利枢纽发电，而在青藏高原调水可利用十多级水库发电，最主要是西北地区生产、生态用水产生的综合效益巨大。那么，三峡水库小江调水到渭河，供渭河两岸够用就行。目前，引汉济渭工程正在进行，到 2030 年总调水 15 亿米³，从汉江支流子午河自流调水 5 亿米³，汉江干流黄金峡水库提 117 米引水 10 亿米³。无压力引水隧洞全长 98.3 千米，其中越秦岭段总长 81.8 千米，隧道掘进机开挖直径 8.02 米，最大埋深 2 000 米。泵站总装机功率 0.1295 千瓦，设计最大输水流量 70 米³/秒[②]。

三是"引松入京"调水方案。中国工程院士、北京交通大学教授、中国中铁隧道集团副总工程师王梦恕，也是国务院南水北调工程建设委员会专家委员会委员，在 2011 年就提出"引松入京方案"。笔者认为，此方案有很大的研究价值。白山水库正常蓄水位海拔 413 米，调水主干线途径吉林省辽源南部、辽宁开原北部、内蒙古东南部、河北承德北部（海拔约 340 米），然后流入北京密云水库。工程采用浅埋暗挖法，做 7 米断面隧道，距离 900 多千米，调水 15 亿米³，造价 500亿～600 亿元，相当于现在南水北调工程成本的 1/4。他提出的"引松入京方案"，

① 林凌，刘宝珺，2015. 南水北调西线工程备忘录（增订版）[M]. 北京：经济科学出版社，541–546.
② 水利部南水北调规划设计管理局，2012. 跨流域调水与区域水资源配置 [M]. 北京：中国水利水电出版社，47–50.

几年在全国人民代表大会上呼吁。[①] 此方案比南水北调西线方案的难度和造价要低很多，也比南水北调东、中线的明渠方案有很多优点，主要是不占耕地、不拆迁移民，水质不受污染等，但全程以隧洞为主，造价高，日常维护管理难度大。

对根治黄河，有的人还提出将黄河复归故道，解决高堤悬河等问题。笔者认为，这只是治标不治本，不仅没有从根本上解决黄河泥沙沉淀清理问题，而且现在黄淮海平原人口密度很大，黄河故道早已今非昔比，如今让黄河改道，将占用大量耕地，迁移大量城乡人口，耗费大量钱财物。

按照习近平总书记关于黄河流域大统筹治理的思想，笔者提出根治黄河的配套性办法，就是按照习近平总书记提出的"空间均衡、系统治理"思想，设想从东北为华北平原就近增调水，彻底为黄河减负。

笔者曾到东北三省很多市县，上过长白山的天池，到黑河、祖国北极的漠河，大、小兴安岭，在三江平原沿松花江、黑龙江、乌苏里江走过，也到过鸭绿江、牡丹江、图们江、嫩江、辽河及兴凯湖、镜泊湖等地，对东北地区肥沃的土地和丰富的水资源状况及工农业用水有了基本的了解。

2018年7月，笔者带着思考已久的从东北向华北平原调水的问题，利用休假专程到松花江、黑龙江、乌苏里江和鸭绿江，了解了丰满水电站、水丰水电站建设及设想的两条调水路线一些情况，总的感到东北平原雨雪多、河湖湿地多、土地广阔、土壤肥沃、森林众多、气候湿润，海拔大多在200米以下，工农业基础条件好，尤其是东北水源充足，有为华北平原调水的需要与可能。我们坚信，在习近平总书记为首的党中央领导下，黄河流域大统筹治理也会加大力度，国家和地方政府及有关部门、科研机构，群策群力共同研究拿出治理的具体方案和意见建议，使黄河经济带与长江经济带发展遥相呼应，相互促进、共同发展。

航运畅想

黄河历来是条自然通航的长河，已有近三千年水利和漕运发展历史。早在春秋时期（公元前647年）就有"秦粟输晋，泛舟之役"的记载。秦、汉、隋、唐时期黄河水运逐渐发达，形成以咸阳、长安为中心，以黄河为骨干的庞大水运网，支撑了大唐盛世200多年。宋、元、明、清时期，黄河航运由盛转衰。三门峡河段曾因大量泥沙沉积，严重影响航运，也是都城从长安迁往洛阳、开封的一个重要原因。清末民初，公路、铁路兴起，黄河水运逐渐衰落。京包铁路通车前，晋陕峡谷水运也很发达，正常年景经龙王迪码头船只达4 000～5 000只，

---

① 林凌，刘宝珺，2015.南水北调西线工程备忘录（增订版）[M].北京：经济科学出版社，20.

当时过壶口的方法是"旱地行船"。

可见，黄河航运历史悠久，航运业很发达，是我国航运史上首先进行长距离、大规模水上运输的河流，是名副其实的黄金水道，对黄河流域及中华民族的经济发展、社会进步、文明传播作出了重要贡献。陕西省华阴县曾是大造船厂，现虽已无船业的踪影，但仍在传唱的秦腔华阴老腔，听说是在秦汉时期，由船工号子演变而来。当笔者两次到壶口时，站在岸边，也不曾见到一艘小船。我想，如果将来设计行船可在左岸开槽建筑船闸，从渤海到兰州，甚至到乌鲁木齐实现全程通航，其经济、社会、军事、政治意义非常重大深远。

孙中山先生在百年前著《建国方略》第二部分《实业计划》中，曾提出建设全国铁路网、水运网和大型港口、三峡大坝等重大工程的设想，到目前除从渤海湾沿黄河到兰州航运的设想没有实现外，其他大型项目早已超目标建成。孙中山先生关于黄河航运的宏伟构想，与他二十多年海外游历所见所闻所思有直接关系，其理念很先进、设想很具体。他讲："整理黄河及其支流、陕西之渭河、山西之汾河暨相连诸运河。黄河出口，应事浚渫，以畅其流，俾能驱淤积以出洋海。以此目的故，当筑长堤，远出深海，如美国密西西比河口然。堤之两岸，须成并行线，以保河辐之划一，而均河流之速度，且防积淤于河底。加以堰闸之功用，此河可供航运，以达甘肃之兰州。同时，水力工业也可发展。渭河、汾河亦可以同一方法处理之，使于山陕两省中，为可航之河道。诚能如是，则甘肃与山、陕两省，当能循水道与所计划直隶湾中之商港联络，而此前偏僻三省之矿财物产，均得廉价之运输矣。"[1]他还提出在黄河入海口建设黄河港。伟人这段话读后字字重千斤，深感他为中华民族的发展深谋远虑。

发展黄河航运，新中国成立后就开始研究勘察并进入决策程序。1955年7月，第一届全国人民代表大会第二次会议讨论并通过了《关于根治黄河水害和开发黄河水利的综合规划的决议》，明确在黄河干流修建46座拦河坝并安装过船装置后，黄河中、下游的水量可以按需要来调节，100吨级船将能从海口航行到兰州的设想。

1957—1960年建设三门峡水电站，是新中国规划黄河干流的第一座大型水利工程，也是"轮船可从海口通至兰州"宏伟规划的第一个大型船闸，后因该库3年淤积近30亿吨泥沙将预留船闸改造为排泥沙口，此后黄河干流上的水利枢纽都未与通航设施统筹规划建设。

1984年，国家计委《关于黄河治理开发规划修订任务书的批复》（〔1984〕计土字792号），请水利部和黄河水利委员会，将航运规划纳入黄河水系综合利

---

① 孙中山，2011. 建国方略 [M]. 北京：中国长安出版社，96.

用规划。1988 年 2 月 29 日至 3 月 2 日，由国家交通部水系航运规划办公室编制，交通部在西安市组织召开了《黄河水系航运规划报告》（送审稿）审查会议。参加会议的有甘肃、宁夏、内蒙古、陕西、山西、河南、山东省（区）计委、交通厅和总后军交部、水利部黄委会等 23 个单位的领导和专家共五十多人。经三天的审查、讨论，会议原则通过并吸收了与会人员的意见和建议。随后交通部又印发"关于批转《黄河水系航运规划报告》的通知"（〔1988〕交计字 281 号），征求国家有关部、委和有关省（区）计委、交通厅的意见，标志着国家对黄河水系航运发展工作的高度重视。

但是，由于国家经济实力不强，科学技术发展水平不高，黄河下游供水问题没有解决，加之黄河梯级水利枢纽建设少，又没有同步建设船闸设施，黄河航运工作进展缓慢。几十年来，国家在黄河流域大力建设公路和铁路交通设施，大大缓解了西北地区交通紧张的状况。但是，从内蒙古托克托县到晋陕峡谷的禹门口长达 725 千米的黄河两岸，是交通运输的死角地带，开发黄河航运是改变其经济社会落后的一条重要途径。笔者对黄河航运的地理、水文和航道等情况有了较多的认识后，对开发黄河航运的远景设想有了更大的信心和更多的思考。也曾到过杭州、苏州、扬州及周庄、乌镇，到过南京、开封、徐州、济宁、廊坊和北京通州等地，了解运河设计建设和发展情况；还曾 4 次到过广西兴安县的灵渠，察看了解运河建设历史和使用情况。实际上，我国人工开凿运河的时间最早、规模最大。灵渠、都江堰、京杭运河，最初建设的目的都是用于军需物资供应，后来用于农业灌溉、城市供水，运用时间长达 2 200 多年。

纵观横看世界上十大运河中，中国京杭大运河始于春秋，扩修于隋，成于元朝，改善于明清，是世界上最古老，也是最长、工程量最大的运河，与长城、坎儿井并称为中国古代三大伟大工程，贯通了海河、黄河、淮河、长江、钱塘江，跨越地球 10 多个纬度的宏伟工程，连接了北国和江南，有过气象万千的繁盛，并一直使用至今，达 2500 年历史，不仅对国家经济社会军事文化等发展促进作用最大，而且对世界运河的发展起到了探索和示范引领作用。

美国地缘政治家罗伯特·D.卡普兰讲：公元 605—611 年修建的大运河把黄河与长江连接起来，相对贫困的中国北方由此得到经济富庶、食有盈余的南方接济。大运河曾对中国的统一起到至关重要的作用。它缓解了唐宋北方征服南方所引发的矛盾，从此中原地区作为中国这一农业大国的核心地位得到巩固。中国华北和华南地区之间自古就存在严重分歧，南北朝曾持续两个世纪之久，要不是后来修建的大运河，这很可能成为永久性的现实，就像东西罗马帝国一样。[1]

---

① [美]罗伯特·D.卡普兰，2016.即将到来的地缘战争[M].广州：广东人民出版社，204.

美国的伊利运河曾将五大内陆湖与纽约连通，快速发展了纽约市，并对美国强国强军作出了巨大贡献。德国的基尔运河是北海与波罗的海之间最便捷、最经济的水道，在第一次世界大战、第二次世界大战中对德国军事、经贸发挥了很大作用，如今也是世界上最繁忙的运河水道之一。苏伊士运河、巴拿马运河，均是世界上最繁忙、最重要的国际水道。法国的马恩—莱茵运河、英国的曼彻斯特运河、瑞典的约塔运河、俄罗斯的伏尔加河—顿河运河、比利时的阿尔贝特运河，都对其国家经济社会发展起了重大作用。

欧洲在百年内开了 2 万千米运河，美国开了 1.8 万千米运河，苏联开了 1.6 万千米运河。马克思讲："利用运河发展运输可以奇迹般地创造经济繁荣。"恩格斯说："工业革命是用船运来的，新大陆的发现是航运的成果。改造自然江川成通海运河，将是航运的革命，必将推动经济发达，导致社会结构性飞跃与革命。"①

运河有投资省、运量大、成本低、能耗小、污染轻、占地少等巨大的经济社会效益。根据德国对运输造成的污染估算，铁路运输对环境的污染为水运的 3.3 倍，公路运输对环境的污染是水运的 15 倍。内河航运能力惊人，一条多瑙河相当于 19 条铁路，莱茵河相当于 20 条铁路。

我国长江航运占全国内河通航里程的 72.7%，干支流通航里程达 7.9 万千米，年运量相当于 20 条京广线。2018 年干线货运量 26.9 亿吨，其中三峡大坝过闸船舶实载货运量达 1.01 亿吨。长江水运建设投入 1 亿元，所产生的动能是公路的 17 倍、铁路的 3 倍。南京至长江出海口 430 千米的干线，通过疏浚河道后水深已达 12.5 米以上，5 万吨集装箱海轮 2018 年 5 月通航，10 万吨集装箱海轮减少货物后可直达南京港。

苏伊士运河、基尔运河等，航道两端都是以海水相连，航运条件好，就是高于海平面的巴拿马运河，进入河道的泥沙也很少，可通行较大的船舶航行。而黄河郑州至入海口 786 千米，落差仅 94 米，坡降不到 0.12‰（红旗渠主干渠坡降 0.125‰），设想主航道水深 20 米，可通过增加拦水坝，辅道梯级湖 25 米深左右。理论上讲，如果规划设计科学，解决好上中游水土保持、泥沙和水位控制及下游泥沙清理问题后，上、中游有的河段通航 3 000～5 000 吨级或 2 万～3 万吨级船舶，下游通航 10 万吨集装箱海轮是可能的。

有关资料显示，千吨级驳船深水航道占通航里程的比重，美国为 54.5%、苏联为 57%、德国为 78.4%，我国只占 4.2%。过去我国商品单位产出的运输费用，最高时相当日本的十倍左右。

---

① 邱锋，鸿玲，2011.中国如何拯救世界[M].香港：香港新闻出版社，53.

2018 年，中国高速公路通车里程达 13.1 万千米，高速铁路运营里程达 2.9 万千米，三级以上内河航道 1.21 万千米，其中：近 5 年高速公路新增 4.61 万千米、高速铁路 1.6 万千米，分别增长高达 35.19% 和 72.72%，而内河航运新增 2 000 千米（共 12.71 万千米），仅仅增长了 1.57%。运河孕育着城市的文明，滋养着城市的繁荣。应当说水利、水运、水业，与公路、铁路、机场一样，都对经济社会发展发挥着基础性、先导性、服务性作用。古今中外，凡是内河航运发达的城市，就发展很快，建设得繁华，而目前我国内河发展速度缓慢。2019 年中国乡村公路已达 405 万千米，近 6 亿农民出行可乘车走上硬化的公路。

黄河下游沿岸公路运输趋于饱和，中游沿岸大多山高谷深，修路架桥十分困难。随着国民经济发展和科学技术进步，恢复发展黄河航运有了新的需要与可能。可考虑从渤海到兰州已建的或将要建的水电枢纽建设船闸，在峡谷河段提高水坝抬升水位，是可以大力发展黄河航运的。

还有一个问题，我国本身土地就不够用，再修筑铁路、公路还要占用大量良田，而黄河改造后增加水运，几乎不扩大土地面积。

2001 年，我国水利泰斗林一山著《中国西部南水北调工程》[①] 中，对建设大柳树水库的设想是，修筑蓄水位到海拔 1 380～1 450 米，向西引水可以一直到武威、张掖、酒泉、新疆的南北疆等地，这些地方都是在海拔 1 450 米以下。同时还批评一些人老想着把黄河水往海里送，不研究这些水价值的重要性，只以淹没多少土地作为水库设计的最高标准。我感到他讲的很符合实际，也很合理科学。

黄河流域大统筹治理开发，可考虑从"南水北调"西线调水 300 亿米^3 左右入黄河，到建设大柳树水库向西分水一部分，开挖运河连接三盛公水利枢纽到新疆艾比湖，为西流域约 2 360 千米，从三盛公向东到渤海为东流域约 2 300 千米，黄河流域将呈大"人"字形向中华大地两翼伸展，能为中华民族崛起复兴奠定坚实基础。

考虑实现欧亚陆上与海上丝绸之路近距离贯通，可与哈萨克斯坦、俄罗斯等国协商合作，通过河湖库联通我国艾比湖（海拔 190 米）与哈萨克斯坦的阿拉湖（海拔 345 米）、巴尔喀什湖（海拔 340 米）、咸海（海拔 37 米）、里海（海拔 –28 米）、亚速海、黑海，且与乌鲁木齐至额尔齐斯河—卡拉干达运河、伏尔加河—顿河运河和莫斯科运河联通。最关键的问题是，横贯欧亚大陆航运能为我国解除"马六甲困局"。

早在 19 世纪末，沙俄为找到一个商贸出海口，希望从里海修建一条通向波

---

① 林一山，2011. 中国西部南水北调工程 [M]. 北京：中国水利水电出版社.

斯湾的航道，因种种原因多次与伊朗也没有谈成。而哈萨克斯坦和俄罗斯都在研究直接打通里海与黑海的一条最近的通道，如果这样就可与"一带一路"倡议目标相一致。现哈萨克斯坦与俄罗斯都有修建"欧亚运河"意向。里海比黑海的海平面要低28米，如果建设欧亚大运河通航，不仅在黑海至里海之间比走伏尔加河—顿河运河减少航运里程近700多千米，而且可将黑海水引到里海，为面积不断缩小的里海提供充足的水源，因里海水体的增加，必然增加水面积及蒸发量，又能给干旱的里海盆地，特别是哈萨克斯坦和中国西部增加降水，绿色植被也会增加。里海水体增加，还是一个巨大的调温器。当然，还可为里海沿岸各内陆国提供出海口，激活沿岸国家的城市。运河经过的都是大平原，工程量和难度都不大。

从新疆阿拉山口到黑海约4 100千米，若向东延伸到蓄水位海拔1 055米的三盛公水库可直通渤海，"欧亚运河"总长约8 900千米。最重要的是沿岸的国家，都能相互方便货物运输。

如果从渤海走马六甲海峡，经印度洋、苏伊士运河、地中海到荷兰鹿特丹，海运距离约2.2万千米。如果走北极航道到荷兰鹿特丹约15 100千米。马六甲海峡是亚洲、非洲、欧洲、澳洲等交通沿岸国家，经太平洋与印度洋连通的国际水道，承载着全世界海上贸易1/4的份额，是东亚和东南亚国家具有战略意义的海上生命线。

中欧货运班列从郑州到德国汉堡12 000千米，运行15～20天。能风雨无阻地长年运行，可沿途国家太多，铁路轨距标准不一，每到一国除申报通关验货外，有的还得大动干戈倒换车厢，运行效率不高，每个20尺集装箱运费为7 000～10 000美元。从上海到汉堡的海运费用仅600美元左右，运行30～35天。那么，考虑增加一条通过黄河向西，经新疆艾比湖、哈萨克斯坦的阿拉湖和巴尔喀什湖，到咸海、里海、亚速海、黑海的欧亚大运河，尽管运输速度不快，但运河沿岸货运方便，成本低，与铁路、公路运输形成综合运输网，战略意义重大深远。

再回望一下，我国古人修筑的都江堰、灵渠、京杭运河，是在两千多年前生产力发展水平非常低的情况下土法上马，而且主要用人力建成，运行至今仍非常稳定，可以说，中国古代是修筑运河的先行者。20世纪五六十年代我国在经济极其困难时期，建造了很多大型有名的水利工程。近三十多年，也修筑了很多大型水利水电工程，却是修筑运河的落后者，许多国家都走在了我国的前头。而今天，我们不缺科学技术、物资装备、优秀人才和建设经费，应该能很快建成。

第四章　走向雪域

走向雪域高原，笔者最早是在 1998 年 9 月，到新疆军区驻帕米尔高原边防某团，到过海拔 4 000～5 000 米雪山的边防连，来去只用了两天，了解情况不够多，体会还不够深，而真正令我震撼的是后来四次到西藏雪域高原。

川藏线调研

青藏高原，是千山之宗，万水之源；是歌的家乡、舞的天堂。而真到了西藏的雪域高原，才感到雪山冰川的神奇，高寒缺氧的无奈，高山流水的诗情画意。实际上，在大自然给予我们华夏民族生存生活许许多多困难时，也赐予我们取之不尽、用之不竭的生命力量源泉。青藏高原有最纯洁、最丰盛的天然矿泉水，也有最丰厚的金山银山矿藏资源。

笔者第一次去西藏是 2001 年 3 月，参加赴川藏线后勤工作调研。我们到成都后，乘车沿川藏线经由雅安、泸定、康定、雅江、理塘、巴塘、左贡、帮达、昌都、然乌、扎木等兵站到拉萨，后又去了日喀则。

川藏线全线长 3 200 多千米，当时除二郎山隧道刚刚打通外，全程大多路段道路艰险，翻越了海拔超过 4 000 米的 13 座大雪山，穿越了海拔在 3 000 米以上五大水系的 14 条大的江河。调研组先后察看了各大小兵站和油库站、医疗所，与途中正在执行运输任务的部队官兵进行座谈交流。沿途通过多听、多看、多问，了解掌握了大量部队后勤保障情况，重点围绕川藏线后勤保障基础设施整治，就衣食住行医油保障困难和问题实地调研。

我们沿途所见、所闻、所想很多，汽车部队在高耸入云的陡崖边穿行，在冰天雪地的山脊上颠簸，在突如其来的滚石中突围……亲身感受到川藏线之难、之险、之奇，目睹了川藏线官兵"缺氧不缺精神"。广大官兵长年坚守在高原，克服了气候恶劣、道路艰险和生活条件简陋等各种各样的困难，被他们无私奉献的精神深深感动。他们大多住着建站初期的砖石、木板、干打垒房，睡大通铺。特别是在高原恶劣、多变的气候条件下，营房基础设施陈旧变形，房顶漏水、墙壁透风、地板开裂等问题普遍存在，而吃水、吃菜、用电、取暖、洗澡、看病等，最基本的生活生存问题没有妥善解决。

兵站官兵们之所以长年坚守在这条困难很多、风险很大的运输线上，就是因为这条线战略地位十分重要，是驻藏部队后勤补给的"大动脉"，是促进西藏地区发展繁荣的"经济线"。这条线上大多山高坡陡、路窄弯急、高寒缺氧，经常发生塌方、水毁、雪崩等险情，汽车部队每上一次川藏线，就面对一次生与死的考验。虽然当时国家正在修筑青藏铁路线，但国家始终对这条线同样重视，已在"九五"期间安排投入20亿元，"十五"期间投入40亿元，所以军队也必须下大力加强基础设施建设。直到2018年10月，党中央、国务院批准宣布准备投资2 700亿元建设川藏铁路，计划于2026年通车。

川藏线沿途风景独特，饱览了各种地理、气候条件的自然景观，感受到川藏线山高谷深、地形复杂、道路艰险、植物多样，一天有四季，一年无四季。经历了雨雪天气，走过了泥泞道路，见到了碎石滚落。真切地感到无论是兵站官兵驻守，还是汽车部队跑线运输，都是多么的不易。

从1950年1月开始，张国华司令员、谭冠三政委奉命率第18军进军西藏，他们爬雪山，涉冰河，风餐露宿，忍饥挨饿，战胜险恶的环境，还要边开路、边作战，于1951年10月将红旗插到拉萨，促成了西藏的和平解放。近50多年来川藏兵站部为完成运输任务，先后有近2 000名官兵受伤致残，3 000多人留下终身疾病，640多名官兵长眠在雪山之巅。我们深深感到，走进川藏线就像走进了一个"大课堂"，每一个同志都受到了强烈的震撼和深刻的教育，对心灵是一次净化，收获很大，终身难忘。

特别让我难以忘怀的是，途经大渡河时参观泸定桥。当站在桥头看到两岸都是悬崖峭壁，十三根铁索横跨在百米奔腾汹涌的大渡河上，听着讲解员讲，脑海里那些印象深刻的语文课本上的文字变得更加生动，心灵格外震撼。1935年5月29日，红军长征中冲破国民党围追堵截，在强渡大渡河生死攸关时刻，红一军团第2师第4团在团长黄开湘、政委杨成武率领下，组成22名突出队员，冒着枪林弹雨，攀爬着铁索冲向东岸……当笔者站在摇晃的铁索桥木板上，摸着锈迹斑斑的铁链，感受到红军的艰难万险，仿佛看到勇士们奋不顾身的战斗身影。泸定桥的十三根铁索链啊，你承载了中国革命胜利的希望。

大渡河是一条悲情的河，泸定桥是决定红军的生死之桥。望着这条年径流量近470亿米^{3}奔流不息的大河，感到无数革命先辈克服千难万险，用鲜血和生命打下的大好河山，我们后辈必须倍加珍惜，真正地保护利用好这些珍贵的水资源，多造福人民。

这次调研经过了川藏线"五江一河"，其中大渡河、雅砻江、金沙江进入长江年均水量2 000多亿米^3，出国境的澜沧江、怒江、雅鲁藏布江等年均水量高达 3 300 多亿米³。每当经过大江大河时，望着琼浆如玉、涛涛不息的长河，日夜不停地奔流到国外，奔流到印度洋、太平洋，心想这流出的水相当于 10 条黄河，都是钱、粮、油呀！

调研组回到成都后，我们参观了中国最古老、规模宏大、布局严谨，具有防洪、灌溉、航运的综合水利工程——都江堰。

在都江堰堤上，看江水奔腾，银光闪闪。听导游讲解，大增见识。凭栏远眺，江水辽阔，远山翠绿，风景如画。实际上，在都江堰看到的不仅是风景、古迹、文物，也感受到中华民族的历史、文化、精神，中国古人的勤劳、勇敢、智慧。岷江流经都江堰的水年径流量为 150 亿米³ 左右，是长江上游水量较大的一条支流。不用拦河筑坝，却征服了桀骜不驯奔流的岷江；江心插入鱼嘴，江水便四六分成；用飞沙堰泄洪排沙，用宝瓶口控制进水流量，科学地解决了江水自动分流、自动排沙、自动控制灌溉进水流量等问题，且选址、设计、修建、维护，处处彰显科学。对李冰父子的旷世杰作，可敬可叹，用最简便、最巧妙、最省工费的办法，建筑了世界上最理想、最耐用的水利工程，不仅形成沿长江运送兵马和军需物资的水上航道，为秦国实现统一发挥了重大作用，而且两千多年来一直发挥着防洪和灌溉作用，使成都平原像关中平原一样，成为水旱从人、沃野千里的"天府之国"，至今灌溉已达 30 余县市，近千万亩，是全世界建设年代最久，历经岁月砥砺，仍在发挥巨大作用的宏大水利工程。

2008 年 5 月 12 日，汶川发生八级大地震，2009 年笔者曾到过地震的震中映秀镇，看到中学教学楼倾斜破坏非常严重。可是，当再次到这两千多年前修筑的水利工程都江堰，距离地震震中只有 75 千米，却没看到明显受损的迹象，工作人员讲，只有轻微损伤。

边防连当兵

2013 年 9 月底，经批准，笔者与艾经纬、彭天志、韩天兵、王松波等五个二级部机关的同志，参加当兵蹲连调研组，到了西藏林芝、昌都地区边防部队的十多个边防连点。

在 20 多天里，翻越 9 座 4 600 米以上的雪山山口，行程 3 000 多千米，深入边防一线连队调研。通过参与连队训练、站岗、帮厨，与官兵集中座谈和个别交流，查阅日常记录和账本资料，察看生产生活设施和走巡逻路等方式，深入体会和了解掌握了边防一线连点官兵，在吃菜、饮水、住房、用电、医疗、交通和后勤战备方面的很多困难和问题。

这次西藏边防行虽然时间不长，但通过亲眼所见、亲耳所闻、亲身体验，确实受到了深刻教育。尤其是高原边防部队大多地处自然环境恶劣、道路遥远艰险、生活条件艰苦、巡逻保障艰难的条件下，再次感受到雪域高原广大官兵艰辛与奉献的高尚情怀。

墨脱被称为高原孤岛，每年在大雪封山不能进出的半年多时间内，基本与世隔绝。由于不通公路，墨脱人的衣、食、住、行、医，无一不透着艰辛。由于墨脱地区需要的生活和建材物资，只能等到冰雪融化的开山季节，人背马驮运进。在西藏有句话，墨脱的路才是天路，"山顶在云间，山底在江边，说话听得见，走路要一天"，70%以上的乡村路完全靠步行。自波密县扎木镇到墨脱141千米的公路，从白雪皑皑的雪山到陡峭的天外飞石，从松柏原始森林到幽深峡谷雨林，这条"仙境"加"险境"的天路，每年都有人不幸摔下悬崖，掉进河沟死亡。这里的温差很大，山上是高山寒带要穿大衣，山下是热带雨林只穿短袖，是典型的"一山显四季，十里不同天"。

墨脱还被称为西藏的"西双版纳"，是深藏在大山深处的一处宝地。由于墨脱地处西藏最南边沿，地形又像一朵莲花，因而，墨脱的藏语意为"隐秘的花朵"，周围大山海拔最高的7 782米，地形最低处约155米，平均海拔1 200米。这里雨量充沛，生态保存完好，坡降60°左右的流沙山坡植被也很茂密，森林覆盖率近80%。

进入墨脱这一天是国庆节，沿途到处都是美景，每座雪山都蔚为壮观，每道川谷都云蒸霞蔚，每条河水都清澈透明，每片原始森林都参天蔽日，海拔越低植被越茂密，热带雨林的常绿阔叶林和高山针叶林分布很广，水稻、芭蕉、香蕉生长良好，具有热带、亚热带、高山温带、高山寒带等立体气候，真没想到在雪域高原南侧，也有比烟雨蒙蒙的江南还要美的美景。真像有人说，到西藏能累死摄影家、气死画家。到这里也有一种从我国东北到海南的感觉。

在夏秋季内地基本上是蔬菜最丰富、品种最多的季节，但大量雨水使当地种菜非常困难，驻守在墨脱的边防官兵吃菜也就很难。尽管西藏距离大海较远，但太平洋与印度洋的气流相遇后，大量暖湿气流冲向青藏高原。因而，墨脱的每年5—10月是雨季，半年时间大约有130天在下雨，大雨时可24小时不间断，连阴雨最长可达1个多月，年平均降水量3 000多毫米，南部最大降水可达4 000～5 000毫米。遮雨挡风的蔬菜大棚内常常积满了水，蔬菜很难生长。全军98%的部队早就实现了"斤半加四两"，可驻墨脱的边防官兵人均每天能吃约半斤蔬菜，而且还是粗菜多、精菜少。

曾被中央军委授予"墨脱戍边模范营"荣誉称号的某边防营，坚守的边防线，却没有边防巡逻公路，官兵武装巡逻全靠步行。我们这次真实了解到官兵最需要解决的问题是，减轻携行生活物资重量，解决自加热食品不适口，作训服不耐磨，帐篷不适用等。

堪称世界第一大峡谷的雅鲁藏布江，中、下游山高谷深、水大流急，最深处谷地深达 5 000 多米。整个峡谷地区冰川、绝壁、陡坡、泥石流和巨浪滔天的大河交错在一起，环境十分险恶。大峡谷有着独特的地理优势。一是沿岸呈现出世界上最珍奇的自然景观。缘于山地齐全的垂直自然带、生物的多样性和雪山冰川、高山湖泊及变化莫测的万千气象。二是有青藏高原最大的水汽通道。这也是印度洋暖湿气流向亚欧大陆输送的一条天然通道，使得青藏高原东南部地区成了世界上水量最丰富的降水带，年降水量高达 4 500 ～ 11 060 毫米。这条水汽通道使大峡谷积蓄了巨大的水能资源，也是我国许多大江大河发源于此的原因。

雅鲁藏布江多年平均径流量 1 400 亿～ 1 600 亿米^3，下游到印度的布拉马普特拉河河口多年平均径流量 6 180 亿米^3。雅鲁藏布江的天然水能蕴藏量仅次于长江，其大拐弯一处水能占其全流域水能的 2/3，占中国水能蕴藏量的 1/10，年发电量可达 3 200 亿度。1956—2000 年雅鲁藏布江、察隅河、怒江、澜沧江、独龙江等年出国境水量 3 600 多亿米^3。仅墨脱县可供开发利用的水电资源是三峡大坝水利发电量的 3 倍还多。已开始建设西藏最大的藏木水电站，也是雅鲁藏布江干流上规划建设的第一座水电站。笔者所到的每个边防连队，主要靠小型水力发电保障生活战备。

全国百万人口以上的县有 128 个，人口最多的安徽省临泉县曾达到 220 多万人，而在 2013 年墨脱县总人口仅 1.3 万，耕地多为山坡地，约 2 万亩，森林面积高达 3 200 万亩。墨脱当时是全国最后一个不通公路的县，也正是这里人口极少的主要原因。我们去时的公路是简易公路，离开西藏回到北京后，新闻联播报道了新修到墨脱的公路正式开通，这是去墨脱打通的嘎隆拉雪山隧道最后一扇门。

我们离开林芝的最后一顿晚餐，与执行巡逻任务的直升机机组一起享用的。就餐中听说在西藏先后有 3 架美国制造的黑鹰直升机发生空难事故，都是复杂的地形和变化无常的气象原因引起的。其中有两次在雅鲁藏布江大峡谷，一次在日喀则地区喜马拉雅山南侧。可见，西藏地区不仅海拔高、氧气少，而且地形、气象都很复杂、恶劣。

我们还到位于喜马拉雅山东端峡谷察隅地区的边防某团所属边防一线连队和哨所，了解到官兵吃菜、住房、交通、医疗、用电等情况。这里年降水量可达 1 000 毫米以上，雨水充沛，气候温暖湿润，宜于种植水稻、花生等农作物。看到碧绿林园和层层梯田，闻到了山花和稻谷飘香，感叹这里真是西藏的小江南。全团每个边防连队用电都是水力发电，只是冬天水流量小时才增用柴油机发电。经过的察隅河，水面宽阔，水量很大，都流向了印度洋。

让我感受最深的还有，这里的高原边防官兵在非常艰苦的环境下，忠实地维稳控边，守卫国土，守卫高山流水，实际上也是守卫着金山银山。时任林芝军分区杨司令讲，在这片热土上，处处燃烧着戍边官兵对祖国浓浓的爱。

然而，这次到边防得知，曾在十多年前，我国与印度在边境谈判前，国家某部机关派人到西藏边境考察，一位中层干部来到美丽的东段边境考察时，说了让人十分吃惊的话，意思是东段边境地区自然环境很好，你们应当守卫好，但中、西段有的山地寸草不长、飞鸟不见，长年艰苦地守着有什么价值和意义。这位领导身在高位，却目光不远，不理解官兵们数年甚至数十年，为何奉献青春，坚守在高寒缺氧、物资筹措供应很难的边防线上。在边防一线连队都有句口号：绝不把领土守小，不把主权守丢。

"西藏"原意为西边的宝藏，上千年来历朝历代都在想方设法保护这块神奇的土地。公元7世纪的唐王朝与吐蕃和亲，标志着藏民族与汉民族开始交流融合。元朝时，西藏正式成为华夏的一个行政区。1288年设置宣政院，建立驿站，派驻军队，任命官员，征收赋税，施行元朝刑法和历法，忽必烈请西藏佛教首领八思巴创制了蒙古文字，促进了统一多民族国家的发展。1720年（康熙五十九年）清军入藏，将入侵西藏的准噶尔军驱赶回伊犁。1727年（雍正五年）和1750年（乾隆十五年）先后出兵平定了西藏上层贵族叛乱。1791年（乾隆五十六年）清军又击退廓尔喀对西藏的入侵（境外廓尔喀王国兴起，取得了尼泊尔的统治权，建都加德满都）。[①]

曾已侵占了全世界五大洲很多美丽富饶领土的"日不落帝国"英国，早就看到雪域高原的西藏有潜在的巨大价值，而多次图谋侵占。19世纪中叶后，由于英国统治印度和侵略中国西藏、新疆，致使中印边界全线不少地区存在争议。1888年和1903年英军大规模派兵入侵西藏，受到英勇的西藏军、僧、民重创。1907年英国提出中国对西藏只有"宗主权"，妄图否认中国对西藏的主权。1914年英殖民当局西姆拉会议炮制了"麦克马洪线"，把历史上长期属于中国的9万千米² 领土划归英属印度[②]。1950年印度独立以来，当局不断向中国提出无理领土要求，频繁入侵、蚕食我国领土，逼迫中国人民解放军在1962年进行了自卫反击战。

---

① 中国小百科全书编纂委员会，1994.中国小百科全书（第三卷）[M].北京：团结出版社，203-204.

② 1914年3月24日，西藏一个代表团，与当时的英属印度政府外交秘书亨利·麦克马洪爵士，在德里所做的一桩未经授权的秘密交易的产物，麦克马洪以威逼利诱的手段，说服西藏人同意了一种边界线的划法——把界线向北推移了大约100千米，但历届中国政府对此从未承认。1938年英印殖民当局出版的《西藏与邻国》官方地图和1940年英国出版的牛津《高级地图册》所载《印度》一图，都没有划出"麦克马洪线"。《中国人民解放军军史》第五卷第330页.军事科学出版社.

1962 年 10—11 月的中印边境自卫反击战，是我军在国际形势严峻和国内自然灾害严重及作战保障地理条件十分困难的条件下，坚忍不拔，浴血奋战。我军以 4 个师共 43 000 人的兵力，在山南和察隅两个方向以及西段，对入侵印军 3 个师 13 个旅近 5 万人发起快速反击。我军以伤亡 1 788 人的较小代价，取得了重创印军 3 个旅，部分歼灭 5 个旅，毙敌 4 800 多人，俘敌 3 900 余人的重大战果，给了印军以沉重打击。①

1986 年，印军又开始越线北拱蚕食我国领土。1987 年我军遏制了印军的蚕食行动。现在边境东段，印军不仅实际占领了中国 9 万千米² 的富饶国土（中国墨脱地区有 2.2 万千米² 土地被印度占领），而且将中段我方 2 000 千米²，西段 3.35 万千米² 的领土说成是他们国家的。同时，印军还谋求在军事上利用高山，为其形成天然屏障，来顽固地奉行"占领即占有"政策，不仅把麦克马洪线作为国境线来驻守，还妄想在我边境地区伺机前推兵力，对我国形成军事上绝对优势。

这次雪域高原边防行，再次感受到青藏高原有着丰富独特的资源优势，了解了历史上发生的一些事件和领土争端，说明了西藏的战略地位十分重要，尤其是独特的地缘政治优势，是中国西南一道天然的安全屏障，是祖国不可分割的一部分，早已与中华民族融为一体，绝对不能让那些搞"藏独"的人得逞。

近年也常想，如果将我国已成功研制的无人侦察机与官兵现地巡逻结合起来，将载重 1.5 吨货运无人机用于高原边防部队后勤物资供应保障，可实现由平面向立体巡逻、保障，能大大提高边防部队的战备水平和保障效率效益。

羊八井演练

2015 年 7—8 月，笔者相继两次到西藏羊八井综合训练场，参与组织"补给行动—2015·羊八井"高原高寒山地反击作战军需物资油料保障演练。这次组织的演习，在海拔 4 500 米左右的拉萨西南当雄县的羊八井地区，有陆军的装甲、炮兵、步兵、工兵等部（分）队，有空军的侦察机、战斗机、直升机，有军需油料库、站保障分队，有给养、被装、野战输油管线、物资采购保障分队，这是新中国成立以来首次在青藏高原高寒条件下，对人体机能、装备性能、保障效能进行的一次探索性、检验性演练，也是在氧气量只有内地 60% 的地区，练技术、练协同、练意志的一次综合素质考评，使机关和参演部队都得到了一次全面的锻炼和考验。参加组织和观摩的人员，绝大多数高原反应强烈，夜里难以入睡。

---

① 中国人民解放军军史编写组，2011. 中国人民解放军军史（第五卷）[M]. 北京：军事科学出版社，337.

通过在这次演习活动中所见所闻所思，深切地感到西藏地区不仅军事战略地位十分重要，而且资源相当丰富。西藏地区国土面积 120 万千米^2，占全国的 1/8，相当于 11 个浙江省或 33 个台湾省的面积。海拔 7 000 米以上高峰有 50 座，8 000 米以上高峰有 11 座，是世界上面积最大、海拔最高的高原，素有"世界屋脊"和"第三极"之称。整个西藏被喜马拉雅山脉、昆仑山脉和唐古拉山脉所环抱，边境线全长 3 850 多千米，是我国西南边防的一道天然屏障。全区宜牧草地有 8 亿亩，人均占有量是全国的 125 倍。拥有森林面积 6.2 万千米^2，是全国人均占有量的 40 倍，木材保有量居中国之首。全西藏水能蕴藏量高达 2 亿多千瓦，占全国蕴藏量的 1/3，超过美国水能总量的 15%。西藏有世界上最大的铀矿和硼砂矿，全球一半储量的锂矿，储量大的铜矿，铁矿、金矿也居亚洲前列。光能、风能、地热能等资源都非常丰富。

记得在路过羊八井海拔 4 200 多米的地方，看到占地面积很大的一个光伏发电站和一个地热发电站。后经了解，光伏发电站从 2006 年开始建设，到 2012 年 5 月建成，总投资 4.5 亿元，总装机容量 2 万千瓦，是全国第一家首次并入 10 千伏高压电网的光伏示范电站，年发电超过 3 700 万度。其优势是充分利用海拔高、地域开阔、空气干燥、云量少、纬度低、日照时间长、总辐射值高，可节约标煤 1.2 万吨，减排二氧化碳每年 3.26 万吨。地热发电站于 1975 年建设发电成功，其地热源深藏地下 200 米，地热蒸汽温度高达 172℃。现装机容量达到 25 万千瓦，占拉萨总装机容量的 41.5%，37 年累计发电量 30 亿度。在冬季枯水季节，地热发电占拉萨电网的 60%，与风电、光伏和水力发电结合相互补充。

这一年两次去西藏，对西藏自然环境，部队作战保障条件，又有了较多的了解，较深刻的认识，同时对水资源的了解增加了很多，对各种资源可控、可利用的认识也更进一步。拉萨河长 568 千米，年均径流量 62 亿米^3，水量大、水流急，这是很大的资源。由于全球气候变暖，看到羊八井地区山峰雪线在海拔 5 000 米左右，听说比 50 年前上升了近千米。也看到一道道较宽的山川和一条条大大小小的河流，心想应当分段筑坝蓄水，把水存在高原河谷和湖泊中，工程量不大也不难，且泥沙流失少、淹没损失少、占用耕地少，存大量水可以调节高原气候，利于植被恢复和生长。

想一想极度干旱缺水的西北农村，家家户户都打水窖存水，有效地解决了家庭生活用水的大问题。如果青藏高原各流域分段筑坝，层层拦截洪水、沙石，蓄水、蓄能，用管道引水、发电，又利用高水高调、尽量保持水位势能不损耗减少，可增加大量电能。若根据不同的地理水文条件，以国家出资为主，进行分层拦水蓄水，将水尽量多地留在高原，存蓄在一道道河谷中，水量增加、水面增大后，水汽不断蒸发降水，不仅能缓解甚至能改变青藏高原的荒漠化，而且使青藏高原水源地，成为名副其实的中华水塔。应当说，存水就是存储财富，存水比存钱利息高，产生综合效益大。

后来从地图、电视和有关资料方面了解到，在羌塘盆地、可可西里盆地周边，海拔多在 3 500～4 200 米，有索县、比如、杂多、治多、曲麻莱、玉树、称多、玛多、玛曲、诺尔盖等县，都属高寒草原气候，年平均气温不足 -4℃，是怒江、澜沧江、长江、黄河的发源地，河流密布、湖泊众多，年降水量多在 300～430 毫米，草原面积占总面积的 50%～87%。因而，对青藏高原各大小山川和盆地，层层筑坝拦水，可改变三江源和青藏高原渐渐干冷的气候和脆弱的荒漠化生态环境。也能减少流入各个江河中下游的泥沙，使各梯级水库尤其是三峡水库，不会淤积那些排不出水库的粗沙、沙碎石、砾卵石。如将金沙江、雅砻江、大渡河的泥沙拦住了，长江下游到上海就少用或不用挖沙船常年挖沙了。南京到上海的水深若由 12.5 米增加到 16 米以上，集装箱船可由 5 万吨增加到 15 万吨。

对上述层层筑坝拦水的想法，已在中央电视纪录片得到一点证实。四川省甘孜藏族自治州的江达、贡觉、芒康三个县，从 2000 年开始纳入国家天然林保护工程，通过封山育林、生态移民，使金沙江生态林增加了 50 万亩。其中：江达县邓柯乡生态林覆盖率达 23%。①

位于金沙江上游河谷地带的邓玛湿地，为四川省甘孜藏族自治州石渠县洛须镇，已真正成为青藏高原的"塞上江南"。河谷地带海拔 3 200 多米（县城约 4 200 米），经过筑坝拦截水沙后，坚持 15 年植树造林，以种植有极强生命力和快速繁殖力的沙棘为主防沙固土，为金沙江上游筑起了绵延万亩的一道生态屏障，形成优良的高山天然牧场，来迁徙的候鸟有中华赤麻鸭、黑颈鹤、野鸳鸯，还有熊、狼等各种大型动物。河谷也成为粮、菜、果的生产基地，是甘孜州最大的生态园②。此外，在江达县邓柯乡的河谷地带建立了育林基地，培育云杉、核桃、苹果、梨子、松树、柳树等苗木。云杉在海拔 3 500 米左右的河谷两岸分布最多，其抗旱、抗寒、保水、固土和抗病虫害能力都很强，也可在海拔 4 100 米的河谷生长。随着气温升高雪线上移，邓柯乡的直巴村在海拔 4 500 米左右的河谷旁也有天然牧场。金沙江上游石渠县洛须镇以上河段，粗沙、沙碎石得到有效拦截。③

进一步联想，华北地区增加调水后，流经北京西北的永定河和东北的潮白河，有的河段还可多筑坝蓄水，能进一步改善北京的区域生态环境。干旱的三北地区都可以采取这个办法存水。发生水灾较多的南方和西南部分干旱地区，也可

---

① ② ③　2019-7-9（15）.《远方的家》系列片《长江行》电视纪录片第 11，7，11 集.

以根据当地的地理条件，在河谷中筑坝拦水。

话题再转到青藏高原，这是举世闻名的"世界屋脊"，总面积约300万千米^2，在中国境内257万多千米^2，已有50万千米^{2}荒漠化很严重。渐渐荒漠化的羌塘盆地、可可西里盆地、沱沱河盆地、羊湖盆地等，总面积达39.5万千米^2，平均海拔超过4 000米，是黄河、长江、澜沧江的源头"三江源"。其中，密布的河流和众多的湖泊、湿地，总面积约7.2万千米^2，大于5千米^{2}的湖泊有300多个，河流年径总流量约324亿米^3。雪山、冰川分布广，冰川资源蕴藏量达2 000亿米^3，严寒的气候，植物生长期很短，生态环境非常脆弱。在20世纪，人类活动多、过度放牧和气候变化等因素，导致当地空气干化、气候旱化、土地沙化，生态环境退化。

2005年国家启动了三江源生态保护和建设工程，实施移民搬迁、禁牧封育、人工增雨和退耕还林还草等政策，进行应急式修复和保护。三江源的草地、水体与湿地面积增加了500多千米^2。2013—2020年启动了三江源生态保护和建设二期工程，禁止采矿、砍伐、狩猎，实施了人工草补播、草原有害生物防控、沙漠化治理等工程，沙化土地植被盖度已由33.36%提高到40%。[①]

2016年8月，习近平总书记到青海考察时指出："中华水塔是国家的生命之源，保护好三江源对中华民族的发展至关重要。"

那么，若规划实施大量存水工程，可从根本上解决存水和荒漠化问题。至于考虑怎么从青藏高原调水，除学习了解林一山、郭开、黄跃华等调水方案外，自己也在观察思考研究，有初步的设想，还未形成系统完整的方案。但我时常在想，青藏高原五江一河有朝一日可调水到西北，就像林一山、郭开、黄跃华设想的调水方案，都有很大的研究参考价值，可为中华民族大发展，为子孙后代的福祉，产生无可估量的作用。

想一想，我国每年要从国外进口大量的粮食、石油，不仅要花巨额外汇，而且为了贸易线安全，需要海军舰艇编队长年护航，每年支出的费用很多。

我国西北荒漠化面积约218万千米^2，其中沙漠戈壁约110万千米^2，约占全国沙漠戈壁面积的85%。如果西北增加600多亿米^{3}的水，将会创造难以想象的财富量。1998年长江抗洪抢险达千万人，直接经济损失巨大。如何能将长江上游的水调一部分到黄河再引入西北到新疆？为此，20多年来，笔者利用下部队比较多的工作机会，带着如何提高部队后勤战备供应保障水平和搞好水资源调配等问题，一直在关注思考藏水北调。

---

① 2018. 瞭望 [J]. 新闻周刊（43）.

藏水北调思（一）

"南水北调"的设想是 1952 年 10 月毛泽东主席第一次视察黄河时提出的。1958 年，毛主席在成都召开的中央工作会议上提出了南水北调的宏大构想。之后，历届政府部门经过数十年，组织中国科学院、长江流域规划办公室、四川水利水电勘察设计院、清华大学水利系、黄河水利委员会及很多科研院所和高校研究论证。2002 年 12 月，国家正式出台了"南水北调"东、中、西三条线调水规划，海内外关注国家发展的亿万人都无比振奋。

在前面的关注新疆水（一）中提到在 2005 年，我看到民间水利专家郭开（原四机部退休干部）团队，发表"南水北调"朔天运河大西线调水 2 006 亿米^3 的文章，又看了李伶倾注心力著的《西藏之水救中国》的报告文学，感到从雅鲁藏布江、怒江、澜沧江、金沙江、雅砻江、大渡河调水的构想非常大胆、宏伟、振奋，为再造中国重大工程描绘出了奇伟画卷，且有大量具体的数据和事例。

近年又读到《中国老年报》副总编邱锋和原总政治部某干休所副主任医师、蒙医专家鸿玲编著的《中国如何拯救世界》，这可以说是对朔天运河大西线调水方案的一种再论证、再宣传、再呼吁。书中介绍《西藏之水救中国》，曾有 60 多家媒体纷纷发表了大量评论，直追当年邓英淘、王小强等写的《再造中国走向未来》一书的轰动效应。

2007 年，中国未来研究会军事分会理事长、原《军事展望》杂志社社长兼总编辑刘胜俊大校，将民间水利专家黄跃华提出的《青藏管网调水工程方案》送笔者阅读，感到该管网方案优点很多，与部队生活保障关系非常大，也就特别关注这方面的问题。

后来，得知南水北调西线调水规划迟迟没有进展，在不解之中，开始注意了解各方提出的调水方案，感到分歧非常大，难以求得共识，在关注中牵挂，在牵挂中等待，在等待中思考，就像是在看长篇小说那样且听下回分解，也像看电视连续剧那样期待下集……十多年过去了，南水北调西线调水仍没有正式开工的迹象。近些年，还在修改完善工程项目规划任务书。

彻底解决中国的水害、水失、水利等问题，需要战略思想和科学统筹。当看到中国社会科学院积劳成疾英年早逝的邓英淘研究员和王小强研究员在《再造中国走向未来——为了多数人的现代化》一书中，提到国家原水利水电部部长钱正英院士曾讲，20 世纪 50 年代，在讨论三门峡水库改建方案时，有一个"小人物"叫温善章（一个毕业不久的技术员），反对当时几十位大专家的意见，提出"低水位、少淹没、多排沙"的建议。于是，这样一个"小人物"的意见，被多数大专家理所当然地否定了。而后来的实践证明，多数大专家的意见是错误的，唯有这个"小人物"的意见反而是正确的。周恩来总理要求登报对温善章的正确建议给予肯定。足见"小人物"的大胆建议和贡献实属不小。

被毛泽东主席称为"水利大王"的长江水利委员会主任林一山，早年曾就读于北京师范大学历史专业，在抗日战争时期他组建的两支游击支队，后来发展成为第 27 军和第 41 军。新中国成立后他投身水利水电事业，为国家作出了卓越贡献。黄河水利委员会主任王化云，毕业于北京大学法律系，也为我国的水利水电事业倾注了大量心血。从古至今，我国有很多治水治军治国的人物记载和故事，再次说明隔行可能隔山，但隔行未必隔理，尤其是对一些综合性强、层次高的重大战略问题。可见，非专业人员一些超越纯现行专业范畴的设想、建议，未必没有研究价值，这在历史上屡见不鲜。

有的历史故事虽属个别，不能一般对待，但未必没有启发和触类旁通的价值。南北朝时期一个将军叫陈庆之（484—539），在 41 岁前，既没当过兵，也没参过战，更不善骑射，只是从少年、青年、中年始终喜好围棋，当官从政后也没得到重用，但他有胆略、善筹谋、很勇敢，被梁武帝萧衍任命为武威将军，开始独立领兵。他带兵有方，战斗生涯仅 15 年，却一次次创造了以少胜多的奇迹。第一次大战率 2 000 梁军带头冲锋陷阵打败 2 万魏军。第二次大战率 7 000 人经 14 个月，历 47 战，平 32 城，打败 30 万魏军。这几乎成了中国战争史上不可思议的神话。[①] 从表面上看，下围棋和研究兵法是两码事，然而其本质有众多雷同之处，正是这种雷同起到了触类旁通的作用。陈庆之也就从神话中走出来成为现实中的存在。

孙中山在广州开办黄埔军校，开始确定学制为 3 年，后因北伐战争改为半年，为国民党培养了大批高级将领，也为共产党培养了像陈毅、徐向前、林彪、陈庚、罗瑞卿、许光达等一大批高级将帅。

飞机是历史上最伟大的发明之一，是美国莱特兄弟发明的，他们都没有取得文凭，又都不是机械电器专家，职业是编辑出版。但他们有着"异想天开"的梦想和超越常态的思维以及坚毅不拔的毅力，从而突破了大多数人认为飞机依靠自身动力飞行不可能的禁忌，实现了他们的发明梦想，改变了人类的生产、生活方式和质量，也改变了军事史。

美国 B-52 战略轰炸机于 1948 年提出设计方案，1952 年第一架原型机首飞，1955 年开始批量生产。该机有 4 组 8 台涡轮喷气发动机，最大航程 1.6 万千米，巡航速度 1 000 千米 / 小时，实用升限 15 000 米。先后改进发展了 8 种机型，现

---

① 许家强，2015. 刀锋下的中国历史 [M]. 北京：当代世界出版社，289–293.

仍是美国空军洲际战略轰炸主力，计划服役至 2050 年。不可思议的是，当时设计时计算都是用手工，根本没有什么电脑、电子计算器。

达·芬奇是意大利文艺复兴时期著名艺术家、工程师、科学家，他的经典绘画代表作《蒙娜丽莎》《最后的晚餐》为人熟知，而鲜有人知他在雕塑、建筑、音乐、文学、数学、解剖学、地质学、天文学、植物学、古生物学和制图学等领域都有极高造诣和成就。他是人体解剖学的始祖，发现了心脏和血液的功能和作用。他设计并主持修建了米兰至帕维亚的运河灌溉工程及一些水库、水闸等。他还发明了直升机、降落伞、机关枪、手榴弹、坦克和潜水艇等。[①]

美国第三任总统托马斯·杰弗逊，不仅是一个杰出的政治家、外交家、教育家、哲学家，懂法、意、拉丁、希腊和西班牙语，起草了《独立宣言》草案，组建了国务院，创办了弗吉尼亚大学，从法国拿破仑手中以 1 500 万美元，相当 3 美分 1 英亩价格，购买了 200 万千米 ^{2} 的路易斯安那，而且在文学、艺术、法律和科学上享有盛名，是农学、园艺学、生物学、密码学、测量学、建筑学、考古学等专家，还发明创造了旋转门、升降机、日历钟等。

电的发明者美国科学家富兰克林院士，也是企业家、外交家、政治家。在学校只读过两年书，自学掌握了法、意、拉丁和西班牙语。做过出版印刷商、记者、作家、秘书、邮政局长、议员、州长、大使等。参与起草了《独立宣言》《美国宪法》。创办了《宾夕法尼亚报》和宾夕法尼亚大学。26 岁发明了电，提出电荷守恒定律。发明了老年人双焦距眼镜。发现了感冒的原因。是牙科医术之父。在数学上创造了 8 次和 16 次幻方。最先绘出暴风雨推移图。在气象、地质、音乐和海航等方面也取得了不少成就。

英国物理学家、化学家、发明家法拉第，是自觉成才的科学家，只读过两年小学，是发电机和电动机的发明者，被称为"电学之父"，永远改变了人类文明。

当代科学巨匠、中国科学院院士、著名数学家华罗庚，只是初中毕业，却为数学发展作出巨大贡献，国际上以华氏命名的数学成果有"华氏定理""华氏算子"等。他的《优选法》《统筹法》，广泛应用于工农业生产实践。

被誉为"世界发明大王"的爱迪生，一生在学校只读过三个月的书，却获得了留声机、电灯、电报、电话、电影等发明、改进成果，还在矿业、建筑、化工等领域也有创造，并创办了影响世界科技经济发展的爱迪生通用电气公司。这位伟大的科学家一生共有 1 094 项发明专利。

杰出的天文学家、物理学家、数学家开普勒，25 岁出版了第一部著作《宇宙的神秘》，30 多岁就成为天文的立法者。

---

① 赵公民，2016. 科学技术概论 [M]. 北京：机械工业出版社，9–10.

物理学家、数学家牛顿，是万有引力的发现者、三大运动定律的奠定者和微分积分的创立者等。22 岁建立了"二项式定理"，40 多岁写出了《自然哲学的数学原理》，又以揭示热、力、电、化学等各种运动形式之间统一性的能量守恒定理，两次实现了物理学的大综合。

诺贝尔物理学奖获得者、核能的开发奠定者爱因斯坦，26 岁提出狭义相对论，36 岁提出广义相对论。

参与 5G 的核心技术研制者，是 21 岁的东南大学信息科学与工程学院刚进入博士学习的申怡飞。他从 17 岁开始潜心研究，并毛遂自荐加入到移动通信国家重点实验室，由开始需要 2 秒钟传输一组数据，到 1 秒钟可传输 20 万组数据，并获得国家发明专利 3 项。

航天之父、导弹元勋钱学森院士，在退休后却从事与他专业工作毫无关系的荒漠化研究，提出中国在 21 世纪实现"第六次产业革命"，近 30 年应用于实践已取得重大成效。

执迷于引力波研究的辽宁抚顺市下岗职工郭英森，只有初中文化，2011 年 2 月 7 日在天津卫视综艺节目《非你莫属》中讲解引力波研究的具体设想时，却惨遭主持人和三位嘉宾的嘲讽。时隔 5 年后的 2016 年 2 月 11 日，美国科学家在华盛顿举行记者会，宣布已探测到引力波存在，印证了百年前爱因斯坦的预言。2017 年 10 月 3 日，发现引力波的三位美科学家获诺贝尔物理学奖。

美国 1817 年修筑伊利运河，发起倡议的不是运河专家，而是贩运农产品的农民杰西·华利。运河路线勘察决定，则是由两位法官詹姆斯·歌德斯和班杰明·莱特，他们都是没有任何从事工程的经历、学历。

我国更早的都江堰水利工程，是李冰父子在公元前 256 年至前 251 年组织设计修建的。我国开凿广西运河灵渠的，则是公元前 219 年秦始皇统一岭南的远征军中，监管粮饷的军需官史禄，组织设计修建的。他们都没有什么专业学历。

古今中外在跨学科研究、跨行业创新创业方面，有成就的历史人物举不胜举。

当然，我国近千年来科班出身的治水治军治国历史人物也很多，如王安石、欧阳修、沈括、徐有贞、徐贞明、刘大夏、刘天和、潘季驯、朱之锡、林则徐、魏源等，都经科举殿试考取了进士，其难度与现今两院院士相当。沈括还在数学、物理、化学、天文、地理、地图、律历、音乐、医药等领域皆有成就和论著。

当然，随着人类社会不断发展，专业分工更为精细，人才培养走向专业化。各个领域重大科技成果的取得，基本都是依靠专家、科学家们殚精竭虑、团结协作取得的。

人们也早已认识到，现代科技的飞速发展，知识和信息呈爆炸状态，若想掌握某项科学技术并有所创新，就必须专门化，往往也只能去研究某一学科、某一专业、某一未知的问题。这样，各种学科不断被分割成狭窄的若干小学科，使得人们认识世界的视野不断得到自然隔离，而很多专业内容又随着时代发展超过了分科的界限，也需要跨学科思考，大协作研究。

综上所述，学历、经历、专业、年龄，都不是科学研究、发明创造和事业发展的门槛或通行证。社会专业分工再怎么精细，也不能分得井水不犯河水。凡是有所创造和作为的人，他们都有创新与发明的梦想，有执着与无私的精神，有着大的胸怀与战略眼光。何况在社会分工越来越细的趋势下，更需要大综合、大统筹研究。

一些生活常识、自然现象，有可能上升到哲学某一问题的层面。而哲学是科学之母，科学又是哲学问题的延伸和回答。有些科学问题，在昨天是奥秘，在明天可能是科学常识。何况科学技术又是发展的，甚至有些技术问题不能否定科学问题！

笔者在受到上述有关人员的经历和研究成果启发后，增强了研究本课题的信心，思想不在受经历、学历和专业的约束、限制。这也对很多人尤其是有理想抱负的青年人以启迪和激励。

兵法讲"知己知彼，百战不殆"，是对将帅和参谋人员的要求，但事实上，战场情况常常复杂多变，对敌方的各种情况了解掌握是极其有限的，而研究长河与大漠课题，应当说了解掌握情况的途径多，有大量专家学者的著书立说，有巨量的学术论文和各种新闻报道信息，比科学家探索月球、火球、慧星、天王星、海王星上的水问题要容易得多。

近年，笔者利用大量时间关注思考大国统筹治理长河与大漠问题。不仅全面系统阅读大量的水利水电、交通运输、农业农村、林业草业、气候气象、生态环境等文献、专著、报刊和一些调研报告、发展规划、学术论文等。还从电视、网上观看了《大国崛起》《大国工匠》《大国工程》《超级工程》《不可思议的工程》《航拍中国》《创新中国》《走遍中国》《长江行》《话说长江》《话说运河》《黄河》等大型纪录片，大大开阔了眼界，而且利用在原后勤指挥学院、国防大学学习和总部机关工作经历，了解各地的地理、气候和国家战争潜力等情况。特别是每次下部队时，都比较注意多看、多问、多记。

从此，开始广泛深入了解国家关于西部大开发与"南水北调"有关情况，并认真研究黄委会的小西线200亿米^3、长委会林一山的大西线自流和提水800亿亿米^3、郭开大西线2 006亿米^3、北京林业大学袁嘉祖教授的1 600亿米^3、四川省资阳市雁江区农业办公室黄跃华的青藏管网调水600亿米^3、中国科学院陈传友的四江进两湖抽水调水435亿米^3（鄂陵湖、扎陵湖）、原成都市南洋新技术研究所张世禧教授的青藏高原高程4 200～4 000米的780千米大隧洞调水300

亿米³到南疆，云南水利厅原总工程师邓德仁的三江并流大西线低海拔调水方案等。

他们这些方案有各自的特点、有各种优缺点，甚至有致命的硬伤，但他们的信念和忠诚、智慧和思路、方案和技巧，都有着重大的现实与理论研究意义，有助于笔者广泛深入思考研究，特别对增强战略思维能力以启迪和智慧。

众多相关人士意识到，如果调水太少，且将一部分水输送到黄河冲沙入海，也无法解决西北地区荒漠化治理的大问题。

郭开提出调水2 006亿米³的方案，得到军队和地方政府一些老首长特别是沿黄地方政府的大力支持，先后都引起江泽民、胡锦涛、朱镕基、温家宝等党和国家领导人的高度重视。

江泽民总书记在1998年5月24日读过老领导周子健的一封来信后，作了重要批示："当今水资源为各国所关注，我国的水资源大为短缺。我们过去的认识很不够，必须引起全党的高度重视。人无远虑，必有近忧。要认真做好水资源开发与节约用水工作，二者不可偏废。解决北方缺水的问题，已有若干方案，现接到子健同志的来信并所附的人民日报内部参阅第12期（总第404期）上郭开写的'关于大西线调水工程'一文。南水北调的方案，乃国家百年大计，必须从长计议、全面考虑、科学选比、周密计划，在开源的同时要注意节流，认真做好工业、农业、日常生活的节水工作。"[1]

胡锦涛总书记毕业于清华大学水利水电专业，曾在甘肃兰州的刘家峡水电站工作多年，对南水北调西线工程非常关注。他说："我在西北工作了十几年，深知西北缺水的严重。我也在西藏工作过深知西藏水多，雅鲁藏布江经常泛滥成灾，水源没有问题。"

而在2001年，有些专家组织研究论证后向国务院专题报告，认为"大西线"工程有各种方案，都是由雅鲁藏布江、怒江、澜沧江、金沙江、雅砻江、大渡河等调水进入黄河上游。经研究后认为，在可以预见的将来，"大西线"设想的一些工程没有现实的技术可行性。就我国未来16亿人口的发展形势看，也没有大开荒、大移民以致兴建"大西线"的现实必要性[2]。

2005年2月28日，千名老干部、专家学者（包括百余老将军、省部级老干部和几十名院士）联名上书中央要求上大西线，胡锦涛总书记于2005年3月2日及时作了批示。到6月30日，40多位研究国内干旱和蓄调水方面的专家走进

① 李伶著. 2005. 西藏之水救中国 [M]. 北京：中国长安出版社，30.
② 钱正英，张光斗，2001. 中国可持续发展水资源战略研究综合报告及各专题报告 [M]. 北京：中国水利水电出版社，19.

了北京香山饭店，参加中国科学院组织的第 257 次香山学术讨论会，会议讨论了 3 天，形成大西线必须上马的共识。

胡锦涛总书记后来讲："我在西北工作了很长一段时间，对甘肃、青海情况比较了解。我的意见是再召开一次院士专家会议，人增加一倍，拿出个统一的结论性意见报上来。"他在蓄调水国家级专家论坛会上讲："经过多方调研、分析、评估，西北地区到 2030 年人口和用水量有较大的增加，节水措施是不能解决问题的，必须从外线调水……大西线工程必须上马。"①

2006 年 2 月 6 日，国务院总理温家宝在曾任空军副司令员王定烈将军等老干部关于上大西线的建议书上批示："请水利部、发改委认真研究。"②但是，有关主管部门对南水北调大西线工程方案上马问题，经再三研究后也没有达成共识，因风险、投资很大，确实顾虑重重。

据悉，郭开团队提出的"南水北调朔天运河方案"，是一个产生轰动效应非常大，赞同、支持与反对、质疑也是最大的方案。在 1990 年初至 1999 年底的十年里，全国人大和全国政协的历次代表大会上，先后有人大代表 6 次 208 人、全国政协委员 10 次 118 人，提交了郭开的"大西线"调水方案的提案。2006 年 3 月"两会"期间，代表委员相继提出了 30 多个议案提案要求上大西线。到 2010 年 8 月，上千名老将军、老领导、院士、专家学者，已经第 20 次上书中央，强烈要求大西线尽快上马。希望中央能排除干扰，把这件关系到中华民族生死存亡的大事尽快抓紧抓好。③

持反对的一种意见认为："不负责任地炒作'朔天运河'十分有害，它引起人们思想紊乱，干扰领导决策，打乱科学的规划和南水北调工程的顺利实施。从西藏调水，现在不科学、不现实，50 年后也未必有此需要。"

笔者比较关注这个方案产生巨大的影响及引起很大的争议。心想，西线调水成本高，产生的综合效益巨大，很有必要广泛深入的讨论研究。

藏水北调思（二）

百年前孙中山在《建国方略》第一部分的"孙文学说——行易知难"中做出的哲学论断，可能现在的很多人也不一定明白。因现代人说起来都明白，做起来都难，也可以说是落实难、难落实，实际上探索到如何行的办法和途经则更难。

他在"自序"中沉重地讲：心之为用大矣哉！夫心也者，万事之本源也。满清之颠覆者，此心成之也；民国之建设者，此心败之也。夫革命党之心理，于成

---

①②③　邱锋，鸿玲，2011. 中国如何拯救世界 [M]. 香港：香港新闻出版社，273-276，275，284.

功之始，则被"知之非艰，行之惟艰"之说所奴，而视吾策为空言，遂放弃建设之责任。此思想之错误为何？即"知之非艰，行之惟艰"之说也。此说始于傅说（殷商王武丁的大宰相。相传为工匠，武丁访得，举以为相）对武丁之言，由是数千年来深中于中国之人心，已成牢不可破矣。[①]为此，孙中山又从"以饮食为证、以用钱为证、以作文为证、以七事为证、知行总论、能知必能行、不知也能行、有志竟成"等八章，近 8 万字，进行了全面系统、深入细致、有理有据的论证"行易知难"的哲学观点。

北京大学历史系教授杨奎松指出：孙中山早年一直被人称为"孙大炮"，以当年人们的眼光，孙的许多言论设想却有其不可想象之处。然而，站在当今中国发展的水平上，再来看孙中山当年那些"大炮"，尤其是概括了孙中山对未来中国建设理想设计的这部《建国方略》，我们或许应该为孙中山的诸多远见卓识而惊叹！

从前一节的"藏水北调思"，讨论思考西部南水北调工程的各家方案、各种观点，就能切实感受到"孙文学说——行易知难"的哲理之深刻，认识世界之艰难。

近年，笔者认为国家水利部原副部长、顾问林一山，提出的"中国西部南水北调工程"在海拔 3 900 ～ 3 500 米自流引水 526 亿米^{3}的方案，有很多优点，缺点是以明渠为主引水。民间水利专家黄跃华"青藏调水管网工程方案"年调水 600 亿米^{3}很有研究价值，主要优点是避免地震、雪崩、渗漏、塌方、坠石、洪水、泥石流、风沙、冰冻等影响，可一年四季输水。能省地、省钱、省工、省水和防水质污染。在地质地形复杂的地段用管道输水。对不能用大口径铺设的地段，可选用 2 ～ 3 米的钢管，采用多管并列、多层并行。

前水利部有位领导提出，"西线调水工程的目的是把黄河的泥沙冲向下游入海。按 30 方水冲 1 吨沙计算，需要用 120 亿方水来冲沙。"[②]而对郭开团队提出调水 2006 亿米^3，认为"不科学、不可行、不必要"，解决西北缺水问题主要靠抓节水，要用粮食换森林。还有些专家提出西线调水技术和经济不可行，并指出其作用只可能补充黄河水源，而不能自流引水到任何内陆河流域的上游。[③]

水利部南水北调规划设计管理局根据所派专家考察研究认为：各种"大西线"方案，是大胆设想，距现实太远。一是调水量在 1 000 亿米^{3}以下。"五江一河" 3 600 ～ 2 900 米取水高程之间的年均径流量分别为：雅鲁藏布江 180 ～ 600 亿米^3，怒江 180 ～ 330 亿米^3，澜沧江 70 ～ 200 亿米^3，金沙江 120 ～ 170

---

① 孙中山，2011.建国方略（自序）[M].北京：中国长安出版社，3-4.
② 林凌，刘宝珺，2015.南水北调西线工程备忘录（增订版）[M].北京：经济科学出版社，5.
③ 钱正英，沈国舫，潘家铮.2004.西北地区水资源配备生态环境建设和可持续发展战略研究［M］.北京：科学出版社，42.

亿米^3，雅砻江 70～160 亿米^3，大渡河 87～140 亿米^3。年均总径流量约为 660～1 550 亿米^3，与郭开的 2 006 亿米^3 相差甚远。二是工程投资巨大。按调水规划 1 000 亿米^3，1999 年价格水平，总建设费用将超过 23 000 多亿元。三是相关技术难题大。（1）高筑坝问题。根据考察现场初步估算，"设想"中大部分大坝高度在 300～550 米之间。国内外已建大坝最高均在 400 米以下，哈萨克斯坦有运用定向爆破方法建筑 380 米土石坝的实例，但渗漏问题未能有效解决。就近期技术条件看，利用定向爆破方法建筑 400 米以上土石坝难度极大。（2）深埋长隧洞问题。有许多隧洞埋深在 1 000 米以上，开挖支洞和竖井均很困难，再加上高地应力、岩爆、地热、高寒缺氧、涌水等问题，增加了深埋长隧洞的施工难度。即使按 1 000 亿米^3 的均匀引水考虑，流量也将达到 4 000 米^3/秒，需要平行布置 10 多条洞径 10 米的隧洞，考虑到安全间距，需要形成横向宽 200 米以上的洞群，这在施工中也是难以想象的。（3）渠道问题。如果调水 2 000 亿米^3，换算成流量为 6 400 米^3/秒。若考虑输水的不均匀性，则明渠的流量在入黄口将接近 1 万米^3/秒。如果按流速 1 米/秒、水深 25 米，渠道底宽将达 400 米。调水区构造断裂发育，又在地震多发区，渠道走向大都与断裂方向一致，渠道稳定性差，易滑坡。调水沿线山势大多坡度在 25°以上，在山坡上修建如此大的渠道，势必形成超高边坡。工程处于高寒地区，明渠极易结冰，加上冻土、泥石流，极易产生边坡塌方。（4）倒吸虹问题。由于"大西线"调水沿线山高谷深，一些倒吸虹水头落差超过 200 米，如此大流量、高水头的倒吸虹建设，其难度是罕见的。（5）调水水头问题。从雅鲁藏布江 3 588 米高程引水到黄河贾曲出口 3 406 米，只有 182 米水头的水位差，远不能满足自流引水要求。还有淹没与环境等问题，总之，从工程建设的经济、技术和社会因素等多方面考虑，基本不可行。[①]

对此，网上争吵了多年，争论得很热闹。笔者感到，主管部门对此是要承担风险和责任的，有顾虑在所难免。1960 年 9 月建成蓄水的三门峡水电站，是在苏联专家的设计指导下快速建设的。1964 年 10 月，330 米高程以下库容淤积泥沙 37.5 亿吨，使渭河下游两岸农田受到淹没和浸没，严重威胁关中平原尤其是西安市的安全，主要责任不在主管部门。

至于"三不"观点，笔者认为是针对调水太多不可行。但是，"西线调水工程的目的是把黄河的泥沙冲向下游入海""西线工程是维持黄河健康生命的关键性措施"，这则是代表了一部分专业技术人员的意见，是不科学的观点。

当然，像葛洲坝、三门峡、三峡、小湾、锦屏一级等一大批水利枢纽，都是

① 陈元，郑立新，刘克崮，2008.我国水资源开发利用研究 [M].北京：研究出版社，73–77.

专业技术人员用心血和汗水共同努力的结果。而无论调水 300 亿米^3，还是调水 500 亿米^3，同样都要依靠专家技术团队去研究设计建设。能否顺利实施？他们的意见当然非常重要，但也不是绝对的，而应当从多方面、多角度的思考研究，尤其是要利用哲科思维审视研究。因科学与技术是两码事，尽管二者有联系，但思维方式正好相反。

著名哲学研究学者王东岳讲，技术是实践经验在前，事后找一个理论把它贯通起来，中国人讲实践出真知就来源于此；哲学和科学是逻辑建模在前，事后在去找证据，或者才去用经验观察的方式来实证，这个思维方式叫哲科思维。人类认识物质中的分子、原子、粒子、细胞、基因等，都不是用眼睛看到或从经验中来。四大文明古国的中华文明，曾在中古时代（公元 476—1453）前，创造了世界技术体系的 60%～70%。可在工业革命以来的科学时代，中国文化骤然衰落，许多重大发明创造都出自西方国家，也是哲科思维作用的结果。由于采用技术体系的硬态试错法，它是在实际操作中不断试错，不仅它的范围狭隘，而且时度难度极差。而科学体系是在逻辑模型上建构，它一旦建模，就扫平相关所有事件，从而造成软性试错法的巨大效率，这就是科学时代以后，中国文化骤然衰落的原因。

笔者感到王东岳老师讲的观点非常好，在"认识论"上是一种发展，某种程度上讲也是对"孙文学说——行易知难"一种新的诠释。因此，研究江河治理和水资源调配，需要哲科的统筹思维。尤其是面对今天纷繁复杂、大信息量的社会，更应当如此。

在对西部南水北调工程比较全面了解研究了一段时间后，形成初步看法：一是花非常高的代价从上千千米的青藏高原调水进入黄河，主要是为冲沙入海，调水工程效益太低。二是应再寻找合适水源就近向华北平原调水，尽量把黄河水多用于极度缺水的西北地区，多植树造林。三是应当大统筹将河流与沙漠问题一并考虑研究解决。当这些问题梳理清楚后，才能考虑解决从西藏调水量、调水线路、调水方式、调水分配与使用等问题。四是小西线调水 170 亿米^3 的方案也需要商榷。从大渡河上游调水 25 亿米^3、从雅砻江上游调水 65 亿米^3、从金沙江上游通天河调水 80 亿米^3。三个调水区年径流量 265 亿米^3，调水比例占 66.4%。第一期工程调水 80 亿米^3，隧洞总长 488.4 千米，14 段输水隧洞，最长 72.37 千米，最大设计洞径 9.62 米，最大埋深 1 150 米，工程区海拔 4 700～3 400 米，引水枢纽处河床海拔 3 400～3 600 米。工程建设分三期，全部工程建设需要 40 年，拟于 2050 年完成。总投资为 3 040 亿元（2000 年价）[①]。此方案施工难度也不小，建设

---

① 水利部南水北调规划设计管理局，2012. 跨流域调水与区域水资源配置 [M]. 北京：中国水利水电出版社，67-68.

时间太长，投资也较多。

　　笔者到新疆、西藏、青海、内蒙古、甘肃、宁夏等部队去的较多，非常关注研究平、战时部队军需能源供应保障，特别是部队最基本的生存生活保障条件，了解了全国主要缺水地区与丰水地区的基本情况。要说对西藏调水、黄河流域治理、西北荒漠化治理的三个重大现实与理论问题的研究，仅仅是在关注时的所见所闻所思，并非专门调研考察。何况各个专业团队提出的方案，各方专家、学者研究审议选比都难以实施，说明这个战略性的大工程特别重要，也说明讲起来比较容易，但实施起来又特别的难，需要群策群力，集各方人员的知识和智慧。

　　"国家兴亡，匹夫有责"。作为在总部机关工作多年的党员干部，比较注意思考军队和国家有的重大现实与理论问题，甚至有的难题也想搞清楚。后来，就常查看地图、查阅各种资料，在关注思考研究中，感到调青藏高原 1 000 亿～ 2 000 亿米^{3}的水，确实难度、风险、造价都很大。2002 年批准的西线调水 170 亿米^3 的方案没有实施，有关科研机构一直都在论证中。以上说明调水少了没有解决大问题，调多了难以做到，且最大问题是，究竟调多少水能解决西北地区的干旱缺水问题呢？

　　笔者经多年思考研究，感到藏水北调要通过保证输水程度、工程风险度、施工技术难度、流域自身用水和生态环境安全，以及投入与产出效益分析比较，来确定调水规模和输水路线。

　　西北需要水量多少？从青藏高原应当调水多少？众说纷纭。中国社会科学院农村发展研究所研究员宋宗水提出调水 1 000 亿米^3。主要是对"三北"地区 33.4 万千米^2 的沙漠化土地改造，并包括农业、工业和城镇居民用水。笔者认为珠海市公安局负责水务工作的干部檀成龙，潜心研究提出的"特大规模调水能彻底改变大西北干旱少雨的恶劣气候"系列论文，就具有论证实用价值。按其预测，向西北干旱、半干旱地区调水 1 000 亿米^3 后，就可使西部地区降水量达到 500 毫米的目标，实现进出水量基本平衡，其观点新颖，论据充分，论证有力，并获得 6 位气象、水利专家的认可。

　　笔者综合了大家的研究成果，认为大统筹考虑新疆采用严格节水、严控失水、高效用水、有效造水、不断存水等办法措施，再从青藏高原调水 300 亿米^3、借用黄河 160 亿米^3 水是可以够的（这个问题在第三篇第二章的《构想》中专门讲）。檀成龙和张学文、陈昌礼、霍有光、徐建中、黄典贵、蒋皋等专家学者关于调水存水能改变气候环境的科学假设，对笔者进一步思考大国统筹治理长河与大漠，有很大的启示和帮助。

　　党的十八大以来，习近平总书记多次强调保护江河湖泊，事关人民群众福祉。高度重视水资源的调配利用工作，多次主持召开会议研究。2014 年 3 月 14

日，在中央财经领导小组第五次会议上，专门就保障国家水安全发表重要讲话，精辟论述了治水的战略意义。严肃指出："河川之危、水源之危，是生存环境之危、民族存续之危。"提出"节水优先、空间均衡、系统治理、两手发力"的治水方针。

他进一步讲，"治水的问题，过去我们系统研究不够，今天就是专门研究从全局角度寻求新的治理之道，不是头疼医头、脚疼医脚"。"随着我国经济社会不断发展，水安全中的老问题仍有待解决，新问题越来越突出、越来越紧迫。"

面对复杂的国情水情，他强调，"必须树立人口经济与资源环境相均衡的原则，加强需求管理，把水资源、水生态、水环境承载能力作为刚性约束，贯彻落实到改革发展稳定各项工作中。""山水林田湖是一个生命共同体，治水要统筹自然生态的各个要素，要用系统论的思想方法看问题，统筹治水和治山、治水和治林、治水和治田等。"

2015年2月10日，他在中央财经领导小组第九次会议上，再次强调，保障水安全，关键要转变治水思路，要求统筹做好水灾害防治、水资源节约、水生态保护修复、水环境治理。

习近平总书记关于治水与治国战略的思想，科学地阐释了孙中山先生曾提出"行易知难"的哲学问题，也为我国水资源节约、调配和水灾害防治、水环境治理指明了方向。

2019年11月18日，李克强总理主持召开南水北调后续工程工作会议，充分肯定南水北调东、中线一期工程建成以来，直接受益人口1亿人，经济、社会、生态效益显著。指出缺水严峻形势："水资源短缺且时空分布不均是我国经济社会发展主要瓶颈之一，华北、西北尤为突出。华北地下水严重超采和亏空，水生态修复任务很重，随着人口承载量增加，水资源供需矛盾将进一步加剧。2020年南方部分省份持续干旱，也对加强水利建设，解决工程性缺水提出了紧迫要求。水资源格局决定着发展格局。必须坚持以习近平新时代中国特色社会主义思想为指导，遵循规律，以历史视野、全局眼光谋划和推进南水北调后续工程等具有战略意义的补短板重大工程。这功在当代、利在千秋，也有利于应对当前经济下行压力、拉动有效投资，稳定经济增长和增加就业。进一步打通长江流域向北方调水的通道，有助于提高我国水资源支撑经济社会发展能力，优化国家中长期发展战略格局。要按照南水北调总体规划，完善实施方案，抓紧前期工作，适时推进东、中线后续工程建设。要坚持先节水后调水，坚决压缩不合理用水，科学确定工程调水量和受水地区的分配量。开展南水北调西线工程规划方案比选论证等前期工作。"李克强总理对节水、调水、用水及经济、社会、生态建设的战略意义讲得很清楚，西线调水势在必行。

藏水北调思（三）

对藏水北调的国家级工程研究，还有很多让人感到争议更大、更加震动的思想观点。有些专家、学者和领导，不仅对南水北调大西线调水持严重怀疑，甚至坚决反对态度。就是水利部门提出从长江源调水 170 亿米^3，进入黄河上游，有的却认为绝无可能。

对西线调水工程持以下极力反对观点的专家学者们不少，如：南水北调西线工程是一项复杂艰巨、影响深远的工程，比三峡工程不知要难多少倍，风险也不知要大多少倍；地质生态脆弱不能行、调水量无保障不可行、民族宗教敏感不易行；长江、黄河源头属丰枯同期，长江水枯，黄河同枯；调水后影响下游 3 000 米落差的水能开发，现在金沙江、雅砻江、大渡河都是水电开发的重点地区；到了冬季，河流在零下三四十度下根本无法流动，流过巴颜喀拉山的隧道就更不可能了；大面积灌木、草地植被将被建库、筑渠、挖隧道的弃渣覆盖，对实施野生动植物保护、防沙治沙、水土保持、地质灾害防治等国家生态建设工程会遭到破坏；河水因调水而断流后，下游将变成沙漠化的干热河谷（雅砻江和大渡河的河口处多年平均径流量分别为 586 亿米^3 和 470 亿米^3）；地球淡水资源的生成变化规律人类只能遵从，"亚洲水塔"的形成及作用机理不容人为改变，河流湖泊的成因与演化规律不容人主观干预；人类筑大坝、建水库"热"，已在世界上成为过眼烟云，甚至是昨日黄花。因此前有大量实践告诉人们，那样做的代价实在太大，所得又实在太小。尤其是对生态环境的破坏，更是基本无法有效防止。代之而来的是世界性的"拆坝""保护和恢复河流"、放弃大规模调水计划，以及建设"国家公园"的热潮等等[①]。那么，请看看如今我国的城市供水，完全依靠自然河流的有多少？绝大多数还不是依靠水库供水。

有的观点很专业、也很难理解：如自印度板块与欧亚大陆碰撞后 2 000 万年来，平均每年有 4 ～ 5 毫米的左旋平移，沿活动断层带一次突发的地震可达数米位移。1901—1976 年，甘孜、炉霍一带发生破坏性强震 18 次，其中 6 ～ 7.9 级达 8 次[②]；青藏高原的大江大河都是 80 万年前形成的，要充分考虑青藏高原仍在降升；青藏高原东部乃至我国东部的生态平衡是经过 15 万年逐渐形成的，如果南水北调工程在数十年之间打破了这个平衡，随之而来的全球变化规模、速度是人类难以适应的；青藏高原是我国、东亚乃至全球生态屏障的最后防线，如

---

①② 林凌，刘宝珺，2015. 南水北调西线工程备忘录（增订版）[M]. 北京：经济科学出版社，3，8，10—13，22，419.

果不全力保护，三江源水源涵养能力衰竭，水塔倒塌，水源耗尽，其后果不堪设想；气象数据分析与气候模拟结果均表明，今后数十年中国将呈现北湿南旱的气候格局；要告别改造、征服自然的幻想，不能一味追求"人定胜天"，更不能违背自然规律；有专家指出，在北纬30°～50°之间，存在着一条空中水气输送带，俗称"天河"。天河中每年仅流经新疆上空的气态水超过1万吨，新疆从天河引水，昭告西北地区解决缺水问题的新路。[①]

还有更令人惊异的观点：全球气候变暖，水循环加速，中国西北气候由暖干向暖湿转型；四川趋旱，西北地区趋湿，南水北调西线工程岂不成了反向调水？气温升高甚至可化害为利，扩大升温后我国会自然获得相对欧美日的气候、地理优势。西南水电建设和西线调水将加剧我国河流危机；水资源的天然属性决定人为干预必须慎之又慎；谁也拗不过江河的"脾气和秉性"等。总之，西线调水是在"太岁头上"动土调水，严重影响青藏高原及四川省的地理、生态、经济、社会发展。[②]

以上研究论断，是片面的，也是有局限的，甚至是错误的，不能把有的研究成果当成真正的科学，也不能把权威性理论、言论、认识当成科学真理。

那么，若按以上论断，中国就不应积极倡导控制全球气候变暖的问题，现在是否应当退出《巴黎气候变化协定》？再者，全球气候变暖，水循环加速是事实，但近年我国新疆和河西走廊降水量增加，不全是由外来的大量水汽形成的降水，主要还是海拔高的青藏高原和天山、阿尔泰山、祁连山等，积雪和冰川的大量融化，河川径流增加，增加的地表水分蒸发后降水量也增加很多。如果若干年后积雪和冰川大量融化后，再无冰雪持续融化了，西北降水量自然减少，同时，黄土高原及西北地区绿色植被增加，主要还是国家退耕还林还草的政策作用的结果。因而，这有天助，也有人为。有的局部地区降水增加，却与干旱交替进行有关。

再看看，国家批准西南七大江河已规划建设或在建多级的梯级水电站。金沙江上中下游规划建设20级。其中干流大于15万千瓦的水电站，已规划了12座；雅砻江上中下游规划建设21级；大渡河规划了22级；澜沧江干流上游15座；怒江中下游13级；嘉陵江、乌江情况类似；岷江上游7级，大中型水电站29座，小型100多座，支流50余座，墨水河已建29处。四川石棉县的小水河，是大渡河上的一条支流，全长仅34千米排列水电站17个，平均2千米就有一个。该县的大洪沟、竹马河在建和已建的水电站达200座。[③]

2014年10月开工建设的雅砻江中游两河口水电站，这是世界上坝高第三的心

---

①②③ 林凌，刘宝珺，2015. 南水北调西线工程备忘录（增订版）[M]. 北京：经济科学出版社，31，34，89-94，446-450，324-327，13，376-379.

墙堆石坝，坝高达 295 米，坝顶高程 2 875 米，库容 107.67 亿米³，年径流量 209 亿米³，总装机容量 300 万千瓦，年发电量 110.6 亿度，总投资 664.57 亿元。[①] 这个巨型超级工程创造了高海拔、高土石坝、高泄洪流速、高边坡群以及智能大坝、致富大坝等很多世界奇迹。2019 年在大渡河上游开工建设的双江口水电站，坝高 315 米，为世界第一高坝，正常蓄水位 2 500 米，库容 31.15 亿米³，总装机容量达 2 00 万千瓦，年发电量 83.4 亿度，总投资 300 亿元。

让人感到振奋，又颇感遗憾的是，如果将坝址选在雅鲁藏布江或怒江则效益更大。而选址在此地，则意味着将来从雅砻江和大渡河上游的水调到黄河，四川省要损失很多电能，或从怒江补调。应当说调水到黄河经龙羊峡、刘家峡等现有梯级水电站发电，从国家讲并不损失电能，但调水到西北其产生的经济、社会、生态和军事、政治效益则无法估计。说明当初呈报决策时，其评估的整体综合性，无论其广度还是深度均有欠缺。

在高原修铁路和公路，打隧洞和架桥很多技术难题已经一个个攻破。青藏铁路全长 1 956 千米，其中穿越荒漠戈壁、沼泽湿地、草原雪山，总里程达 1 142 千米。穿越多年连续冻土区里程达 550 千米，海拔在 4 000 米以上的地段有 965 千米，最高点为海拔 5 072 米的唐古拉山垭口。按建设规划需要 10 年时间，然而 10 万名筑路大军，却用了 5 年多时间，就全线贯通通车。

那么，对西线调水持怀疑或反对态度的专家、学者，对此是怎么看待在怒江、澜沧江、金沙江、雅砻江、大渡河，大批修建水电站、打隧洞和在高原冻土地施工呢？又是怎么看待这些与地质、地震、生态等"矛与盾"一系列问题呢？一方面认为调水后影响了金沙江、雅砻江、大渡河中、下游 3 000 米落差的水能开发，影响了四川省的地理、生态、经济、社会发展，另一方面又支持规划建设这么多的梯级水电站。

人类社会的生存发展，在于尽可能统筹兼顾利用各种资源，在于不断地改造自然。美国经济学家阿瑟·刘易斯对人与自然的关系认识得深刻："大自然对人类，并不特别仁慈，如果听天由命，人类社会就会被杂草、沙漠、洪水、旱灾、流行病和其他天灾吞没。"[②]

我国著名科学家、气象学家、地理学家竺可桢院士曾讲："我国降水受季风控制，而季风在时空上分布极不均匀，有多有少，所以跨流域长距离调水，势在必行。截洪济旱，是必需的！"

有识之士说得好，无论是有关专家们的殚精竭虑、奋笔疾书，写出了一篇篇

① 丁怡婷 . 2019-7-17. 绝壁之上建电站 [N]. 人民日报，（18）.
② 邱锋，鸿玲，2011. 中国如何拯救世界 [M]. 香港：香港新闻出版社，47.

学术论文、研究报告、建议方案，还是有关单位组织一批批各种专业人员，或各方关心国家建设的爱国者们，深入青藏高原和大西北调查研究，甚至有的不断上书党中央、国务院据理陈情，或者是质疑者、反对者的警示、警告，其共同的心愿，是让这一旷世工程搞得万无一失，千年不落后，万年水长流。

据悉，钱正英、潘家铮、沈国舫三位院士，根据一些专家学者和群众的意见建议，曾联名写信给国务院总理温家宝，并通过中国工程院徐匡迪院长签发，将三位院士的意见，以中国工程院的名义报告国务院。2008 年 1 月，国务院召开了第 204 次常务会议，温家宝总理在听取各方面的意见后，决定对原定于 2010 年上马的南水北调西线工程暂停。

对于若干个替代方案的思考。前面提到的大西线调水方案，"小江引水"入黄河方案，海水西调方案，"引松入京"调水方案，"鸭江南调"渡槽和公路两用大桥方案等，都进行过分析，有各自的优点，可以从中学习吸纳。

近两年，网上和微信上传播令人鼓舞的藏水入疆工程方案，由六位院士和十二位教授及十多位博士研究攻关提出了"红旗河—西部调水工程方案"，反响很大。笔者认为这个方案优点很多。一是取水点海拔低，调水量有保证，对各江河流域没有大的影响；二是调水所经路线的地质条件好，灾害风险低；三是调水线路海拔低，不存在冻土地施工问题；四是调水量 600 亿米^3 比较多，产生的经济、社会和生态效益非常大。缺点：一是工程量非常大。调水线路是绕行青藏高原外围海拔 2 558 ～ 1 700 米，比海拔 3 520 ～ 3 440 米的调水线路距离长很多。二是技术难度非常大。由于调水线路长，隧洞总长度必然增加很多。调水跨八大江河串联，调水量 600 亿米^3，并行隧洞路线逐渐增多，施工技术难度必然增大。如从雅砻江—大渡河—岷江，按输水量 560 亿～ 600 亿米^3，打隧洞直径 11 米，每条无压隧洞输水平均按 60 亿米^3 左右计算，共需深挖 10 条并行输水的隧洞。三是工程造价太大。曾对外公布的造价需要 4 万亿元，其中隧洞工程为 2.4 万亿元，明渠工程 1 万亿元，修筑水库和跨河沟工程为 0.6 万亿元。四是明渠与管网相比问题更多。易受地震、暴雨、坠石、洪水、泥石流、风沙、冰冻等灾害影响破坏大，维护成本很高。对无自然河道的地段，估计需要人工开挖渠道深 10 米、宽 150 米左右，难度是非常大的。五是没有兼顾柴达木盆地用水。

尽管专家学者们的意见分歧很大，但是，随着科学技术的飞速发展，综合国力的大大增强，实现青藏高原调水虽是梦想，但也极具现实可能性。"嫦娥奔月"的梦想早已成现实，百姓万里之外能视频，这在 30 多年前也是不可想象的。笔者认为，黄委会、林一山、郭开、黄跃华等调水方案，开阔了视野，受到了启发，感到都有很大的研究价值。

当然，在 2013 年前的近 50 年间，青藏高原 7 级以上地震多达 40 余次，

1950 年察隅发生地震 8.5 级，专家讲的堆石坝在地震后更加密实坚固，这应当可信。如藏东南的易贡错、古乡错、然乌湖，新疆的天山天池，重庆的小南海等，都是因地震形成的堰塞湖。2008 年汶川发生 8.0 级地震，位于都江堰不远 X–XI 度区的紫坪铺面板堆石坝，坝高 156 米，总库容 11.12 亿米³，是按地震烈度 XIII 设防的，尽管此次地震对紫坪铺水库大坝造成明显损伤，渗漏也有一定程度增加，但总体上讲经受住了强地震的考验。[①] 都江堰水利枢纽也没有受太大影响。那么，对修筑 300 ～ 400 米的高坝大库，目的是提高调蓄水库水位和增加库容，其实，可将集中的大矛盾进行层层分解，将坝址向上游移高 100 米左右，且可以在河谷分段筑坝蓄水，即可达到调水线路要求和储存大量水。水利部门 2002 年提出的"南水北调小西线方案"，金沙江上游的通天河侧坊水库坝高 273 米，也是高坝。

近年，笔者在思考研究中深深感到，任何一种方案的提出总有缺点不足，最主要的是吸收各家方案的长处，集思广益，通盘筹划，合力研究提出可行的方案，而不是放弃求索。毕竟人们对客观世界的认识总有一个过程，总不能一蹴而就。水利系统提出的方案，近 20 年过去了也没有实施，其他各种方案也没有采纳，这既说明认识的局限性，各种方案都不是如意方案，又说明国务院在决策时是非常慎重的，需要广泛深入的研究论证。2019 年 12 月，李克强总理主持召开南水北调后续工程工作会议，要求"开展南水北调西线工程规划方案比选论证等前期工作"，这说明国务院经过慎重考虑，西线调水工程还是要上的。

---

① 水利部南水北调规划设计管理局，2012. 跨流域调水与区域水资源配置 [M]. 北京：中国水利水电出版社，33.

第五章　走向草原

欧亚大陆的中心地带有着广阔无垠的草原，面积大约是欧亚大陆的 2/3，其中很大一部分在中国，人们都很向往目睹草原的风情。笔者第一次到内蒙古大草原，是 2001 年 9 月 4—7 日，到内蒙古的呼伦贝尔边防部队调研。呼伦贝尔有草原、森林、沙漠、丘陵、山地，也有美丽的呼伦湖、贝尔湖和额尔古纳河等，自然资源极其丰富，是世界著名的天然牧场。

呼伦贝尔好风情

2001 年 9 月 4 日，我们到边防某团调研。从海拉尔乘车经过沙地、沙草地，向世界四大草原之一的呼伦贝尔草原深处奔去。我欣赏了曾经在影视剧中看到的草原美景，听到了草原嘹亮的歌声。乘车在草原上飞驰，我最喜欢听德德玛唱的歌《美丽的草原我的家》《草原上升起不落的太阳》。

一场中雨过后，这里空气清新，气温凉爽，是避暑度假的胜地。汽车飞驰途中，我们在一个小山丘上停车观景。美丽的大草原一眼望不到边，蓝天白云、碧草绿浪、牛羊成群、毡房点点、炊烟袅袅。一条弯弯的小河静静地流向远方。微风吹来，草香扑鼻，整个草原就像一幅美丽的绿色油画。

有着 3 000 多年历史的草原民族，是一个盛产英雄的民族。呼伦贝尔草原，就是军事家成吉思汗及他的家族厉兵秣马的黄金草原，是一代代草原儿女金戈铁马、浴血沙场的地方。他们在辽阔的草原东征、西讨、南伐，建立了草原帝国。然而，他们成功的许许多多战例，并没有遵循"兵马未动，粮草先行"的兵法守则。在远征中，马吃草，人吃肉干、奶制品，再就地筹措、取之于敌，并有后续的马牛羊群支援保障。骑兵部队就像机械化部队一样，能远距离、大规模、快速机动地出奇制胜，以包抄迂回、分进合击为主要进攻战术特征，敌人很难预料和防范，撤退时快速无拖累。他们在 13 世纪采用的闪电战，与 18 世纪以来腓特烈、拿破仑和希特勒的闪电战术相比毫不逊色。

成吉思汗的家乡在漠北草原斡难河上游，今蒙古国肯特省。起先他在这水草丰美的呼伦贝尔草原，也是在蒙古族的发祥地建立了根据地，然后发展壮大了一支强大的武装力量，不仅统一了蒙古草原，而且攻金、灭夏、亡宋，统一了中国。还通过北方的草原之路，也是人类最早发现的欧亚之路，讨伐追杀破坏贸易的花剌子模人 [1] 至黑海海滨和欧洲的心脏波兰、匈牙利，有效保护了丝绸之路商贸的安全和东西方文化艺术的交流。

呼伦贝尔市地域辽阔，河湖众多，资源丰富。总面积 25 万多千米² （3.75 亿亩）的国土，相当于福建和安徽省国土面积之和。天然草场面积近 1.5 亿亩，林业用地约 2 亿亩，沙地和沙化土地面积 0.12 亿亩。有大小 3 000 多条河流纵横交错，500 多个湖泊星罗棋布。年平均降水量 350 多毫米。与中俄、中蒙边境线总长 1 700 多千米。

部队同志讲，自 1999 年以来，呼伦贝尔草原气候异常，年降水量偏低，春季干旱多风，夏季持续高温，水分蒸发量大，干旱程度加重，放牧超载造成草原沙化面积逐年扩展，雨水较多的年份，每亩草场收割打捆储存干草 100 千克左右，但看不到过去那种“风吹草低见牛羊”的景象。

我们先后经过了呼伦湖、额尔古纳河和根河，到某边防某团、边防巡逻艇大队，检查了部队军需战备和物资供应、生产生活管理情况。我感到，团副食品生产基地、生活服务中心和连队伙食管理、养猪种菜都抓得紧、抓得实、成效好。基层官兵在草原的沙土地里种的各种蔬菜长势喜人，走在绿色瓜果长廊里比在公园的感觉都好。养殖有猪、牛、羊、鸡、鸭、鹅等，边防部队肉菜基本自给。

部队生活保障得好，官兵才会安心驻守边防。1998 年，军队停止经商，开始下大力抓旅、团部队农副业生产，保障官兵生活。重点是作战部队、海岛和高原高寒边防部队，让边防部队官兵安心战备训练、戍边卫国。

我们看了满洲里边境的百年通商口岸，这是中国通向俄罗斯、欧洲的一条重要国际贸易通道，60% 的铁路运输量都以这里为枢纽。我们还乘巡逻艇在中蒙边境的额尔古纳河上行了 80 多千米。额尔古纳河全长 970 千米，河宽 10 米左右，是中俄界河，也是呼伦贝尔最大的河流，河滩两岸溪流纵横、灌木丛生。额尔古纳河发源于大兴安岭，水量充足、水质纯净，后汇入黑龙江。这条蜿蜒曲折的河流，是蒙古族的发祥地，哺育着一代又一代游牧民族。巡逻艇上的战士笑着讲，牧民在界河中打鱼时，鱼见了我们的船艇，就向河流中线一侧的对方境内游。这虽说是笑谈，但也说明我们的人口越来越多，人均占有资源越来越少。

部队的同志讲，现在草场不太好，狼都少了。草原狼智慧凶残，牧民们又敬又怕，如果把狼赶尽杀绝，草原鼠、兔就会繁殖得又快又多，草原很快就沙化。我对这个故事印象深刻，后来我们从《狼图腾》的书和电影中得到更加直接、生

---

[1] 1219 年，今土库曼斯坦.

动和客观的了解。他还说，现在国家为保护草场，每年给牧民补助粮食经费，规定围栏圈养、休牧，使草原沙化的问题有所遏制。还说，草原上黄羊已经少多了，见了我们的人，就向少有人迹的境外跑。特别是 2000 年，草原上有上万头黄羊、上百万头牲口都在干渴中死去。

俄国地广人稀、各种资源丰富。缘于曾经从贝加尔湖、外兴安岭地区到库页岛，共有 135 万千米^2 的我国国土，都被俄国用武力掠夺。曾经国家的分合，版图的缩胀，疆域的变迁，与国力强弱成因果关系。中国与沙俄比较，中国人多地少，清政府腐败的封建统治，不努力强国强军、守好国土，还不断压榨百姓，割地赔款；而沙俄人少地多，还不断欺诈和武力掠夺我国大片领土。充分说明国破军弱、丧失土地的惨痛教训是多么深刻，屯垦戍边、富国强兵的使命是多么重大，这也为我努力做好本职工作增加了一份沉甸甸的责任。

近年查阅肖石桥著《边疆军事地理》和《中国小百科全书》，1689 年（康熙二十八年），清政府与沙俄签订《尼布楚条约》，丧失了外兴安岭以北及额尔古纳河以西约 25 万千米^2 国土；1727 年（雍正五年）沙俄与清政府签订《恰克图条约》，将贝加尔湖以南、西南约 10 万千米^2 归俄；1858 年和 1860 年（咸丰八年、十年），沙俄逼迫清政府相继签订《瑷珲条约》和《北京条约》，将黑龙江以北、外兴安岭以南约 60 万千米^2，乌苏里江以东包括库页岛 40 万千米^2 的领土划归俄国。从此，中国失去了东北地区对日本海的出海口，原属中国的黑龙江、乌苏里江由内河变为界河。1911 年沙俄趁辛亥革命爆发，策划导演了国土面积 157 万千米^2 的外蒙古"独立"。1915 年中、俄、蒙三方缔结《恰克图约定》，规定外蒙古可自治但宗主国仍是中国。1945 年外蒙古在苏联的怂恿下通过"全民公决"宣布脱离中国独立。

有资料显示，俄罗斯在立国的 400 多年中，土地扩张了 400 倍。1547 年莫斯科大公伊凡四世加冕称沙皇时，领土约 5 万千米^2。贝加尔湖早在汉代被称为"北海"，曾是中国古代北方游牧民族主要活动地区，也是西汉大臣苏武牧羊之地。贝加尔湖面积 3.15 万千米^2，海拔 456 米，平均水深 730 米，最深处 1 630 米，水生动物 1 200 种，总蓄水量 23.6 万亿米^3，占地球总淡水量的 20%，超过整个波罗的海的水量。现今，俄罗斯占有大量各种资源。天然气储量占世界储量的 35%，居世界第一位；石油储量占世界储量的 13%；煤炭储量仅次于美国，达 1 570 亿吨，且 73% 的煤炭开采是露天开采，专家估计能开采 500 年；铁、铝、森林等蕴藏量也居世界前列。近年来我国年进口俄罗斯石油约 6 000 万吨、天然气 380 万吨，且已成为我国长期稳定的最大原油进口来源。我国现每年还从中亚进口石油 2 亿多吨、天然气 2 000 多万吨。

在第一次鸦片战争后，身处遥远欧洲的伟大导师马克思、恩格斯，就非常关注积贫积弱的中国人民。在《中国与英国的条约》《俄国的对华贸易》和《俄国在远东的成功》等文章中，深刻揭露了沙皇俄国侵夺中国领土和财富的野心和图谋。指出借英法发动侵华战争之机，强迫中国政府签订了"一个使它有权沿黑龙江航行并在陆上边界自由贸易的条约"，继而又"获得了鞑靼海峡和贝加尔湖之间价值无量的地域"，"夺取了中国的一块大小等于法德两国加在一起的领土和一条同多瑙河一样长的河流"。[①]

列宁在 1900 年 12 月的《火星报》创刊号上《中国的战争》文章中讲："欧洲资本家贪婪的魔掌现在已经伸向中国了。俄国政府恐怕是最先伸出魔掌的⋯⋯占领了中国旅顺口，在满洲修筑铁路。欧洲各国政府一个接一个拼命掠夺（所谓"租借"）中国领土⋯⋯它们杀人放火，把村庄烧光，把老百姓驱入黑龙江中活活淹死，枪杀和刺死手无寸铁的居民和他们的妻子儿女⋯⋯"[②]1919 年 7 月 25 日，列宁授权发表了《俄罗斯苏维埃联邦社会主义共和国对中国人民和中国南北政府的宣言》，声明放弃沙俄对华签订的一系列不平等条约。可是，列宁逝世后苏联历届政府都不予归还，并将侵占、割让中国的土地称其为占领区。

伟大领袖毛泽东主席等老一辈革命家，带领中国共产党、中国人民解放军和谋求幸福的中国人民，打败了一切帝国主义和国民党蒋介石，建立了新中国。中国人民站起来了，现在也富起来了，正在强起来。这与强大的人民军队是分不开的。可有人仍说，军人不生产商品，军队不创造价值。但是，军人生产安全，军队能守卫这广阔富饶的国土。回想一下，1895 年前，清朝的经济总量一直是世界第一。清朝鼎盛时期 GDP 约占世界的 33%（美国最强盛时 GDP 只占世界的 22%），远超过英、法、德、日、美等国，可是清政府却因腐败，军队不强大，导致被列强 5 次大规模侵略，割让了大量土地和赔款。而宋朝强盛时中国国民生产总值约占世界的 50%，富庶的程度比汉唐兴盛时高 10 倍，《清明上河图》就是当时经济繁荣、社会繁华的生动写照。可是，宋朝不重视军队建设却走向了衰败。可见，国家肥大并不等于强大。

草原缺水又缺土

笔者先后到内蒙古下部队 8 次，对边防部队在生产生活方面的缺水情况有所了解。在内蒙古自治区八千里的边防线上，尤其是中、西部边防一线连队严重缺

---

① 中共中央马克思恩格斯列宁斯大林著作编译局 . 2014. 马克思恩格斯论中国 [M]. 北京：人民出版社，47，81，87.

② 中共中央马克思恩格斯列宁斯大林著作编译局 . 1960. 列宁选集（第一卷）[M]. 北京：人民出版社，214–215.

水的问题，是贯穿整个时代的边防难题，也有一些温暖感人的故事与水有关。

20世纪80年代前，很多缺水的边防连队都用牛车到很远的地方拉水，最远的有20多千米，水贵如油，接天雨、化雪水，吃喝用都非常节省。随着北方水位进一步下降，草原干旱缺雨，沙化现象渐渐严重，边防连队用汽车拉，给辅助值勤点送水，距离远的30～40千米，最远的50多千米。20世纪90年代后，军区给水团为边防部队打了很多井，有的连队驻地的井水矿化度高，洗衣晾干后硬邦邦的，上级拨款修建蓄水池，配备净化水装置，定期供应矿泉水，还安排经费发展连队农副业生产，但水位下降后还是治标不治本。后来，经地质专家多次勘察研究，认为有的深层岩石下有优质水，经给水团打井队下大功夫，终于打出了一口口深水井，有的深达260米，水质很净很甜，感动了戍边官兵和边境牧民。如今，在上级的支持下，又打了很多井，还有专门为临时值勤点或待建执勤点打了井，下一步为守住北疆八千里壮丽的风景线，还要打"绿化井"。

笔者曾3次到驻呼和浩特给水团，也就是1996年中央军委授予李国安"模范团长"荣誉称号所在的团，听过团领导介绍、看过团史馆。该团与驻宁夏的给水团，几十年来为解决北方干旱地区部队，特别是边防部队和农牧民吃水难的问题作出了很大贡献。以后，西北地区打井的使命任务肯定很重，也很光荣。

内蒙古草原地处欧亚大陆内部，东西直线距离2 400千米，南北跨度1 700千米，一般海拔1 000～1 200米，2/3的地方属于干旱半干旱地区（降水量400毫米以下），东北半湿润地区占1/3。全年降水量表现出由东向西逐渐减少的态势，即由500毫米减少至40毫米，进而影响植被生长，也依次形成如下的自然景观：森林—森林草原—草原—荒漠草原—荒漠。大部分地带年均降水量200～400毫米，山脊地带年均降水量超过500毫米，最西部的额济纳旗年均降水量仅50毫米。水汽蒸发量则相反，自西向东由3 000毫米递减为1 000毫米左右。由于大兴安岭山脉长达1 200千米，将太平洋潮湿气流挡在了内蒙古高原之外，只有西伯利亚吹来的寒冷空气留了下来，长达半年的积雪成为森林、草原重要水分补给。内蒙古大部分地区严重缺水，300毫米以下降水量区域面积占全区总面积50%～60%，很多地方水土流失又非常严重。

据《西北地区水资源配置生态环境建设和可持续发展战略研究》[①]中讲，在距今4 000～8 400年，内蒙古中、东部的降水量比现在估计高100毫米。森林比现在要北移2～3个纬度。鄂尔多斯地区年降水量可达650毫米，比现在平均450毫米多200毫米。岱海的降水量达600毫米，比现在高40%。呼伦湖的湖面

① 钱正英，沈国舫，潘家铮，2004. 西北地区水资源配置生态环境建设和可持续发展战略研究 [M]. 北京：科学出版社，127-128.

比现在高 20 ～ 25 米。赤峰的达米诺尔湖比现在高 35 米。华北平原有大面积湖泊分布，降水量远比现在多。在巴丹·吉林和腾格里沙漠不远处的青海湖，年降水量达 600 ～ 650 毫米，比现在多 70% ～ 80%。说明全球气候变暖，内蒙古大草原就越来越干旱。

2011 年 8 月，笔者随机关领导陪同国家粮食局领导到内蒙古军区部队和地方军粮供应点调研。在赤峰的红山军马场，看到草原的牧草长势很好，马儿体肥膘壮，但到了朱日和合同战术训练基地就感到草原沙化非常严重。2013 年 7 月到鼎新某训练基地、原兰州军区两个旅调研时，看到巴丹·吉林沙漠和河西走廊荒漠化更加严重。2014 年 8 月，机关在呼伦贝尔召开全军农副业生产工作现场交流会，我在观摩边防团、连生产生活现场时，看到有的地方草场非常好，有的地方不仅草长势不好，而且地表水土流失非常严重。

2016 年 8 月，笔者与战友休假开车到呼伦贝尔草原，来回行程 5 500 多千米，经赤峰、奈曼、通辽和白城，到过阿尔山、贝尔湖、呼伦湖、满洲里、额尔古纳河、根河湿地和室韦等地。特别是到莫尔道嘎国家森林公园，看到林木茂密，感觉空气新鲜，气温凉爽，然而，让我颇感意外的是，森林中大多树胸径只有碗口粗，很少有参天大树，更看不到一棵千年大树。后来发现被水常年冲刷的河床边，树根多在 50 ～ 100 厘米深处密密盘绕，缘于地下土层浅薄，再向下都是鹅卵石，树根难以扎下去，难怪内蒙古草原上的树很少，草原无树遮挡，日晒风刮使草场水分蒸发量大。遇到干旱年景降水量少，草原就枯黄，土地沙化严重，草场水土流失就很严重，草甸下面多是红砂岩或沙土。树木比草生长耗水量大很多，无足够量的水树木也难生长或存活。

内蒙古草原由于水土流失很严重，牧民视土为"稀土"。据 2011 年《档案春秋》杂志《土离我们还有多远》的文章描述：由于草原水土流失严重，草地上的地表土层很薄，牧民们非常注意保护地表土。如果确需取土，在挖过坑后就及时将坑填埋好，让草能尽快生长，否则，取土的地方受强光和风吹后，就像伤口一样迅速扩展漫延，真为这干旱、沙化的草原感到忧伤……

内蒙古地区地形较低的，又能用黄河水自流灌溉的主要是"后河套"。农业本是用水大户，但灌溉输水多用明渠，有的是防渗水泥和砖石衬砌的，有的是土渠，很少能看到管道输水，灌溉水利用系数 0.5 左右，渗漏蒸发量非常大。其他地区用喷灌、滴灌的都是打井抽水。试想，如果用管网输水，使水的综合利用系数达到 0.8 以上，将节约大量珍贵的黄河水。在内蒙古地区只要有水，农业发展前景广阔，缘于昼夜温差大，日照充足，生产的粮食产量高、质量优，特别是河套面粉质优、价高，市场销量大。

据《内蒙古农牧业高效节水灌溉技术研究与应用》①记述，全区水资源总量 546 亿米³，仅占全国的 1.9%。呼伦贝尔盟、兴安盟水资源总量占全区的 67%，通辽以西的十个盟市水资源总量占只全区的 33%。全区农业用水量占经济社会总用水量的 82%。2010 年自治区政府出台了新增"四个千万亩"节水灌溉工程发展规划纲要，计划到 2020 年完成 1 000 万亩大中型灌区、1 000 万亩井灌区、1 000 万亩旱改水和 1 000 万亩牧区高效节水灌溉建设任务，其中喷灌与滴灌等高效节水灌溉面积达到 74%。全区节水灌溉总规模将达到 6 000 万亩，水利用系数达到 0.7。应当说，自治区政府对高效节水工作的认识高、力度大、措施硬。2018 年底全区农林牧业有效灌溉面积已达 5 725 万亩，节水灌溉面积达 4 390 万亩，水利用系数为 0.539。

但是，引黄灌区有效节水灌溉发展缓慢。《黄河流域综合规划》②确定，全区引黄灌区农牧业有效灌溉面积，由 2012 年的 1 558.7 万亩，增加到 2020 年的 1 648.7 万亩和 2030 年的 1 693.7 万亩。不仅有效灌溉面积增长幅度小，而且高效节水的喷灌、微灌和低压管灌仅占 25.85%，渠道衬砌灌溉却高达 60.17%，水利用系数由 2012 年的 0.44 到 2020 年和 2030 年分别增加到 0.56 和 0.61。由于黄河水泥沙含量多，未经水库和湖泊沉淀的不能使用喷、滴灌。但由于内蒙古地区冬夏温差大，渠道衬砌易热胀冷缩，使用寿命短。而若从引水地到田间地头用管道输送、水表计量，水利用系数由 0.61 到 0.8 是可能的，每年分配黄河水 64 亿米³，可增加节水量约 10 亿米³。

内蒙古地区总耕地面积 1.2 亿多亩，现水浇地面积还不到 50%。由于历史和现实原因，全区水利设施不足，老化失修多，农牧业用水比例大，用水效率低。加之地表水利用少，仅占地表水资源量的 19%。地下水利用量较多，占地下水可开采量的 75%。应借鉴利比亚管网输水做法，国家和地方政府加大资金投入力度，大力发展管道输水，将富含养分的黄河水输送到农牧地灌溉，逐步解决缺水又缺土的问题。前面讲了对农业情况的所见所闻所感所思，下面谈一下对畜牧业的认识。

内蒙古有全世界最好的几处草原，蓝天白云、一望无际的草海以及成群的牛羊，还有骁勇善战的马背民族，汇集成了一幅美丽的画卷。笔者去内蒙古 8 次，有 6 次去过大草原，其中到过草场好的呼伦贝尔草原 4 次，到过草场比较好的辉腾锡勒、鄂尔多斯、科尔沁和乌兰察布草原，也到过严重沙化的巴丹·吉林、腾

---

① 程满金，郭富强，等 . 2017. 内蒙古农牧业高效节水灌溉技术研究与应用 [M]. 北京：中国水利水电出版社，1—5.
② 水利部黄河水利委员会 . 2013. 黄河流域综合规划（2012—2030）[M]. 郑州：黄河水利出版社，134.

格里、乌兰布和、库布齐四大沙漠和毛乌素、科尔沁、呼伦贝尔三大沙地，还到过赤峰、呼和浩特、乌兰察布、包头、鄂尔多斯、巴彦淖尔、乌海等城市。总的感觉是，内蒙古东部地区降水量大，草原植被比较好，由中部到西部草场降水变少而越来越差。

草原是江河的源头和涵养区，是维护生物多样性的"基因库"，是防风固沙、水土保持的重要支柱。我国草地面积约 60 亿亩，80% 分布在北方。内蒙古、新疆、青海、甘肃、四川、西藏占全国草原面积的 73.35%。我国 90% 的草地仍存在不同程度的退化、沙化、石漠化、盐渍化等问题，草原优良等级仅占 24%，年均覆盖度低于 20% 的面积达 42.8%。①

2017 年 9 月，沿黄河走到巴彦淖尔市，没想到荒漠中的这座城市，竟比华北很多中等城市还气派，大小宾馆、酒店很多，其中高档的店近十家，而且夜晚市区灯火通明、热闹非凡。这里发展如此繁荣靠什么？经了解，原来这里被誉为"塞上江南、黄河明珠、北方新城、西部热土"，也是中国恐龙的故乡，自然资源丰富，旅游资源独具特色。共 7 个区、县、旗，人口 170 多万。有两大支柱产业：一是矿产资源储存丰富。矿山、冶金工业主要是铜、锌、铅、钢铁、黄金五大产品的采、选、冶、加一体化产业链，以及硅铝合金、镁合金等冶炼项目。化学工业以煤化工、氯碱化工为主，还有化肥、硝酸化工和生物化工产业兴建和形成。电力工业有火力、风能、太阳能和生物质能发电等。广东、深圳、香港、上海、浙江、江苏来这做生意的人很多。二是农业发展基础好。黄河水是内蒙古河套地区农业的命脉，黄河也富了巴彦淖尔市。实际上这里平均年降水量 150 毫米，年蒸发能力高达 2 200 毫米，近年来通过改造输水渠道、开展水权交易和实施生态补水等措施，灌溉耕地达 680 多万亩，年用水 47 亿米³，占内蒙古自治区黄河分水指标 64 亿米³ 的 73.4%，农田灌溉定额高达 690 米³/亩，可见，必须大力推行管道输水、节水。

巴彦淖尔的畜牧业、林果业都很兴盛。旅游业也以乌梁素海湖、阿拉奔草原、乌拉山森林公园、乌兰布和沙漠、秦长城等为主的湖光山色和黄河、大漠风情。驱车到乌梁素海湖，坐船在湖中的芦苇中穿行，这里湖面开阔、风景独特，是鸟儿的天堂、鱼的家乡。看到湖泊简介，知道它是黄河改道形成的河迹湖，曾是中国八大淡水湖之一，总面积约 300 千米²，水深 0.5～1.5 米，蓄水量 2.5 亿～3 亿米³，水源主要是乌加河和长济渠、民复渠等灌溉的尾水和灌溉退水补给。心想，可以考虑对乌梁素海湖进行改造利用，开挖到 18 米深，就可蓄黄河水高达 50 多亿米³。同时，还应当考虑在黄河上游的宁蒙平原、中游的汾渭平原、下游的豫

① 李群，于法稳，2020.中国生态治理发展报告（2019—2020）[M].北京：社会科学文献出版社，90–91，106.

鲁平原，沿黄河两岸开挖许多湖泊蓄水，把珍贵的黄河水留住造福两岸人民。

每当思考草原的发展，就想起了澳大利亚和新西兰风景如画的草原。记得 2006 年 12 月，我参加了国家物流与采购联合会组织的，赴澳大利亚和新西兰进行物流与电子商务考察，实地考察学习了 4 个物流企业的现代管理经验，提出了要依托国家物流平台组织军事物流保障，加强军事物流的机械化、信息化建设等方面的意见建议。这次考察开阔了眼界，也看到澳大利亚和新西兰的牧场像世外草原。蓝天白云下的牧场美景，好像在电影电视上才能看到的一样。在降水量 500～800 毫米的地方，草场绿茵如画，牛羊用铁丝网分区圈养，膘肥体壮，看不到放牧人。听说一年四季牛羊都在露天草场生活，根本没有搭建的圈舍，不管风雨天气如何变换，牛羊从生到死都在野外生活生存，几乎与野生动物一样，如果体弱多病死亡的根本不用医疗，说明基因不好或不适应生存环境。奶牛在相对固定的时间，会自动排队到挤奶场，工作人员使用机械化和自动化程度很高的设备挤奶。

国务院发展研究中心研究员郝诚之在《钱学森知识密集型草产业理论对西部开发的重大贡献》[1]一文中讲：澳大利亚、新西兰、加拿大和美国是典型的草业支持现代化的农业自不必细论，就是 100 年前的欧洲，如英国、法国、比利时、丹麦、瑞典和意大利等国，也是以草业为平台实现了农业现代化的。他们都把草地和优良牧草看作"绿色黄金（英）""绿色银行（美）""上帝恩赐之物（法）"和"立国之本（新西兰）"。

其实，中国内蒙古的伊利和蒙牛两个奶业集团生产的牛奶质量都比较好。如特仑苏牛奶为金牌产品，牧场在海拔 1 100 米之上，北纬 40° 左右，常年有着温暖的日照和舒适的气候，成了世界公认的"黄金奶源纬度带"。我曾参观过，凡是到此旅游的人都去参观，也像澳大利亚和新西兰牧场的挤奶场一样场景。可是，我们这样一个近 14 亿人口的大国，成规模的好牧场太少，购买国外奶粉的人很多，缘于新疆主要是山地牧场，青海和西藏主要是高寒牧场，内蒙古温带草原牧场虽多，但关键还是草原既缺水、又缺土。

但是，在既缺水、又缺土的内蒙古西部大漠中，人们经过不懈的艰苦探索，已了解掌握了有的植物生命力很强，只需少量的水就可顽强生长。由此，掌握了既省水又能植树造林的方法技术。据《走遍中国》专题片《沙漠方舟》[2]报道，内蒙古阿拉善盟，海拔多在 1 200～1 600 米，平均年降水量不到 40 毫米，蒸发量（实为蒸发能力）却高达 3 700～4 000 毫米，多为无人居住的沙漠戈壁。阿

---

① 第六次产业革命文集编委会，2015. 21 世纪的产业革命——纪念钱学森第六次产业革命思想 30 周年文集 [M]. 北京：清华大学出版社，126.

② 电视纪录片. 走遍中国 . 2019–7–（19–20）.

拉善盟人和空军部队，从 1992 年开始，在阿拉善盟左旗飞播造林，选择年降水量超过 200 毫米的平缓沙漠，飞播沙蒿、沙拐枣、花棒等，到 2019 年已植树造林 603.7 万亩。沙蒿生命力很强，在植被覆盖度 5%，有 10 毫米的降水量就可发芽。近年发现沙蒿易使人过敏，可少播种或改种别的树种。

梭梭是一种坚忍的植物，在沙漠中生长不仅耐旱、耐寒、抗盐碱，而且生长迅速，枝条稠密，根系发达，有良好的防风固沙能力。在额济纳旗人工造林 1 亩可种植梭梭林 30 株，农民拉水为每株 1 次浇水 50 千克，一年浇 3 次，每亩地用水 4.5 米^3，连续浇水三年，就完全靠天然降水继续生长。通常在生长三年后，其根部就开始种植肉苁蓉。肉苁蓉有"沙漠人参"之称，能带来可观的经济效益。

在阿拉善盟额济纳旗有国家级胡杨林自然保护区，被称为"大漠明珠"。一棵大的胡杨树可控制 1 亩地，根系特别发达，半径大的有 80 米，作为耐旱、耐寒、抗盐碱、固风沙的树种，对稳定荒漠、河流地区的生态平衡，调节绿洲气候作用十分明显，是沙漠地区特有的珍贵生态资源，也是大漠中一道道亮丽的风景线。胡杨的叶子是很好的饲料，每逢落叶的时候，牧民收集大量的叶子可以存放两三年，若第二年春季绵羊产羔的时候，它就是很好的营养品。

风起额济纳，沙落北京城。曾经因在黑河上中游农田过度用水，使自古兵家必争必守之地的西居延海在 1961 年消失，东居延海在 1992 年消失，大片胡杨林死亡。2000 年 3 月 27 日，沙尘暴袭击了北京城，当时震惊了世界，随后沙尘天气每年春季都出现在华北地区。从 2000 年 8 月，国家从居延海的上游黑河开始调水，并采取刚性节水措施，调整上中游产业结构，由种植小麦改种玉米作为良种。2002 年和 2003 年，黑河水首次流入东西居延海。到 2018 年，开始修复额济纳的生态环境。

荒漠开发潜力大

河流是大地的血管，森林是大地的肺，湖泊湿地是大地的肾，草原则是大地的皮肤。

曾经的毛乌素沙地，并不是现在的茫茫荒漠。公元 5 世纪时，这里是匈奴的政治、经济和文化中心，河水清澈，牧草丰茂，牛羊遍地。此后无休止地开垦、砍伐使气候干冷化。从唐代开始积沙，到明清时已是茫茫大漠。在一千多年里，由草原变成了沙漠。今天，勤劳勇敢的治沙人，已用大量心血、汗水和泪水，向祖国交出了满意的答卷，一大片沙漠开始变成绿洲、草场、粮田。

内蒙古最大的人工林场，是乌兰察布市兴和县的苏木山林场，1958 年艰苦创业，昔日的荒山秃岭变为如今的 18.6 万亩森林。在连绵几十个山头上，铺开了以华北落叶松为主的 1 000 多万株树木，形成了壮阔的绿色海洋。而林场的治理经费，仅依靠京津风沙源工程每亩 400 元。

浑善达克沙漠南部边缘的河北围场县塞罕坝机械林场，1962 年在流沙遍地、草木稀疏的荒漠地区开始造林，三代人历经 55 年，流了无数汗水和泪水，造林 112 万亩、4.8 亿株，是在无外来调水的情况下创造的人间奇迹，得到党和国家领导人的充分肯定和高度赞扬，2017 年被联合国环境署授予"地球卫士奖"。也被人们誉为"河的源头、云的故乡、花的世界、林的海洋"。

30 多年来，在政府的支持下，地处蒙宁陕相邻的毛乌素沙漠的治沙英雄们，组织带领农牧民造林功绩卓著。牛玉琴造林 11 万亩、殷玉珍造林 10 万亩、白春兰造林 7 万亩，乌日根达来造林 10 万亩，石光银造林 19.5 万亩，杜芳秀的荒漠治理公司造林 17 万亩，王有德组织造林 60 万亩；在腾格里沙漠，郭朝明等"六老汉"及子孙三代人，38 年累计治沙造林 21.7 万亩，管护封沙育林草 37.6 万亩；在巴丹·吉林沙漠，阿拉善军分区多位主官接力治沙，带领官兵在 18 年中植树造林 16 万亩；在库布齐沙漠，治沙带头人王文彪率领亿利集团 30 多年植树造林 750 万亩。杭锦旗武装部部长王中强带领官兵和民兵造林 7.6 万亩。

在他们的示范带领下，成千上万个治沙专业户，在沙漠腹地驻扎下来。先在水位距离地面较浅的沙漠直接造林，后在缺水的沙丘地带，将谷草、糜草、稻草等，用铁锹将这些庄稼秆一根一根地戳进沙子里，将沙丘分割成一格一格的方框。大多用这种简便的草方格障沙法，也有用容器植树法。沙子停止了流动，沙粒间开始贮存水分，植树造林才能成活。

西部战区空军某航空兵团飞播造林 36 年，成林面积 200 多万亩。特别是在以王德彪为代表的亿利集团带动下，伊泰集团、东达蒙古王集团等企业加入了治沙大军，探索实践了用机械大规模的造林。库布齐沙漠面积 1.86 万千米^2，已治理了 6 460 千米^2，1/3 的沙漠面积被绿化；沙尘天气由年平均几十次降到零星数次，输入黄河泥沙减少八成；年降水量由不足 100 毫米增长到 300 ~ 400 毫米，"沙进人退"的趋势得到控制。

其实，沙漠中只要有水，也是可以种植"沙水稻"的。2016 年 11 月 9 日，中央电视台《走遍中国》的《沙漠深处种水稻》节目，报道了内蒙古通辽市奈曼旗人，在沙漠中机械化种植水稻的探索，每亩产大米 300 多斤，让人感到无比振奋。近年从网上了解到，通辽市的奈曼旗、库伦旗和科左后旗，海拔在 85 ~ 636 米，年降水量 370 ~ 450 毫米，无霜期 168 天。从 1996 年以来开始试验种植沙漠水稻，目前已大面积种植。科左后旗达 30 多万亩，每亩产大米多达 500 斤，每斤 10 元左右，2014 年通过国家农业部中国绿色食品发展中心"A 级绿色食品原料（水稻）标准化生产基地"认证，有了"沙稻之乡"的美誉。奈曼旗种植已达 90 多万亩。其种植技术是，在沙子下方 35～80 厘米深处摊放防渗层，在沙子的上方依次摊放泥土、基肥，四周推沙成沙堤，在沙田中蓄水，将水稻秧苗种植在蓄水沙田中，既可防沙治沙，又不使用化肥和农药，质量好的薄膜使用寿命达 10 年，引导农民走上了"治沙致富"的发展道路。种植"沙水稻"，比种植"海水稻"投入经费要低很多。

令人更震撼鼓舞的是，伟大的科学家、航天之父、导弹元勋——钱学森院士，在西北沙漠戈壁进行核导弹和航天科研试验，对治理荒漠化有很深的认识。1984 年，他应中国农业科学院的邀请，在农科院第二届学术委员会上所做的报告，提出"沙产业"的概念。在题为《建立农业型知识密集产业——农业、林业、草业、海业和沙业》[①]，提出了 21 世纪 30 年代人类社会将进入"第六次产业革命"，即以生物技术为核心所引发的大农业革命。六次产业革命分为：第一次：农牧业的出现和兴起，大约在一万年前；第二次：商品生产的出现和发展，大约在三千年前；第三次：大工厂生产，在 18 世纪末；第四次：国家以至跨国大生产体系，出现在 19 世纪末、20 世纪初；第五次：由信息组织起来的生产体系，即将到来的信息革命；第六次：高度知识和技术密集的大农业，农、工、商综合生产体系，可能出现于 21 世纪的中国。

后来，他提出"建立农业型知识密集产业——农、林、草、海、沙产业"和"农、工、贸一体"的科学理论，中国将面临三大任务：一是完成工业革命，二是迎头赶上信息产业革命的浪潮，三是准备迎接新的产业革命——农业技术产业革命，也就是第六次产业革命。他认为，信息产业革命后，解决化石能源枯竭困境的就是以光合作用为产出手段的农业发展。根据他的论述，太阳能是基础，包括海洋和荒漠化在内。荒漠地区光合作用非常强，不但是天然的中药材库，而且能增加新的食品种类。荒漠还有丰富的生物质能源，可以产油用作能源。生产形态的突变，能引起根本性的社会变革。生态、生产、生活的"三位一体"结合产生高效益，能实现党中央倡导的生态文明。还提出"第六次产业革命事实上涉及垂直方向的产业建设任务与水平方向的地理建设任务"。

钱老关于《论第六次产业革命通信集》共收集了 1983 年至 1999 年的 186 封信，从 72～88 岁有写给科研机构及地方政府的，也有国家领导人和机关的。他的许多观点和论述十分精彩，读后让人非常感动。1995 年 3 月 12 日，钱老在致中国科学院院士、人文地理与经济地理学家吴传钧信中说："在社会主义的中国，我们的前途在于运用现代科学技术和马克思主义的社会科学改造我们地理环境，使之成为'人间的天堂'。中国的沙荒、沙漠、戈壁是可以改造为绿洲的，草原

---

① 刘恕，涂元季，2001.钱学森论第六次产业革命通信集.北京：中国环境科学出版社，228–233.

也可以改造为农畜业联营。就是中国的人口发展到 30 亿，也可以丰衣足食！地理科学大有作为啊。"[①] 他的每封书信都闪耀着思想的亮点：如"我国有草原 60 亿亩，可开发的 45 亿亩中，只开发了 2 亿亩，已沙化 20 亿亩"。"林业不只是全国 17.3 亿亩森林的问题，要看到可能的 45 亿亩"。"为了改善我国生态环境，森林面积应占国土面积 30% 以上"。"农业、石油是天大的事"。"植物靠水固定和转移太阳能，就能在这里获得地球上最高的生产力。经测算华北平原农田作物被太阳能吸收利用仅为 1%。"

有资料显示，内蒙古亿利资源集团、伊泰集团和东达蒙古王集团等，正是在钱老提出"第六次产业革命"理论的指导下，在库布齐沙漠植树治沙探索中，取得了"多采光、少用水、新技术、高效益"等经验，综合治理沙漠近 1 000 万亩。其产业链是按钱学森院士提出的四个转化：一是过光转化。把叶绿素、二氧化碳和水，通过阳光转化成植物蛋白。二是过腹转化。把植物蛋白通过家畜、家禽的消化系统，转化成动物蛋白。三是过机转化。把动物蛋白通过先进的机械设备和流水作业线，转化为食物、饮品、药品和用品。四是过市转化。把生产出来的精品推向市场，转化为畅销的商品、名品牌，实现经济效益。用沙柳和柽柳发电每 2 吨燃烧热量，相当于 1 吨煤炭的发热量。人工种植柠条，三年平茬，亩产薪柴达 5 吨。生物废料还可转化为生物化肥，二氧化碳回收用于藻类养殖，这种将林、草、沙结合起来，实现了农、工、贸一体化产业链，达到沙漠增绿、农牧民增收、企业增效的良性循环。沙棘被称为高原圣果，甘草为国药之王，肉苁蓉称沙漠人参。杜仲既是好的中药材，又是工业最好的天然橡胶。开发种植桑树、沙柳、山杏、麻黄等市场潜力非常大。

联合国防治荒漠化公约第 13 次缔约方大会，2017 年 9 月在鄂尔多斯市举行。来自 196 个缔约方、20 个国际组织的 2 000 多人，共商全球防治荒漠化大计。联合国《2030 年可持续发展议程》确定，到 2030 年实现全球土地荒漠化零增长。我国荒漠化治理已由过去每年沙漠化扩张 2 000 多千米^2，变为每年减少荒漠化 1 980 千米^2，这真是了不起的巨大成就。

内蒙古自治区有草原面积 8.84 亿亩，森林面积 3.92 亿亩，耕地面积 1.2 亿亩，河流湿地湖泊面积 0.9 亿亩。"十三五"期间，内蒙古牧草种植面积年增长 20%，实现每年牧草增加值 200 亿元，总产量由 8 000 万吨增加到 1.5 亿吨。

可以设想，如果内蒙古地区用管网引用黄河水灌溉，多种植节水多的玉米、高粱、马铃薯和紫花苜蓿等农作物，多投资发展高效节水技术，水利用的效率、效益、效能将非常大。据《内蒙古农牧业高效节水灌溉技术研究与应用》

---

① 刘恕，涂元季，2001. 钱学森论第六次产业革命通信集 [M]. 北京：中国环境科学出版社，156.

讲①，2012—2014 年，在内蒙古中部的鄂尔多斯市鄂托克前旗的 3 个示范基地进行试验，在一般降水年份灌溉需水量，如饲料玉米地的管灌为 250 米³/亩、喷灌为 180 米³/亩、膜下滴灌为 137 米³/亩。紫花苜蓿地的管灌 240 米³/亩、喷灌为 190 米³/亩。内蒙古多数地区发展微灌需投资 1 000 ~ 1 200 元/亩，喷灌需 900 ~ 1 100 元/亩，管灌需 250 ~ 320 元/亩。而渠道防渗投资则需 250 ~ 360 元/亩，节水不多，投入却不少。

内蒙古地区资源储量非常丰富，有"东林西矿、南农北牧"之称。有色金属矿藏有铜、铅、锌、镍、钴、钨、锡、钼、金、银、铂、铌、铍、铀、稀土等 40 余种，稀土、铌、铍、铁矿、煤炭等居全国之首。草原、森林和人均耕地面积居全国第一，而光热、风能资源也很丰富。俗话说，一年一场风，从春刮到冬，内蒙古人无数次抱怨的风，如今通过大力开发为草原人带来了新的发展机遇。由于地处北纬 40°附近，常年盛行西北气流；海拔较高，在 1 000 米左右；地势相对平坦，没有大的障碍物；昼夜温差大，使得空气流动更加强烈。一年中有效风能 7 300 小时，相当于 300 多个日夜。风能储量居全国首位，占全国总储量的 1/5。根据测算，每当风力发电 100 亿千瓦，相当于减少二氧化碳排放量 970 万吨，节约标准煤 300 万吨，节水 450 万吨。

每当看到或是一次次地回想起大漠的荒凉辽阔，长河的凄凉幽怨，笔者在忧伤中久久思考，如果黄河流域得到统筹治理，适时、适地、适量地对水资源进行空间和时间分配，用管网高效地利用有限的水资源，将大大加速我国的荒漠化治理进程；如果国家将黄河水引入到新疆、河西走廊、宁夏和内蒙古进行管网灌溉，再增调青藏高原 300 亿米³水，在沙化的土地、沙漠戈壁植树造林，形成蒸发、降水、再蒸发、再降水的多次循环利用，西北就能形成比较湿润的气候，加上种植紫花苜蓿、菊苣草和乐食草等优质牧草，完全能满足近 14 亿中国人的肉奶产品供应。

2017 年笔者到榆林市和鄂尔多斯市，与当地农民交谈，得知被治理的毛乌素沙地和库布齐沙漠，大面积植树造林后，风沙比以前少多了，借植物蒸腾增加当地水汽含量，气候比以前变得湿润多雨，年平均降水量增加了 100 ~ 200 毫米。那么还可大胆设想，西北荒漠化有效治理后，国家可设立百个约千平方千米的国家森林公园，保护各种动、植物种群繁衍生息。

有不少人注重地区的经济发展，认为没有水而投大量资金治理沙漠，就没有建设城铁见效快。2017 年 9 月，我到呼和浩特和兰州，在与老战友和朋友谈话

---

① 程满金，郭富强，等，2017. 内蒙古农牧业高效节水灌溉技术研究与应用 [M]. 北京：中国水利水电出版社，342–346.

中，得知这两个城市正在大搞地铁建设，北方许多城市也在加紧论证或正在建设城铁。我想，如果从国家经济综合效益方面讲，在向西北调水后，可大规模地治理开发荒漠，比建城市地铁综合效益要高很多。呼和浩特常住和流动人口共 290 万人。规划建设 5 条线，总里程 150 千米，需要 1 000 多亿元；兰州常住和流动人口共 322 万人，规划建设城铁 5 条线，总里程 228 千米，1 号线一期工程已于 2018 年建成。

相比建设城铁将人口吸引到城市，与植树造林改善生态环境，使人口分散居住在县、乡、村，其经济和社会效益后者明显比前者大很多。2017 年 8 月 5 日《人民日报》报道，塞罕坝人最近 5 年造林成本 1 200 元 / 亩，国家补贴 500 元 / 亩。如果优先投入经费节水、调水，在西北造防风沙和农田防护林带网 6 亿亩，加上修筑公路、建设管网和打井工程等费用，估算投入经费 2 万亿元，其产生的经济、生态、社会效益无法估算。包头、呼和浩特、兰州、银川、乌鲁木齐等市区常住人口都不多，造林比建设城铁更有战略意义。

历史上，资本主义形成过程中是破坏农村、建设城市、人口涌向大城市的，欧洲几个大国多是一个超大城市，原因是当发现大城市病难治后，就注重乡村和小城镇建设。中国近 40 年在一些经济和社会学家的鼓动下，加速城镇化发展，全国每年农村进城人口 1 000 多万人，城镇化人口已达到近 60%。但是，令人振奋的是党中央和国务院已出台《乡村振兴战略规划（2018—2022）》，走城市同农村同步建设与城市同集镇协调发展的道路。

习近平总书记对内蒙古生态文明建设指明了发展方向。2019 年 3 月在十三届全国人大二次会议内蒙古代表团审议时指出："内蒙古生态状况如何，不仅关系全区各族群众生存和发展，而且关系华北、东北、西北乃至全国生态安全。加快呼伦湖、乌梁素海和岱海等水生态综合治理，加强荒漠化治理和湿地保护，把内蒙古建设成我国北方重要的生态安全屏障。"他强调："保持加强生态文明建设的战略定力，探索以生态优先、绿色发展为导向的高质量发展新路子，守护好祖国北疆这道亮丽风景线。"

2019 年 7 月 15—16 日，习近平总书记在内蒙古赤峰市喀喇沁旗马鞍山林场考察时指出："中国是世界上最大的人工林贡献国。这么大范围地持续不断建设人工林，只有在我国社会主义制度下才能做到。筑牢祖国北方重要的生态安全屏障，守好这方碧绿、这片蔚蓝、这份纯净，要坚定不移走生态优先，绿色发展之路，世世代代干下去，努力打造青山常在、绿水长流、空气常新的美丽中国。"

实际上，从 2013—2020 年的全国"两会"，习近平总书记在每次会上都强调生态文明建设的重要性，为统一全党全国各族人民的思想和意志提供了强大的精神动力。

第六章　重走黄土地

黄土高原高天厚土，我为生长在这块神奇的黄土地感到很欣慰。过去，当我多次走过东北广阔肥沃的黑土地，走过雨水多、绿树多、植被多的江南红土地，感到都比黄土高原自然条件好很多。生在西北的人，不仅生产生活很难，就是生存最基本的吃水、吃粮和吃菜都很艰难。黄河水流经黄土高原3 000多千米，不仅带走的水比留下的水还多，而且还将大量富含有机养分的黄土带走，老天爷对待西北人太不公平了。

家乡面貌新

作为黄土地的儿子，对这片热土很有感情。我生长在铜川市军台岭山下一个900多人口的村子，虽然山穷水少、土地贫瘠、生产生活很艰难，但对这里的一沟一梁都很熟悉，对水、庄稼、树木、草丛也倍感亲切。

2017年夏天回家乡，看到铜川地区漫山遍野都是绿色，过去的荒山秃岭经过二十多年的持续退耕还林还草，基本都变成了绿色，植被覆盖度已达75%，水土流失得到有效遏制。坐车在高速路、乡村路上看到的都是美景，公路旁"向养生城市发展"的大标语特别显眼。铜川老区经过多年改造已旧貌换新颜，老街两侧挺拔的白杨、茂密的槐树和梧桐树、婀娜的柳树都显得生机勃勃。新城区规划设计建成了公园城市，实现了绿起来、净起来、亮起来、美起来，人们生活得很安逸快乐，被评为全国绿化模范城市和国家卫生城市，步入中国十大最具幸福感城市之列。

铜川于1958年撤县建市，是伴随着共和国的工业文明兴起而成立。国家在"一五"计划中，苏联援华的156个重点建设项目中安排了铜川两项，王石凹煤矿和耀县水泥厂。铜川曾是一座因煤而兴、因煤而困的城市，煤炭储量曾达30多亿吨，开采企业最多时达500多家，建筑石料加工企业400多家，水泥企业30多家。借助国家去产能政策，铜川关停了一批质量不高、破坏生态的高污染企业。在近20年里努力恢复生态，化危为机，让生活在市区的人，曾在半个世纪里看不到星星月亮，卫星也看不到这座城市，如今已多为蓝天白云，空气质量优良。

铜川地处陕北高原与关中盆地的过渡地带，在陕西与甘肃之间的子午岭上，靠近秦直道东侧。其历史很悠久，夏、商属古雍州，秦属内史地，西汉景帝二年（公元前155年）设县。

这块神奇的黄土地，可谓人杰地灵，曾在战国中期出了一位著名的思想家、谋略家、道家、兵家、法家、纵横家、阴阳家、医药学家、经济学家王禅，又名王诩，约生于公元前390年。在60岁入秦后，常到宜君县棋盘镇的云梦山中采药修道，因隐居清溪之鬼谷，故自称鬼谷先生。过去曾在传说和书中了解一点，这次家人和好友陪同到云梦山鬼谷子庙参拜，方才明白历史上由于他的出现，将道家的上善若水、儒家的智者乐水、佛家的心净如水、兵家的兵贵似水、法家的端平碗水、墨家的爱民胜水，集约成纵横家的海纳百川。他不仅将六大流派的核心思想用"水"阐释得很精辟，而且他也是历史唯物主义和古代辩证法的创立者，是纵横家、阴阳家之祖，谋略家之父，兵法家之师，术数家之尊。他更是伟大的教育家，在云梦山中创设了世界上第一所"国防大学"，用他的智慧培养出了500多位时代精英。有最杰出的政治家、外交家苏秦、张仪[1]、毛遂，有军事家孙膑、庞涓[2]、白起、乐毅、田忌，有主张改革的法家商鞅，有懂医药、天文、航海并三渡日本为秦始皇寻找长生不老药的徐福，有旷世杰作的都江堰水利工程专家李冰等。苏秦还是联合国的发明人，身装六国相印，也就是任六国总理。这些弟子进山门前都是无名小卒，通过严格审查培训，出山后个个大放异彩，出将入相，名留千古。[3]

铜川名胜古迹众多，文化底蕴丰厚。有著《千金要方》，享年141岁的孙思邈的故里和药王山庙；有唐代著名书法家柳公权和北宋著名山水画大师范宽的故里；也有占地近2 500公顷、森林覆盖率达90.4%，唐帝王的避暑行宫和唐高僧玄奘法师译经圆寂之地——玉华宫；还有国内唯一遗存的"炉火千年不熄"的耀瓷基地——陈炉古镇，被誉为"东方古瓷巨镇"的活化石。铜川苹果、大樱桃处在全国最佳优生区，品牌已享誉海内外。

特别是来到铜川耀州区照金镇的全国爱国和国防教育基地、红色旅游经典景区参观时，对党崇高、敬仰、感恩之情更加强烈。人们都知道延安是革命圣地，是红军长征的落脚点，是抗日战争的出发点，是中国革命的大后方，但很少有人知道照金是西北革命的摇篮，在中国革命史上写下光辉绚丽的篇章，可谓"南

---

① 见《战国策》

② 见《孙庞演义》

③ 提出合纵六国以抗秦的战略思想，组建合纵联盟，任"从约长"，使秦十五年不敢出函谷关。中央人民广播电台老年之声翟杰讲——《鬼谷智慧经典》

有瑞金，北有照金"。照金曾是古代战争的分水岭，是兵家必争之地，有"石门关"之称。1932 年，刘志丹、谢子长、习仲勋等老一辈无产阶级革命家，在这里领导创建了西北第一个革命根据地，成立了中共陕甘边党、政、军，组建了红二十六军，开展了轰轰烈烈的土地革命运动，经过大大小小无数次的与敌血战，红军人数发展到万人。1935 年，与陕北革命根据地统一为西北革命根据地，为迎接红军长征到陕北打下了坚实的基础。

笔者追寻童年的足迹，到风光秀丽、地势险峻的军台岭山峰，寻找儿时的一些记忆。当来到新建的战役遗址"军台岭战斗纪念碑"前，回想起小时老人们讲"要占陕西省先占军台岭"、乡亲火线送饭送水、狗为解放军趴泉水的一个个故事。1937 年，由贺龙、关向应率领的红二方面军机关直属部队，武力占领了军台岭及周边的要点，驻守休整一年改编为八路军 120 师后，东渡黄河开赴抗日前线。1948 年秋西北野战军歼灭了在铜川的国民党胡宗南第 3 军第 254 师。1949 年 3 月，胡宗南第 90 军一部再度北犯进攻铜川，我第一野战军第 4 军先遣部队，在军台岭与国民党发生了激战，并解放了铜川全境。

当环视着一道道山梁上的灌木丛，一坡坡、一沟沟的树林，努力寻找儿时在这里放牛羊、挖草药和砍柴时的记忆。向山下观望着 20 世纪七八十年代修筑环绕着一座座山岭的梯田，真是一幅壮美独特的天然风景画。回想在小学、中学时期，为保水土不流失，每年暑假都要参加生产队里修梯田劳动的情景。

笔者入伍后在部队工作一直非常忙碌，看望父母亲友的时间少。到 20 世纪80 年代末，在与亲戚的交谈中，感到乡亲们不怎么忙了、累了，也能吃饱饭了，心里比较满足。90 年代后，陆续回去几次也是借出差机会匆匆忙忙，碰见的人更少了，听说年轻人大多外出打工了。

这次回家安心住了几天，在村子里走了走，感到安静也冷清，有几处耕地撂荒。我问弟弟和其他家人，都说现在 50 多岁以下的人都常年在外打工，不愿回来种这几亩旱地梯田，因为种粮的化肥、农药、种子和收种投入成本较高，经济上不合算。现在村里外出打工的人多，留下的多是老人和孩子。

离开家乡 36 年，看到乡村的山绿了，家家都修筑有水窖，基本生活有保障，但很难实现生产方式改变和生活水平大提高。主要是人多地少又缺水，人均梯田1.5 ～ 2 亩，虽不用交公粮，孩子到初中不用花多少钱，但上高中生活费、补课费和上大学的食宿要花钱，家庭看病和婚嫁娶丧都要花钱多，有些孩子还要到城里买房、买车更要花大钱。由于黄土高原很多地方无法使用黄河水灌溉，在靠天吃饭的家乡有些农民是不愿种地的。

家乡这块黄土地，在历史上各个朝代都是兵家必争之地。这块神奇的土地曾很肥沃，气候温宜，处在黄河最大的两个二级支流泾河与北洛河之间，多年平均径流量高达 18.5 亿米³ 和 9.43 亿米³，实测两河多年平均入渭河泥沙高达 2.74 亿吨和 9 590 吨，占黄河泥沙总量的 29.2%，为主要泥沙来源区。由于铜川地区平均海拔相对较高，不仅用不上这两条河的水，而且方圆几百里水土流失非常严重。境内渭河的支流石川河，多年平均径流量只有 0.62 亿米³，因此，缺水是人们心中永远的"痛"，几千年来基本上是靠天吃饭，如何才能改变这种缺水的现状呢，这也是我常常对解决西北水源短缺问题，忧伤、思考比较多的一个原因吧。

儿时思水情

到部队后，我时常想黄土高原上的家乡，军台岭下的小山村，那里世世代代的乡亲，生产生活一直都是在靠天吃饭。人们的音容笑貌，大多与天气有关。说天快要下雨了，正在下雨，或刚刚下过雨，人们就像过年、过节、过喜事一样高兴。如果久旱不雨，人们忧郁不乐、烦躁不安的情绪就不断。我清楚地记得，六七岁时就跟着大人和年龄大一点的孩子上山放牛羊，八岁就开始割猪草，到山泉中和姐姐抬水，到农田干零活。由于日常生活用水非常艰难，父亲每天都要在上、下午干完农活后，还要汗流浃背、迈着沉重的脚步，从一二里远的山下泉中挑水回来，自己心里就非常难受，能做到的是尽量在放学后挑水，才感到心安一些。母亲洗衣多是走到二三里远的小河中。逢年过节用水多了，家家大人小孩还要在泉边排队等候。人和牛羊猪的用水都是定量节省着用，洗涮的水留给牲口用。后来因大力开采煤矿，地下水位严重下降，多数泉水没有了，全村每家每户又搞了个六七十立方米的水窖。方圆十里八乡都极度缺水，河流大多断流干涸，只有在汛期河道里才有含泥沙量大的一些洪水。

由于家乡极其缺水，粮食产量非常低，在上中学时，放了暑假，就参加国家号召、政府督导、乡村组织、民兵带头的大干农田基本建设，打淤地坝、修梯田、保水土、种粮食。那是一个朝气蓬勃奋发的年代，红旗飘飘招展、广播震天播报，男女老少吃着玉米面，用镐、锨和架子车，挥汗如雨的鼓足干劲、力争上游的苦干场面，确实对水土保持政策有着很强的执行力。虽然时光已过去了四十多年，如今走到家乡的每一个角落，当年的一幅幅动人画面还历历在目。

坡度在 25° 以下的山地，大量修筑梯田后，基本实现了"泥不下山，水不出沟"，收成也增加较多，但仍靠天吃饭的小山村，人均二亩多的梯田地，种麦子平均亩产 300 斤左右，种玉米平均亩产 400 斤左右，也都算是好收成，交过公粮，留下种子和口粮，还能度日。如果遇干旱年景，缺粮问题就很严重。但是，一个山沟里打的一座 8 亩多的淤地坝，亩产小麦却高达千斤左右。

吃粮很困难，吃菜同样很困难，尤其是吃新鲜蔬菜就更困难，上中学住校那几年，主要吃咸菜。记得 1978—1980 年，生产队让我父亲和我堂大伯负责，在村里地势较低的梁洼里一个大水泉旁边，将一块约 3 亩多的三角地改造成菜地。雨季水位高时引水灌溉，干旱少雨水位低时，一担担挑水浇灌。父亲一生主要从事手工陶瓷制作和耕种粮食，尽管对种菜不内行，但在他们共同辛勤劳作下，连续三年蔬菜长势非常好，西红柿、黄瓜、辣椒、豆角、茄子等品相、口感都算是上等，村里老老少少都争相去买，也担到陈炉镇的集市上去卖，前来购买的人越来越多。后来，由于村里打了 3 座煤矿，尤其是在距离泉眼不到 300 米的地方打了两口煤井，地下水位不断下降，泉水只能供村里人生活和家畜饮用，种菜就搞不下去了。

铜川市有 5 个区县，境内山峦纵横、台塬广布、川沟相间、梁峁交错，地形复杂，0.5 千米以上沟道 4 770 条；境内多年平均降水量 450 毫米左右。耕地总面积 123.6 万亩，有效灌溉面积 18.81 万亩，占总耕地面积的 15.2%。供水量大的水库，主要是 1969 年动工兴建，1979 年建成投入使用的桃曲坡水库，总库容达 6 940 万米^3，正常蓄水位 788.5 米。其上游有咸阳市旬邑县马栏水库库容 5 720 万米^3，引水到桃曲坡水库调蓄。"十二五"期间两个水库共引水 31 134 万米^3，主要为铜川新、老区城市居民生活和海拔较低的耀州区（11.6 万亩）、咸阳市三原县（3 000 亩）、渭南市富平县（17 万亩）共 28.9 万亩农田灌溉。

史上黄土高原

黄土高原曾是一片汪洋湖泊。它位于太行山以西、青海省日月山以东、秦岭以北、长城以南广大地区。据地质学家考证：地球形成约有 46 亿年，约在 8 000 万年前，黄土高原的汪洋湖泊面积，相当如今的 6 个渤海。那时地球上的气候干燥而寒冷，在巨大湖泊的西岸，狂风吹起大地上的尘粉、沙土，落到黄土原湖开始累积。

黄土高原的黄土下面是一个大煤海，也有很多石油和天然气等矿藏。煤炭勘察方面资料显示，黄土高原及下面的煤炭、石油、天然气形成的说法是，在陕北厚厚的黄土层下面是一个大煤海，其厚度在 1 米至几十米不等，在国内实属罕见。这个煤海，自北向南呈倾斜状态，它与中国的煤都——山西大煤田相连，随着海拔的降低，一直到陕西关中平原边缘，与铜川煤矿相连。与煤海相伴而生的，是几块蕴藏量非常丰富的油气田，可追溯到一亿五千万年以前的侏罗纪时代，那时的黄土高原是一片古木参天的林海，最多时有 53% 的面积被森林覆盖。从昆仑山方向吹来的黄尘，在这里堆积成一块黄土高原，从而将那些树木埋在了地下，形成了现在丰富的煤炭、石油、天然气资源，地面也形成了厚厚的一层黄土。陕北延长地区的石油，早在东汉时就被发现和利用。[①]

黄土高原的气候也曾湿润多雨。大约 2 000 万年前，这里雨水充沛、湖泊密布、草木繁茂，有大象和犀牛等数量众多的热带动物。大约 1 500 万年前，随着地质运动，地壳抬升，湖底升高后湖水便一泻而下，向东部低洼地区以至东海涌去。大约 800 万年前的时候，湖水终于干涸，由于青藏高原的隆升，欧亚大陆中心地带吹来的黄土，再渐渐堆积后成了黄土高原。

据周淑贞主编的《气象学与气候学》[②]记述，近 5 000 年我国的气候经历了 4 个温暖时期和四个寒冷时期，公元前 3500 年至公元前 1000 年，黄河流域有象、水牛和竹等，估计当时年平均气温比现在高 2℃，1 月比现在温度高 3～5℃，年降水量比现在多 200 毫米以上，是我国近 5 000 年来最温暖的时代。以后气候渐渐变冷，降水量渐渐少了，大象、犀牛等热带动物迁徙了，然后形成了当今的地理气候环境。

著名学者王东岳讲，250 万年前青藏高原升高到六七千米以上，它有效阻断了来自南边印度洋的暖湿气流，使得从北部下来的高压气流猛烈北吹，从而把中国西北部地区的土层卷裹到了黄河上游地区，这就是为什么今天到河西走廊，到新疆、内蒙古西部，会看到大的戈壁滩没有土层都是碎石的原因，这就是黄河中上游厚土的重要来源，这是第一个原因。地球自转与太阳照射形成的固定风道，即信风裹携着地球表面 0.5 米厚度中最细微的尘土，把它卷裹到高空。任何流体最终都会形成湍流，而信风湍流中心会形成静止气旋，像台风眼一样又恰好悬挂在黄河上、中游，它使得裹携在湍流中心的最小颗粒，开始在此沉降，这是形成黄土高原的第二个原因。但是，若降大雨，黄土高原的泥土就会随之而下。

黄土高原的水土流失很严重。目前千沟万壑是 260 多万年（第四纪）以来逐步形成的。近万年来，由于人口增加，大兴土木，大建宫殿，许多地区滥伐、滥垦、滥牧，加之战乱不断，森林破坏，草原沙化，耕地退化，大部分很厚的黄土层覆盖，经大暴雨流水长期侵蚀，逐渐形成了千沟万壑，地形支离破碎，大地上道道伤痕，条条泪痕。沟壑面积约占总土地面积的一半，平坦耕地占不到 1/10。黄土高原的泥沙通过黄河搬运，在华北地区堆集形成了如今 25 万千米^2 的黄淮海冲积平原。

黄土高原是农耕文明的发祥地。黄土是由大量碳酸盐化合物的粉沙粉尘组成，结构均匀、疏松，有多孔性和垂直节理，矿物质含量丰富，是一种优良的农

---

① 班固在《汉书》中记载了"高奴有洧水可燃"。高奴在延长县附近，洧水是延河的支流。北魏郦道元的《水经注》记载，"故言高奴县有洧水，水可燃，水上有肥，可接取用之"。陈桥驿译著《水经注》第 24 页，中华书局.

② 周淑贞，2016. 气象学与气候学 [M]. 北京：高等教育出版社，230.

作物生长土质，易耕种、易吸水、易排水。黄土高原的年降水主要集中在夏秋两季，也是全年气温最高，农作物生长旺盛的时候，适宜的温度和适时适量的降水结合，为发展原始农耕提供了极好的条件。加之冬季不太寒冷，夏季不太炎热，分明的四季利于人的健康。深厚的黄土利于挖窑洞，洞内冬暖夏凉，较易避难藏身，繁衍生存，是理想的居住地。现我们家乡住的，多是砖石砌的坚固、宽大的窑洞。考古学家提出，最早生存繁衍在黄土地的有 100 万～150 万年前的"蓝田猿人"、20 万～30 万年前的"大荔猿人"，10 多万年前山西襄汾县的"丁村人"。

黄土高原是世界上面积最大、覆盖层最厚的地区。据葛剑雄、胡云生著《黄河与河流文明的历史观察》讲[①]，黄土覆盖一般在 50～80 米，多的达 200～300 米，这样的覆盖厚度在世界上是绝无仅有的。而欧洲中部的黄土厚度一般在 5 米以下，厚度最大的莱茵河谷也不过 20～30 米。俄罗斯境内大多 10～20 米。北美洲黄土覆盖最厚的是美国密西西比河西岸部分地区，也仅 30 米左右，其余地区只有数米至 20 米。南美洲黄土最厚的潘帕斯地区是 10 余米。

黄土高原又是世界上水土流失最严重，生态环境最脆弱的地区之一。据《黄河流域综合规划（2012—2030）》显示，黄土高原总土地面积 64.06 万千米^2（其中海拔在 1 500～2 000 米的面积约 62 万千米^2），水土流失面积达 45.17 万千米^2。有资料显示，黄土高原的黄土，曾占地球上黄土的 70% 以上，而黄土流失总量约 90%，现仅剩约 10%。

黄河洪灾一直是中华民族发展的"心腹之患"。89.1% 的泥沙来自黄河中游的黄土高原陕西、山西和甘肃省的东南部。而来自陕西省境内的泥沙多达 70%，特别是 3 条大的支流渭河、无定河和窟野河，多年平均入黄泥沙高达 7.08 亿吨，占黄河泥沙量的一半多。由于暴雨多发生在七八月份，森林植被少，泥土流失严重，有的坡地每年每亩流失 5～10 吨，甚至 15 吨以上。而黄河流域中上游，又因缺水较多变得越来越干旱。记得小时候老人们说，相传很早时期旱情严重，连续三五年大旱时，种的庄稼连种子都留不下，有颗粒不收的年景。三年自然灾害时期，吃草根、树叶和树皮。

后来，看到贺国丰写的《祁雨调》：龙王救万民哟，干旱着火了，地下的青苗晒干了，晒干了……这凄凉、悲怆的苦苦求雨，可以想象干旱的情景是多么严重。

黄河之水天上来，从遥远的雪山走来，穿过一条条峡谷，流淌过一段段沙漠平原，当流过黄土高原的晋陕峡谷、三门峡后，经过中原向东海奔去。

在中华民族发展的历史长河中，可以说，黄土、黄河、黄帝、黄种人之间，应该是有因果关系的，黄种人、华夏民族很多人，或者他们的祖先都得到了黄土

① 葛剑雄，胡云生，2007. 黄河与河流文明的历史观察 [M]. 郑州：黄河水利出版社，3.

地和黄河水的滋养。

在古代黄土高原森林面积占 50% 以上，到 1949 年只剩下 6%。而对治理水土流失，历届党和国家领导人、很多科学家都非常重视。1993 年 10 月 11 日，钱学森院士给钱正英院士的信中讲，"非常感谢您赠的《黄土高原》画册！这一大片宝地……能搞什么？工业绝不要那么多，大部分应是林区，森林覆盖率应是 30% 左右！而从画面看，黄土高原就是缺树！恐怕造林是一项根本任务，这是治理水土流失决不可少的。"[①]

20 世纪 90 年代，国家为进一步搞好黄河上、中游水土保持，建设山川秀美工程，出台了退耕还林还草新政策，对坡度在 25° 以上的，由国家每年给农民每亩地补偿粮食 200 斤、种苗费 50 元、零花钱 20 元，直接发到农民手里。有效的政策深入人心，很快就见成效，黄土高原的荒山秃岭渐渐都变成了绿色。近年，家乡那种三五十年前山体垮塌，山洪暴发的现象少了。

2017 年笔者到陕北的延安、榆林地区看了看，经过二三十年的退耕还林还草和小流域治理，水土流失得到有效控制，处处山川都很秀美，让人心旷神怡。据 2019 年 12 月 26 日国家林业和草原局政府网：《延安退耕还林 20 年山川变绿》报道，20 年来延安退耕还林面积 1 077.46 万亩，森林覆盖率由 33.5% 增加到 52.5%，植被覆盖度由 46% 提高到 81.3%，陕西绿色版图向北推移 400 千米。年平均降雨量增加 200 毫米以上，年入黄河泥沙量下降 88%，延安被誉为退耕还林第一市，为国家生态建设提供了先行经验和成功样板，红色圣地荒山绿了、河水清了、百姓富了。

2020 年 1 月 29 日，看到央视 3《"黄河之水天上来"国宝音乐会》节目，黄河流域 48 家博物馆的文博联盟机构，从源头到入海口采集的 48 个点水样，大多清澈透亮，比 1995 年新年文艺晚会采集的水样清澈多了。清华大学王光谦院士讲："经过几十年努力，黄土高原 20 万千米^2 的水土流失面积得到有效控制。延安地区 80% 的泥沙已控制在流域面上。"

历史上曾多次出现"黄河清"的现象，最长不过 22 天，现在非汛期的黄河 80% 的河段变清了，主要是生态治理已见成效。然而，黄河在汛期仍然很黄，还需加大治理力度。

黄河水滋养黄土地

如果说黄河是我们的魂，黄土就是我们的根；如果没有黄土高原，就没有黄

---

① 刘恕，涂元季，2001. 钱学森论第六次产业革命通信集 [M]. 北京：中国环境科学出版社，127.

河的称谓。大地风流，大河奔流，陶醉了历史上无数的文人墨客。

黄土高原国土面积占全国总面积的 6.9%，耕地面积占全国的 12.2%，而水资源仅占 1.8%，多年平均降水量 466 毫米，近 30 年有所增加，而全国多年平均降水量 648 毫米。黄土高原的降水量大致由东南向西北递减，由秦岭北麓的 800 毫米，关中和六盘山一带的 600 毫米左右，到榆林至海原一线西北的 200 ～ 400 毫米，黄土塬、梁、峁区年降水量多在 400 ～ 600 毫米。

黄河流经世界上最大的、干旱的黄土高原，将水变成黄色的，并且在她的冲积下形成了中国最大的平原——黄淮海平原，给华夏儿女创造了繁衍生息的一大片乐土，其功不可没。但是，黄河却将黄土高原的大量泥沙带走，而留下的水却不多，整个黄土高原利用黄河水约占黄河流域总水量的 40%。

黄土高原发展历史长，文化底蕴厚，其资源条件有很多优势，如煤炭、石油、天然气及各种矿藏储量很大。黄土为优质土，但发展也有很多短板，主要是缺水和交通不便，特别是黄土高原大部分地区得不到黄河水的浇灌，新兴的、大型的，尤其是科技型的支柱性产业也不多。

陕西地处黄河中游，黄河流经陕西境内达 720 千米，"母亲河"黄河水每天都在黄土高原流过。陕北引用了少量的黄河水，多数人守着黄河没水吃，这成为榆林、延安、铜川等地区人民心中的"痛"。

到关中平原的郑国渠遗址博物馆和陕西省水利博物馆参观后感触很多。秦朝从公元前 246 年组织十万人用了十年时间修建了郑国渠，灌溉农田 115 万亩，为秦统一六国奠定了坚实的物质基础。建成十五年，秦灭六国，建立了第一个中央集权国家。到 2 200 多年后的今天，关中平原引用黄河及支流的泾河和渭河水，灌溉农田面积达 2 300 多万亩，其中抽水站 1.1 万处，机井 15 万眼多，初步形成了蓄、引、提、调相结合，使关中地区成为风调雨顺的米粮川。黄河孕育了八百里秦川，也孕育了古丝绸之路从长安到罗马的开启……

几曾设想，黄土高原各支流河川年均径流量约 150 亿米^3，如果在大小支流分段多建水库，将黄河干、支流的水用管道就近输送到黄土高原的塬上、梁上、川里，能大大改变这里的生态环境，且这里土质好、光热资源丰富，可以大量种植品质较高的果树、中药材等。铜川苹果在 1974 年就被国家选为国宴用果，被国内外专家一致认定为生产优质苹果的基地，在国内和东南亚国家享有较高声誉。中药材多达 683 种，大量采集收购的有党参、黄芪、柴胡和丹参等多达 164 种。将来西北沙漠戈壁增调水和增雨水后，开发为森林、草原和耕地，可迁移走黄土高原大量人口，铜川如果用上黄河二级支流泾河、北洛河拦蓄的水，将会变得绿、富、美。

近年铜川地区生态环境改善后，年均降水量由 450 毫米左右增加到 550 毫米左右。2015 年人均水资源为 276 米^3，为世界公认极度缺水人均用水量 500 米^3 的一半。农田灌溉水定额为 269 米^3/ 亩（黄河流域平均灌溉用水量 400 多米^3/ 亩，陕西省平均 252 米^3/ 亩）。如果黄河干、支流的水多用于黄土地，用管网输水，进行畦灌、喷灌和滴灌，加上西北大气候环境好转后，估计农业用水量不超过 230 米^3/ 亩，相当河套地区灌溉定额的 1/3，水资源利用的效率效益效能会很高。

陕西省水资源时空分布不均，70% 分布在陕南，70% 集中在汛期。近年围绕"关中留水、陕北引水、陕南防水"来规划建设全省水系。正在建设的引汉（江）济渭（河）工程，计划年引水量 15 亿米^3，以缓解西安、宝鸡、咸阳、渭南、杨凌 5 个大中城市和周至、兴平、三原、高陵、阎良、华县等 11 个县级城市及 6 个工业园区用水紧张状况。铜川名为关中地区，但辖区地理位置多为黄土高原地区，海拔也多在 600 ~ 1 200 米，用不上引汉济渭的水。

可见，黄河水应当多用于缺水的黄土地，而不是将富含矿物质营养的黄土输送进渤海。如果用管道将黄河干流乌金峡水库，引少量供生活用水，从陕北延伸到铜川；将二级支流泾河、北洛河的水筑坝蓄水，输送部分到铜川用于生产生态，家乡缺水问题就全部解决。整个黄土高原的陕、甘、宁和晋、蒙省区，都应当多用黄河水，工程量不大，也不难。一是可利用黄河天然的输水河道，充分利用二级阶梯地形的落差，在上、中游建设大柳树、碛口、古贤等水利枢纽后，按梯级用管网就近向两岸自流输水。大小支流层层筑坝蓄水拦沙，也用管网自流输水灌溉。二是在黄土高原用管道铺设时受地形、地貌和地质限制的难度不是太大，易越沟、爬坡和穿路，少架桥、少打隧洞，且省地、省工、省能，比红旗渠在太行山腰凿开磨刀石的工程量和难度要小很多。主干线可靠近国道、省道，甚至高速公路，管道铺设便利，成本低，占用耕地少。三是黄土高原干旱少雨，多数地区年降水量在 400 ~ 450 毫米，属补充性灌溉，可实现事半功倍的效果。由此还可改变气候环境，也能改变传统的穷则思变观念。凡是全国干旱缺水的地区，都应当多筑坝蓄水用管网输水。

第二篇

长河大漠治理的紧迫与艰难

曾经的长河——黄河，给予了华夏民族生命的滋养和发展的智慧；曾经的大漠——也是绿洲，为华夏民族提供了大量的森林、牧场、煤炭、石油、天然气等。21世纪，全世界都面临水资源匮乏，土地沙化，粮食短缺，能源危机，而水又将是比石油更为重要的战略资源。对一个民族复兴和崛起的大国，从根本上解决水荒、地荒、粮荒和油气荒的安全问题，是新时代中国的备战备荒，又是最大的供给侧结构性改革，能调整经济结构，使要素实现最优配置，提升经济增长的质量和数量，具有很强的现实必要性、紧迫性。但是，在不外调水的情况下，西北110万千米^{2}的沙漠，如果以现行治理办法提高到5倍的治理速度，每年减少1万千米^2，治理约需110年。

第七章　备战备荒与富国强兵

在西北干旱区，人们生产生活生存，离不开河流，历史上曾发生的战争也离不开河流。古今兵马东征西进，无不沿河西走廊和新疆南北交通走廊，将有河流、绿洲的经贸丝绸之路作为行军路线。从西汉到三国，从唐宋到元明清，从红军西征到解放军进军大西北，都是遵循这一用兵路线。因为有河流绿洲，才是军队行动和后勤保障的必由之路。今天，如果将此类问题放大看，即从全国自然资源分布和国民经济的布局和结构看，从未来可能发生的战争看，治理好西北地区的长河与大漠，能极大地改善国家大的生态环境，也就能大幅度扩大国防地理纵深，实现 21 世纪中国的备战备荒。以史为鉴，可知兴替。

"南泥湾"大生产运动

"南泥湾"大生产运动为抗日战争胜利奠定良好基础。1939 年，抗日战争进入相持阶段，日军对国民党军队采取以政治诱降为主、军事进攻为辅的方针。把主要军事力量放在我解放区战场，对各抗日根据地进行反复地、大规模地"扫荡"和分割"蚕食"。国民党也趁机封锁所有运往边区的粮、棉、油、布、药等各类物资，企图在经济上困死边区百万群众和到延安的数万部队、爱国人士、学生。为此，解放区党、政、军、民积极响应毛主席提出"自己动手，丰衣足食"的号召，在延安掀起了轰轰烈烈的大生产运动。1941—1944 年，八路军 120 师359 旅在王震将军的率领下，作为大生产运动的一面旗帜，一边生产、一边战斗，3 年半开荒 26.1 万亩，把荒山野岭的"南泥湾"变成了"到处是庄稼，遍地是牛羊"的陕北好江南。大生产运动以农业生产为主，兼办工业、手工业、运输业、畜牧业和商业。三年仅耕地增加 212 万亩，纺织、被服、造纸、印刷、炼铁、炼油和弹药制造等公营企业增加了 77 家。党政机关、军队、学校普遍参加生产运动，逐步达到吃穿用自给、半自给，起到了坚持长期抗战，缓解军民供需的作用。同时，晋察冀、晋冀鲁豫、晋绥、山东、华中等各抗日根据地，都根据不同情况开展大生产运动，作出了历史性贡献，彻底粉碎了日军和蒋军的封锁围剿。

曾担任新中国第一任水利部部长的傅作义将军，在 1943 年任国民党绥远省政府主席兼警备司令时，为保障部队军需供应，以消灭更多日军，提出"治军治水并重"的口号，发放农田水利贷款，大兴水利。他还亲率10万大军，在"后套"成立水利指挥部，统一组织调配军工和民工。军工所修干渠和支渠达8 500千米，可谓渠道纵横，渠水遍地，灌溉农田面积1 000万亩以上，军队和老百姓的农副业生产不断获得大丰收，也被人们称为"塞上江南"和"鱼米之乡"。

组建生产建设兵团

组建屯垦戍边的新疆生产建设兵团，是共和国成立后最成功的一次备战备荒。1949年9月，王震将军主动请缨进军新疆，率军直逼新疆各重要战略要地，促进了新疆和平解放，并领导剿匪和土改等工作。在新中国成立后百废待兴的时期，他指挥军队屯垦戍边、兴修水利、发展工业。经他向中央军委建议并得到批准，1953年3月成立了新疆生产建设兵团，将第一野战军第1兵团和第22兵团的10个农业师、1个工程建筑师共17.5万人（仅保留1个步兵师）就地转业，实行党、政、军合一，工、农、兵、学、商五位一体的半军事化组织和社会经济体系。主要任务是开发沙漠，开垦农田，植树造林，寓兵于农，备战备荒。到1965年，共开垦耕地1 200万亩，修建大小水库33座，建成149个水利化、机械化、园林化的国营农场，24个国营牧场，259个机械、水泥、化工、纺织、制革等大中型工业企业，1 590个商业网点，358所各级学校。[1] 现已发展到14个师（市），176个农牧团场和5 000多个工业、商业企业，还有健全的科、教、文、卫等社会事业组织，人口达260多万，占新疆总人口的11.9%。兵团为边疆国土整治开发、物资供给、民族团结和国防建设建立了不可磨灭的历史功勋。

习近平总书记于2014年4月30日在新疆生产建设兵团考察时讲，"兵团成立60年来，广大干部职工扎根新疆沙漠周边和边境沿线，发挥了建设大军、中流砥柱、铜墙铁壁的战略作用。"提出"要全面做好新形势下兵团工作"。"把兵团真正建设成为安边固疆的稳定器，凝聚各族群众的大熔炉，先进生产力和先进文化的示范区。"

开发北大荒，以解决粮食短缺和备战问题，是党中央、国务院和中央军委作出的战略决策。1955年，农业建设第2师集体转业，分批开赴黑龙江密山地区，开垦荒地，生产粮食，发展畜牧，经营渔业，植树造林，为探索建设国营农场打下了基础。1956年，铁道兵7个师的官兵先后从南方转业，开进北大荒从事农业生产。1958年，将6个预备役师和两所医院集体转业到北大荒。1960

---

① 中国人民解放军军史编写组，2010.中国人民解放军军史（第五卷）[M].北京：军事科学出版社，430-431.

年，10 万转业复员军人从全国各地分批开赴北大荒。①1976 年黑龙江生产建设兵团撤销并入。经几代人开垦这块黑土地，如今的北大荒集团拥有 113 个大型农牧场，2 000 多个企业，4 300 万亩耕地，年生产粮食 400 亿斤，是中国最大的粮仓，可供养 5 000 万人。共有 177.8 万人，人均耕地面积 24 亩，是全国人均水平的 16.8 倍。

人们对新疆生产建设兵团和北大荒集团多少有所了解，而对新中国历史上为加强边海防地区的国防建设和经济建设，贯彻"备战、备荒、为人民"的方针，大力号召知识青年接受贫下中农再教育，从 20 世纪 50 年代初至 70 年代初，在全国先后组建了 12 个生产建设兵团、3 个农建师，却鲜为人知。有资料显示，在那激情燃烧的岁月里，各兵团主要由部队改编、抽组和伤残、转业复员的官兵创建，吸收了大量支边青年、知青、归侨等，有的还将劳改系统纳入。任务是"屯垦戍边，反帝反修，保卫边疆，建设边疆"。

沈阳军区黑龙江生产建设兵团 6 个师、3 个独立团，共辖 69 个团、3 个独立营等单位；北京军区内蒙古生产建设兵团 6 个师，下辖 35 个农牧团场、2 个工业团、4 个团级工矿企业；兰州军区生产建设兵团 6 个师，驻甘肃、青海、宁夏和陕西，是全国唯一的跨省兵团；广州军区生产建设兵团 10 个师（海南 7 个），分为橡胶、茶叶、剑麻、油棕、谷物、水果等 148 个团。还在昆明、湖北、安徽、江苏、浙江、福建、山东相继组建了 7 个生产建设兵团，在西藏、江西、广西分别组建了 1 个农建师。全国组建的生产建设兵团覆盖了全国 18 个省区，当时共有兵团干部、战士 242 万人，连同家属 480 余万人，耕种土地面积约 4 000 万亩。1976 年，各生产建设兵团和农建师相继撤销，改为农垦总局。新疆生产建设兵团于 1981 年恢复。组建生产建设兵团和农建师，对新中国发展经济、巩固边海防和反帝反修，作出了可歌可泣的历史贡献。

建设三线大战略

三线建设大战略遏制了两个超级大国对中国的战争企图。

回望 20 世纪 60 年代初，我国经历了三年大旱灾害，1960 年苏共对中共翻脸，撤走援华专家，废除两国经济和技术合作各项协议，还要求尽快偿还巨额债务。1961 年美国侵略越南，并准备在东南沿海对我国发动攻势。1962 年印军发动大规模进攻，我国边防部队被迫自卫反击。苏美两个超级大国，各自组成华约和北约两大国际组织，对我国进行南北夹击和围堵。中国周边形势逐渐紧张，直

---

① 中国人民解放军军史编写组，2010.中国人民解放军军史（第五卷）[M].北京：军事科学出版社，431–432.

接威胁着中国 70% 的工业分布在东北和沿海地区。东北的重工业完全处于苏联的轰炸机和中短程导弹的射程之内，东南沿海工业城市暴露在美国航空母舰的攻击范围内。

面对内忧外患、新的世界大战一触即发的严峻形势，1964 年，毛泽东提出在原子弹时期没有强大、稳固的后方不行，把全国划分为一、二、三线的战略布局，对东部一线和中部二线经济建设项目实行停、压、搬，重点开发和建设战略后方西部三线。对毛泽东的这一战略方针，用"备战备荒为人民"的口号加以概括。他说："第一是备战，人民和军队总得先有饭吃有衣穿，才能打仗，否则虽有枪炮，无所用之。第二是备荒，地方无粮棉油等储备，依赖外省接济，总不是长久之计。一遇战争，困难更大，而局部地区的荒年，无论哪一个省内常常是不可避免的。几个省合起来看，就更加不可避免。第三是国家积累不可太多，要为一部分人民至今口粮还不够吃、衣被甚少着想；再则要为全体人民分散以为备战备荒之用着想。"

为此，正在实施中的"先抓吃穿用，实现农轻重"均衡发展战略的国民经济发展第一、第二个五年计划，却因 1964 年国际形势发生新的变化，不得不让位于国防建设的需要，转到以"战备为中心"的国民经济发展第三个五年计划，开始大规模调整国民经济的布局和发展比例，成为一个时期国家经济建设的一项重要方针。由于我国当时的工业过于集中于东南沿海，其中 14 个 100 万人口以上的大城市，就集中了约 60% 的主要民用机械工业、50% 的化学工业和 52% 的国防工业。[①]

在"备战备荒为人民""好人好马上三线"的时代口号下，400 万人的建设大军和工业大迁移，到人烟罕至、崇山峻岭的西部 13 个省和自治区，进行了一场以战备为指导的大规模国防、科技、工业和交通基本设施建设。三线建设覆盖了 1/2 的国土，共投入建设资金 2 052 亿元，占同期全国基本建设总投资的 40%，建起了 1 100 多个大中型工矿企业、科研单位和大专院校，并按以农业为基础，以工业为主导的原则，兴修大批水库，大搞农田水利设施建设。经不懈努力，在我国中西部形成了较为完备的工业体系和较雄厚的基础设施建设，使我国经济摆脱了重重围堵。

三线建设是一个倾全国之力而为之的浩大工程，历经三个五年计划，其动员之广、规模之大、时间之长，堪称共和国建设史上最重要的一次战略部署，也是新中国成立以来的一次国民经济、区域经济、战略安全布局、生产力布局的大调整，具有重要的军事、经济、社会意义。

---

① 江宇，2019. 大国新路 [M]. 北京：中信出版集团，126–127.

在国家安全方面，三线建设使我国建立起了较为完备的国防工业体系，具备了对美苏两个超级大国的战略防御和战略威慑的能力，有效改善了我国的防御态势，遏制了两个超级大国对中国的战争企图。1975 年，三线地区的兵器生产能力占全国的一半，形成了研制核动力、核武器的核工业体系，建成了 100 多个航空工业基地，占全国航空工业生产能力的 1/3。其固定资产、主要产品生产能力、生产技术及设备水平都已接近一、二线地区。三线建设还在我国辽阔腹地形成了能够利用地形地貌、能打能藏、能攻能守，能长时间独立坚守的战略后方，使我国第一次具备了"御敌于国门之外"的军事能力，从而为改革开放创造了和平环境。[①]

在经济和社会方面，三线建设是中国最大的一次西部大开发，显著改善了西部的经济和社会面貌。1984 年，国务院三线办公室曾对三线地区的 1945 个大中型企业和科技设计院所进行调查，认为布局合理、效益好，成功的占 48%，基本成功的占 45%。[②]还缩小了东西部的差距，使我国中西部地区有了门类较为齐全的工业体系和相对成型的交通网，初步改善了我国工业布局不合理的状况，对于如今西部大开发和丝绸之路经济带发展，奠定了良好的建设发展基础。

由此可见，三线建设战略的决策和部署，是政治家、战略家毛泽东主席深谙战争之道，对"有备无患"赋予新的时代内涵和战略意义，是对《孙子兵法》中"兵无常势，水无常形"的又一时代诠释，也是吸取对第二次世界大战期间，苏联因未能建成乌拉尔以东地区的工业基地，致使第二次世界大战初期惨遭巨大破坏和严重损失的历史教训，做出了集中国力加速我国西南、西北内陆地区建设的战略决策。从而形成了"敌军围困万千重，我自岿然不动"的战略格局。

回想从红军时期的国内革命战争，到抗日战争、解放战争，我军用的是小米加步枪，武器装备和后勤物资主要取之于敌，更没有成建制的后勤部队。新中国成立后的朝鲜战争，以及对印、对越自卫反击战，我军尽管陆续建有成建制的后勤分部、兵站和供、运、救、修等保障部（分）队，但后勤保障手段落后，保障能力都不强。可以说，我军与国民党蒋介石军队打，与日本军队、美国为首的联合国军打，尽管以弱胜强、以少胜多，或在自然条件不利的情况下与印军、越军打，取得了胜利，但所付出的代价太大了，其主要原因还是国力弱、后勤保障能力弱。

新时代的备战备荒

资源配置与供需平衡是经济学研究的核心问题。我国在 1993 年以前就告别

---

①② 江宇，2019. 大国新路 [M]. 北京：中信出版集团，127–128，129.

了一般生活物资如粮票、布票等凭票供应的短缺时代，可近十年来的工业产品如服装、餐厨具、家具、家电、钢铁、水泥、电解铝、平板玻璃、建材、房子、汽车等产能严重过剩。但是，除优质教育、医疗等资源短缺外，淡水、耕地、粮食、能源和优美环境、优质空气，却严重的供不应求。

全面审视今天的中国，展望发展30年后的中国，除了解决好"缺芯"等问题之外，更大的危机是缺粮食和能源。近年中国农产品和油气贸易继续增长。2019年农产品进出口额2 300.7亿美元，同比增长5.7%。其中，进口1 509.7亿美元，增长10%；出口791亿美元，减少1.7%。进口的谷物1 791.8万吨、食用植物油1 152.7万吨，棉花193.7万吨，猪肉199.4万吨。[①] 2019年中国进口原油5.06亿吨，同比增长9.5%，对外依存度72.55%；天然气进口量为1 346亿米[3]，对外依存度依然保持在40%以上。[②] 如果2050年人口达15亿，如果国际粮棉价、油气价无限抬高，十四五亿中国人吃得起、用得起吗？或是一旦中国进出口贸易遭海上封锁，社会稳定和安全必将受到威胁。

美国前国务卿基辛格在20世纪70年代就说过："谁控制了石油，就控制了所有的国家；谁控制了粮食，就控制了人类。"目前，中国有近20亿亩耕地，其中农田灌溉耕地面积10亿亩，已经不能满足14亿中国人的生存需求了。纵览全球世界强国，无一不是农业强国。美国300万的农业劳动力，种出了世界1/5的粮食，是世界上最大的农产品出口国。[③] 何况，中国人口是美国的4.3倍，而美国人均耕地是中国的7倍。

2019年5月看到一份资料，中国粮食安全存在七大隐忧，如果不采取断然措施，10年后中国将发生粮食危机。一是城镇化将加速粮食危机。据国家统计局发布的数据，2015年末，我国仅地级以上城市行政区域土地面积达73.3万千米[2]（近11亿亩），比2012年增长11.6%。耕地即将突破18.25亿亩红线。二是粮食缺口日趋严重。虽然从2013—2017年粮食连年增产，但粮食进口量不断攀升。到2020年中国将有近1.5亿吨的粮食缺口。三是粮食市场被外国控制。美国ADM、邦吉（Bunge）、嘉吉（Cargill）和法国路易·达孚（Louis·Dreyfus）是国际四大粮食跨国公司，人们将其简称为"ABCD"。四大粮商都是具有百年以上历史的跨国粮商，目前世界粮食交易量的80%都垄断性地由四大粮商控制。四是粮油定价权被外国控制。四大粮商已控制了中国75%以上的油脂市场原料与加工及食用油供应。中国97家大型油脂企业中，跨国粮商参股控股了64家。

---

① 中国农业科学院，2020.中国农业产业发展报告2020[M].北京：中国农业科学技术出版社，14.
② ［美］林伯强，2020.中国能源发展报告2020[M].北京：北京大学出版社，18–24.
③ 央视新闻网.

五是粮食种子受制于人。六是务农人员不断减少。农业人口老龄化、农业空洞化，也造成了大量留守儿童和老人。七是污染危害加剧，食品安全形势严峻。[1]联合国报告称逾 8.2 亿人"挨饿"，全球实现"零饥饿"任重道远。[2]

近年来，美国先买入中国包含了大量资源、能源和劳动力的大量廉价工业品，把污染和通胀留给中国，又出口大量廉价的粮食把各国农业挤垮，现又准备以发展新能源为借口，把粮食转化为乙醇燃料。实际上美国把全部出口粮食转化为乙醇，也仅能满足美国汽车动力 18%，其真实目的是某一天开始让世界范围内的粮食紧缺，让世界农产品价格暴涨。

还有很多隐忧，特别是中国农业竞争力不强，农民增收难度大等问题日益显现，严重影响着粮食生产的数量和质量。其原因是大平原耕地少，能用农业大型机械耕作的少，能用水大面积灌溉的少，高质量的耕地更少。2016 年中国农业劳动生产率约为世界平均值的 76%，约为高收入国家平均值的 5%，约为美国和法国的 2%。[3]问题是中国农业发展"一条腿长"（谷物单产高），"一条腿短"（劳动生产率低），综合农业现代化排名世界第 65 位。而近年来大量低价进口粮食使农民种粮积极性不高，因一斤粮食价钱比不上 1 瓶矿泉水。电视上还常年播放矿泉水的广告。

习近平总书记强调："解决好十几亿人口的吃饭问题，始终是我们党治国理政的头等大事。中国人的饭碗任何时候都要牢牢端在自己手上。我们的饭碗主要装中国粮"。[4]这一警示意义重大。按照《国家人口发展战略研究报告》中，我国粮食安全规划是以 2020 年总人口 14.3 亿人、2033 年前后总人口峰值 15 亿左右作为基数制定的，如果按我国每年人均消费粮食 500 千克（美国超过 1 000 千克），且不计算粮食进口，要多增加粮食产量 1 亿多吨很难。另外，每年新增城镇人口 1 000 多万人，10 年超过 1 个亿，城镇人口又比农村人口每年多消费44.6 千克粮食，仅靠现有耕地增产非常难。

应当说，21 世纪的中国必须备战备荒，不仅是由于缺少粮食和能源两大难题，更为重要的是缺水。华北、西北有大片宽阔平整的土地，但都是缺水地区，有了水这两大难题也不难解决。这就要必须考虑统筹好水资源调配和高效利用，必须高效治理恶劣的荒漠化环境，使广阔荒凉的大西北变成成千上万个美丽的乡（镇）村。同时在考虑对一个民族复兴中的大国，为迎接未来合理合法的战争做好充分准备。

---

[1]　中国市场经济研究会."中国除了'缺芯'，更大的危机是缺粮".2019（20）：11-12.
[2]　参考消息（第八版）[N].【英国《卫报》网站 7 月 15 日报道】.2019-7-17.
[3]　半月谈 [J].求索现代化中国方案（八问之四）：2017（20）.
[4]　中央农村工作会议上的讲话.2013-12-23.

学者张文木讲："今天我们不会为阳光打仗，因为阳光是充足的。但是水资源现在开始紧张，人们就要为水资源发生战争。广大的地理纵深，是国家防务的无价资产。"

据《联合国世界水资源开发报告》统计，在过去50年中，由水引发的冲突共507起，其中37起是跨国界的暴力纷争，21起演变为军事冲突。联合国前秘书长加利曾预言："今后某些地区的战争将不是政治的战争，而是水的战争。"[①]

以色列为控制与约旦、叙利亚共有的约旦河水源，是两次中东战争的主要原因。1967年6月的第三次中东战争，以色列唯恐约旦、叙利亚将约旦河上游改道，切断关系以色列生死存亡的水源，于是空军倾巢出动袭击了阿拉伯国家27个空军基地，陆军以地面9个旅的兵力占领了约旦河西岸、叙利亚的戈兰高地等领土，从而控制了约旦河流域，为以色列解决了40%的用水。戈兰高地的面积1 860千米^2、最高处海拔黑门山2 840米，是约旦河的源头，有中东地区"水塔"之誉。

1973年10月的第四次中东战争，阿拉伯国家参战兵力57万人，坦克4 000余辆、作战飞机1 000余架。叙利亚军队为夺取被以色列占领的戈兰高地，曾组织6个师和4个独立装甲旅的重兵，投入坦克1 400辆、装车输送车和步战车700辆、火炮1 400门却惨遭失败。以色列军队以3个旅的兵力英勇顽强的坚守。交战多个国家共摧毁坦克3 050辆、飞机550架、死亡11 300余人。其中在戈兰高地共投入坦克2 000辆进行惨烈的厮杀。

"19世纪争土地，20世纪争石油，21世纪争淡水"，已成为人类的共识。原国防大学政委刘亚洲上将在2003年指出："21世纪，水将是比石油更为重要的战略资源。为水而战绝不是危言耸听。水资源的分布，曾决定了中东文明的版图。20世纪中东国家的冲突，争的虽然是土地和石油，却几乎无不与水有关。没有石油影响发展，没有水则不能生存。"可见，确保我国西部的生态和社会安全与稳定，就是捍卫我们民族赖以生存和长远发展的根基。

水是制约我国经济社会发展主要的短板。2018年3月1日《参考消息》报道英媒文章:《缺水促中国向"骆驼经济"迈进》，直指可利用水资源的短缺或成为中国经济发展的制约因素。按世界公认的标准，人均水资源低于1 700米^3、1 000米^{3}和500米^{3}分别为水资源紧张、短缺和极度短缺。华北地区人均水资源仅为极度短缺水平的一半。南水北调东、中线一期工程开通5年，共调水近300亿米^3，华北平原农业用水仍极度短缺，由曾经种水稻和麦子居多，变为现在种玉米和植树不断增加。

统筹治理开发西部关系长远国家利益，缘于西部地区历来都是中国的大后方，

---

① 翟国平，2016. 大国治水 [M]. 北京：中国言实出版社，43.

面积 570 万千米 ^{3}，约占国土陆地总面积的 60%，抗日战争时向西南和西北大迁移，20 世纪 60 年代搞大三线建设等。同时，西部也是中国的最脆弱地带、最欠发达地区，气候条件最差，民族矛盾最多，但是，西南有水，西北有待开垦的大片国土，丰厚的风光能源、油气能源和矿产资源，如果加紧对长河与大漠有效治理，实施新时代的备战备荒，就能解决好中国的水资源匮乏、粮食短缺和能源危机，把西北变成大林业、大草业和现代化农业、现代化工业的生产基地，尤其是将干旱恶劣的环境变为青山绿水，就能实现富国强军，突破强敌对我国东南经贸围堵，扩大防务地理纵深，建设国家战略大后勤，并使西部彻底脱贫、不返贫和边疆民族长期稳定。

可以设想，如果大统筹将黄河流域与西北荒漠化治理开发好了，建设发展好西北地区交通网、水利网和储能式的可再生能源网，就解决了生态、粮食、石油等紧缺资源，同时有了广大的地理纵深，还将关系国计民生的大量高技术电子信息产业、装备制造工业、能源化学工业、食品医药加工业等经济产业，以及东南沿海大量人口向西北合理转移布局，从而使中国能依靠本国的资源，建成比较完整的产业体系，形成巨大的国内需求，就可形成以内循环为主，内外双循环的经济模式，而不依赖国际市场，更不顾忌美欧日韩印澳等合谋再对中国搞战略讹诈、围堵、封锁，也无须从中东、非洲进口大量能源，也不用担心与美欧日韩等大幅度减少贸易量。因为，当中国的粮食、石油、天然气等大宗物资进口量大大减少后，就可形成掌握买卖主动权的买方市场，很多国家会依赖中国的巨大市场主动寻求合作，商品价格、质量、服务等对买方十分有利。从此，中国就不用担心发生粮食、能源、金融的三重危机。国内外物资供应链将会变短，而国内工、农、林、草等产业链将会变宽、变长。

大量历史和现实的事例都说明，21 世纪的中国必须备战备荒，因富国强军和经济发展的动力，既需要科学技术的新陈代谢，也需要有门类齐全的大工业、大农业和大林业作为国力基础，而不是金融资本的积累。尤其是有水和耕地，就有粮食、劳动力和兵源，也就有了生产资料、生活资料与劳动力，这三个关键因素是稳定国家安全发展最基本的条件，是发展现代化工业、现代化科学技术和现代化国防的根基。

第八章 战争潜在现实危险

进入 21 世纪的世界，是一个既充满希望又遍布危机的世界。在这有着广阔土地、众多人口和悠久历史的中华民族，这条历经一次次劫难而豪情不灭的东方巨龙，这列用速度吸引世界眼球的经济快车，在实现大国崛起、民族复兴之时，没有哪个国家会不在意或轻视它。

安全环境不利因素

当今的中国，已是世界第一大制造国、第一大贸易国，也是世界第一大市场。早有"屠龙战略"的美国，把肢解中国作为称霸世界的最大目标。如果到 21 世纪中叶，在摆兵布势的包围、讹诈、肢解达不到目的时，可能与中国打一场中、低强度的智能化的高技术战争。由于双方都有核武器，不可能大规模地入侵或大打，但以打击我国沿海和浅近纵深少数大、中城市，尤其是重点工业城市，或者采取中、长期在海上封锁，来打断我国的现代化进程，阻止我民族复兴，这个可能性不能排除。

对这个重大问题的思考，笔者曾在海湾战争爆发后的 1992 年 6 月研究提出《打击经济命脉式的战争威胁不可忽视》的论文，在 1996 年 1 月国防大学主办的"军事统筹学会第三届年会暨'2000 年与军事统筹发展战略'研讨会"上参加交流。这个命题的提出，是基于历史的教训、现实的不安及未来仍然存在战争危险，不排除美国等国在核威慑、和平演变、强权政治、经济制裁等手段达不到目的时，会打击我国经济命脉。可能运用"外科手术式"或"点穴"的战法，来打击我国沿海和浅近纵深工业城市，企图破坏、消耗我国经济潜力，迟滞我国经济发展速度，以拉大与我国经济发展的距离，使我国和第三世界国家成为他们的资源产地和商品市场。美国后来发动的科索沃战争、阿富汗战争和伊拉克战争，都是运用"外科手术式"的战法，未来绝不会与我国短兵相接大打人民战争。

现代侵略战争胜败的概念，其内涵和外延发生了很大变化，已不再为侵占一块地盘、吞并一个国家、掠夺一些财富和资源，而是谋求让发展中国家成为他们的资源产地和商品市场。尤其是对复兴中的大国而言，霸权帝国通过战争遏制其发展崛起，敲诈吸取财富。正如恩格斯讲，一切战争从根本上说都是为着十分明确的物资的阶级的利益而进行的。

国防大学战略问题和国家安全研究专家金一南将军，对我国存在战争危险分析得更清楚，他在所著《心胜》Ⅲ中讲 [①]："中国正在崛起，势头迅猛，尤其是经济增长速度非常惊人，但是，无论中央如何提倡开发西北、振兴东北，那些支撑中华民族未来发展的三大经济区，依然是长三角、珠三角以及环渤海经济区。这三大经济区是国家发展的核心支撑，是中华民族未来的希望，但它们全部位于沿海。沿海有经济发展得天独厚的条件，同时也伴随着巨大的安全隐患。"

他还讲，美国中央情报局曾对我国这样评价："中国的经济中心主要分布在沿海 200 千米以内地带……该经济带的命运决定了中国的生死存亡。"我们自己统计 200 千米以内，就是对方海空巡航导弹打击的范围内。这里集中了全国 41% 的人口、50% 以上大中城市、70% 以上的国民生产总值、84% 的外来资源投资和 90% 的出口产品生产。中国拥有 960 万千米² 国土面积，地域纵深广大，但是沿海这 200 千米以内的狭长地带，才真正集中了我国经济发展的优势力量，才是我们的硬件。当然还有软件，这里大专院校密集，城镇人口密集，专家学者和工程技术人员密集，也是城市化、现代化最发达的地区，这些都证明了这里是中国的精华地带。

不仅如此，全球 300 米以上的高楼，有近 70% 是由中国建造的，而全球超过一半的摩天大楼都在中国，[②] 并且多分布在沿海各大城市。2003 年在北京暴发 SARS 病毒和 2020 年在武汉暴发的新冠病毒，使超级大城市很快失去了生机活力，口罩、防护物品和医疗器材供应非常紧张。假如未来发生较大规模战争，沿海很多大城市遭受打击破坏，交通中断、工厂停产，发生水、电、煤、油、燃气、粮食和蔬菜等断供，将会是什么样的境况？何况大战之后必有大疫。

回望 1840 年以来的中国百年历史，就是欧美俄日不断侵略欺诈和遏制中国崛起的历史。而在 1840—1945 年的 105 年中，中国先后五次遭受大规模的入侵，无一不是从东部沿海最发达、富庶的经济区域和政治文化中心城市。就是靠渤海 100 多千米的北京皇城，曾三次被外敌攻陷。圆明园被火烧，很多价值连城的珍品都被列强们抢夺。大连、青岛、济南、上海、杭州、厦门、广州、深圳、香港等一线地区的城市，经不起现代战争的打击破坏。

现在的中国西部，确实是中国生存发展最脆弱地带，国民最基本的生存环境

---

① 　金一南，2017. 心胜 [M]. 武汉：长江文艺出版社，182-183.

② 　中央电视 2 台. 大国重器（第三集）. 2019-9-30.

条件都很差。但是，中国东部的沿海城市建设发展虽然很好，但无天然的安全屏障，也非常脆弱经不起打击。现代战争虽然是军事科学技术和先进装备的较量，但战争主要是打军队后勤，打综合国力。中国的综合国力虽已很强，可经济、军事、科技和资源等与美欧相比还有较大差距。美国是世界唯一霸主，有美军、美元、高科技等支撑，2019 年中国的经济总量只占美国的 67%。人均 GDP 美国为 6.5 万美元，中国刚过 1 万美元。美军军费一直等于排名其后 8 ～ 10 名的总和，也是我军军费的 7 ～ 8 倍，仅海上就有 11 支航母编队。美国东邻大西洋、西邻太平洋，有易守难攻的天然条件，南北相邻的是国力较弱的加拿大和墨西哥，且美国国土辽阔，土地肥沃，淡水、油气和矿产等自然资源储藏量非常丰富。

中国的战争环境不利因素很多，不仅与陆上相邻的 14 个国家中，有的有领土争端，与隔海相望的 6 个国家中，有的有领海争端，而且还处在以美国为首的日、韩、越、澳和印等国 C 形包围中。金一南将军著《胜者思维》讲[1]，美国已向全世界公布，在全球 8 大海峡群中，有 16 条海上通道，美国都必须控制。在世界政治地缘中，有人曾比喻"六把钥匙锁世界"，即马六甲海峡、巴拿马运河、苏伊士运河、曼德海峡、直布罗陀海峡和霍尔木兹海峡，这 6 条最关键的海上运输通道，决定着全世界的能源货物运输。现这六把钥匙都在美国控制中。美国外交学会会长哈里斯讲，"美国牢牢控制着中国经济赖以发展的海上油道。"中国从海上进口的石油占总进口量的 83%，都由美军基地严密监视。

那么，如果有一天美国对伊朗开战，就能控制霍尔木兹海峡，也就可控制瓜达尔港，控制西南的巴基斯坦通往中国的能源通道，也就等于再次扼住了中国海上油路和运输的咽喉要道。从瓜达尔港经马六甲海峡到上海近 1.6 万千米，而经中巴走廊到新疆喀什约 2 000 千米，交通保护线大大缩短。

美国地缘政治家罗伯特·D. 卡普兰在《即将到来的地缘战争》一书中提出：中美世纪博弈的必然性。未来大中华的核心有可能是南中国海和东南亚，随之而来的是全力保护海上交通线，通达中东，横跨印度洋。若从这条线考虑，中国与美国的军事冲突看来就师出有因了……从本质上讲，目前亚洲的形势比"二战"结束后初期更复杂，更不稳定。中国正在迅速填补地图上的空白。随着各国人口日益增多，战略通道和管线错综复杂，船舰密集分布，导弹射程相互重叠，未来有一天中国很有可能与俄罗斯和印度擦出火花。他还引用了著名学者安德鲁·埃里克森的观点，中国目前可能已经具备打击海上更多移动目标的能力，并可能计划在将来某些时候进行"公开战略测试"。美国海军仍将有能力切断中国的能源供给，并在太平洋和印度洋阻截中国船只，若光有拒绝进入的战略而没有能力保

---

[1]　金一南 . 2017. 胜者思维 [M]. 北京：北京联合出版公司，176–177.

持自己的海上交通线，是无力抵挡美国海军水面舰艇攻击的，更不用说与美国海军全面交战。[①] 以上罗伯特分析中国的战争环境和态势，还是比较客观的，我军作战能力已经很强，但与美军相比还有一定差距。

战争重心向亚太转移

国内不少有识之士认为，新的世界冷战已经开始，美国在竭力向中国提出的组建"人类命运共同体"而宣战。美国不惜退出《中导条约》《世界贸易组织》（WTO）、《跨太平洋伙伴关系协定》（TPP）、《巴黎气候协定》[②]《世界卫生组织》等，不惜透支国家信誉，以此来控制世界能源供给、商品流向、国际市场和安全环境，扰乱和破坏"一带一路"倡议。这是特朗普总统奉行"美国优先"的原则下，谋求退出原来经济的群、社会的群、抑制战争的群，另建一个个群，对我国采取地缘包围、政治打压、技术封锁、军事威慑、经济控制、文化渗透及扶持"台独""港独""藏独""疆独"等多种手段，以搞乱、搞垮并肢解中国。

2018 年以来中美的贸易战、科技战和舆论战，对地缘政治、地缘安全、地缘经济造成了很大威胁、损害，包括中东、俄罗斯和中国台湾。美国对中国极限施压，参众两院全票通过了《台湾保证法》，将来可能对中国全面遏制，启动金融战、资源战和粮食战。台海、东海和南海等也会成为美国对中国挑衅、讹诈、威胁的手段和筹码，很有可能发展为局部热战，甚至如国防大学战略研究所戴旭教授的《C 形包围圈》和《Q 形绞索》书中所描写的那样，美国围堵中国部署的几百个大小军事基地，用军舰、轰炸机和核武器环绕中国，纵容先让日本、越南、印度等周边国家与我国打消耗战，等待都打累了再渔翁得利地开战肢解中国。近年，美国制定并公布了针对中国的"空海一体战"，不断组织盟友大搞军事演习，将来开战可能使用洲际常规导弹、空天轰炸机、隐形无人机、电磁脉冲炸弹、激光武器和网络攻击等新概念武器，运用"空天一体战""电天一体战"和"一小时打遍全球"等军事理论，对中国进行远距离、快速度、短时间的"非线性""非对称"和"非接触"式的战争。

现在，战争危险依然存在，中国必须备战。再想想，1840 年的鸦片战争，是因中英贸易战而起。1844 年美国趁火打劫与中国签订了极不平等的通商和外交的《望厦条约》，成为日后其他帝国主义列强与中国签订不平等条约的范本。

---

① ［美］地缘政治家罗伯特·D.卡普兰，2016. 即将到来的地缘战争 [M]. 广州：广东人民出版社，224-225.

② 美国占全球人口 3%，排放的二氧化碳，占全球温室气体排放量的 25% 以上，为最高国家.

美国也酷爱战争，战争能快速给美国带来最大利益。美国从 1776 年立国起，在 244 年里打了 222 场战争。这在它历史上 91% 的年代里一直都在战争。每一位总统都至少参与和发动一场战争，唯有一个整 5 年没有发动战争，即处在 1935 年至 1940 年大萧条时期。

印度文学家泰戈尔在《民族主义》一书中写道："冲突与征服的精神是西方民族主义的根源和核心。它的基础不是社会合作。"也就是说西方民族主义者为谋取更大的利益，他是一定要征服的，征服不了再谈合作。[①]

戴旭教授讲：美国从立国起靠战争和扩张成了陆上帝国和海洋帝国，又梦想成为世界帝国。如果控制世界心脏——欧亚大陆中心，也是世界两大石油中心的中东和中亚，就能成为世界帝国。伊斯兰世界、中国和俄罗斯，就是美国确定为控制地球人类的最后三大战场，战略目标是分割包围、各个击破。伊朗已处于包围的孤岛之中，俄罗斯还没有恢复元气，中国虽高速发展但处在包围圈中。他看出了美国征服世界的路线图。近年，美国与中国由竞争与合作，发展为既合作，又斗争，并锁定中国为全球主要战略对手，在不久很可能发展到对抗、冲突、战争。

他还讲：贸易不能缔结和平，财富却总是带来战争。想一想，中国改革开放 40 年积累起了太多的财富，而中国很多人并没有意识到战争跟着财富走，就像食肉动物跟着食草动物迁徙一样。应当说，危机正在向我们悄悄逼近。美国近 40 年一直凭借强大的经济、军事和科技等综合国力，逼迫中国不断出让大量财富以滋养美国，并引导中国出现经济危机、社会危机、民族问题，为实现"颜色革命"颠覆中国政权，肢解中国创造条件。

中国大陆与台湾还没有实现统一。2004 年，金一南将军在美国乔治敦大学做了半年访问学者，临走时美国的一位研究中国问题的专家南希·塔克会见他时明确地讲：一个强大统一的中国不符合美国的战略利益，也永远不会支持大陆与台湾统一。即使中国现在的政治制度与美国的一样，美国也不会那样做。这是美国立国原则、基本价值观和战略利益决定的。

事实上，美国不断派遣侦察机、运程轰炸机和航母战斗群在我国东海、南海侦察示威，正谋求将台湾作为殖民地。各种迹象表明，美国全面遏制中国已成为其基本国策，即使美国为围堵中国而展开的所有非军事选项都不大可能成功，但是，采用军事手段有可能阻断中国的崛起。因而，干预台海战争符合美国的利益，或者说因台海战争而引发的与中国的战争，是为美国的利益而战。2013 年，一个旅居德国的美国著名地缘政治学家威廉·恩道尔经 36 年研究，著《目标中

① 金一南，2017. 胜者思维 [M]. 北京：北京联合出版公司，167–168.

国——华盛顿的"屠龙"战略》以警示中国，美国将会围绕货币战争、石油战争、粮食战争、药品与疫苗战争、经济战争、军事战争、环境战争、媒体战争等八大对华战略。

2016年居住英国的澳大利亚著名战地记者、电影人约翰·皮尔格，拍摄的纪录片《即将到来的对华战争》，向中国和全世界发出了战争警示的信号，也揭露了不怀好意者提出的"中国威胁论"。

列宁早在百年前的1916年著《帝国主义论》一书中指出："帝国主义是战争的根源。"

全面备战遏制战争

有识之士认为，美国政府的真实本性是弱肉强食。他们不认祖宗，背叛母国（英国）；他们不认恩人，对真诚给予他们帮助的印第安人实行种族灭绝；他们不认盟友，强迫日本签订《广场协议》①，直接导致日本十年经济大萧条。他们曾对日本以投放两颗原子弹为标志的热战，对苏联是以"和平演变"为主要特征的"冷战"，而针对中国崛起，全面遏制是以"全方位立体打击"，绝对不是一场简单的贸易战。它以渗透中国经济，搞跨中国大陆的很多品牌，控制中国的核心企业以及金融。凡是对中国的决议，美国两大政党、参院众院、军界商界的代表都是全票通过，没有扯皮、妥协，这是美国历史上从未有过的。所以，中国要直面现实，全面备战，遏制战争。

中国在逐步破解美国八大对华战略的同时，也丝毫不能放松警惕，世界战略的焦点转移到了中国。美国和西方国家在与中国笑谈合作的同时，仍然在调集各种力量和智慧，使用各种办法和手段，遏制中国的强势发展势头。特别是在着眼第二个百年目标，实现中华民族伟大复兴的关键时刻，面对美帝国主义的围堵和绞杀，以及考虑解决台湾统一等老大难问题，中国全民在新时代必须有忧患意识全面备战。

毛泽东主席、周恩来总理在新中国成立后，一直都有很强的危机意识。金一南将军在著《胜者思维》②中讲，1996年美国国务卿基辛格回忆1971年秘密访华时，与毛泽东主席、周恩来总理会谈。他说："周恩来第一句使我的谈判腹稿放

---

① 1985年9月22日，美国、日本、联邦德国、法国、英国的财政部长和中央银行行长在纽约广场饭店，签订了五国政府联合干预外汇市场的协议。美国诱导美元对主要货币的汇率有秩序的贬值，以解决美国巨额贸易赤字问题。签订协议3个月，由1美元兑300日元迅速下跌到200日元左右，最低1美元兑120日元左右。在不到3年时间里，美元对日元贬值了一半．

② 金一南，2017.胜者思维[M].北京：北京联合出版公司，136.

在一边，一点用都没有了。"周恩来讲的第一句话："我们始终准备打大仗，我们奉行积极防御，我们准备苏联、美国进攻中国。"这见面第一句话让他大吃一惊。他在回忆录里讲了这些话，第一句话是描绘了现状：中国领导人这种令人震惊的高度危机思维。第二句话是他本人的结论：严重的危机感往往使危机本身得以避免。

第二天在人民大会堂福建厅正式会谈时，周恩来讲："即使所有可能的敌人都一致围攻中国，中国也不怕。最糟糕的情况是中国再一次被瓜分。你们可能联合起来，苏联占领黄河以北地区，你们占领长江以南地区，长江和黄河之间以东地区日本占领……。我们准备打一场持久的人民战争，直到取得最后的胜利。"①

习近平总书记有高度的危机感意识，他早在党的十八大后及时向军队提出要围绕"能打仗、打胜仗"的目标，突出解决体制性障碍、结构性矛盾、政策性问题，以跟上世界军事变革的步伐。向全党全国提出"五位一体"总体布局、"四个全面"战略布局和"五大发展理念"等，近年又特别用"三个前所未有地接近"和"三大危险"说明中国当前的时局（即前所未有地接近世界舞台中心，前所未有地实现中华民族伟大复兴的目标，前所未有地具有实现这个目标的信心和能力；但同时也存在国家被侵略、被颠覆、被分裂的危险，改革发展大局被破坏的危险，中国特色社会主义发展进程被打断的危险），并且多次强调要有"总体国家安全观"。

近年来，在以习近平总书记为核心的党中央、中央军委的正确领导下，我军现代化建设飞速发展，准备了一批威慑力很强的武器装备，使我国周边的美军事基地、航母编队，都在打击有效射程之内，能有效阻断美军介入、威慑，也能对美国重要城市构成打击威慑。但是，不排除美国会出战争狂人，一旦双方发生战争冲突，我国沿海和浅近纵深工业城市将遭到的打击破坏更大。

我军的军事战略方针是"积极防御"，今后打现代高技术条件下的战争，肯定要做到攻防兼备，进攻又是最好的防御。要营造准备打赢高技术条件下的海战、空战、太空战及网络战、信息战等。戴旭教授提出："我们必须为中国的经济心脏地带提供足够的防御纵深。新型空军要为国家沿海提供安全纵深4 000千米，新型海军达到1 500千米，新型陆军要为国土提供500千米安全纵深"。他还认为，"美国和西方已经调整了压制中国的地缘方向——原先在东南沿海，未来将调整到中国西部方向。西部关系中国的长远利益，又是中国最脆弱地带，属于中国'攻击所必救'的地方。"

今天，面对形成C形包围圈以围堵我国周边的美军事基地，我军已有一些

---

① [美]亨利·基辛格，胡利平，等译，2012.论中国[M].北京：中信出版社，247-248.

"杀手锏"武器装备，特别是新中国成立 70 周年阅兵展示的系列先进武器装备，在近海 1 500 千米范围内我军对美军已形成军事优势。从战略上来讲，已遏制了以美军为首的有关国家对我军事冒险的任性选择，也就是所建立的军事基地和与各国签署的盟约，都使我国处在威胁较小的状态，改变了中国地缘战略的劣势。

但是，面对复杂多变的国际形势，中国要有"预"的思想，"防"的戒心，"备"的充分，必须全面做好战争准备。今后一个时期，当核武器和高新技术武器的力量总体上达到相对平衡后，双方在军事方面的较量，将进入常规武器、体制编制、人员素质、地缘介入能力等方面。金一南将军讲，"较量一定要到来。如果我们没有做好准备，它就要知易而进。"①

扩大国家防务地理纵深，解决水荒、地荒、粮荒、油气荒，是战争准备重要组成部分。华为提前研制好自己的"芯片"，就是在高科技领域的备战备荒，美帝国主义却无可奈何。那么，如果有效治理好西部的长河与大漠，就有了大农业、大林业和大草业作为基础国力支撑，也就大大增加了国家的防务地理纵深，能分散布局重要的、关键性的工业企业，东南沿海大量人口可转移到西部，就可能遏制战争发生。如果当战争真的到来时，国家和人民都能从容面对。

中国的发展绝对不靠侵略，而是走产业升级的内涵发展路子。近 500 年来，相继出现 9 个世界性大国崛起（葡萄牙、西班牙、荷兰、英国、法国、德国、日本、俄罗斯和美国），主要靠的是掠夺、殖民扩张和战争。而今中国的崛起和民族复兴，在慑止战争时，主要靠发展现代科技、教育和现代大工业、大农业和大林草业。

目前，军队按照习近平主席关于强军备战打仗的思想要求，大力改革军队体制编制，调整完善政策制度，发展先进武器装备，搞好战场设施建设，加紧部队练兵习武，深化战争问题研究，做好军事斗争各项准备等。

如果再搞好"三北地区"的长河与大漠治理，将慑止、抵消某些国家的战争冲动，确保国家自身的安全和合法发展利益，对地区安宁及世界和平具有巨大的促进作用。

① 金一南，2017. 胜者思维 [M]. 北京：北京联合出版公司，71.

第九章　地区发展严重不平衡

西北干旱缺水的生态环境，导致我国地区发展极不平衡，严重制约了我国的可持续发展能力。就全国总体而言，多数人的生活质量还不高。有6亿人月收入1 000元。有4亿人刚刚步入中等收入群体行列。全中国人均年收入3万多元，人均GDP为美国的1/6，从"少数人的现代化"，走向"多数人的现代化"困难仍很多。

自然条件差别

中国是世界上最具生产力的民族，中国人勤劳却不富有，主要原因还是中国人口多、资源少，不仅战略性的生物资源（粮食、牧草、森林）、能源资源（石油、天然气）、矿产资源（铁、铝、铅等）严重不足，尤其是战略性的淡水、耕地资源严重不足，而且已有的这些资源在地理、气候与人口分布上又不平衡，东与西、南与北、西北与东南的分布反差都很大。南方水资源占全国的80%，耕地面积仅占40%；北方水资源只占全国的20%，耕地占60%。而耕地和林地的90%，主要分布在气候湿润的东部季风区。草地主要分布在年平均降水量不足400毫米的西部内陆地区。这里集中了沙漠、戈壁、石山、高原荒漠、永久积雪和冰川等难以利用的土地。

根据2000年第五次全国人口普查资料，在胡焕庸线（黑龙江的黑河—云南的腾冲线约45°）的东南半壁（中国地理学家胡焕庸在1935年提出的划分我国人口密度的对比线，最初称"瑷珲—腾冲一线"），占全国国土面积42.9%，居住着12.2亿、占总人口94.2%的人口，集中了95.6%的国民生产总值；而线西北占国土面积57.1%，荒漠化面积占近一半，仅居住着不到1亿人口，占总人口的5.8%，真正适合人们生存的空间，只有300多万千米^2。此线与半湿润、半干旱的400毫米等降水量线重合或接近，线东南以平原、水网、丘陵、喀斯特和丹霞地貌为主要地理结构，自古以农耕经济为基础；线西北方地广人稀，受生态胁迫，其发展经济、集聚人口的功能较弱，多是草原、沙漠、戈壁和雪域高原，自古是游牧民族的天下。可以说，这条人口分割线与气象上的降水线、地貌区域分割线、文化与民族界限及秦朝之前战国各诸候国修的长城，均存在某种程度的重合。此线也是我国目前城镇化水平的分割线，东南各省（区、市）城镇化水平高于全国平均水平，人口密集、产业密集、财富密集，而西北绝大多数省（区、市）城镇化水平低于全国平均水平。

中国西北水少，荒漠一片，但风光能源和矿产等资源却很丰富；东南水多，工商业多，能源却很稀缺；西南水多，可溶岩土地面积多，耕地很少，云、贵、川、渝人均耕地灌溉面积分别为 0.43 亩、0.20 亩、0.36 亩和 0.24 亩，人类可居住地也少。

现在，中国是世界上输电能力水平最高的国家，输电线电压等级最高达 1 100 千伏，可从新疆准噶尔盆地（昌吉）换流站出发，经沙漠戈壁、河西走廊、黄土高原到东部人口密集的安徽（古泉）换流站，输电距离最长达 3 304.7 千米，输送电量 660 亿度，可以供应 5 000 万个家庭生活用电需求。5 年中国建成 14 条、近 3 万千米超高压线路能量转移系统，每天输送约 8 万吨煤的能量。而从新疆到上海的天然气管道长 4 200 多千米。[①] 多年来，国家虽然建设了西气东输、西电东送、北电南供、北粮南运、南水北调等工程，但是，也说明国土资源分布与经济布局极不均衡，也是地区发展很不平衡的表现。

2014 年 4 月 16 日《中国青年报》题为《耕地资源到了最危险的时候》的报道，北方干旱缺水，却肩负起产粮的重任；南方水分充足，城市化的扩张将周边优质耕地埋葬掉了。中国西北、华北地区耕地占全国的一半，总水量只占全国的 10%。中国北方的粮食主产区——黄淮海平原，耕地面积不足全国的 1/6，却生产全国近 60% ~ 80% 的小麦和 35% ~ 40% 的玉米。

美国大陆面积与中国相当，人口不到中国的 1/4，处在地球的另一面，农业却相当发达，粮食出口量排世界第一，缘于地理位置和环境优越，平原多、耕地多、降水多。有可耕地面积 28.18 亿亩、牧场面积 36.22 亿亩，森林面积 39.78 亿亩。全美平原总面积 500 多千米 ^{2}，农业用地可达陆地面积的 45%。美国西部有大致与太平洋平行的海岸山脉和洛基山脉，海拔 1 000~3 000 米，多为干旱、半干旱地区；中部大平原占美国面积的 1/4。拥有全世界仅有的四块最肥沃黑土地之一——密西西比平原，基本全是一望无际的肥沃庄稼地、草原和森林；东部有大致与大西洋平行的阿巴拉契亚山脉，海拔 1 000 ~ 1 500 米；从太平洋沿岸—洛基山脉—密西西比河流域—大西洋沿岸，平均降水量分别为 450 毫米、710 毫米、1 100 毫米。全美大陆年均降水量 760 毫米 [②]。比中国年均降水量多 112

① 中央电视2台.大国重器（第四集）.2019-9-30.
② 水利部国际合作科技司，2009.各国水概况 [M].北京：中国水利水电出版社，99–106.

毫米。由于大多地区属亚热带以及温带季风气候，非常有利于发展农业生产，来自南边墨西哥湾的暖气流，可以通过广阔的中南部平原直到加拿大。因降水量多，耕地灌溉面积仅占总耕地面积的 16%。200 多年前，美国国土面积是现在的一半多，美国第五任总统詹姆斯·门罗在 1817 年的就职演说中讲：我们有各种气候，并拥有属于世界这一地区的各种物产。我国内陆分布着五大湖，各大河流连接着整个内地，没有哪个国家能像合众国这样对其疆域感到如此自豪。由于土地肥沃，我国的收成十分富足，即是在收成最不好的岁月，我们的余粮也能满足缺粮国家的需要①。

印度人口数量与中国相当，国土面积不到中国的 1/3，却有耕地 23 亿亩，地理位置相当优越。周边有天然屏障，与邻国唯一的强国中国，有喜马拉雅山脉相隔。东、西海岸有海拔 1 000～1 500 米的高止山脉绵延 1 500 千米左右。东、西、南三面又环海，地处印度洋的咽喉；地势较平坦，中部恒河平原海拔 200 米以下，约占国土面积的 43%。南部高原西高东低，平均海拔 600 米左右。全国有 51.6% 的土地适合农业生产，且一年三熟。可耕地面积比中国大 60%～70%；水资源相当丰富，境内的恒河和布拉马普特拉两条大河年均径流量分别为 5 100 亿米^3 和 5 400 亿米^3，东部沿海和西部沿海的水系分别为 3 480 亿米^3 和 3 050 亿米^3。与巴基斯坦签订的"印度河条约"，可年引用印度河上游水量 407 亿米^3（占总水量 20%）；气候条件好，大部分地区属季风型热带草原气候，半岛西南部属热带雨林气候。全国 36% 的地区年均降水量在 1 500 毫米，33.5% 的地区降水量为 750～1 150 毫米。全大陆年均降水量 1 170 毫米，远高于中国大陆年均降水量 648 毫米。与中国江南地区降水量相当。然而，降水量在时间和空间上分布不均，大部分降水集中在 6—9 月，1/3 的地区属于干旱区，但印度能灌溉的耕地面积已高达 17 亿亩②，远高于中国耕地灌溉面积 10 亿亩。印度虽然在农业现代化程度上不及中国，但因灌溉条件好，水稻生产上比中国有明显优势。中国水稻的生产成本是印度的 4 倍，净利润和成本利润率都为负值。其物质服务成本、人工成本、土地成本和净利润，中国为 500.71 元/亩、437.65 元/亩、176.95 元/亩和 -50.41 元/亩，印度则为 120.61 元/亩、132.88 元/亩、127.79 元/亩和 30.55 元/亩。中国的成本利润率为 -4.52%，印度成本利润率为 8.01%。③

中国仅有耕地 20 亿亩，占世界耕地的 9%，却要养活近 20% 的世界人口，已经显得力不从心，不仅数量少，而且耕地质量低更让人忧虑。因中国可适合

① 武军，武巍，杨玉莉.2003.美国总统就职演说（壹）[M].北京：时代文艺出版社，62.
② 水利部国际合作科技司，2009.各国水概况 [M].北京：中国水利水电出版社，116–129.
③ 中国农业科学院，2020.中国农业产业发展报告 2020[M].北京：中国农业科学技术出版社，79–80.

耕种的土地只占国土面积的 10.3%，约 15 亿亩。像南方的龙脊梯田和北方的旱地梯田及由沙漠、戈壁、荒岭、山丘、河沟、河滩、海滩等改造为耕地的约占 1/4。如果按中国可适宜耕种的土地面积占其国土面积 10.3%，却养活了近 14 亿人口来讲，美国可以养活 50 亿人口，印度可以养活 20 亿人口。

2015 年底全国耕地质量调查与评定面积 20.19 亿亩。其中优、高、中、低等耕地面积比例分别为 2.9%、26.59%、52.72%、17.79%。而仅占 2.9% 的优等耕地中，90.28% 的主要分布在湖南、湖北、广东；在占 26.59% 的高等级耕地中，79.89% 的主要分布在河南、江苏、山东等 9 个省区；在占 52.72% 的中等级耕地，主要分布在黑龙江、吉林、云南等 10 个省区；低等级耕地则主要分布在内蒙古、甘肃、山西等 6 省区。

2016 年原农业部发布了《耕地质量监测与评价办法》。种植业司司长曾衍德讲，我国耕地长期高强度、超负荷使用，退化、污染、基础地力下降等问题突出，已成为制约农业可持续发展和粮食综合生产能力提升的关键因素。总体上呈"三大""三低"态势，即中低产田比例大，面积占比达 70% 以上；耕地质量退化面积大，退化面积占比在 40% 以上；污染耕地面积大，土壤污染点位超标率达到 19.4%。"三低"是指有机质含量低、补充耕地等级低和基础地力低。[①]

2018 年全国耕地质量评估通告，全国耕地等级评定为 15 个等别，1 等耕地质量最好，15 等最差，总面积为 20.26 亿亩，总评价为 9.96 等。其中，优等耕地仅占三成，中、低等耕地面积超过七成，耕地质量并不乐观。1 ～ 15 等耕地年亩产为 1 500 ～ 100 千克[②]。2017 年全国粮食生产总产量 6.17 亿吨，平均每亩 304.5 千克，说明粮食生产量上升的空间非常有限。黑皖湘粮食主产区的水稻生产成本已上升到每亩 1 000 ～ 1 300 元，说明粮食生产的成本逐渐增加。

再从等积温线、等降水线看，我国耕地质量从东南向西北降低。"好地"恰好分布在工业化、城市化最快的地区，其保护压力很大。近年出现占多补少、占优补劣、占水补旱地现象很严重。国土资源部副部长王世元称，仅 2000—2013 年，城镇用地增加了 4 178 万亩，平均每年减少耕地 1 000 多万亩，占用的大多是优质耕地。

南方水多却因经济社会快速发展，耕地面积在急剧减少。与产粮重心北移相对应的是水危机，华北、西北地区水资源极其短缺。

然而，全球人口仍在增加。尽管发达国家人口总体呈下降趋势，但发展中国家的人口还在上涨，2018 年全球人口已达 75 亿。全球每年人口增加 8 000 万，

① 人民日报 . 2016-7-28.

② 人民日报 . 题为《全国耕地质量总体稳定》. 2018-1-7.

用水量和粮食需求都是刚性增加。水不能进口，粮食进口量有限，且价格也会上涨很快。

中国适合耕种的耕地不到总国土面积的 10.3%（14.8 亿亩），每年中国粮食和副食品的进口量，相当在国外种植了 6 亿亩耕地。[①] 其实，主要是进口棉花、水稻、大豆和植物油所占耕种土地的面积较大。

城乡发展差距

中国的城镇化率提高得很快，由 1978 年的 17.9%，到 2018 年增至 59.58%，城镇常住人口达到 8.13 亿多，40 年增长了 42%，农村常住人口现有 5.76 亿。2019 年有的大城市又放开落户限制，城区常住人口 100 万～ 300 万人的大城市将全面取消落户限制，城区常住人口 300 万～ 500 万人的大城市要全面放宽落户条件。有的学者认为，中国的城镇化率应达到 70%，甚至 85%，理由是城市化使土地集约化利用增值高，城市用水效益是农村的几十倍、上百倍。西方发达国家的城镇化率都很高，美国 2007 年城市人口占总人口的 79%，2018 年 3.28 亿，城市人口 2.69 亿，占总人口的 82.01%。

笔者认为我国的城市人口比例较高，有的地方只注重经济效益，忽视整个社会效益。与西方发达国家相比，没有考虑中国人口多、资源少，发展受地理条件限制的国情，是盲目攀比或是简单比较。美国国土面积 937 万千米^2，2018 年的总人口 3.28 亿，每平方千米居住 35 人。中国国土面积 960 万千米^2，2018 年的总人口 13.95 亿，每平方千米居住 145 人，其中城镇常住人口 8.31 亿，占 59.58%，还有 2.87 亿农民工在城乡两地奔波。

但是，美国有宜居国土高达 80%，中国仅有宜居国土 30%，而不宜居的山地、丘陵和比较崎岖的高原，约占全国面积的 70%。其中山地约占 33%，高原约 26%，盆地约 19%，平原约 12%，丘陵约 10%。如果按有的学者讲中国城镇常住人口应达到 70%～ 85%，那么，一个半农民（含老、弱、残、幼），在不全是平原，也不全用机械生产 8 个半城市人的农产品，将是何等艰难。再则，按 2050 年总人口达到 15 亿，将有 10.5 亿～ 12.75 亿的人口居住在城市，想想将是多么的拥挤。

中国南方水多、气候虽好，但平原少、山地多，大多数农民人均耕地不到半亩，大量农民变市民后，很多城市无支柱产业。北方平原多，水却很少，制约着粮食增产。再说，随着城市化发展，农民变市民多了；耕地少了，种地的人少

---

① 中央电视台. 创新中国（第三集　能源）. 2019–10–18.

了；大量耕地流转后实行机械化耕作，尽管可减小劳动强度，但粮食产量上升有限。原因是无论用什么技术，一季水稻、玉米亩产就是一吨多。

中国不仅城乡发展差距大，农村发展差距也很大。武汉大学社会学院院长贺雪峰著《大国之基：中国乡村振兴诸问题》[①]中，客观分析了当前农村和农民的经济和社会分化情况。农村地区差异分化为三种：一是沿海城市经济带农村地区，以珠三角和长三角为典型的农村工业化、城市化，占全国总数不到10%；二是广大的中西部一般农业型农村地区，主要从事传统农业生产，占全国农村70%以上；三是适合发展休闲农业和乡村旅游等新业态的具有区位条件和旅游资源的农村，占全国农村的5%以下。农户差异分化为三种：一是家庭经济条件比较好，举家进城的农户；二是农户家庭中青壮年劳动力进城，老年人留守务农的农户；三是全家留村的农户。其中比例最大的是第二种，即"以代际分工为基础的半耕半工"农户家庭，占中西部农村农户的70%左右。中国有6亿多农村人口、2.2亿农户，20亿亩耕地，户均不足10亩。按适度规模经营，全国最多只能容纳2000万个家庭农场。而进城务工经商的很多农民随着年龄增长，越来越难以在城市找到合适的就业与收入机会，难以在城市体面地生活。

大规模的城市化，导致农村人财物快速流向城市，农村出现了空心化和老人农业现象，城市出现了交通拥堵，房价和各种生活成本不断上涨。

还有一种占用土地少的设施农业技术，在有的发达国家探索了几十年，在中国已探索实践了二十多年，尽管有占用耕地面积少、受恶劣气候影响小和节省水、生长快、产量大、配送快等优势，但是，先期投入经费多、种植成本高，就是运用人造光和人工智能，其种植的蔬菜，接受大自然风光少、品种少、品质差、易腐烂，只能在北方冬、春季适度种植，以调剂人们的生活。水稻、小麦不大可能在室内层层叠放的托盘里种植。笼养鸡肉远不如围栏散养鸡肉口感和营养好。14亿中国人每天消耗10亿枚鸡蛋，传统的土鸡蛋占不到10%，但人们仍然喜欢吃土鸡蛋。可是，用资本大规模搞自动化养殖场，减少很多农民的收入。因此，设施农业不是解决中国的农民土地少、收入高的主要途径，也很难解决城乡差距大的问题。

早在1958年8月24日，毛泽东在北戴河的政治局会议上讲："我看将来有些大城市要分散，两万人到三万人的居民点，什么都会有，乡村就是小城市，哲学家、科学家都将要出在那里，每个大社都将公路修通。"1959年，毛泽东又讲，"在社会主义工业化过程中，随着农业机械化的发展，农村人口会减少。如果让减少下来的农业人口，都涌到城市来，使城市人口过分膨胀，那就不好。要防止

---

① 贺雪峰，2020.大国之基：中国乡村振兴诸问题[M].北京：东方出版社，6-9.

这一点，就要使农村的生活水平和城市的生活水平大致一样，或者还好一些。"[①]

1960 年，毛泽东在读《苏联政治经济学教科书》时，针对当时大量农村人口涌入城市的情况提出："有了公社，这个问题就可能得到解决。每个公社将来都要有经济中心，要按照统一计划，大办工业，使农民就地成为工人。公社要有高等学校，培养自己所需要的高级知识分子。做到了这一些，农村的人口就不会再向城市盲目流动。"[②]

2002 年 1 月 9 日，国务院总理朱镕基主持召开总理办公会，研究加强城乡规划建设管理，对制止城市规模盲目扩大的势头，提出严厉批评。他讲："去年经济形势大好，但实际上隐藏着很多问题，今年就可能要逐步暴露出来。现在我们在许多方面，特别是城市建设方面，存在一种浮夸、铺张浪费、不顾情况之风。'安居工程'没有解决，很多房子老百姓还是买不起，一万多块钱一平方米，这种很危险的倾向现在发展得越来越厉害。全国 182 个城市都要建国际化都市，怎么得了！忘了中国还有几千万人生活在贫困线以下！有些地方连低保都保不了，发工资都保不了，就建所谓的国际化都市。一方面，职工拿不到工资，农民穷得要命；另一方面，到处要建大城市，大搞国际化都市，高楼林立，都是为有钱人服务。"[③]

如今，随着我国工农业快速发展，机械制造、物资生产水平和能力大大提高，大型工程和运输机械的广泛运用，替代了大量繁重的体力劳动者。尤其是计算机、人工智能的迅猛发展，大数据、云计算、互联网的广泛应用，替代了大量繁重的脑力劳动者。尽管中国的生产规模很大，但中国的人口规模也大，社会劳动分工受市场规模的限制，就业将越来越难。很多行业不断裁减人员，城乡领取低保和各种救济的人数不断增加，不仅都要靠国家财政供养、补贴，而且贫富差距很难缩小，有的地区在拉大。

国家强大，必须是农业强大，农民富裕。几千年来，中华民族非常重视农桑。当今发达国家不仅是工业、科技、军事的强大，而农业也很强大。

改善环境振兴乡村

城镇化并不是我国实现现代化的必经之路，而通过乡村振兴战略来促进城乡一体化，也就是说不在于乡村是否变成了城市，也不在于村民是否变成了市民，

---

① 中共中央文献研究室，2013. 毛泽东年谱（1949—1976）[M]. 北京：中央文献出版社，（3）422-423，466-467.

② 江宇. 2019. 大国新路 [M]. 北京：中信出版集团，66.

③ 朱镕基讲话实录编写组，2011. 朱镕基讲话实录（第四卷）[M]. 北京：人民出版社，309.

关键在于城乡的福利、服务是否平等，生活水平和人居环境差别是否缩小。

著名"三农"问题研究专家、曾任中国人民大学农业与农村发展学院院长温铁军教授，到世界半数的国家进行广泛深入的考察后认为：墨西哥、巴西、阿根廷等国家的城市化率比我国高很多，将大量的农村贫困人口转移到了城市，成为集中的贫民窟。特别强调中国的城镇化要警惕重蹈朝鲜覆辙。他曾被联合国派到朝鲜做顾问考察农业发展情况，得知朝鲜在 20 世纪 80 年代末农业发展机械化水平高于中国，人均收入 1 000 美元左右，人均产粮 800 斤左右，70% 的农民到城里载歌载舞地生活。朝鲜国土面积相当中国的福建省，用农产品从苏联换了 6 万台（套）大型拖拉机及石油，超前实现农业机械化、现代化。可是，苏联 1991 年解体后，1992 年换货贸易体制停了，断供了石油使农业机械也停了，3 个农村人养活 7 个城市人，有两代人不是农民了，大牲口不用了，赶上发大水农田受灾，国内食品极度短缺，很多百姓外逃，造成国内社会极不稳定。

武汉大学社会学院贺雪峰院长讲，当今拉美国家和印度，农村土地私有，土地可以交易，使地主占有的土地高度集中，农民放弃土地进城是不可逆的，即无论成功与失败，他们都不再能回到之前的农村。有少数人通过个人努力加之运气很好，可能获得稳定就业和较高收入，从而在城市体面安居下来。大部分进城人口既难以在城市体面安居，又不再可能返回农村，成为漂泊在城市的流浪人，成为城市贫民窟的一员。因此，在广大的亚非拉发展中国家，城市普遍存在规模巨大的贫民窟人口。[①]

我国农村人口 6 亿多，而平原、丘陵只占全国总面积的 12% 和 10%，农田灌溉面积仅 10 亿亩，农田、工业、城市又大多在平原，城市人均生活用水是农村的 2 倍以上，大规模造城和人口进城不符合国情。可见，两位"三农"问题学者对中国的国情和城乡发展的深层次问题看得很清楚。

笔者认为，城市的形成、发展，不管是因城而市，还是因市而城，都具有行政地域和经济贸易概念。它能为人们的生产交换和生活服务带来极大便利，但发展规模过大就存在潜在的巨大风险。现如今，我国快速发展的大城市、超级大城市的交通拥挤、供水不足、能源紧缺、环境污染和生活成本高及精神紧张、焦虑等问题越来越凸显。医院建得越来越大，病人也越来越多。2003 年在北京暴发SARS 病毒和 2020 年在武汉暴发的新冠病毒，使超级大城市的经济社会突然变得异常的脆弱。世界上发生新冠病毒严重的国家，都是多发生在人口密集的超大城市，说明大城市发展应规模适度。

党的十八大以来，习近平总书记对统筹城乡发展作出了一系列重要指示。

---

① 贺雪峰，2020. 大国之基：中国乡村振兴诸问题 [M]. 北京：东方出版社，45—46.

2013 年 7 月，在农村考察时讲："农村绝不能成为荒芜的农村、留守的农村、记忆中的故园。城镇化发展，农业现代化和新农村建设也要发展，同步发展才能相得益彰。"为从根本上解决"农民真苦、农村真穷、农业真危险"的"三农"问题，他提出了"农业要强、农村要美、农民要富"的目标。近年要求"大力实施脱贫攻坚、振兴乡村战略，让农民成为人们向往的一种职业"。

2018 年 9 月，中共中央国务院印发《乡村振兴战略规划（2018—2022 年）》，在 5 年内总体上达到"产业兴旺、生态宜居、乡风文明、治理有效、生活富裕"的总要求。

党中央国务院对农业农村工作越来越重视。因农业作为基础产业，具有显著的乘数效应。据《中国农业产业发展报告 2020》显示，农业 GDP 增加 1 个单位，国内生产总值将增加 3.4 个单位。①

近年来，江西宜春、抚州、九江、新余等地，开展以集镇为中心的水电路和教育、医疗卫生等生活和公共基础设施建设管理，向镇周边 1 千米左右卫星村延伸服务的探索，使农业生产、农民生活方式发生了根本性变化，有效避免了大规模造城和人口进城，由此带来的"城市病"和"农村空心化"等问题。

有关农村农民"进厂不进城，离土不离乡"，既无"乡愁"，又没"城愁"，宜居宜业的实例很多，如全世界近一半西洋乐器小提琴来自江苏泰兴市黄桥镇，近 1/3 的吉他来自山东潍坊市昌乐县唐吾镇，超过一半的钢卷尺来自河南商丘市虞城县稍岗镇，60% 的酒店用品来自江苏扬州市杭集镇；全国 60% 的低压电器来自浙江温州乐清市柳市镇，40% 的石材来自福建南安市水头镇；而全国 70%、全世界 40% 的装饰油画来自深圳市龙岗区布吉街道大芬油画村。还有服装、鞋帽、眼镜、家纺、食品、厨具、餐具、家具、灯具、洁具、玩具、淡水珍珠、体育用品、工艺品、打火机甚至电子、机械、建材、棺材等等，这些大量内销和出口的生活用品，都由乡镇企业农民生产销售，与国企共同撑起了规模强大的中国经济，中国成了名副其实的世界工厂。

而如果西北地区荒漠化治理后，可使 2 万～3 万的人口村镇化，林农、农民、牧民在自然风景独好的森林、田园、牧场中，实行集中居住、集约化生产、配套化服务，实现宜居、宜业。食品、果品、饮品、奶制品、肉制品、皮毛制品、工艺品、中草药等将成为新兴产业。西北地区农村就地工业化，可以把大批青壮年精英人才留住，有利于农林牧区经济社会治理的组织化和公共服务保障的提供。这样，既能享有与城镇人一样的汽车、自来水、通信网络等物质文化生活，又能享受乡村那份特有的宁静、悠闲，且农业生产机械化大多普及，农产品

---

① 中国农业科学院，2020. 中国农业产业发展报告 2020[M]. 北京：中国农业科学技术出版社，4.

深加工利润能较多地留给农民，利于实现产业兴旺、生活富裕、生态宜居的目标，而不是建在成本较高的大城市产业园区、生态园区、工业园区、经济技术开发区将利润多留给资本。这种村镇化作为城镇化的重要补充，既吸收城市气质又保留乡土气息，可减少人口大量频繁流动给交通带来压力，解决留守儿童教育和老人照料等问题。

还可以设想，在西北地区实施荒漠化治理与乡村振兴相结合后，很多村民不仅有宽敞的庭院、冬暖夏凉的二层小楼房，还有钢琴美酒、田园诗歌。也不再满足于乡土戏剧、民族歌舞、习书作画，不少人信心满满走进高雅的音乐晚会、文化沙龙、学术论坛，也会如毛泽东主席讲得出哲学家、科学家，有的大学分校、研究院所也会在小城镇安家落户。在天蓝、地绿、水清、土净、村美的优良环境中，乡村旅游、养生养老、创业创新，将成为人们追求的一种新的生活方式。

对于中国大多未富先老的农村老年人来讲，在农村生活开支比较低，有自己的土地和住房，既可种植蔬菜瓜果，养殖家畜家禽，又能依托非亲即邻的村庄熟人社会互助养老，做到老有所为、老有所乐、老有所养，远比脱离熟人社会高风险、高收费的城市企业、社会养老机构要可靠、自由得多。如果随子女居住在城市，就是一个纯消费者，面对冷漠、喧嚣的生活环境，常常感到孤独、痛苦。

如今城市 1 亿多退休人员中，大多来自农村、乡镇、小县城。55 ～ 70 岁的人员，大多思想活跃、身体健康、收入稳定，从事过专业技术、科学研究、文化教育、行政管理、经济发展、社会服务等的知识分子、公职人员，有丰富的科技知识或管理经验，有不少人有告老回乡、服务乡村、支持西北的能力和愿望。

东南沿海大量人口会向西部迁移，城市大量人口也自动会向乡村迁移。对几十年来大量农村优秀青年向城市流动、向东南沿海流动，这一单向的输血状态，也是一种重要的回归和调整。

据悉，在德国一座只有 12 万人口的小城，有两所大学、几百名大学教授。而江苏省江阴市有 160 万人口，有 36 家上市公司，11 家企业跨入"中国企业500 强"，仅有一所职业技术学院。

著名学者、北大教授陈平讲，第二次世界大战后美国在全世界搜罗了十多万科学技术人员，在每个州选择地价低、环境好的几个小城镇建立大学，让他们专心做学问、搞科研，不去想当官、发财的事。现今，美国教育和科技水平世界第一，有很多世界一流的大学，是在规模不大的小城镇。

大量忧心的事例和严峻的国际矛盾斗争反复告诫我们，在全民进入小康社会的时代，要有新的"忧患"意识，要在新世纪、新时代有"备战备荒"观念。在大力发展好"一带一路"倡议时，要立足最困难的情景考虑。由于大规模的退耕还林还草，城市大幅度扩张，交通道路网越来越密集，使得耕地减少，粮食需求刚性增长，若将荒漠化土地变成绿洲粮田，具有改变国运的战略意义。中国现有质量不高的耕地面积 20 亿亩，人均耕地只有 1.4 亩，而中国荒漠化面积近 40 亿亩。如果将西北 30 多亿亩荒漠化的土地，尤其是无污染的沙漠、戈壁、沙化的土地植树造林 10 多亿亩，林间沙地改良成机械化耕种的优质耕地、草场 10 多亿亩，将来就不会出现地荒、粮荒、油气荒的问题。只要保证了粮食、能源自给自足，加上我国拥有健全的工农业生产体系，拥有十四五亿人口的超大规模市场和内需潜力，中国经济就不会产生灾难性危机的物质基础，更不会让发达国家的金融工具吸走制造业、农副业和能源等方面的利润。实际上，党的"十八大"后，通过不断向农业农村调整倾斜政策，大力实施脱贫攻坚和乡村振兴战略，农业在快速发展，农村在改变面貌，农民在脱贫致富，东南沿海大城市用工荒、用工贵的问题越来越突出。

中国在 2020 年有效防控新冠病毒，首先有习近平总书记为首的党中央的正确领导；其次有广大医务人员的奉献精神；最后还有各级党政军的共同努力和全国人民的众志成城。同时，也感觉农村比城市做得好，小城镇比大城市做得好。尤其是一个个村、镇，要比一座座有几千人甚至几万人的摩天大楼要好管控，风险和运行成本也小得多。封村、封乡镇对其生产生活影响小，封了社区、街道、城市，生产开展难，生活还需依赖外部供给链多个环节。

在当今信息技术和交通运输业高度发达的"地球村"，远程诊疗、空中课堂、视频会议、在线办公、网上购物、大协作科技研究和装备制造管理等，都已大大超越了时空，正在通过信息技术革命广为普及应用。仅从经济、社会效益考虑，很多行业、很多单位的生产、生活已无须高度集中，因很多人，在很多时间内，都可做到在家或异地办公。2020 年 3 月 26 日举行的 G20 特别峰会，是非常重要、非常及时、令世人瞩目的会议，20 个国家的政府首脑，首次在全球以视频的方式开会，达到了预期目的。那么，乡村中、小学生，都可以通过网络视频，听全国名校名师的讲课，本校老师主要组织辅导和管理。

由此可见，乡村振兴战略与统筹城乡发展，思路和目标都是一致的，都是解决城市和农村问题，走工农一体化发展的路子。而争相盖高楼大厦建设国际大都市，加紧研制时速 1 000 千米以上的高速列车，这种造城越大越好，出行越快越好的发展惯性思维，需要重新审视。不以极速著称的日本"四季岛"号列车，时速 110 千米的慢速，能让游客饱览沿途森林、田野、海边等大自然美妙风景。

第十章　长河大漠应统筹治理

治理长河大漠，必须全国"一盘棋"，甚至还应当与周边国家一大局的大统筹、成体系思考。因而，要按照习近平总书记关于"坚持山水林田湖草沙综合治理、系统治理、源头治理，建设美丽中国。"

水资源分布不均

地球上水的总量约为 14 亿千米^3，其中海水占 97.47%，淡水只占总量的 2.53%，且主要分布在南北两极的冰雪中。目前人类可以直接利用的江河、湖泊、水库及浅层地下水等，只占地球上总水量的 0.2% 左右。全球每年降落在大陆上的水量约为 110 万亿米^3。全世界江河径流量约为 42.7 亿米^3。中国多年水资源总量约 2.8 万亿米^3，人均水资源量不到 2 163 米^3，为世界平均水平的 1/4，接近国际上人均水资源量少于 1 760 米^3 的为用水紧张国家。中国年供水、用水总量为 6 015 亿米^3 左右，人均约 430 米^3，为世界上人均水资源的用量最少国家。[①] 中国河川径流量共约 2.7 万亿米^3，约有 2.1 万亿米^3 汇入大江大河流入大海。

中国水资源不仅总量少，而且空间和时间分布极不均衡，水量过多或过少都是害。在空间分布上，我国的年降水量为东南沿海最高，逐渐向西北内陆地区递减。从黑龙江省大兴安岭地区呼玛县到西藏东南部边界，这条东北—西南走向的斜线，大体与平均年降水 400 毫米和年均 24 小时降水 50 毫米的暴雨等值线一致，这是东南部湿润、半湿润和西北部干旱、半干旱区的分界线。东南部的湿润和半湿润地区，也是暴雨洪水的多发区。[②] 这条等降水量线，也与黑河到云南腾冲的胡焕庸线部分重合或接近。

西北地区（新疆、青海、甘肃、宁夏和陕西秦岭以北及内蒙古西部）国土面积 345 万千米，占我国国土面积的 36%。年平均水资源总量 2 344 亿米^3，仅

---

① 国务院南水北调工程建设办公室组织编写，2013. 为了生命之水——中国南水北调工程科普读本 [M]. 北京：中国水利水电出版社，2-4.

② 钱正英，张光斗，2001. 中国可持续发展水资源战略研究综合报告及各专题报告 [M]. 北京：中国水利水电出版社，2-3.

占全国的 8%，利用量不到 1 200 亿米^3。除阿尔泰山、天山、祁连山等山地年降水量较多外，其余大部分地区干旱少雨。多年平均降水量仅为 230 毫米，其中 40% 地区的年降水量在 100 毫米以下。[①] 年降水量 200 毫米以下和 200～400 毫米的面积，分别约占中国总面积的 26% 和 16%。400 毫米等降水量线以东地区面积约占中国的 58%。800 毫米等降水量线，位于秦岭、淮河一带，该线以南地区气候湿润，降水丰沛。降水量超过 1 600 毫米的，为长江以南的湘赣山区，浙江、福建、广东大部，广西东部、云南西南部、西藏东南部以及四川西部山区。降水量超过 800 毫米的面积约占中国的 30%，降水量超过 1 600 毫米的面积约占中国的 8%[②]。降水量低于 100 毫米的为沙漠，占国土面积 13.6%。

在时间分布上，全国大部分地区每年汛期连续 4 个月的降水量占全年的 60%～80%，不但易形成春旱夏涝，而且水资源中大约有 2/3 是洪水径流量，形成江河的汛期洪水和非汛期枯水。降水量的年际之间变化也很大，南方地区最大年降水量一般是最小年降水量的 2～4 倍，北方地区为 3～8 倍，并且出现过连续丰水年和连续枯水年的情况。陕、甘、宁等省（区）都出现过 5～7 个连续干旱年。宁夏于 1402—1991 年 590 年系列资料，旱年次数达 344 次，占系列年的 58.3%。

尤其是近十多年，我国发生极端天气的较多，西南、中南、东南、东北等地区出现干旱、洪涝灾害交替的较多。从 2009 年秋天开始，降水量一直较多的四川、重庆、贵州、云南等省份遭遇了历史罕见的特大旱灾，耕地受灾面积达 9 600 万亩，占全国受灾地区总面积的 85%，有 1 800 万人饮水困难。2011 年，长江中下游地区发生了新中国成立以来最严重、最大范围的干旱。湖南、湖北、江苏、江西、安徽等地出现秋冬春夏四季连旱的特大干旱，中小河流断流，湖泊面积大幅减少，其范围之广、时间之长、抗灾之急历史罕见。2013 年，松花江、嫩江、黑龙江发生流域性大洪水，超警戒河段达 3 200 多千米，紧急加固了险堤，增加了第二、第三道防线，及时转移险区群众 84.8 万人。2019 年全国有 17 个省（区、市）279 条河道发生超警戒以上的洪水灾害。2020 年 6—7 月，广东、广西、江西、安徽、湖南、湖北、云南、贵州、四川、重庆等 27 个省份发生了严重的洪涝灾害，部分房屋倒塌、道路桥梁损毁、城乡大面积被淹、农作物大量受损，还有的地区工矿企业停产、机场港口临时关停、供电和通信线路中断。广西桂林阳朔、柳州融江县城几乎泡在水里，江西鄱阳县、九江景德镇的街道成了河面，四川巴中和重庆有的地区暴雨引发泥石流、堰塞湖。仅 1 个半月有

---

① 矫勇，2006. 西北地区水资源问题及其对策高层研讨会. 论文集 [M]. 北京：新华出版社，6，50，104.

② 翟平国，2016. 大国治水 [M]. 北京：中国言实出版社，47–48.

4 000 多万人受灾，直接经济损失近千亿元。7 月上旬，长江流域 23 条河流发生水位超警戒的情况，全国 212 条河流发生超警戒以上洪水，其中 14 条超历史纪录。这该怨天，还是该怨地呢？

我国大规模、快速度的城镇化，使城市增加了大量人口，用水供不应求的矛盾越来越突出。原本具有海绵吸水调节作用的粮田、湿地、湖泊、河沟，变成了城市钢筋水泥大楼和柏油水泥道路，不能"吸收、存蓄、净化"径流雨水、补充地下水、调节水循环，70% ～ 80% 的雨水快速排入江河，造成江河水位增长、水质污染。排不出雨水的很多城市出现严重内涝灾害。本来能吸水的河湖土堤，大多又变成了水泥与石头砌的大堤，并且不断加高加长。能就近就便吸收雨水的稻田、小麦和蔬菜地，变成了城市人工园林草坪，不能补充地下水，养护还要每平米每年消耗污水处理厂约 1 米^{3}水。

我国流域性洪水、山洪、台风和凌汛等洪涝灾害及农业干旱、城市缺水等频繁发生。2/3 的国土面积、90% 以上的人口，受到不同程度的洪水威胁。长江、黄河、淮河、海河、辽河、松花江、珠江的中下游聚集着全国 1/2 以上的人口、1/3 以上的耕地、3/4 的工农业总产值，是洪水影响最为严重的地区。自 1949 年以来，发生较大洪水 50 多次，发生严重干旱 20 多次，水、旱灾害平均每年超过 1 次。洪涝灾害共造成 28 万多人死亡，平均每年死亡 4 300 多人。近 30 年来，我国的洪涝灾害年均直接经济损失超过 1 400 亿元，占同期 GDP 的 1.3% 左右；干旱灾害年均直接经济损失超过 1 000 亿元，占同期 GDP 近 0.9%，严重干旱年份灾害损失占 GDP 超过 2%[①]。仅全国洪涝灾害使农田受灾面积多在 1.5 亿～ 2.5 亿亩，1991 年最多达 3.68 亿亩；干旱灾害受灾面积多在 2 亿～ 3.5 亿亩，2000 年为最多达 6.08 亿亩，占全国总耕地面积的 1/3。

从网上看到，著名历史地理学家葛剑雄在 2010 年 6 月发表的《古今旱灾》一文中讲，从公元前 206 年至 1949 年这 2155 年间，我国较大范围的干旱发生了千余次。这是由于中国属大陆性季风气候不稳定，造成了大范围的干旱频繁发生。加上占国土一半的西北地区属干旱和半干旱地区，水资源本来就不足，一遇旱灾雪上加霜，后果更加严重。就是在东南季风湿润地区，也常常出现季节性的干旱和不同长度的旱期。如明朝崇祯后期（1634—1643 年）发生了近 500 年间持续时间最长、受灾范围最广的大旱灾。遍及今山东、河北、内蒙古、安徽、江苏、浙江、湖北、湖南、贵州、四川、甘肃，而陕西、山西、河南最为严重。黄河断流，沁水枯竭，洛水深不盈尺，井枯川竭，蝗灾相继，瘟疫流行，树皮剥尽，野草挖光，赤地千里，十室九空，饿殍载道的惨象比比皆是。清光绪二年至

---

① 翟平国，2016. 大国治水 [M]. 北京：中国言实出版社，81.

六年（1876—1880 年）大旱几乎遍及北方山西、河南、陕西、河北、山东等省，并波及江苏、安徽等省北部。估计山西人口损失近半，死亡 800 余万；河南人口损失超过 20%，死亡 700 多万；陕西人口损失 200 多万；五省合计损失约 2300 万，是中国灾害史上一场空前浩劫。

这既说明我国水资源分布不均，古今水旱灾害的严重性、不确定性，也说明古代水利建设整体上很落后，救灾能力非常弱。

诚然，新中国成立以来，国家在水资源的开发利用、防洪、除涝、抗旱、水土保持建设，用水、节水、防污管理和水权交易等方面，取得了很大成就，也制定了一系列行之有效的政策法规、技术规范和管理制度。全国耕地灌溉面积增加到 10.3 亿亩，农林草地的高效节水灌溉面积达 5.5 亿亩。虽然农田使用高效节水的喷灌、微灌、管灌所增比例较大，但从水源地引水使用管道的却不多。虽然很多地区的干、支、斗、农、毛渠，为石砌的防渗明渠，但蒸发量很大，特别是输水最后 1 千米的仍使用很多土渠，渗漏蒸发量相当大。目前，全国农田灌溉水利用系数不到 0.56。由于水资源分布不均衡，水害、水失问题的严重性、长期性，造成我国农业生产不稳定、生态建设难度大和水资源供需矛盾十分突出。

对这些问题和矛盾，习近平总书记深刻指出："水资源时空分布极不均匀，水旱灾害频发，自古以来就是我国基本国情。我国独特的地理条件和农耕文明，决定了治水对中华民族生存发展和国家统一兴盛至关重要。"

气候变暖在加剧

据周淑贞主编的《气象学与气候学（第三版）》记述[①]，全球地质时期气候变化的时间尺度在 22 亿年到 1 万年以上，以冰期和间冰期的出现为特征，气温变化幅度在 10℃以上。而近 1 万年以来，主要是近 5 000 年来的气候变化，变化的幅度最大不超过 2 ～ 3℃，大都是在地理环境不变的情况发生。近代气候变化主要是近百年或 20 世纪以来的气候变化，气温振幅在 0.5 ～ 1.0℃。

20 世纪，尽管人类使用各种古老与现代方法，建造了大大小小、千千万万座的水坝、水井、管道、沟渠和很多运河，来改变原本的水源走向，以满足人类的各种需求。然而，科学技术的快速发展，人口的急剧增长，丰沛廉价能源的过度开发，使得植被退化、水土流失、地下水位下降、土地荒漠化、温室气体增加、全球气温升高、臭氧层破坏，甚至亚马孙雨林的退化，导致能源危机、资源破坏、生态环境变迁，且愈演愈烈……

---

① 周淑贞，2016. 气象学与气候学（第三版）[M]. 北京：高等教育出版社，235.

21 世纪，从地球大气候环境来看，气候变暖、冰山融化、海面上升、旱涝交加、环境污染、怪病叠加。干旱、缺水、荒漠化、温度升高、碳排放量增加等都将越来越严重，而最关键的水荒、粮荒、油荒和怪病迭起等问题，将成为 21 世纪世界重大的资源环境问题。英国《卫报》网站 2018 年 5 月 16 日报道：缺水将成为 21 世纪重大环境问题。美国国家航空航天局科学家警告，地球热带与高纬度地区之间的大片区域变得越来越干燥，观察到 19 个重点区域严重缺水。①

据悉，人类排放的温室气体中，90% 以上的热量被海洋吸收，导致海平面上升，台风、飓风变得更加剧烈。过去 150 年全球变暖使海洋升温的幅度相当于每秒爆炸一枚原子弹，现在相当于每秒爆炸 3 ～ 6 枚广岛原子弹。海洋吸收的总热量，大约相当于全球总人口每年能源消费量的 1 000 倍，这项研究发表在美国《国家科学院学报》上。②

美国《华盛顿邮报》网站 2018 年 12 月 5 日报道题为：全球碳排放 2018 年再创新高。2014 年到 2016 年基本持平，2017 年增长 1.6%，2018 年再创新高，增幅预计 2.7%。③

美国趣味科学网站 2018 年 12 月 11 日报道题为：北极升温幅度创百年之最，生态系统面临更大风险。其《2018 年北极年度报告》显示，北极地表温度变暖的速度比全球其他地区快一倍，与 20 世纪 70 年代相比，海冰向海面延伸的范围缩小了约一半。④

俄罗斯《观点报》网站 2019 年 6 月 9 日报道题为：最可能毁灭人类的四大灾难，排在第一的是全球变暖，其次是致命疾病、核灾难和太空威胁。并且还有专家预测人工智能的增长超过人类进化智能的增长也是一种危险。⑤ 可是，世界很多国家重视人工智能开发远远高于重视控制气候变暖。全球气候变暖后，预计 21 世纪大部分地区和季节降水趋于增多。除个别地区和个别季节减少外，如夏天的地中海地区和冬季的澳大利亚降水将减少，其他大部分地区降水将增加，一些地区将可能出现频繁的旱涝和干旱。中国科学家预测：与 2000 年相比，2050 年中国气温将升高 2.3 ～ 3.3℃，降水量可能增加 5% ～ 7%。未来 100 年中国境内的极端天气与气候事件发生的频率可能性增大。中国干旱区范围可能扩大、荒漠化可能性加重。青藏高原和天山冰川将加速退缩。⑥

① 参考消息 . 2018-5-19.
② 参考消息 . 2019-1-10.
③ 参考消息 . 2018-12-10.
④ 参考消息 . 2018-12-12.
⑤ 参考消息 . 2019-6-11.
⑥ 宋维明，武曙红，王平，2015. 林业与气候变化 [M]. 北京：中国林业出版社，20，182.

试想，世界四大文明发祥地的尼罗河流域、底格里斯河和幼发拉底河流域、印度河和恒河流域、黄河流域，很多地方都变成了荒漠。近代工业化革命进行了200多年，快速增长的人口，对地球上有限的资源占有、索取和排放，大大超过了自然环境的承受能力，尤其是大量砍伐森林，大规模开垦土地、开发工矿和交通设施建设等，对生态环境破坏很严重。由此产生的全球变暖、各种灾害频发、各种疾病增加和大量物种的减少，反过来在惩罚人类。因而，习近平总书记深刻指出："人们必须与自然和谐相处。"

近年来，全球气候变暖，我国西北地区降水量增加较多，有不少人认为这是改变西北荒漠化的一次难得的历史机遇。笔者在前面藏水北调思（三）中提到有的学者很早也有这种观点，这种情况只是暂时的。2019年11月13—14日《人民日报》记者刘毅的第一篇报道题为：《西北缘何呈现"暖湿化"趋势》，指出降水量增加趋势只是量的变化，主要是冰川消融和冰冻圈衰退的结果。新疆2011—2018年年均降水量，比20世纪60年代增多了43.5毫米，增幅为30%。2016年，新疆平均降水量为247.6毫米，为1961年来历史最高。

文中提到甘肃省气象局总工程师张强介绍，我国西北地区自工业革命以来，气温一直在波动上升，且升温幅度明显比全球其他地区及我国东部地区更大，从20世纪80年代开始升温显著加速。有气象观测资料以来，西北地区1961—2018年平均气温增加率，为平均每10年增温0.333℃。降水方面，自小冰期末期（约19世纪60—80年代）之后约100年间，西北地区降水量持续变少、变干。不过，从20世纪80年代中期开始，西北地区降水开始呈现逐渐波动增加趋势。

刘毅记者的第二篇报道为《气候变暖变湿，西北如何应对》，指出气候变暖雨水增多，有利有弊。从"干旱"到"暖湿"，是一把"双刃剑"，降水增加的同时，冰川加速消融，极端降水增多，也会埋下一些隐患。西北地区总体仍将是温凉干旱的气候环境。专家们认为，西北地区气候变化是在全球背景下发生的，虽然短期内西北地区气候变化的影响利弊皆有，但如果增温过大，可能更多弊端会显露出来。中国气象局乌鲁木齐沙漠气候研究所研究员毛炜说，"全球气候变暖带来的危害会越来越大，导致极端干旱多发、海平面上升等。减少温室气体排放、减缓气候变暖是全球共同责任。"

而从2008年开始，我国南方十多个省、市、自治区，先后出现四场低温雨雪冰冻天气过程，有的是数十年或百年一遇，有的是有气象观测记录以来的极点，造成了巨大的经济损失和社会影响。国家气象局发言人肯定这属于异常气候。

网上看到历史地理学家葛剑雄在2008年的几篇关于"全球变暖"文章中分析：全球变暖是在一个特定阶段内气候变化的总趋势，但并不意味着每年甚至每月的气温都是在上升的，并不排除在其中短时期内或少数年份会出现气温不升反降的现象。即使都是上升，其幅度也不相同，不会是一种平均的匀速的变化。即使同样处在气温上升的过程中，在地球各地的表现也并不相同。变暖，是就全球的平均状况而言，在多数地方变暖的同时，少数地方反而变冷。譬如前几年，中国的黑龙江省出现过有记录以来的最低温，美国东北部有些地方的气温降至有记录以来的最低点。在国内多数地区夏季普遍持续高温的同时，一些地方有过罕见的凉夏、早秋、早霜，甚至早雪。

他还分析：9000—5000年前，地球气候比现在温暖、湿润，撒哈拉沙漠和阿拉伯沙漠变得更为湿润，那里可以捕猎、放牧，有些地方甚至可以耕作；5000年前，地处现在的北京、天津、辽宁南部、内蒙古东部、黑龙江北部、西安半坡、长江流域、青藏高原等地气候温暖，气温比今天高；2600年前，地球变冷，许多地方进入冷湿状态。公元前600—前200年属冷期。

气候变化既与水资源调配、植树造林直接相关，也与地理、天体等因素直接或间接的多重影响传递、叠加、相互作用。曾在网上阅读了蒋皋的《我国水资源气候出路构想义理思考——700亿东南藏水智解千年之渴百世之忧》（2007），感到一些观点讲得很好。如自然造化、气候定格，并非一成不变；大地形、大流域、大植被地理因子，在"正面"或"负面"的正、负向反馈，改变部分生态环境、局地气候现状；天地本身都在不断演化，在不断"破坏"重建、进化突变，或突变退化中进化突变；太阳黑子爆发、地球岁差章动、行星会合、月球引潮、气候旋回等在不断或突发性主导改变气候；我国北方西方，在不远历史上还是温和湿润、林木葱茏、水草丰茂的，气候变迁中有多次旋回和突变。

从各方学者研究结果看，虽然有极端暴风雪和冷冻灾害频发，但工业化和人口快速增长，使全球气候持续变暖已是不争的事实。全球荒漠化面积正以每年5万～7万千米^{2}的速度扩大。1996年，全球荒漠化面积3 600万千米^2，相当于俄罗斯、中国、美国的国土面积之和，占地球陆地总面积约1/4，另有1/4的地球表面将面临沙漠化威胁。全世界有100多个国家、近1/3的人口受荒漠化影响，全球已损失了1/3的耕地。

1994年、1999年和2004年，第一次、第二次和第三次全国荒漠化和沙化监测报告显示，我国荒漠化土地总面积分别为262.2万千米^2、267.4万千米^2、263.6万千米^2。通过人工干预进行治理，2009年第四次全国荒漠化和沙化监测报告，我国荒漠化土地总面积为262.2万千米^2，回落到1994年的监测数值。其中：风蚀荒漠化160.7万千米^2，水蚀荒漠化20.5万千米^2，冻融荒漠化36.3万千米^2，土壤盐渍化23.3万千米^2，其他类型21.4万千米^2；沙化土地面积173.11万千米^2。荒漠化和沙化分别占国土总面积的27.3%和18.03%。荒漠化主要分布在西北、华北、东北的18个省（区、市）的470个县，形成万里风沙线。据综合评价，我国轻度荒漠化面积为 95.1 万千米²，中度 64.01 万千米²，重度 103 万千米²。[①]

2014 年，第五次全国荒漠化和沙化监测报告[②]，我国荒漠化土地面积为 261.16 万千米²，占国土总面积的 27.2%。其中：新疆、内蒙古、西藏、青海、甘肃分别高达 107.06 万千米²、60.92 万千米²、43.26 万千米²、19.50 万千米² 和 19.04 万千米²，五省、区占全国荒漠化总面积的 95.64%。沙化土地面积共 172.12 万千米²。5 年时间荒漠化和沙化土地面积分别减少 1.21 万千米² 和 0.99 万千米²，平均每年分别减少 2 420 千米² 和 1 980 千米²。划分全国总耕地面积的红线是 120 多万千米²（18 亿亩）。我国沙漠、戈壁面积约占全国总面积的 13.6%，有 130.56 万千米²，比全国总耕地面积还要多。每年因荒漠化造成的直接经济损失高达 1 200 亿元。超过 4 亿人生活在荒漠区。

降水量小于 200 毫米和 400 毫米的地区，属于干旱和半干旱地区。全球陆地面积约 1/3 属于干旱、半干旱地区。世界各大洲 100 多个国家都有荒漠分布，1/5 的人口受荒漠化影响，且多分布在南北纬度 15° ～ 35°。青藏高原的隆起，使中国的荒漠地带分布与其他国家相比，向北推进了大约 10 个纬度。400 毫米等降水线是半干旱与半湿润地区的分界线，有不同的地理面貌。中国八大沙漠、四大沙地都在这条分界线以北，绵延万余里，这条线又与长城基本重合。

在放眼"胡焕庸线"的西北部地区，面积近 548 万千米²，占国土面积的 57.1%。如果扣除海拔 4 500 米以上区域，在 4 500 米以下的西藏、新疆、青海、甘肃、宁夏、陕西、内蒙古等地约有 390 多万千米²，占全国陆地总面积 40.6%。我国不仅荒漠化问题严重，近年大城市病、能源污染也都非常严重。2019 年世界环境日的主场活动上，我国首个《中国空气质量改善报告（2013—2018 年）》发布。中国有 6 成以上城市 PM2.5 年均浓度仍未达到每米³ 35 微克的环境空气质量标准要求，与世界卫生组织每米³ 10 微克的准则值还有较大差距。

前多年，京津冀及周边地区出现持续时间长、范围大、污染重的区域污染过程。为了解大气污染原因，2017—2018 年，国家组建了 200 多家单位、近 2 000 位专家联合攻关，对京津冀及周边的山西、山东、河南相近地区大气污染传播通道的"2+26"城市进行采样研究，污染的"病根"主要是机动车排放污染占比 32%，工程和农业机械、船舶和飞机等排放占比 17%；电力和供热行业排放占比 17%；其他工业排放占比 20%，还有北方地区沙尘等。[③] 对此，为打赢蓝天保卫战，需要调整产业、能源和运输结构，疏解北京非首都功能，补上治理短板，计

---

① 姚延梼，2016. 林学概论（第二版）[M]. 北京：中国农业科学技术出版社，27–28.
② 李群，于法稳，2020. 中国生态治理发展报告（2019—2020）[M]. 北京：社会科学文献出版社，28–29，181.
③ 人民日报（第 7 版）. 2019–3–21.

划经十多年努力，"2+26"城市 PM2.5 年均浓度可逐渐达标。应当说，大国统筹治理长河与大漠，在今后一个时期改变西北的生态、生产、生活环境，实施水平面上的地理改造与垂直面上的产业发展，是国家治理和可持续发展的主要奋斗目标，也就能确保第二个百年目标圆满实现。

长河大漠能治理

人类应当尊重自然、顺应自然，绝不能滥伐滥垦、滥牧滥采、滥用浪费、污染江河。但是，在不能适应自然时，就要合理的改造自然、利用自然，这是人类生存和发展的本能。如果四千年来黄河不治理，顺其自然将会如何？

人类改造自然、利用自然，虽不能直接改变大地理尺度的山川河流，改变控制洋流，更不能改变控制大气环流，但高度智慧的人类不能抱残守缺、机械教条，不能只是被动适应环境，也不能因科学技术不成熟而无视科学，更不能坐等到一切科学技术成熟之后才有所作为。"两弹一星"、南京长江大桥、港珠澳大桥、三峡水利枢纽、青藏铁路等很多国家重大工程，都曾创造了中国第一或世界第一。今天，我们完全可以借助高度发达的科技和经济实力，根据独特的地理条件，部分打破或重建地理环节，如可以重大改变地表径流、地面植被和部分地貌形态等因子，通过事物的相互作用机制，巧妙借助自然的力量，直接或间接的相互影响、传递、叠加，逐步改变气候气象作用因子，将人类破坏的或自然演化的，尽努力恢复改变到好的趋向、形态。

可是，有些专家曾在 2004 年上报国务院的研究报告中提出，防沙治沙的重点是防治原有耕地、草地、林地的沙化。理由是沙漠在地球上有其存在的必然性。地球上各种生态系统相互支持和制约，组成了全球的大生态系统。人类与沙漠的正确关系是：人与沙漠和谐共存，既要避免"沙进人退"，也不要盲目地"向沙漠进军"。从总体上说，不应当也不可能消灭沙漠或"征服"沙漠[①]。

笔者不认同这种"人与沙漠和谐共存"的观念，难道我国各大沙漠原来不是林地、草地或没有过耕地吗？据《中国小百科全书》第三卷《人类的起源》（第1页）中记述，人类起源于动物，且人与猿同祖。在新三纪的中新世中晚期（距今 1800 万至 600 万年）人与猿开始分化。能制造工具的时间距今 300 万至 200万年前。目前，学术界一般认为，古猿转变为人类始祖于 700 万年前，这期间是全球气候出现明显的冰期和间冰期交替，哺乳动物进化在此期间最为明显。这说

---

① 中国工程院重大咨询项目，2004. 西北地区水资源配置生态环境建设和可持续发展战略研究 [M]. 北京：科学出版社，47–48.

明古猿转变为人类，比有些专家们在研究报告中提出，第四纪（距今约260万年前）形成的新疆塔克拉玛干沙漠和内蒙古沙漠，至少要早440万年以上。新疆、内蒙古地区沙漠下储存的煤炭和油气量都很大，也说明在沙漠形成之前有大量的森林湖泊，曾是人类美好的家园。

西北地区几千年持续干旱，使新疆的楼兰古城、尼雅古城、高昌古城、交河古城等消失在沙漠中。曾经的沧海变桑田，桑田变沙漠。如今我们想方设法治理沙漠、恢复森林、重建家园，不就是努力与自然和谐相处吗？难道维持沙漠的现状，就是与自然和谐相处？前面已讲到治沙代表人王文彪、牛玉琴、殷玉珍、白春兰、石光银、乌日根达、杜芳秀、王有德、郭朝明、"六老汉"等，在库布其沙漠、毛乌素沙地和腾格里沙漠中治沙所创造的人间奇迹，就是消灭沙漠或"征服"沙漠最好的、最有力的说明！

今天，在历经30多年治理好约42%的毛乌素沙地中，已有很多人家重返家园。当游人们行走在一望无际的人工林海中，能看到小溪清澈、欢快地流淌，能听到鸟儿悦耳的鸣叫声，感觉小小山村呈现出一片静谧、祥和的景象。

那么，人与自然相处怎么叫不和谐呢？诸如有的乡村出现青山变秃山，耕地干涸、沙化，小溪成臭水沟，鸟儿少了，苍蝇、蚊子多了，村民生病的多了，外流、外迁的多了。城市里堵车的时候多，雾霾天气多，有时出现水、电、气、暖断供或供不上，人们生活就变得很艰难。地球环境出现"气候变暖""雨水变少""自然灾害频发""臭氧层破坏"等。

人对自然的过度利用，会被自然报复。古巴比伦文明（公元前3 000年至前729年）消亡，虽然原因是多方面的。但城市的发展，人口的增加，导致对耕地和木材的需求增大，于是两河流域伐林开荒，改森林为农田。森林少了，水土流失多、降水变少。为增加粮食产量，耕地灌溉过度，出现土地深层盐碱泛起，而没有及时排碱使土地渐渐沙化。

恩格斯曾讲，人类因砍伐森林受到大自然报复。说的就是美索不达米亚平原（在幼发拉底河和底格里斯河之间）、小亚细亚（主要在土耳其）等地的居民，为了得到耕地，把森林砍完了，造成了水土流失、土地荒漠化、降水变少、气候变化等一系列环境效应。如今伊拉克首都巴格达平均年降水约156毫米，夏季气温最高达49℃，冬季气温下降到-9℃，而距今6 000年至4 000年前，两河流域是湿润气候，距今4 000年至2 000年前，是半湿润、半干旱气候，再后来就是干旱气候。

当然，古今中外出现各种人与自然不和谐的现象，有自然的演化，如我国新疆、内蒙古与撒哈拉、阿拉伯和澳大利亚等沙漠的形成，有洋流、地势、气候、纬度等相似的或不同的因素。但也有人为作用，如人们对自然资源的大量破坏和过度利用，破坏了整体自然生态系统的稳定和平衡。根本原因是人们注重眼前自然资源的使用价值，忽视了自然永存的内在价值，对自然资源进行掠夺性开采，以至危机人类的持续发展。

从物演进化讲，人本由自然脱胎而来，也是自然界的一部分。人类改造自然的社会实践活动，具有积极和消极双重作用。如果人与自然的矛盾没有把握好，造成要么自然内部平衡被破坏，要么人类社会的平衡被破坏，要么人与自然的关系被破坏，受自然的报复就在所难免。

现今人们已充分认识到，近代科学技术飞速发展，人类认识自然、改造自然的能力大大提高，人类生产生活实践活动的范围不断扩大，但是，人类利用自然获取巨大成果的同时，对自然均衡状态的破坏，也达到了相当严重的程度。

在此，对待和评价一切经济社会活动，既要考虑经济价值，也要考虑生态价值；既要考虑征服自然、利用自然，也要考虑保护自然、回报自然等。

应当说，勇敢的人类从洪荒时代走到了文明世纪，用智慧创造了很多财富和奇迹，但很多无知与贪婪的人却留下了环境污染、生态恶化的可怕后果。而《大国统筹治理长河与大漠》的方案、构想和两个设想中，所提的修筑水库、铺设管网、建设输水隧桥、开挖运河和大规模植树造林等所有工程项目，都是为了恢复自然生态环境的有益活动。

美国地缘政治家罗伯特·D.卡普兰在所著《即将到来的地缘战争》①书中指出：今天的中国境内既有沙漠又有垦殖区，规模不亚于一个大陆，这一事实反映了其长期持续、高潮迭起的历史进程，这也为中国力量的发展提供了地缘政治基础。同时，他还指出，中国以西式现代化与东方水利文明相结合的方式，对麦金德的预言作出了回应，也就是充分利用中央控制的政权，动辄用数百万计的劳动力建设伟大的水利工程。中国历来政令如山，雷厉风行，而西式民主总是欲行又止，在这一点上是不能与之匹敌的。

而英国地理学家哈·麦金德在 1904 年发表的论文《历史的地理枢纽》②中谈到中国时，发表了惊人之语。他先是阐明欧亚大陆内部为什么会形成世界地缘战略强国的支点，最后断言，"他们（中国）将面临海洋的优越地位和把巨大的大陆资源加到一起——这是占有枢纽地区的俄罗斯人现在还没有到手的有利条件"。对此，美国地缘政治家罗伯特认为，这种论点带有鲜明的时代特点，当时种族主义情绪甚嚣尘上，对任何非西方力量的崛起都报以敌视态度。罗伯特关于"中国历来政令如山，雷厉风行"的这一论点，确实道出了大国统筹治理长河与

①　[美]罗伯特·D.卡普兰，2016. 即将到来的地缘战争 [M]. 广东：广东人民出版社，205.

②　[英]哈·麦金德，2007. 历史的地理枢纽 [M]. 北京：商务出版社，70–71.

大漠的中国体制的优势。

根据【美联社华盛顿 2019 年 7 月 4 日电】一项研究结果显示，大量植树是对抗全球变暖最好方法。瑞士科学家说世界上有足够的植树空间。他们在 7 月 4 日出版的美国《科学》周刊上说，即使保持现有的城市和农田面积，也有足够的空间种新树，面积可达 900 万千米^2，比美国国土面积还多。预测这些新树可从大气中吸收近 7 500 亿吨导致温室效应的二氧化碳，这大致相当于人类在过去 25 年排放的碳污染。并且这是迄今最廉价的气候变化解决方案，也是最有效的解决方案。并列举了具有最大的新树种植空间的 6 个国家是俄罗斯、美国、加拿大、澳大利亚、巴西和中国。

实际上，新中国成立以来国家十分重视植树造林。1952 年，军队抽调部队组成林业工程第一师，开赴海南的琼山、万宁、文昌、澄迈等县，三年种植橡胶树 63.3 万亩，并集体转业成为开发海南岛的骨干力量。组建了林业工程第二师，在广东雷州半岛种植橡胶树。1963 年，铁道兵 23 个团约 10 万兵力，担负了黑龙江、吉林、湖南、贵州、江西、广东、福建等省森林铁路修建工程。1964 年铁道兵抽调第 3、第 6、第 9 师，承担全长 676.7 千米、贯通大兴安岭原始森林腹地的铁路修建任务[①]。1978—2050 年，国家规划建设"三北"地区防护林带网 3 508 万公顷，太行山绿化林 356 万公顷，防沙固沙林 464 万公顷，平原绿化林 543.9 万公顷，陇秦晋燕的水源涵养林 60 万公顷，黄河及辽河流域防护林 315 万公顷等七项造林工程，共计 9 426.6 万公顷，建设成效显著。但是，北方因干旱缺水，除高海拔土石山地阴坡和低洼河谷造林成活率较高外，其他地区成活率只有 25%，存活率 13%，即使成活的也多是小树，起不到防护作用[②]。这说明有的地区不增加调水改变局部气候环境，植树造林成效不好。

党的十八大后，大力推进生态文明建设，植树造林力度更大，要求一般常规林的造林成活率达到 85% 以上，速生丰产林的造林成活率达到 90% 以上，有的地区要求存活率达到 3 年以上。五年全国共造林 5 亿亩，占同期世界造林总量的 1/4。今后，中国可利用在沙漠中植树造林的经验，通过增加西北调水后，在广阔的大漠戈壁中进行大规模的植树造林。

在 21 世纪，西北地区快速、高质量发展，对支撑我国经济、社会、生态的健康、稳定、持续发展有重大战略意义。西南雅鲁藏布江、察隅河、怒江、澜沧江、独龙江等年出国境水 3 600 多亿米^3，而西北地区主要大河年径流量共 1 000

---

① 中国人民解放军军史编写组 . 2010. 中国人民解放军军史（第五卷）[M]. 北京：军事科学出版社，434，442.

② 邱锋，鸿玲 . 2011. 中国如何拯救世界 [M]. 香港：香港新闻出版社，264.

多亿米³，水资源仅占全国的 4%，大多数地区的年降水量在 400 毫米以下，年蒸发能力大多在 1 000 毫米以上。

可见，西北有地，但大多已成一片片荒漠，不适合人类居住；西南有水，但山高谷深，也不适合人类居住。而从中国生态环境看，中国对治理西北荒漠化进行不懈努力成效突出，已为改善世界气候环境起到示范表率作用。特别是库布齐沙漠经 35 年的治理，有些地区年降水量由 70 毫米增长到 300 毫米左右，充分说明人工可以改变局部地区的气候环境。

2012 年，胡锦涛总书记在党的十八大报告上提出："建设生态文明，是关系人民福祉，关乎民族未来的长远大计。""要优化国土空间开发格局，全面促进资源节约，加大自然生态系统和环境保护力度。""着力推进绿色发展、循环发展、低碳发展，形成节约资源和保护环境的空间格局、产业结构、生产方式、生活方式，从源头上扭转生态环境恶化的趋势，为人民创造良好生产生活环境，为全球生态安全作出贡献。"

习近平总书记自党的十八大以来反复强调，"生态文明建设是关系中华民族永续发展的根本大计。""要加强生态环境保护，正确处理开发和保护的关系，加快发展生态产业，构筑国家西部生态安全屏障。"

习近平总书记在第八次全国森林资源清查结果的报告上批示："近年来植树造林成效明显，但我国仍然是一个缺林少绿、生态脆弱的国家，人民群众期盼山更绿、水更清、环境更宜居，造林绿化、改善生态任重道远。要全面深化林业改革，创新林业治理体系，充分调动各方面造林、育林、护林的积极性，稳步扩大森林面积，提升森林质量，增加森林生态功能，为建设美丽中国创造更好的生态条件。"

他还指出："生态文明建设正处压力叠加、负重前行的关键期，已进入提供更多优质生态产品，以满足人民日益增长的优美生态环境需要的攻坚期，也到了有条件有能力解决生态环境突出问题的窗口期。我们必须咬紧牙关，爬过这个坡，迈过这道坎。""到本世纪中叶建成美丽中国。"

两位总书记的指示精神，对彻底改善西北地区恶劣的生态环境指明了方向，提出了目标和要求，应优先考虑统筹治理开发我的长河与大漠，统筹水资源调配、国土大整治和产业布局调整，并且抓紧利用气候升温降水增加的窗口期，尽快让西北变得更加美丽。这项巨大的攻坚战，既是改变国运的一项战略性工程任务，也是对 21 世纪中国的"备战备荒"赋予了新的时代内涵。

统筹治理是出路

中国许多大江大河都要治理，尤其是西北、华北地区的河流都应与荒漠化治理统筹考虑，与内河航运、国土整治、经济社会发展、国防和军队建设及"一带一路"倡议等相协调，特别是要统筹思考把制约和影响中国发展的水荒、地荒、粮荒和油气荒的战略问题解决好。

而治理黄河的目标，既要考虑以黄河流域治理为主，又要大统筹考虑与黄河有关的其他河流和荒漠化治理、国土整治等结合起来，不能单纯采取调水输沙到东海，仅仅达到使"河床不抬高、河堤不决口、河道不断流、河水不污染"的目标，而必须将西北地区严节水、控失水、善用水、巧造水、近借水、远调水、多存水等，进行大统筹思考、研究、规划、实施。

治理荒漠的办法，也需要调整治理的思路和实施办法。如果没有外来水补给，没有更加科学高效的治理方法，其治理的目标和效果很不理想。

1994 年 10 月 19 日，科学家钱学森院士在给参加"钱学森建立沙产业理论十周年纪念会"同志的信中讲，"我在十年前提出沙产业的设想，只是考虑到我国有 153 万千米^{2}沙漠、戈壁和沙漠化土地，而且沙漠、戈壁不是没有生物。我们应该让生物利用太阳光为人类创造财富。把沙产业推进到改造沙漠、戈壁的新天地，我们就要考虑在全国范围内大规模调水！"[①]

世界四大生态造林工程，为中国、苏联、美国和北非五国。1978 年国家规划建设的"三北防护林工程"[②]，是世界上最大的造林工程，东西长 4 480 千米，南北宽 560 ～ 1 460 千米，包括新疆、甘肃、青海、宁夏、陕西、山西、内蒙古、河北、北京、天津、辽宁、吉林、黑龙江共 13 个省（区、市）551 个县（旗、市、区），总面积 39 亿亩，将历时 73 年，到 2050 年造林面积 5.6 亿亩[③]。随后又启动了全国防治荒漠化工程、京津风沙源治理工程等大型生态建设和保护工程，极大地改善了我国荒漠化持续恶化的现状，2018 年"三北"地区累计完成造林保存面积 4.52 亿亩，营造防风固沙林 1.18 亿亩，治理沙化土地 33.6 万平方公里，保护和恢复严重沙化、盐碱化的草原、牧场 1.5 亿亩[④]。2013 年以来，每年减少荒漠化面积 1 980 千米^2。其治理规模之大、速度之快，已超过了苏联

① 刘恕，涂元季，2001.钱学森论第六次产业革命通信集 [M].北京：中国环境科学出版社，141.
② 国务院.关于在西北、华北、东北风沙危害和水土流失重点地区建设大型防护林的规划.1978-11-25.
③ 中央电视 1 台.我们走在大路上.2019-9-25.
④ 国家林业和草原局，2019.2018 年度中国林业和草原发展报告 [M].北京：中国林业出版社，22.

"斯大林改造大自然计划"[1]，美国"罗斯福大草原林业工程"[2]和北非五国的"绿色坝工程"[3]的总和。在国际上被誉为"中国的绿色长城""世界生态工程之最"。

1991年国务院批准启动了《全国防沙治沙工程规划纲要》。2000年国家启动了《京津风沙源治理工程》。2001年全国人大通过了《中华人民共和国防沙治沙法》。从"十一五"到"十三五"国家不断加大治理力度，那么，如果按现在不增加调水，西北现有110万千米^{2}的沙漠、戈壁，就是治理速度增加5倍，达到每年治理1万多千米^2，至少也需要110年，何况在无增加调水的情况下，越治理难度越大。应吸取苏联、美国和北非五国，在植树造林中的种植方法不当、经费保障不足和用水问题没有解决好的教训。

那么，如果大规模进行水资源调配，以先进的治理理念、科学的治理技术、统筹协调规划、协同推进治理，十多年就可大见成效，三十多年可基本上改变西北地区的生态环境。

我国自1999—2019年的20年间退耕还林5亿亩，成效非常显著。而沙漠造林应当比退耕还林难度大。在库布其沙漠，人们驯化了1 000多种耐旱耐碱植物种子，发明了100多种生物固沙方法[4]，尽管治理成效非常大，但还受水资源严重制约，多是在水位较浅的地区，以传统的人工为主，辅助机械和飞机播种植树造林，皆是以被动的适应环境为主的方式方法，治理的规模不大、速度不快，且没有大统筹长河与大漠的综合治理，因而，在搞好节水的同时，必须跨流域调水来大规模地植树造林。

---

① 卫国战争中军民对食品和木材需求量大，过度开垦和乱砍滥伐导致自然灾害频发，遭遇大旱粮食短缺，斯大林于1948年提出了"改造大自然计划"。在苏联欧洲部分的南部和东南部的分水岭及河流两岸营造大型的国家防护林带，在农场和集体农庄的田间营造防护林，绿化固定沙地，并建设大量的池塘、水库及运河，解决农田灌溉问题，使苏联大草原地区成为粮食高产地。计划从1949—1965年营造8条总长5 320千米的大型国家防护林带，面积共8 550万亩，试图改善苏联欧洲部分的水文和气候条件。到1953年斯大林逝世时，该工程5年时间营造防护林带4 300万亩。由于李森科院士不科学的"巢穴种植方法"，将5～6棵树苗栽在一个穴位里，使造林的成活率和成材率很低。1954年苏联部长会议去斯大林化，停止了该工程的拨款，查封了森林管理部，后渐渐终止计划。

② 为遏制过度放牧和开垦造成的土地沙化、黑风暴高频暴发等生态问题，美国总统罗斯福于1934年宣布实施"大草原林业工程"。它纵贯美国中部，跨6个州，南北长约1 851千米，东西宽160千米，规划用8年时间造林450万亩。因经费紧张，大规模的造林工程暂时终止，但仍保持一定造林速度，到20世纪80年代，共造防护林带面积975万亩，黑风暴在美国彻底消失。

③ 在占居着非洲黄金地带——大西洋和地中海沿岸北非五国的埃及、利比亚、突尼斯、阿尔及利亚和摩洛哥，为防止撒哈拉沙漠的不断北侵，决定于1970—1990年实施"绿色坝工程"，在东西长1 500千米，南北宽20～40千米的范围内，营造防护林4 500万亩。实际上到1990年仅造林900万亩，主要问题是没有弄清生态、生产水资源状况及环境承受力，而大规模、高强度造林，使缺水的纯松树林又产生病虫害，有一半不能保存，另有30%成为残次林，没有控制好沙漠北侵，其经验教训值得吸取。

④ 人民日报. 2019-2-15.

学者张家诚认为，如果其他条件不变，年平均温度变化 1℃或降水量变化 100 毫米，中国粮食亩产将分别有 10% 的变化。学者程洪研究认为，历史上北方农牧交错带，是农业文化与牧业文化多次交替的地区，对气候变化极为敏感。如平均温度降低 1℃，中国各地气候相当于向南推移了 200～300 千米；如降水减少 100 毫米，中国北方农区将向东南退缩 100 千米，在山西和河北则退缩为 500 千米。[①]

中国的西部大开发，在严格节水、严控失水、高效用水和增加调水后，再继续加大经费投入，加大沙漠化治理力度，实现人进沙退。环境改善后，不仅能扩大国家战略安全纵深，而且大搞基础设施建设成本很低。与东南沿海和内地大城市发展相比，不需要在城市有限的土地上，建了拆、拆了建的多花钱。中国现每年新建住房面积 20 亿米²，消耗的钢材和水泥占全世界的 40%，每年拆毁的老建筑占建筑总量的 40%，建筑垃圾数量占城市垃圾总量的 30%～40%。

中国西北地区广阔的沙漠、戈壁、草原、川地，都比较平坦，修公路、铁路和住房、公共服务设施的建设成本都非常低，与我国云、贵、川、渝等省份的高山、峡谷比较，不仅架桥、打隧洞极少，就是大坡道、大弯道也少。

1966—1970 年建设全长 1 083 千米的成（都）昆（明）铁路大会战，铁道兵和铁道部其他专业施工队伍及民工共 44 万人。担负吴场至昆明段 667.5 千米施工任务的铁道兵共 5 个师、2 个团[②]，在山高坡陡、地形复杂的沿线，平均 1.7 千米要修 1 座大桥或中桥，每 2.5 千米要开挖 1 座隧道，全线桥梁和隧道长 433.7 千米，约占总里程的 40%。

再如，1971 年初至 1973 年 10 月建设的襄（樊）渝（重庆）铁路全长 915.6 千米，全线桥隧相连，挡护工程密集，共有隧道 405 座、桥梁 716 座。铁道兵 8 个师、6 个师属团、2 个独立团[③]，共 23.6 万人参加会战。

据悉，全世界最高的 100 座大桥都在云南、贵州。贵州是中国唯一没有平原的省份，称为"八山一水一分田"，全省已建设了 2 万多座大小桥梁，说明在西南地区生产生活建设发展成本非常高。被称为"万桥之都"的重庆市，已建设各种大小桥 4 500 多座，平均每 5 千米就有 2 座大型跨江大桥，60% 的人每天至少要经过 2 座以上的桥。建成的白居寺公路铁路长江大桥，投资高达 43.6 亿元。

而在西北搞建设，不仅平坦开阔土地多，而且主要建筑材料如沙子、石子，可就近就便采用，取之不尽。风电、光电能源就近利用率高，成本却很低，城乡

① 张文木，2018. 战略学札记（引自《中国历朝气候变化》）[M]. 北京：海洋出版社，161–162.
②③ 中国人民解放军军史编写组，2010. 中国人民解放军军史（第六卷）[M]. 北京：军事科学出版社，394，395.

居民生活都容易保障。也非常宜用机械化耕种优良的粮食、棉花、蔬菜、果树、中药材等植物，又能少用化肥和农药，还可以围栏放养牛、羊、猪和鸡、鸭、鹅等动物。

可以设想，在相应改善西北的交通运输、通信、网络等基础设施条件后，人们的生活质量也相应会得到改善，西北地区返乡回乡、创业创新人员会大大增加，东南沿海和西南地区移民西北的人员也会大大增加，整个国家能按需求有序地组织生产，整个社会能按人们的意愿悠闲和睦地进行生活。许多行业的人每周只需工作 4 天，或者每天工作 6 个小时，人们将有更多时间学习、旅游、育儿、敬老。家庭住房、医疗和日常生活费都将支出较少。

按照习近平总书记提出"建立人类命运共同体""坚持绿色低碳，建设一个清洁美丽的世界"的思想，以及"全国动员、全民动手、全社会共同参与，深入推进大规模国土绿化行动"等的指示要求，为大国统筹长河与大漠指明了方向，也将作为今后一个时期我国国民经济发展的主战场。同时，若北方地区的生态环境治理中，再考虑境内与境外协调推进，效果则会更好。

中国可与蒙古国协商，在水利和造林技术等方面合作，将贝加尔湖上中游蒙古国境内的色楞格河及支流鄂尔浑河，进行分段拦截，以留存大量珍贵的水，在沙漠戈壁用管道输送，进行大规模的植树造林，形成蒸发、降雨、再蒸发、再降雨的多次循环，就能逐渐改善蒙古国的生态环境和气候。同时，这些水汽在西风带的作用下，也能到我国内蒙古和华北、东北甚至西北东中部地区增加降水量，我国三北地区治理后部分水汽向北飘移到蒙古国、俄罗斯形成的降水也不会少，蒸发后有部分水汽也会随西北风飘移到我国三北地区。

有人提议将贝加尔湖的水调到中国北方，笔者认为这种可能性不大。一是输水线路长，沿途没有现成的河道和湖泊利用。二是贝加尔湖的湖面海拔 456 米，与用水地区海拔 1 200 米左右的高差较大，用管网输水要建多级提水泵站，投资成本巨大。三是水资源购买成本难以控制，何况曾找俄罗斯商谈不同意引水给我国。色楞格河是蒙古国的母亲河，河长共 1 480 千米，在蒙古国河段长 600 多千米，流域面积 44.8 万千米^2，年降水 200～300 毫米，流入俄罗斯到贝加尔湖的年径流量约 293 亿米^3，而贝加尔湖流出水量年均 590 亿米^3，比黄河年径流量还要多。总之，笔者认为这个问题是值得广泛深入研究的。

中国还可与周边有大量荒漠化国土的俄罗斯、哈萨克斯坦、吉尔吉斯斯坦、塔吉克斯坦、阿富汗和巴基斯坦等国协商合作，对各大小河流层层筑坝拦水存水，特别是两大中亚河流阿姆河、锡尔河，年平均径流量分别为 647 亿米^{3}和 340 亿米^3，形成与中国植树造林治理荒漠化进行遥相呼应，以共同营造成真正意义上的欧亚大陆天然大空调，对控制全球气候变暖和治理荒漠化意义重大。

西亚、非洲的荒漠化更加严重，尤其是世界上最长的河——尼罗河，建有世界上蓄水量最大的两个水坝，1个是在上游乌干达建设的欧文瀑布水库，总库容高达2 048亿米^3，若包括维多利亚湖则为27 000亿米^3。另1个是在埃及建设的阿斯旺高坝，总库容高达1 620亿米^3，除2 700万吨泥沙淤积在引水渠道由两岸利用，每年仍有320亿米^{3}的水，携带5 800万吨泥沙，未经利用就流入大海。如果中亚、西亚、非洲的各大小河流，多拦沙蓄水植树造林，也将促使"一带一路"倡议成为绿色繁荣发展之路，是"建立人类命运共同体"的重大行动。

第十一章　重开发利用可再生能源

能源是"工业的血液",是国家经济发展和人们生活质量提高的一个重要标志,世界大国都非常重视能源的占有、控制。如若我国西北地区在严控失水、高效用水、增加调水后,既可以大规模高效地开发新能源,又可以大大减少石化能源的开采消耗和污染环境,还可大幅度减少能源进口量。

能源战略地位高

19 世纪,当富兰克林发明了电,法拉第发明了发电机、电动机,爱迪生发明了电影、留声机、蓄电池和改进了电灯、电报、电话等电器设备后,不仅彻底改变了美国人和世界各国人的生活方式,而且更重要的是为美国找到了走向强盛的钥匙,提供给工业方便而廉价的新动力,开始为工业插上了电的翅膀,使之以闪电的速度发展,走向霸主地位。

在 20 世纪,人类使用的能源总量,是此前 1 000 年用量总和的 10 倍。美国的外交政策基本都是围绕着占世界石油储量 2/3 的中东地区及由此向太平洋和大西洋伸展的石油运输线展开的。

在 21 世纪,机械制造、互联网和芯片虽是一个大国强盛的标志,但能源仍是一个国家社会发展过程中的决定性力量之一。中亚石油约占世界石油的 1/5 多,美国又把中亚列为"战略利益地区",努力在 21 世纪成为可控的新能源基地,并图谋进一步将新疆"独立",作为阻止中国西接能源通道中亚、中东。

国防大学戴旭教授指出:"20 世纪的战争是围绕意识形态设计,21 世纪的战争是围绕资源来设计。谁控制了更多的资源,谁就有了在长期和平发展中赢得胜利的资本。"美国能源专家迈克尔·伊科诺米迪斯讲:"历史塑造今天的中国,能源制约明天的中国。"[①] 可见,军事专家和能源专家对能源在国家发展战略的重要地位作用,都是英雄所见略同。试想,如果人类以目前使用的能源消耗量,在 21 世纪,可能将世界上多数煤炭、石油、天然气消耗掉了。那么,21 世纪中国

---

① ［美］迈克尔·伊科诺米迪斯,谢西娜,2016.能源——中国发展的瓶颈 [M].北京:石油工业出版社.

实现民族复兴，重开发利用可再生能源，必将是新时代解决油荒、气荒、电荒的一项战略性资源问题。

中国为保障能源安全，近20多年全力推行多元化能源外交战略，建立石油战略储备，从中东、中亚、非洲、美洲和俄罗斯、澳大利亚等很多国家，每年大量进口石油、天然气、煤炭，并且派海军舰艇编队到波斯湾护航。中缅油气通道已开通，中巴将很快开通，但地球上一次性能源的储藏量却越来越少。

现代社会科学研究表明，决定人类生活水平主要有粮食、矿产（含石油）、电力3个指标，而衡量人类生活品质的指标是电力消耗量。2016年中国拿走全球石油的15%，铁矿石的50%。现中国人均汽车保有量是美国的20%，人均电力消耗量是美国的30%。如果这几项指标达到美国标准，意味着中国要拿走全球很大比例的资源。

2017年中国人用电量4 589度，美国为12 365度，美国是中国的近3倍。2018年中国石油对外依存度接近70.8%、天然气超过43%，都成为最大进口国[1]。2019年全球能源消费总量199.6亿吨标准煤，中国能源消费总量48.6亿吨标准煤，同比增长3.3%。消费总用电量高达72 255亿度，人均5 161度，两年人均增加了572度。煤炭消费39.3亿吨（折合28亿吨标准煤），占能源消费总量57.7%。[2] 根据中国社会科学院学者邓英淘著《新能源革命与发展方式跃进》中讲，世界经合组织提出在21世纪人均能源消费为6.75吨标煤。到21世纪中叶，我国若要实现高度现代化，则人均能源水平按4.5吨标煤，如届时人口以15亿计，则能源消费总水平约70亿吨标煤。依据他预测，如果按一半35亿吨标煤折算所需要的电能，则需11.55万亿度。

中国电力企业联合会副理事长王志轩预测：我国用电量在2030年将达11万亿度，2050年则需16万亿度，并且将由大范围资源优化配置（如西电东送）向以就地平衡为主。王志轩的预测高于邓英淘十多年前预计的指标。那么，2050年，若按人均用电1万度，以人口15亿计，则电能总消耗量需要15万亿度。

2019年8月召开的"全国企业文化年会"上，国家电投党组书记、董事长钱智民讲：石油和天然气占全球能源消耗总量的1%发展到10%左右，分别用了40年和50年时间。可再生能源从1%发展到10%左右，用了20年时间。我国人均煤炭储量只有世界人均煤炭储量的70%，油气只有全球人均储量的1/15，煤炭、油气资源十分贫乏。但是，清洁能源资源十分丰富，内蒙古、新疆、甘肃、青海

---

[1] 人民日报 . 2019-2-27.

[2] 南方电网能源发展研究院有限责任公司，2020. 中国能源供需报告（2020）[M]. 北京：中国电力出版社，2-3.

和宁夏五个省份，风能和光伏发电可开发量约为 397 万亿度 / 年，相当于 4 700 个三峡水电站年发电量，开发利用 1/60 就可以满足全国当前的电力消费水平。[①]

世界主要工业化的大国中，美国、欧盟和中国石油消耗量，分别约占世界总消耗量的 20%、20% 和 13%。由此，美国总统奥巴马在 2010 年 4 月 15 日接受澳大利亚电视台采访时讲："如果 10 多亿中国人口也过上与美国和澳大利亚同样的生活，地球资源根本承受不了。"[②] 现今，中国已探索出了一条新能源发展的路子。

风光能源潜力大

钱学森院士于 1984 年在《工业革命的挑战和我们的对策》报告中讲："太阳能是最大的能源。假如算一下太阳能照到我国 960 万千米^2 的国土上，一年的光照大约相当于消耗 1.6 万亿吨煤，就算只有 1/4 的国土能够直接用于农田和林业，那么我们按 15 亿人口平均，这样一个种植面积，植物光合作用的效率如果算 1%，大约每人就有 5 吨以上的农、林业产品。"有人做过粗略的估算，沙漠中 1 米^2 每天获得的能量相当于半千克汽油或 1 千克原煤。

中国拥有世界上最丰富的水能、风能和太阳能资源。以太阳能、风能、生物质能为代表的可再生能源，取代以石油、煤炭为代表的一次性化石能源，在三四十年前，还只是科学家们的构想，预言家们的浪漫畅想，而今，随着科学技术的飞速发展，新材料、新技术取得突破性进展，这场新与旧的革命性更替，正在悄然提速。联合国前秘书长潘基文预测，到 2030 年，这一比例将达到 30%。

太阳能聚热发电，其储能系统具备风电、光伏不可比拟的优势。曾有两位德国科学家于 2006 年在提交给德国政府的科学报告中指出，利用聚光镜覆盖在地球沙漠地带 0.5% 的面积上，就能满足全球的电力需要，而且能给沙漠地区提供丰富的淡化水。据估算，每覆盖 1 千米^2，每年可产出相当于 20 万吨石油的能量，其成本相当于每桶 50 美元。

世界第三大光伏面板厂商为江苏常州市天合光能有限公司，生产出了能随太阳的运动而移动的支架。面板早上朝东、中午朝上，晚上朝西倾斜，发电效能提高 5% ~ 30%。2017 年全球光伏面板需求的五成以上集中在中国。[③] 中国光伏行业协会理事长高纪凡讲：光伏能源会和百姓生活连在一起，如一个山西农民家的屋顶安

① 搜狐网，电力项目网，钱智民. 打造先进能源技术开发商、打造清洁能源供应商、打造能源生态系统集成商.
② 张文木，2018. 战略学札记 [M]. 北京：海洋出版社，244–245.
③ 参考消息. 2019–7–18.

装了 10 千瓦的天合户用原装系统，一年发电收入 1.2 万元，成了他的养老金。

2018 年 12 月，中国在敦煌建成了一座全球聚光规模最大、储热罐最大、吸热塔最高、可 24 小时连续发电的 100 兆瓦（10 万千瓦）熔盐塔式光热电站。在占地 7.8 千米² 的场区内，逾 1.2 万面定日镜，可随太阳移动而移动，以同心圆状围绕 260 米高的吸热塔，如同盛开在戈壁上的巨大"向日葵"，其通过聚光吸热、储能换热等环节将太阳能转换为电能，被形象地誉为"超级镜子发电站"。这是由北京首航艾启威节能技术有限公司自主研发并投资 30 亿元，年发电量 3.9 亿度，投入运营后为该市电力、供热、公共交通等提供有效保障。每年可减排二氧化碳 35 万吨，释放相当于 1 万亩森林的环保效益，可创造经济效益 3 亿～4 亿元。

光伏产业是全球能源科技和产业的重要发展方向，也是我国具有国际竞争优势的战略性新兴产业，发展光伏产业对调整能源结构，推进能源生产和消费革命，促进生态文明建设具有重大战略意义。中国光伏产业已全球领先，新增装机容量连续 5 年全球第一，目前也是世界太阳能最大的产业。2017 年全国光伏发电装机已达到 1.2 亿千瓦，新增装机 5 306 万千瓦，超过了德国 20 年来的光伏装机容量。[①] 预计 2020 年可再生能源的发电量，能减少二氧化碳排放量约 14 亿吨，相当于 5.8 亿吨标准煤。

目前我国已在西北 5 省区和内蒙古地区，结合荒漠化治理已建设了很多大型光伏发电基地。在内蒙古库布其沙漠腹地鄂尔多斯市达拉特旗，已建成最大集中连片光伏基地一期工程 50 万千瓦并网发电，每年减少二氧化碳排放 80 万吨。被称为"太阳谷"的库布齐沙漠，总体规划 100 万千瓦（光伏治沙 90 万千瓦和光热治沙 10 万千瓦），总投资 110 亿元，治沙面积达 10 万亩。如今，内蒙古亿利集团的光伏项目实现了"板上发电、板下种草、板间养殖、治沙改土、产业扶贫"的创举，使沙海变光田[②]。2018 年，北京市全年用电量 1 142.3 亿度，而内蒙古全区风力发电 632 亿度，超过北京半年的用电量。

2018 年中国可再生能源发电量已达 1.87 万亿度，其中：水电 1.2 万亿度、风电 3 660 亿度、光伏发电 1 775 亿度和生物质发电 906 亿度。占全部发电量的 26.7%[③]。2019 年，可再生能源发电量已达 2.04 万亿度，占全部发电量的 27.9%，增长快速。

在沙漠中发展风能、光伏发电站，不仅能减小风速，减少沙尘暴，还能使

① 中国经济时报 . 2018-1-1，2018-6-5.
② 人民日报 . 2018-12-16.
③ [美] 林伯强 . 2019. 中国能源发展报告 . 北京：北京大学出版社，165-166.

环境温度降低，减少地面水汽蒸发、植物蒸腾量。据报道：《建风电光伏可使撒哈拉降雨倍增》，如果整个沙漠被风车覆盖，且 1/5 的沙漠被太阳能电池板覆盖，那么日均降水量将增加一倍多，从 0.24 毫米增至 0.59 毫米。[①]

再从能源生产形式上来看，能源生产在原有集式常规机组和大规模新能源发电的基础上，未来将接入更多的分布式新能源，从单一的、集中式的大型电源过渡到集中式和分布式电源和谐共存。在部分可再生能源条件好的地区，分布式可再生新能源，可能成为主能源。如果西北地区荒漠治理后，大量人员由东南沿海向西北地区流动，也将大大减少油气、电力、煤炭和矿产等各种资源的大规模调运输送。

太阳能的开发和广泛利用，已经距离我们的生产生活越来越近。世界太阳能电动车挑战赛，在澳大利亚已举行 32 年，从 1987 年开始每三年举办一次，1999 年后每两年举办一次。比赛从澳洲北海岸的达尔文出发，穿越沙漠一直到南海岸的阿德莱德为止，全长达 3 000 多千米，搭载面积 6 米^2 的太阳能板，最快用了 29 小时 49 分钟就跑完全程[②]。

由此可见，将光伏、风能发电与引水造林、治理沙漠统筹起来，是有效利用沙漠变"害"为宝的有效途径。

能源发展前景广

光伏、风能发电多余的可以通过电解水设备分解成氢气，存入气罐备用，也可为储能电池充电。由于环保治理的要求，已迫使世界各国研制使用氢能源燃料电池汽车技术，它具有无污染、能耗低、能量转化效率高、续航能力长、适用地域广等特点，其能量密度是汽油 3 倍、锂电池 40 倍，危险性排在汽油和天然气之后。目前中国已进入小规模商业化、产业化推广阶段，初步形成从氢气制备、储运到燃料电池发动机和整车研发、生产、检测的全产业链，首先应用公交车、物流车、出租车。今后在降低高成本后，氢能产业发展将迎来爆发期。中国首次将氢能源设施建设写入 2019 年《政府工作报告》中，并将发展氢能燃料电池技术纳入《"十三五"国家科技创新规划》和《中国制造 2025》中。氢能在全球迎来新一轮的发展，美国、日本、欧盟、加拿大、韩国等国家均制定了氢能源发展规划。西班牙巴伦西亚港已建成欧洲第一个在货运业务中使用氢能源作为主要供

---

① 参考消息.2018-9-16.
② 中国中央电视台第9频道.梦想创未来——体育.2019-7-16.

能的港口。① 日本丰田公司研制的第二代氢能源汽车，加气 5 千克需要 3 分钟，可行驶 650 千米，2020 年年产量将达到 3 万辆。网上看到，日本的加氢站已超过 100 座，排名世界第一；我国武汉光谷——东湖高技术开发区生产出氢能源汽车，加氢 3 分钟，可行驶 1 000 千米。上海已开通了长 7 千米的氢能源公交车线路。作为汽车最大需求量的国家，我国加氢站刚超过 70 座，今后将会大规模的增加。

西北荒漠大开发后，将可耕种大量玉米，加工成甲醇作为燃料，应用前景也非常广阔。传统的氢燃料电池技术路线为氢—加氢站—燃料电池，甲醇氢燃料电池技术路线为，甲醇—甲醇加注—甲醇直接氢燃料电池。甲醇常温下为液体，便于储存运输，低温快速启动，系统无高温高压，运行更加安全可靠，而氢燃料储存条件苛刻、运输成本高。目前甲醇氢燃料电池技术很成熟，已由上海博氢新能源科技有限公司成功示范应用物流车、大巴车。30 万千瓦甲醇氢燃料电池物流车，已列入工信部《新能源汽车产品公告》。国家已批准在宁波慈溪投资 30 亿元、年产 20 万台套的全球最大甲醇氢燃料电池生产基地，计划于 2020 年建成投产。甲醇生产技术也很成熟，年产量近 1 亿吨，成本低于汽、柴油。中国煤炭资源丰富，仅以煤制甲醇便可保证百年能源安全。甲醇还可通过生物质、农作物秸秆等制取。

全世界已开始应用的磷酸铁锂电池，具有充电快、容量大、重量轻、耐高温、无记忆、寿命长、环保和安全可靠等八大优势，单块电池的循环寿命达 5 000 次，充放电效率达 85% ～ 90%，性价比高于铅酸电池 4 倍以上。在河北省张北县的国家风光储输示范基地，给风机和光伏装上电池，解决了风光能源发电的缺点。将 4 万千瓦光伏设备，10 万千瓦风电设备和 2 万千瓦的磷酸铁锂电池，组成一个联合发电体，电池组在风力和日照较好时进行储能，在天气不佳时进行输出，维持着电网需要的功率，高性能电池组的出现，让自然能源变得更加有效、可控。②

解决风、光发电最理想的储能设备是石墨烯，最让人振奋的是我国石墨烯储能设备研制应用已走在世界前列，它将使新能源发展如虎添翼。其导电储电性能最好，不久将来电动汽车广泛使用石墨烯电池，只需几分钟就能把电池充满。2016 年 10 月，中国科学院合肥物质科学研究院，研制了具有高容量、长寿命的三维石墨烯纳米复合锂离子电池材料。随后，中共中央、国务院印发了《国家创新驱动发展战略纲要》，明确了石墨烯、纳米技术等对新材料产业发展的引领作

① 中国能源报.2019-1-7（七）.
② 中央电视台.创新中国（第二集　能源）.2019-10-17.

用。储能设备将来大规模地在发电侧、用户侧快速发展，对促进全社会低碳发展起到关键作用。

我国为构建绿色低碳能源体系，一直高度重视应对全球变化的治理。2017年底中国年发电达6.4万亿度，煤炭消费总量37.8亿吨，尽管比上年有所增加，但占能源总消费的比重降到60%。清洁能源已占比超过20%，2017年可再生能源占一次能源比重已达到13.8%，到2020年基本达到15%，2030年基本达到20%的目标，风能和太阳能各占10%。德国2018年绿色电力占比超40%。

2018年中国出售汽车2 300万辆，燃油汽车正在大幅减少。从2010年起推出对纯电动汽车的销售补贴政策，2018年中国新能源电动汽车的销量达到125万辆，电动汽车发展已呈高速增长态势。而交通环保的欧洲，电动汽车的销量仅为38.6万辆。随着能源多元化和储能设备的大规模、快速度发展，对新能源汽车起到巨大的助推作用，国家争取使新能源汽车市场到2020年达到200万辆，2025年达到700万辆。

由此可见，西北有110万千米²的沙漠戈壁，就按每平方千米年发电1亿度，用5万千米²建设太阳能发电场，可发电5万亿度，加上其他地区利用的太阳能，还有风能、水能、生物质能、煤炭、天然气、核能、可燃冰等，未来中国的能源消费就有保证。

如果黄河流域气候变得湿润多雨，估计年光照时间会减少500～600小时，虽然减少了光伏发电量，但可以减少空调、冰箱的使用时间，可以少买、少用空气净化机、净水机、加湿器，可以减少洗衣、洗车次数，从而减少水、电消耗，也可以减少对土壤、沙尘、雾霾的治理而大量投入的环保费用。"十三五"期间，仅全社会环保投资一项高达17万亿元[①]。那么，若用一半的经费治理黄河和西北荒漠应该就够了。何况中国现每年进口石油近4.2亿吨，约1.4万亿元；进口粮食1.3亿吨，约3 300亿元。如果将来进口石油下降到1/5，也不用进口粮食，每年可节省1.45万亿元，按30年计算至少可节约43万亿元。再者，东南沿海建设再多再漂亮的高楼大厦，也只是锦上添花，而对西北长河与大漠治理开发的大投入，才是真正的雪中送炭。

---

① 人民日报.中国土壤治理将有"大动作"（第二版）.2016-4-27.

第三篇

长河大漠治理的统筹与构思

统筹治理长河与大漠，从根本上解决中国水荒、地荒、粮荒、油气荒和生态环境等问题，必须遵照习近平总书记关于"河川之危、水源之危，是生存环境之危，民族存续之危""节水优先、空间均衡、系统治理、两手发力""生态文明建设是关系中华民族永续发展的根本大计"等系列思想。进一步理清治黄、治沙和调水事业中，可控、可利用、可适应的各种因素及其关系矛盾，进行全国一盘棋大统筹治水调水、严控失水、高效用水、治理荒漠。

第十二章　黄河流域统筹保护治理建议方案

落实习近平总书记关于"黄河治理是事关民族复兴的重大国家战略"。"重在保护，要在治理。""坚持山水林田湖草沙综合治理、系统治理、源头治理，推动黄河流域高质量发展"的指示精神，着眼于根治黄河，高起点打基础，高标准抓建设，因地制宜、因势利导、疏堵结合、标本兼治的进行全面统筹优化，实现"除水害、兴水利、控水失、通水运、治荒漠"的目标。

一、基本设想

黄河流经的宁蒙平原、汾渭平原和黄淮海平原河段总长约 1 780 千米，有的河段改造拉直后总长约 1 600 千米。将宽 1 ~ 20 千米、深 5 ~ 9 米的宽浅河段，深挖改造为 1 条河面宽 180 米左右、河槽深 18 ~ 20 米的窄深主河道，并视情筑坝拦水建船闸，水位调升由供水的水库进行，与两侧长 40 ~ 100 千米、宽 300 ~ 500 米、水深 20 ~ 25 米（考虑积泥沙），成梯级的人工平原湖相连，作为黄河辅道，再与深挖的城镇人工湖连接起来，在洪、凌期蓄水，在旱季灌溉，还可与渭河、汾河、伊洛河及渤海、京杭大运河相连通航，彻底解决几千年来黄河防洪、防凌、减淤、排沙、供水、灌溉、航运等各种交织的矛盾和难题，并能利用黄河减少大量排沙入海的水来治理西北地区的荒漠。

开挖蓄水平湖

设计各地区具体的河段长、宽、深及人工湖蓄水量，既要测算本地用水需求，又要根据地形地貌、地质条件、河道比降、洪凌水量等情况，待现地勘测评估后进行规划设计。

上游：青铜峡——河口镇，河长 868 千米，河道宽多在 500 ~ 1 000 米，落差 176 米，比降 0.2‰，开挖成 10 ~ 12 个梯级平原湖，主河道也可筑坝拦水和建船闸，增加船行水深。同时，改造利用黄河边近 300 千米^{2}的乌梁素海湖，开挖 20 米深，能蓄黄河水 50 多亿米^3。它是黄河改道形成的河迹湖，曾是中国八大淡水湖之一，水深 0.5 ~ 1.5 米，蓄水 2.5 亿米^3。

中游：禹门口——潼关，河长 132.5 千米，河道宽 3 ~ 15 千米，落差 52

米，比降 0.4‰，可开挖改造成 3 ～ 4 个梯级平原湖。

下游：桃花峪——入海口，河长 786 千米，河道宽 10 千米左右，两岸大堤之间滩区面积 3 154 千米^2，落差 93.6 米，比降 0.12‰，可开挖改造成 5 ～ 6 个梯级平原湖。主河道可筑坝拦水和建船闸，增加船行水深。下游为黄河唯一起调蓄作用的东平湖，常年水面约 124.3 千米^2，平均水深 2.5 米，蓄水量约 3 亿米^3，改造深挖 20 米，有效容量约 20 多亿米^3。

支流：渭河、汾河、伊洛河等较大支流，将河滩地改造成平原湖。同时可利用黄河干支流沿岸城市公园湖泊深挖，进行蓄水、防洪、沉沙、养殖、景观等。

修建水库电站

国家在黄河干流的龙羊峡水库以下河段规划建设水电站，由 1955 年确定的 46 座梯级已调整为 36 座，已建、在建 28 座，发电总装机容量 1 904.2 万千瓦，年平均发电 636.9 亿度，分别占黄河干流可开发水电装机容量和年发电量的 62.2% 和 60.4%。还拟在龙羊峡水库以上河段规划建设梯级水电站 10 座。拟在黑山峡规划建设的大柳树水电站，有效库容 57.6 亿米^3；拟在晋陕峡谷规划建设的碛口、古贤水电站，总库容 278 亿米^3，有效库容 75.76 亿米^3[①]，如果尽早建成这些大型水库意义重大。有利于大吨位船舶通航，还需按原规划建设禹门口、桃花峪等水库，加高沙坡头、青铜峡、万家寨、龙口、天桥、西霞院等水库大坝，以抬升水位。

修筑河湖堤坝

黄河主河道（主航道）与两侧改造的湖深、宽及堤坝长，应考虑与湖坝建设位置和水库回水通航相衔接。各梯级平原湖用水闸联通，与主航道相连便于航运，也便于农田灌溉和清理河床泥沙。成阶梯布局的每个湖靠近下游的，宜修筑 15 米左右高的围湖堤坝挡水。河湖大堤主要使用岩石和钢筋水泥框架，保证千年不溃堤。下游两岸大堤宽 80 米左右，总长达 1 300 多千米的标准堤防，可改造为高速公路。在峡谷两岸修筑拦沙坝、墙，严控沙、石入河。

建设船闸码头

按照统一航运规划，统一船型标准，统一码头标准，设计船闸和码头泊位，并增加各水库的蓄水位。影响港口航道船舶附加吃水的因素较多，一般水深与船舶的安全吃水比率，要根据船舶特性、航道形状尺寸、水深等各种因素[②]。考虑黄河有效治理后，河中仍有少量泥沙，有的河段弯曲度大及其他不确定因素。干流：兰州至青铜峡按 1 千吨级船队，青铜峡至河口镇的宁蒙平原按 1 万吨级，河

---

① 水利部黄河水利委员会 . 2013. 黄河流域综合规划（2012—2030 年）[M]. 郑州：黄河水利出版社，26，30，52-53.

② 大连理工大学土木建筑设计研究院 译，2019.港口航道设计指南 [M]. 大连：大连海事大学出版社 .

口镇至禹门口按 2 千吨级船队，禹门口至三门峡按 5 千吨级船队，三门峡至郑州按 2 千吨级船队，郑州至出海口按 10 万吨级集装箱海轮。各梯级水库、每侧梯级湖之间、湖与主航道之间为双通道、双船闸，在丰、枯水期船舶航行能及时控制水位。在河、湖、库的堤坝建设码头，要视城镇人口数量、矿产资源储量，考虑开发设计。下游需论证建设军民共用或专用码头。渭河、汾河、南洛河及三盛公总干渠的通航里程、航运标准，待勘测评估后定。

清理改造河道

按通航标准，疏通拉直通航水道，减少大拐弯，以利船舶通行。对影响航运的峡谷河段，主航道的河床要挖深、拓宽。对下游悬河和宽浅散乱、游荡多变的主河道，要改造开挖平湖，修筑主航道。对摆动范围成扇形约 6 000 千米² 的入海流路，可调整到东营港北侧。对入海口的航道要疏浚，并修筑延伸约 30 千米的航道防护堤。请见表 12-1。

表 12-1　黄河流域干流河道概况

河段	地名	海拔（m）	河长（km）	流域面积（km²）	径流量（亿 m³）	输沙量（亿 t）	落差（m）	比降（‰）	备　注
全河	河源至河口	4 500	5 464	794 712	534.80	12.65	4 480.0	8.20	
上游	河源—河口镇	4 500～1 050	3 471.60	428 235			3 496.0	10.10	
	1. 河源—玛多	4 500～4 260	269.70	20 930			265.0	9.80	
	2. 玛多—龙羊峡	4 260～2 600	1 417.50	110 490			1 765.0	12.50	
	3. 龙羊峡—下河沿	2 600～1 230	793.9	122 722	329.89		1 220.0	15.40	兰州河川径流量 329.89 亿 m³
	4. 下河沿—河口镇	1 230～1 050	990.5	174 093	331.75		2 46.0	2.50	
中游	河口镇—桃花峪	1 050～93.6	1 206.4	343 751			890.4	7.40	径流量 331.75 亿～532.7 亿 m³
	1. 河口镇—禹门口	1 050～390	725.1	111 591			607.3	8.40	龙门径流量 379.1 亿 m³
	2. 禹门口—小浪底	390～275	368	196 598			253.1	6.90	均宽 8.5km，滩地 600km²
	3. 小浪底—桃花峪	275～93.6	113.3	35 562			30.0	2.60	三门峡径流量 482.72 亿 m³

河段	地名	海拔（m）	河长（km）	流域面积（km²）	径流量（亿 m³）	输沙量（亿t）	落差（m）	比降（‰）	备注
下游	桃花峪—河口	93.6～0	785.6	22 726	532.7	12	93.6	1.20	河道总面积 3 154km²
	1.桃花峪—高村		206.5	4 429			37.3	1.80	一般 10km，最宽 24km
	2.高村—陶城铺		165.4	6 099			19.8	1.20	
	3.陶城铺—宁海		321.7	11 694			29.0	0.90	利津径流量 534.8 亿 m³
	4.宁海—入海口	0	92	504	534.8		7.5	0.80	1961—1969 年均入海 501 亿 m³

注：数据来源于《黄河流域综合规划》（2012—2030 年）第 2～5 页等；1956—2000 年系列黄河流域多年平均径流量 534.8 亿 m³。兰州以下年降水平均 600mm，年蒸发量 1 100mm，甘、宁、蒙中西部最大年蒸发量 2 500mm。流域北部海原、包头一线以北，气候干燥，年降水总量小于 300mm 以下；渭河、汾河、沁河一线以南，年降水量大于 600mm；以上两条线之间，为 400～500mm

铺设输水管网

以黄河干流为脊梁，以水库和平原湖为依托，沿黄河两岸向纵深铺设输水管网。抽水泵站和输水管网要与水库、平原湖同步规划。取水点应选地势适宜的河段、水库和湖泊，尽量通过管网自流，减少输水势能损失。对水库和湖中的泥水，尽量搅拌引出或抽出后灌溉农田，粗沙用于建筑。高、中压供水可用钢管、球墨铸铁管、钢筋混凝土管（PCCP），一般低压流管线，可因地制宜选用造价低的夹砂玻璃钢管、聚乙烯管、PVC 管，沉淀后的清水可搞滴喷灌。

综合整治拦沙

为防止上、中游洪水和泥沙进入黄河主干道，应根据黄土高原、内蒙古高原大量水土流失的地形、地貌、地质、水文条件，合理选择、设计、建设好防洪、拦沙、蓄水坝，加大重点治理区和重点预防保护区的治理力度，进一步搞好植树造林。对陕西、山西、甘肃东南部、宁夏和内蒙古南部产泥沙多的大小支流及沟壑区，既要多建淤地坝和中、小水库，也要分段多建一些防洪、拦沙、蓄水量大的控制性水库，利于就近大面积灌溉农林草地。甘肃北部、宁夏和内蒙古西南部的沙漠区和半沙漠区，特别是靠近黄河的阴山、贺兰山的土石区、风沙区以及宁蒙河段两岸，应当全部建设拦沙墙和防护林带，严防泥沙进入河道。

二、方案主要特点

使国家"大动脉"有伸缩性

黄河治理首先要考虑解决好上、中游"拦"的问题，将黄土高原各大小支流的水土流失面治理好、保护好。其次考虑解决好"疏"的问题，将上、中、下游宽浅河段的一条河，调改为 1 条窄深主河道和两侧梯级平原湖辅道，相当 3 条窄深河道，再用管网向两岸纵深铺设，并与沿岸城市群人文景观的人工河湖相连，形成在落差大的狭谷有水库、落差小的平原有湖泊蓄水。人工湖可在洪、凌期为黄河主河道分解水力、吸纳洪水、削减洪峰，以防冲、决堤。在春、夏季用管网为两岸农林草地灌溉，让"大动脉"黄河在丰、枯水期保持弹性，让"毛细血管"的输水管网"适时、适地、适量"供排水。可以说增加黄河主河道两侧两条深水辅道，就像快速公路有主路和辅路，使之各行其道，可永久解决黄河洪、凌期不泛滥决口的难题。

解决河道淤积难题

黄河历经多年持续不断治理，1990—2007 年实测多年平均输沙量为 6 亿吨，为枯水枯沙系列。2008 年实测最小来沙量为 1.3 亿吨，为历史上最少年份。如果加大黄土高原水土保持力度，综合治理好中、上游各大小支流，建好小北干流的碛口、古贤等水库，可大量控制洪水和泥沙下泄。按每年到下游 1 亿～1.5 亿吨泥沙估算，总面积 620 千米^2（湖泊总长 720 千米 × 平均宽 0.86 千米）的平原湖，每年沉淀的泥沙高度在 16～25 厘米，3～5 年轮流清理一次也是可以的。实际上湖面宽 300～500 米，要比现河宽 5 000 米左右的一条河清理操作方便多了。平原湖中的泥水搅拌后抽取灌溉农田，沉在湖底的只有少量的粗沙。而按《规划》提出到 2050 年后，每年需要输沙水量保持在 250 亿米^3 左右，保持河床不抬高的继续行河 150 年，这不仅浪费高达至少 3 万多亿米^3 珍贵的黄河水，而且还没有解决悬河问题。本方案提出在平原地区将 1 条宽浅河道，开挖改造为相当 3 条窄深河道，在丰水期利用蓄水量大的湖快速吸纳洪水和泥沙，在枯水期用水泵抽取浑水灌溉农田并改良土壤，在冬季抽干湖水后全面维护，就像南沙吹沙填海一样，用挖沙船清理粗沙，能节省大量冲沙入海用水，也能保证防洪安全和正常航运。

为干流水库减压

1956—1979 年黄河流域多年平均径流量 661 亿米^3[①]；1956—2000 年则为 534.8 亿米^3[②]，最大径流量 979 亿米^3。龙羊峡水库至小浪底水库的干流有 7 座大型控制

---

① 中华人民共和国水利部 . 2019. 2019 中国水利统计年鉴 [M]. 北京：中国水利水电出版社，15–16.

② 水利部黄河水利委员会 . 2013. 黄河流域综合规划（2012—2030 年）[M]. 郑州：黄河水利出版社，4.

性水利枢纽，有效库容 456 亿米^3。本方案提出，如果对黄河上、中游大小支流分段筑坝拦沙蓄水灌溉，进入干流水库的泥沙少了。到下游的特大洪水就没有了，出现一般洪水和泥沙平原湖也能吸纳，将大大减轻干流水库积沙、清库弃水和调水调沙的负担，碛口、古贤、三门峡、小浪底水库的有效库容会增大，使用寿命会很长。

增加下游支流汇入

黄河下游的冲积平原黄淮海平原面积约 25 万千米^2。过去在治理黄河中因下游河床抬高成为分水岭，北岸划给了海河，南岸划给了淮河，渐渐形成黄河下游以大汶河为主的集水面积 2.3 万千米^2，仅占全流域面积的 3%，区间增加水量约 20.3 亿米^3，占黄河总水量的 3.5%，使下游用水主要依赖上中游输水，枯水年上游用水多下游就断流。本方案提出通过增加黄河两条辅道，河床降低，将使黄河两岸汇集到海河和淮河流域，约占 1/4、共约 6 万千米^2 集水面积，45 亿米^3 的水再回归流到黄河，也减少了淮河洪涝灾害发生的频率。同时，能防止渭河、汾河、北洛河的洪水，其闾尾河段存在着与黄河干流的淤积而就地泛滥成灾的问题。

开通大型船舶航运

新中国成立后，公路、铁路快速兴起，针对黄河水运衰落的形势，国家开始重视发展黄河航运。1988 年国家计委审批交通部《黄河水系航运规划报告》中提出的通航建设目标是，全河段从兰州至山东河段 1 号坝为 3 260 千米，按六级通航标准，可通航 100 吨级船只。其中乌海至韩城 1 367 千米，按五级通航标准，可通航 300 吨级，弯曲半径 400 ～ 500 米，满载吃水 1.2 ～ 1.5 米。位山到入海口通航 500 吨级，目前，黄河航运在我国七大江河中最为落后。已建水库库区和兰州市的通航总里程只有 480 千米。如果本方案实施后，黄河上中游泥沙基本控制了，主河道改造深了、悬河变成蓄水平湖了、水量水位能控制了，能贯通东、西部至海上水运通道，可与铁路、公路联运来缓解运输压力，并与京杭大运河相连，也能与海河、淮海、长江沟通。考虑黄河泥沙在下游平原湖中每年增加 0.16 ～ 0.25 米，及人工湖水灌溉两岸农田等，郑州至出海口主航道和蓄水平湖水深保持在 18 米以上，理论上讲，可通行 15 万吨级集装箱海轮。但是，考虑其他各种不确定因素，保守估计水深不少于 14.5 米，通行 10 万吨级集装箱海轮是可能的，每艘运量相当 4 000 辆卡车的运量，能大大缓解公路运输压力。天津港是世界上航道等级最高的人工深水港，主航道水深 21 米，可满足 25 万吨级船舶自由进出港。苏伊士运河长 190 千米，水面宽 280 ～ 345 米，最大船舶吃水允许值 18.9 米，最大吨位 21 万吨，每年约有 1.8 万艘船舶通过。据悉，2015 年 8 月新修开通的一条苏伊士运河长 72 千米，船舶通过由 22 小时减为 11 小时。泰国拟规划建设的克拉运河长 102 千米、宽 400 米、水深 25 米。可以预计，仅就建设从郑州通向渤海，从三盛公通向新疆乌鲁木齐的运河，与建设青藏铁路、川藏铁路作用意义同样重大。

有关运河情况，请见附录：世界 40 条主要人工运河概况；附表 15：中外 30 条人工运河有关数据。

三、工程重点和难点

新修水坝船闸

黄河已建、在建水电站，都没有统筹建设船闸设施。三门峡水电站 1960 年建成蓄水，1964 年库容损失了 32.7 亿米³，到 1965 年库区和干、支流河道淤积约 50 亿吨泥沙，在实施改建工程时，对大坝预留船闸位置改为排沙洞，尔后另建。建设大柳树、碛口、古贤 3 座大的水库和壶口过船设施，是治理中最大最难的工程。其中壶口瀑布的上下河段 1 千米之内落差约 50 米，瀑布水面落差近 20 米，为保持其自然景观不变，可在瀑布左岸开凿 2 条航道深约 65 米、宽 30～40 米的两级船闸。原水道每天上、下午各放水 1 个小时，仍能显示瀑布的气势磅礴。这段河谷船闸设计施工难度很大，但与长江三峡水电枢纽 185 米高坝一起建设的五级船闸难度要小很多。三峡船闸长 280 米、宽 34 米，闸门最大高度 38.5 米，最重 850 吨，能一次通过一个万吨级船队或 6 艘 3 000 吨级船舶，是世界上最大船闸室。巴拿马运河 1914 年建成时长 81.3 千米，水深 13～15 米，河宽 150～304 米，整个运河水位高出两大洋 26 米，设有 3 个梯级 6 座长 304.8 米、宽 33.53 米、深 12.55 米船闸，可通航 7.6 万吨级轮船。2014 年新扩建通航的船闸长 427 米、宽 55 米、深 18.3 米，可通航 20 万吨级轮船，年货运量由 3 亿吨增至 6 亿吨。

整治航运河道

整个航道的河床平均坡降为 0.46‰，从兰州到小浪底水利枢纽有 4 段峡谷，有限的水量不能满足过大的河床坡降，且峡谷两岸地势险要，河道曲折蜿蜒。解决大吨位船舶通过 4 段峡谷，需要拟建、在建梯级水库和提高已建水库水位，使各梯级水库的回水变动段浅滩碍航水位衔接好。有的水库坝下河段浅滩多、塌岸多，需深挖、拓宽。

上游：第一个黑山峡，若规划建设坝高 1 386 米的一级大柳树水库，回水通航 200 千米左右。第二个青铜峡，峡谷长 10 千米，宽 50～100 米，大船安全错行难，需加高青铜峡水库大坝。

中游：第三个晋陕蒙大峡谷，从托克托至禹门口段，全长 725.1 千米，一般宽 400～600 米，最窄处 30～50 米，河道狭而不险。在天桥至禹门口 544 千米的河段内，共有滩碛 67 处，流速 3～5 米/秒，枯水期水深小于 1 米的急流段占总河长 28.1%，险滩的长度约占 29.7%，水深大于 1.2 米的河段约占 70.3%。如果建设碛口、古贤水电站后，能解决黄河北干流约 400 千米河段较大吨位船通航。第四个晋豫峡谷，三门峡水库至小浪底水库河长 131 千米，是黄河的最后一个峡谷段，小浪底水库建成水位增高后，谷底宽 200～800 米，大多航道航运条件较好。小浪底的配套工程西霞院水库，为平原型水库，距离小浪底 16 千米，现坝高 20.2 米（坝顶高程 132.8 米），需视情再增加坝高抬升水位。坝下至郑州 116 千米，为向平原过渡段，通航条件一般，需在郑州 90 米高程建设 1 座坝高 40 米左右的水坝。

下游：无峡谷但河道宽浅，地上悬河大坝改为高速公路，河道深挖土方量很大，但难度较小。河道下挖 20 米，对南水北调东线穿黄河的河底以下 70 米的倒吸虹工程不受影响。中线在郑州的穿黄隧洞埋深在 23～35 米，河道可在 18 米以下。两侧平原湖可以避开穿黄隧洞。

控制源头水沙

从源头治理是根治黄河的重中之重。要突出搞好黄河上、中游水土流失的大保护、大治理，就像预防控制疫情一样，将治理工作关口前移，尽量在源头控制住泥沙，主要是晋陕间支流区和六盘山河源区。继续搞好上中游的禁牧封育、退耕还林还草。延安退耕还林 20 年，年入黄河泥沙量下降 88%。各大小支流分段拦截泥沙，营造好水土保护林带。应着重在上游的祖厉河、清水河、大黑河，中游的窟野河、无定河、清涧河、延河、北洛河等 30 多条产泥沙多的支流，分段多建一些像泾河的马莲河水库和亭口水库，以拦泥沙、蓄水、灌溉、供水为主的控制性水利工程，必要时有的乡镇甚至县城可搬迁。加强对宁蒙河套区多沙、粗沙区的防沙墙建设，必要时在石砌墙中加钢筋水泥，或增建第二道拦沙墙。对内蒙古河段产粗沙多的十大孔兑，要像修筑长城一样修建坚固有效的拦沙墙、坝。长城多修筑在高高的山脊上，而拦沙墙修筑在山脚下，其难度比长城要小很多。严格矿产开采和修筑道路时产生的废土、废渣直接倾入河道。总之，要做到从高原到山沟，从支流到干流，分段筑坝防洪蓄水、拦截泥沙，尽可能多地把黄土、雨水留在农田、林草地里，把河水用在工业、农业和运输上，把加高加固干、支流下游河堤和远调水、提扬水的经费，多用在控制黄河上、中游的洪水和泥沙上。请见附表 1：黄河三大忧患；附表 2：黄河流域水土流失治理情况；附图 6：黄土高原水土流失情况地形图。

建设交通枢纽

过去影响黄河航运主要因素是，春有凌汛，夏有洪水，冬季结冰封航，季节性变化大；上中游峡谷多，落差大，泥沙含量高；中下游河道弯曲，水位浅，水流缓慢，泥沙沉积，形成地上悬河。随着交通事业的发展，与黄河交叉的公路、铁路将越来越多，需与水运通道一并规划设计。兰州以下已建在建黄河公路和铁路大桥 50 多座，有的桥梁跨度、净空不能通过大吨位船舶，需拆除重建。与黄河干、支流交叉的隧洞、倒吸虹和桥梁等工程应是重点工程，有些需同步规划建设。黄河东平湖到济南河段，是黄河、淮河、海河的交汇点、矛盾点，也是京杭大运河、南水北调东线的关键区段，是黄河下游唯一的调蓄湖和大卡口（艾山河宽 275 米），规划建设好这一带意义重大。对远景规划的应当预留好地幅，便于若干年后建设。

四、治理的原则

统筹除害与兴利统一

黄河孕育发展了中华民族。现今黄河以其占全国河川径流量 2% 的有限水资源，人均水量为全国的 23%，却灌溉流域内外 1.1 亿亩耕地，养育了全国 12% 的人口[①]，支撑着约 14% 的国内生产总值；黄河也是一条洪灾频发的河。曾三年两决口，百年一改道；黄河流域旱灾历史上最为严重。从公元前 1766—1944 年有记载的旱灾 1 070 次。1876—1879 年连续 3 年大旱死亡 1 300 多万人。1928 年大旱后的 1929 年大旱，陕西省 92 县，受灾 91 县。总人口 940 万，饿死者达 250 万人，逃亡者约 40 万人[②]。2008 年冬至 2009 年春，全流域受旱农田达 1.13 亿亩。2014 年河南省夏旱高达 2 700 多万亩。陕、甘、宁、蒙一些干旱缺水地区则更为严重，几乎年年缺水多；黄河还是世界上泥沙最多最难治理的一条大河。近二十多年探索利用高含沙水流输沙入海，虽减缓了下游河道淤积，但每年需要冲沙水量 200 亿米³ 左右。本方案统筹治理能根除水害，大兴水利，既可解决全流域的防洪、减淤、灌溉、供水和治沙等一系列问题，又能增强国家经济、能源和粮食安全，还能开发航运、矿业、渔业、旅游资源和治理西部荒漠。请见附表 1：黄河三大忧患；表 2：黄河流域水土流失治理情况。

统筹堵与疏治水方略

治理黄河洪水始于三皇五帝时期，大禹的父亲鲧以"堵"为主，大禹以"疏"为主。经秦唐到明清，探索实践了蓄滞洪区、开渠建闸，宽河固堤、束水攻沙、淤滩刷槽、集流冲沙等，修建缕堤、遥堤、格堤、月堤等办法束范洪水很有效，但自公元前 602—1938 年，黄河决口 1 590 次，改道 26 次。新中国成立以来，黄河流域建设各类蓄水工程近 2 万座，总库容 720 多亿米³，成效非常显

---

① 黄河流域省区 2018 年底总人口 4.2 亿，占全国的 30.3%.
② 冯善林，2018. 渭河安澜 [M]. 西安：太白文艺出版社，64–65.

著。但是，建设三门峡水库，确定 335 米高程淹没耕地 85.9 万亩，迁移了人口 31.89 万人，原朝邑、平民县全部淹没，撤销建制并入大荔县 [①]，缘于仅在干流河道上仅建设 1 座大型水库，以"堵"为主防洪拦沙，也与当时国家因经济困难，没有按 1955 年全国人大一届二次会议通过的《决议》，在各大小支流分段筑坝拦截泥沙，付出的代价很大。黄河治理重点一直都是下游河堤加高加厚加固，河道改造成窄槽宽滩，虽没有发生大决口，却形成了二级悬河。新乡、开封、济南市的河床则分别高出地面 20 米、13 米和 5 米。内蒙古有的河段也形成地上悬河。《黄河流域综合规划》提出"上拦下排、两岸分滞"的办法，是通过"控制、利用、塑造"管理洪水，协调水沙关系，减轻河道淤积，维持中水河槽，保障防洪安全，其核心是"增水、减沙、调控水沙"，但不能从根本上解决黄河高堤悬河的问题。本方案统筹解决"堵"与"疏"的矛盾统一，就是在上、中游大小支流多建防洪拦沙水库，在平坦的河道旁边建设蓄水平原湖，对洪水既约束控制，又引导疏解，将被动"防"变为主动"治"。将来花园口不会出现较大的洪水，也能确保黄河长治久安。

统筹河湖库网络建设

习近平总书记深刻指出"山水林田湖草是生命共同体"。河湖库都有各自的功能作用和运行特点规律，水库多是在坡降大的峡谷之间建设，可以防洪、拦沙、灌溉和发电等。人工湖泊是在坡降小的盆地、河套和平原地区开挖，以吸洪削峰和沉沙、蓄水、灌溉。过去黄河治理重点在河道河堤和水库，湖的因素考虑很少。黄河流域除上游青海省玛多县的鄂陵湖、扎陵湖，下游山东省"北五湖"中的东平湖外（800 里水泊梁山巨野泽）变为较小的湖外，沿岸其他较大湖泊如大陆泽（邢台市六县，面积达 1 500 千米^2），都因黄河不断决口泛滥被泥沙掩埋，不断增长的人口又使冲积平原变为耕地。过去在黄河干、支线建设了一些大中型水库防洪蓄水拦沙，在黄河沿岸不断加高培厚大堤，都是在河、库上下功夫，没有在网络化的湖泊吸洪、蓄水上找出路，每年出现洪、凌水时只能在有限容量的水库和河道中运行。比如长江是黄河年径流量的 18 倍，虽水灾频发，但缘于水多沙少和国家的有效治理，以及中下游有几千个大大小小联通的湖泊蓄水疏解，既大大减少了沿岸平原的 7 省（市）城乡的洪水灾害，又能为长江吸洪沉沙、为沿岸农田灌溉，才形成江湖靠城、城中有水的天然美景。如洞庭湖、鄱阳湖、巢湖和太湖蓄水最高可达 536 亿米^3。"千湖之省"的湖北省有大小湖泊 1 500 个。浙江省最大人工湖"千岛湖"——新安江水库，总库容高达 216.3 亿米^3，相当于黄河现年均径流量的 40.4%。可见，河湖库都有各自的功能作用和

---

① 冯善林，2018. 渭河安澜 [M]. 西安：太白文艺出版社，114.

运行特点规律，必须统筹规划好，做到宜库建库，宜湖挖湖，这也是进一步落实国家水利部提出的实施江河湖库水系的连通工程。

统筹上中下游供水合理调配

目前华北地区因"南水北调"中、东线输水使水资源紧张问题有所缓解，但西北地区水资源仍严重短缺。虽然近几十年黄河上、中游建设了龙羊峡、李家峡、小浪底等大型骨干水利枢纽，以及众多中、小水库群和灌溉引水渠等工程，拦减了洪峰，调平了来水过程，增强了防洪、拦沙、抗旱、发电等能力，但下游主要依靠上中游供水，水量小时水流挟沙能力弱，每年河床泥沙增加 5～10 厘米，横河、斜河和畸形弯道河明显增多。由于长期存在严重的洪与枯、水与沙、蓄与排的矛盾，很难做到全河统筹，上、中、下游兼顾，形成防洪防凌前发电与弃水、上下游争水、水资源严重短缺与用大量水冲沙入海浪费的矛盾问题没有从根本上解决。贯彻习近平总书记关于"空间均衡、系统治理"的指示要求，就应当统筹考虑黄河上中下游储供的科学调配，尤其要考虑西北沙漠的生态用水需求。本方案大统筹中部崛起、西部大开发与东部发展的矛盾统一，通过在平原挖湖蓄水，降低下游河道水位以增加集水量，减少冲沙入海水量，采用大量管网输水和自动化管理，可"适时、适地、适量"地调控上中下游的用水量。

统筹节流与开源体系规划

落实习近平总书记治水思路中以"节水优先"，必须统筹思考规划协调"节水与调水"的对立统一关系。首先要节流。《规划》按强化节水模式进行需水预测，2030 年全流域河道外生产生活生态总需水量 547.3 亿米^3，下游输沙和河道内生态环境需水 220 亿米^3。初估到 2050 年，随着经济社会发展，黄河流域及相关地区河道外总需水量达 680 亿米^3，河道内汛期输沙和非汛期生态需水在 300 亿米^3 左右。考虑南水北调西线一期，引汉济渭和加大污水处理利用，黄河仍将缺水 120 亿～140 亿米^3。本方案提出推广管道输水和微喷灌，减少冲沙入海水，悬河问题解决后集水，预计节水 300 亿～400 亿米^3。其次要开源。解决水资源时间分布不均的问题，主要靠水库、湖泊；解决水资源空间分布不均的问题，主要靠调水。而目前我们仍把流经西北干旱区大量贵如油的水，输送到能从低成本水源地调水的下游；把含有丰富肥料的黄河泥水，耗费大量人财物输送到渤海。林一山曾提出治理黄河的目标是"在上中游将黄河水和泥沙吃干喝净"。这个理想目标虽不能全部实现，但是，通过大统筹全国水资源合理配置，可大部分实现，即考虑从水资源多、水质优良、地形地质条件好的东北，运用现代桥梁和管道输水技术，就近为黄河下游的华北平原自流调水，而不用从青藏高原向黄河远调大量水，黄河下游适当为两岸农田就近灌溉和保持通航水位，这样，能实现节流第一，开源第二，保证全流域供足水、供好水，不决堤、不污染，少排沙、少失水。

五、投资情况分析及工期预计

开挖改造湖泊。有的人担心改造工程量太大，分析一下工程量并不大。黄河水量小，不同于长江水量很大难控制，除汛期不能施工外，其他时间可由上中游的各大水库控制流量。宁蒙、汾渭、黄淮海平原，都是黄土冲积平原，将现有河道改造成 20～25 米深的平原湖，不饱和黄土和沙土所占比例较多，岩石、砂石土很少。开封市曾因黄河洪水淹没叠摞着 6 座城池，可以想象工程量、技术难度和投资量不应很大，何况在平原挖湖，要比在山脊筑长城、在海底打隧道、在城市建摩天大厦、在青藏高原修筑铁路、在南海吹沙填海的工程技术难度要小、耗资要少得多。适应城镇化建设要求，河、湖水系与房地产开发统一规划设计建设，则政府不会过多花钱，有的地段可能还会赚钱，能对其他项目有所调剂。

修筑船闸码头。航运项目中修筑船闸码头，所占投资不大，也能较快收回投资成本。1817—1825 年美国伊利运河由政府组织建设，工期为 8 年，通航 10 年回收的航运费就超过了全部投资。实际上运河孕育着城乡文明，滋养着城市繁荣，所产生的综合效益非常高。国家大力发展公路、铁路建设，有的地区路网密度很高，有的造价也很高，可调整向黄河航运建设倾斜。

建设水坝电站。国家将黑山峡的大柳树和晋陕峡谷的碛口、古贤水利枢纽，早已列入黄河水利建设发展规划，这是黄河流域治理中投资最大项目。有的水库增加坝高所需费用不大。

清理改造河道。清理的重点是黄河东流域的峡谷，改造的重点也是东流域平原河道。现每年整治河道有正常经费安排，在今后十多年维持性经费用于改造河道上，新增经费应该不会太多也应安排一些内河航运建设项目经费。

铺设管网工程。黄河两岸各省（区）通向市、县、乡镇到村的管道和蓄水等工程建设经费，由国家、各级地方政府从水资源税和土地出让收益计提比例中安排。还可通过水权交易、农林碳交易解决。田间地头管线和滴喷灌器材，由承包土地者出资一部分，地方财政补贴一部分，贫困户水利扶贫。此经费不应列入治河项目预算中。

筑坝蓄水拦沙。黄河大小支流应多建蓄水拦沙能力强的水库，投入虽小，但成效显著。大型的控制性水利工程由国家安排专项经费。植树造林、打淤地坝等小型工程所需经费，由当地政府负责。较大型的水利工程，国家可出台相关政策，由全国百强市和百强县，对口援助陕西、山西、甘肃、宁夏、青海和内蒙古等省份水土流失严重的县和乡（镇）进行治理。如果各自拿出少建几座高楼大厦的经费物资，抽调一些精干的技术人员和工程队伍，就是对这些老、少、穷地区在革命战争和改革开放中做出巨大牺牲的一种反哺，也是帮助、监督实施黄土高原水土流失治理的一种有效的组织实施办法。

跨河桥梁建设。统一规划建设的公路、铁路和电、气的跨河桥梁，费用列入国家专项事业建设规划计划。

其他经费开支。勘测设计费、工程监理费、质量管理费等比例较低。另外，沿黄公路已建成，可节省很多投资成本。

具体各项工程建设所需项目经费，则为各级主管部门和专家技术人员，在勘察论证后编制预算经费。

预计总工期 8 ～ 10 年，分两个阶段进行，其中：一期工程 5 ～ 6 年，是大项基础工程，主要是大柳树、碛口、古贤水电站建设和桥梁、河湖改造工程；二期工程 3 ～ 4 年，主要是大项工程完善、小项工程展开和全线调试。每个施工阶段对各项工程统筹计划，有些工程同时展开，平行作业，互不干扰，最后再对接调试。可借鉴葛洲坝工程边设计、边施工的建设经验。

604—610 年修筑的隋唐大运河 2 700 千米，先后动用 540 多万人，用了 4 年；1994—2003 年建设的三峡水利枢纽工程规模最大，用了 9 年；青藏铁路规划建设时间 10 年，实际用 5 年。在科技和生产力高度发达的 21 世纪，我国水电和交通运输工程建设队伍强大，不断出现的一台台超级装备，正成为大国造血通脉的利器。同时，我国国力不断强大，有集中办大事的特有条件，勘测论证、规划设计和组织建设不需花很长时间。

六、综合效益分析评判

节省大量水电土沙资源

一是节水多。据专家们比较一致的说法，黄河河道的维护和整治，每年至少需要 200 亿米³ 的水用于冲沙。因此，《规划》提出 2030 年河道内讯期输沙和非汛期生态需水 220 亿米³，预测到 2050 年入海水量为 300 亿米³。如果实施本方案，理论上讲，可节约冲沙入海水分别为 205 亿米³ 和 285 亿米³（1956—2000 年平均年入海水量 313.2 亿米³，15 亿米³ 可保持河口生态平衡）；全流域内外由明渠变管网输水和微喷灌，可节水 70 亿米³ 以上；悬河问题解决增加集水约 45 亿米³。综合计算节水 300 亿 ～ 400 亿米³，而"南水北调"东、中线规划调水 278 亿米³。二是节电多。全河能充分利用水库发电并与风电、光伏发电互补，而不弃水、弃风、弃光电。水位抬升后自流引水量多，高扬程变为低扬程提水、用管道储能输水可节电 20% ～ 30%。三是节地多。黄河流经 1 600 千米宁蒙、汾渭、黄淮海平原，河道宽多在 3～5 千米（下游最宽 24 千米），改造开挖两侧梯级湖泊后，估算河道、河口滩地（现无洪水时大多种粮）变高标准粮田 650 万亩，增用管道输水节地 2%～5%，约 200 万亩，湖泊水面养殖 150 万亩，共约 1 000 万亩。四是节沙多。用风电、光电和管道输送黄汤水到水土流失的沙漠、草原，可改造为大量优质农林草地。用平原湖沉淀大量宝贵的泥沙，细泥沙用于薄地、盐碱地作为表层土，粗沙用于建筑材料。

通过水运带动中西部大发展

黄河流域涉及 9 省（区），340 个县（旗），总人口 1.14 亿，前多年贫困人口约占 1/3。全流域是国家能源走廊，已探明煤炭、石油、天然气储量分别高达 5 500 亿吨、90 亿吨和 2 万亿米^3。从托克托县至三门峡的经济腹地有 36 个县市，还有铝、铁、磷、石灰石、大理石等。尽管铁路运输有运量大、速度快、公路运输有快速、方便的优势；尽管黄河南北相差近 10 个纬度，内蒙古至新疆河道每年封冻 100 天左右不能航运，但是内河航运有投资省、运量大、成本低、能耗小、污染轻、占地少等优势。其建设造价是铁路的 1/7～1/2，公路的 1/10～1/5；其运输成本是铁路的 1/3～1/2，公路的 1/5；占地是铁路的 1/7，公路的 1/40 左右。1 艘 5 000 吨的水上运输船队可替代 200 辆卡车。而黄河下游公路运输趋于饱和，中游沿岸大多山高谷深，修路架桥十分困难。随着国民经济发展和科学技术进步，尽管黄河的丰水、枯水问题很大，但是，如果黄河干、支流修筑大量存水水库，水量就能按需来调节，形成水运大通道，可迅速将资源优势向经济优势转化。与铁路、公路及航空构成立体综合交通网，能使黄河沿岸城市群快速稳定发展。在沿黄经济带新兴一批战略性产业，引领"中部崛起、西部大开发"。如美国在 1817—1825 年建设的伊利运河长 584 千米，宽 12 米、深 1.2 米、水闸 83 个，深入腹地进入密西根、俄亥俄、印第安纳州，与北方五大湖泊串联起来连接纽约港，是美国东海岸与内陆的快速运输通道，从伊利湖到纽约的货运费用只需要从前的 1/10。纽约比费城还小的城市，迅速发展成为全国最大的港口和城市，也快速增强了国力、军力。苏联在 1932—1937 年建设的莫斯科运河 128 千米，1948—1952 年建设的伏尔加河—顿河运河 101 千米，是通过修筑水库和人工凿的河道，与自然河、湖相连，能通航伏尔加河的干、支流达 6 600 千米，既产生了灌溉、发电、航运、旅游等综合效益，带动了全流域国民经济发展，又实现了"五海通航"，方便了俄与中亚、西亚、欧洲等地交通联系。

产生巨大社会效益

通过统筹黄河流域综合治理，确保流域防洪、供水、生态安全，沿岸城乡居民用水都能得到保证，粮棉菜能高产质优。在光照好、土质好的北纬 35°～45°，还能采用机械作业大面积种植优质高产水稻（内蒙古北纬 48° 以南可种水稻）。如果用控失水 60 亿米³，在蒙、陕、晋、豫使用管网输水和微喷灌可新增耕地灌溉面积 2 000 万亩，且一批能源化工基地供水、老少边穷地区饮水和致富问题能从根本上解决。国家和民众不再担心洪水大决堤，恐怖分子和敌军炸开河堤，防洪堤不再加高加固大投入。滩区不用外迁 35 万人、就近安置 84 万人。农、林、牧、渔和航运、旅游业兴旺发达，能支持西部千万农民返乡创业，也能增加大量城镇人员就业。住在大城市的很多年轻人开始向往田园牧歌式生活，不少退休人员乐意在农村小院种菜种花、养鸡养鸭，这些都将减少大城市人口增长给国家造成的压力。届时，飞出西北的"麻雀"会回归，东南沿海甚至国外的"孔雀"会飞向中西部，这也是西部落实乡村振兴战略的重大行动。黄河经济带与长江经济带发展遥相呼应，国家经济将由东部向中、西部地区"滚动式"发展。西部的土地、水、光、风等资源得到充分高效利用，能减少粮食、能源进口量，也能减少西气东输、西电东送、北煤南运等大量能源和物资输送、消耗。

美国田纳西河流域治理对我国黄河流域治理有一定启示。田纳西河是美国第八大河，全长 1 426 千米，年径流量 254 亿米³，流经 7 个州，流域面积 10.6 万千米²。全流域曾洪灾频发，水土流失和森林破坏严重，是美国最贫穷落后的地区之一。1933 年美国经济大萧条时期，经国会批准有计划的实施了流域综合治理开发，相继在干、支流上修建水库，有大中型水电站 34 座，1987 年水能开发达蕴藏量的 87%，有效控制了洪水，灌溉了大量农田，改善了区域气候。渠化了干流航道，建成了 9 个梯级 13 座船闸，通航条件好的河道 450 千米，有 3.4 万艘船常年通航。还建成了 100 个大型国家公园和 400 个旅游休养区，工业、农业、林业、渔业和旅游业一下带动起来，使其成为美国比较富裕、经济充满活力的地区，当地人均收入从最初全美平均水平的 45% 到 1980 年时的 80%。

极大改善生态环境

黄土高原总面积 64.06 万千米²，其珍贵的黄土占地球上总量的 70%，而水土流失面积达 45.17 万千米²，占 70.6%，目前仅 24 万千米² 得到治理。如果将黄土高原的黄河干、支流分段筑坝，防洪、拦沙、蓄水、灌溉和就近放淤，可将 85% 以上的水和泥沙就近就便利用。上千个大、小水库和平原湖蓄水，尤其是晋陕峡谷梯级大水库群，总水面面积将形成 1 600 千米² 左右，能形成区域小气候，加之新疆大量增加调水，以及河西走廊、内蒙古中西部增加用水量，蒸发的水汽随西风带飘移，将使黄土高原气候渐渐变得湿润多雨。如兰州地区植树不用抽水上山，气候变好后，自然恢复植被，就能控制坡度在 60° 左右的泥沙。盐环定等地的扬黄后续工程不用再建。对黄河成体系治理后，如果每年用节约和置换的 210 亿米³ 水，在西北的沙漠、戈壁和沙化的土地造林，按治沙专家经验，用管网和微灌平均用水 100 米³/亩，5 年可造林 2 亿亩。张掖、榆林市等地造林，在前 3 年管护合理、定期灌水可成活，形成规模后就不需要人工浇水。这样，不仅能对沙漠临黄河边缘进行锁边固沙，形成黄河沿线绿色生态安全屏障，大大减少每年 30 ～ 50 天的沙尘暴、扬尘日、雾霾天，而且能将多排的二氧化碳与充足的地表水，光合作用成一片片如诗如画的粮棉林草地；农田用水得到适时适量保障，可少用化肥、农药、地膜，实现粮棉菜果高产优质、安全高效，还可增加大量木料、饲料、肥料、燃料；河道通航后，既可节能减排，又能大量养殖水产品，增加水系一定自净能力。目前，黄河沿岸的银川、西安、洛阳、郑州、开封、济宁、济南等大中城市，引用黄河水已建或正在建设了很多城市景观河湖水系。黄河统筹治理后，沿岸的一片片湖中将会建起像"井、田、申"字形的水港公寓小区——花园森林城市，人们生活在花园里、呼吸在森林里、愉悦在自然中，有海景房、江景房一样的感受，也有苏州、杭州城及小桥流水人家周庄、乌镇的感受，更有北方各地区、各民族独特的生活风情，胜过清明上河图的盛景，永远流淌着现代水乡的文明与繁荣。

贯通欧亚陆上与海上丝绸之路

如果南水北调西线调水工程通水后，从黄河三盛公水利枢纽向西到乌鲁木齐，向东到渤海实现航运。同时，考虑实现欧亚陆上与海上丝绸之路近距离贯通，为"一带一路"倡议创造设施联通、贸易畅通的条件，可与哈萨克斯坦、俄罗斯等国协商合作，通过河湖库联通我国艾比湖与哈萨克斯坦的阿拉湖、巴尔喀什湖及咸海、里海、亚速海、黑海，运河所经路线多是大平原、大沙漠，从新疆阿拉山口到黑海约 4 100 千米，从艾比湖向东经三盛公与黄河连接到渤海约 4 660 千米，共约 8 900 千米，且与乌鲁木齐—额尔齐斯—卡拉干达运河、伏尔加河—顿河运河和莫斯科运河联通。相比走陆上丝绸之路，火车到欧洲 1 万千米左右（全球最长货运班列从中国义乌—西班牙首都马德里线 1.3 万千米），距离短、速度快，但运量有限；走海上丝绸之路运量很大，但距离在 2.2 万千米左右。实际上最关键的问题是，横贯欧亚大陆航运能为我国解除"马六甲困局"，也不勉强与泰国合作开发 102 千米长的克拉运河。请见附图 7：欧亚运河线路示意图。

为军队作战保障创造有利条件

为适应现代战争形态和我"积极防御"军事战略方针，我军的战略纵深已由近海到远海、由天空向太空延伸。黄河流域国防试验基地多，军事训练基地多，军工生产企业多，各军兵种和后勤部队多。通过对黄河流域统筹治理开发，国家经济实力的增强，相应增加了我军良好的战略防御纵深和作战保障条件。为确保国家能源安全，调整增加石油战略储备规模和布局，可通过开辟黄河运输大通道，国家在西部地区增建一些油库战储油料。战时如果被敌切断印度洋或马六甲航运通道，除利用东北、西北、西南的能源通道外，还可通过西部管道、铁路运输与黄河航运结合，保障内地和沿海地区石油供应。而黄河下游主航道和两侧平原湖，都有为大型舰艇补给的基本条件。如秦朝开凿广西灵渠 5 年作为运河用于军事，及时供应 10 多万大军军需物资，很快收复岭南实现了国家统一。2008 年到美军珍珠港参观，了解到它是一个鸟爪形向内陆伸展的大港口，仅有一个进出主航道，内港平均水深 14 米，最多停泊 500 艘舰船。德国为了海军舰艇、货轮在北海与波罗的海之间自由航行，避免绕道丹麦半岛 756 千米，1887—1895 年开挖的基尔运河长 98.7 千米、宽 102.5 ～ 162 米、水深 9 米、船闸 8 座，是最安全、最便捷、最经济的水道，自第一次世界大战以来在军事和经贸上发挥很大作用。现通行海轮最大 3.5 万吨级，年约 6.5 万艘。苏伊士运河、巴拿马运河、莫斯科运河等，曾在第二次世界大战中成为交战各方争夺利用的战略要地。

第十三章　西北地区荒漠化统筹治理开发构想

遵照习近平总书记关于"生态文明建设是关系中华民族永续发展的根本大计""到本世纪中叶建成和谐美丽中国"的总体要求。结合黄河流域大统筹保护治理开发，再从"南水北调"西线调水入黄河，从拟建的大柳树水库等向西分水一部分到新疆艾比湖的运河，为西流域约 2 360 千米，向东到渤海为东流域约 2 300 千米，黄河流域将呈"人"字形向中华大地两翼伸展。在统筹思考黄河流域成体系化治理时，一并考虑新疆的大小河流和荒漠化治理等重大问题。

一、优先统筹解决新疆水资源调控利用

近百年来，新疆地区干旱缺水导致的荒漠化在历史上是最严重的，就是在中国西部、在欧亚大陆，也是荒漠化最为严重的，高达 107 万千米^2，其中沙漠化土地高达 74.7 万千米^2。而新疆河川多年平均径流量 789 亿米^3，比黄河最多的 1956—1979 年系列平均径流量 661 亿米^3 还多 128 亿米^3，却存在水资源利用效率效益效能不高、国际河流失水多等突出问题。因而，优先统筹研究解决新疆水资源紧缺与浪费、统筹调水与严控出国境失水、全面节水与高效用水及突击治理荒漠化问题，是国家安全与发展的重大战略问题，也是真正实施西部大开发首先需要解决的问题。根据《中国水资源公报》《中国水利统计年鉴》《中国水资源及其开发利用调查评价》等统计数据分析，可考虑新疆严控失水、全面节水、统筹调水、高效用水的途径。

用管网控失水

据《中国水利统计年鉴》显示，新疆多年平均水资源总量 882.8 亿米^3。农业用水量由 2009 年的 489.4 亿米^3，增加到峰值为 2013 年的 557.7 亿米^3（同年黄河供用水 387.5 亿米^3），占新疆当年总用水量 588 亿米^3 的 94.85%。2019 年农业用水量为 511.4 亿米^3（亩均 553 米^3），占新疆当年总用水量 587.7 亿米^3 的 87%。低压管灌、喷灌、微灌节水灌溉面积，10 年间由 2 816.5 千顷增加到 4 247.8 千顷；通过高效节水灌溉后，节水灌溉由占总灌溉面积 5 284.7 千顷的 53.3%，提高到占

总灌溉面积 6 518.99 千顷的 65.16%，增加灌溉面积高达 1 851.4 万亩。2009—2018 年，由于国家和新疆加大高效节水灌溉力度，累计投资灌溉系统 791.6 亿元。特别是后 6 年新疆农业灌溉节水高达 46.3 亿米^3。新疆计划到 2020 年和 2030 年水利用系数分别为 0.57 和 0.59。根据观测计算，新疆渠灌、喷灌、微灌和低压管灌的水利用系数，分别为 0.37、0.827、0.87 和 0.9，而高效节水灌溉的水利用系数能达到 0.801[1]。可见，今后大力推广新疆低压管道输水和微喷灌成功的经验，是解决资源性、工程性和浪费性缺水问题，最高效的一种途径，它直接"浇植物"，不是明渠、坎儿井输水漫灌"浇地"。若用几年时间将土渠、防渗效果差的明渠，改为管道输水和微喷灌，农业用水总有效利用系数提高到 0.8，可年节水 140 亿米^3 以上。而南水北调东、中、西线年调水分别为 148 亿米^3、130 亿米^3、170 亿米^3。

控出国境失水

新疆地区多年平均出国境水 239.6 亿米^3，其中出国境到哈萨克斯坦境内约 218.7 亿米^3。总出境水量占新疆河川年均径流量 789 亿米^3 的 30.36%。如果调用出国境水，除引额济克和引额济乌一期工程调水 14 亿米^3，还可就近引 80 多亿米^3，占出国境水量的 41.56%。由于额尔齐斯河到哈萨克斯坦斋桑湖的水量约 300 亿米^3，流到下游俄罗斯颚毕河的水量达 1 000 多亿米^3，因而，再引用 80 亿米^3 的水对下游影响不大。当新疆增调大量水后，新疆所有河流湖泊得到大量降雨，径流量将会大大增加。

控产汇流失水

新疆有流域面积超过 1 000 平方千米的河流 257 条，平均年地表水资源量 793 亿米^3。有大小水库 671 个，总库容 210 亿米^3[2]。其中塔里木盆地水资源总量达 382.46 亿米^3，塔里木河年径流量 347.81 亿米^3[3]。由于控制性的调蓄工程少，不仅"春旱夏洪"问题突出，且山间水在自然散乱汇流过程中渗漏、蒸发失水量很大。可考虑环绕各大盆地，修筑连通公路、铁路并作为依托，多修建山间水库蓄水，用管网输水，以增加雨雪和冰山融水就地利用量，初估能减少产汇流过程中失水 10%，每年节水约 70 亿米^3。

增采地下水

全疆多年平均降水量 2 541 亿米^3，陆地蒸发量 1 744 亿米^3[4]。平均年地表水

---

① 王忠，周和平，张江辉，等，2012. 新疆农业用水定额技术应用研究 [M]. 北京：中国农业科学技术出版社，210-213.

② 中华人民共和国水利部，2019. 2019 中国水利统计年鉴 [M]. 北京：中国水利水电出版社，3，31.

③ 钱正英，沈国舫，潘家铮，2004. 西北地区水资源配置生态环境建设和可持续发展战略研究 . 综合卷 . 科学出版社，63.

④ 水利部水利水电规划设计总院，2014. 中国水资源及其开发利用调查评价 [M]. 北京：中国水利水电出版社，45.

资源量共 793 亿米³，地下水资源量共 579.5 亿米³，平均年地表水与地下水重复量 489.7 亿米³①。地下水与地表水主要来自中高山区的降水和冰雪融水，且相互转化频繁。平原区浅层地下水开采资源量 250 亿米³，其中塔里木盆地地下水可开采资源量 148.1 亿米³②。但是，地下水分布不平衡。塔里木盆地山前平原区地下淡水资源分布仅占其总面积的 6%，准噶尔盆地山前平原区地下淡水资源占其总面积的 8%，天山北坡、东疆吐哈盆地等地下水超采量已达 17.39 亿米³。2009 年全疆地下水开采量为 89.96 亿米³③。2015 年为用水开采较多年份，为 119.4 亿米³。将来调进水灌溉利用和蒸发降水，渗入地下的水将会越来越多。可借鉴利比亚地下管网输水工程经验和做法，每年可增采地下水 40 亿米³ 以上，必要时增采深层地下水。曾看到报道石油钻井队勘察到塔里木盆地沙漠底层，蕴藏总量超过 8 万亿米³ 地下水，相当于 8 条长江年径流量，后来虽没得到证实，但盆地每年都渗入沙漠深层大量冰雪山融水和雨水是事实。由于沙漠没有植被，犹如没有透气的"毛孔"，沙层 2～3 米以下丰富的水分，不能参与水循环渐渐渗入到深层成为死水。如果将深层地下水抽取后，大规模的植树造林改良土壤、截留降水、减少渗漏。沙漠浅层地下水，也会通过森林不断抽取蒸腾，可培养"暖湿高压"降水，参与到局地的水气良性循环。

利用湖泊水和中水

新疆有大小湖泊 116 个，其中 5 大湖泊贮水量高达 435 亿米³。天山西段博尔塔拉州博乐市的赛里木湖，水面海拔高 2 072 米，面积 454 千米²，平均水深 46.4 米，最深处达 106 米，蓄水量 210 亿米³。博斯腾湖水面海拔 1 048 米，面积约 960 千米²，蓄水量 77 亿米³，可利用湖面较高水位用管道引水植树造林。④全疆近 10 年工业和生活用水平均为 26.1 亿立方米。估计每年可增加淡湖水、微咸湖水和污水处理利用 30 亿米³ 以上。在新疆增调水后，灌溉农林草地后蒸发降水，湖水量会增加。在冬季不灌溉的时间可将调入水存入有的湖泊，年年存水肯定会不断增加，湖水就近就便利用量也将会更多。

巧用新增冰川融水

新疆的冰川数量最多、面积最大、分布最广，共发育现代冰川 18 600 条，冰川面积 26 091 千米²，冰雪储量 2.82 万亿米³，多年平均消融量 178.6 亿米³⑤，是天然的固体水库。西北地区 1961—2018 年，为平均每 10 年增温 0.333℃，增加

① 中华人民共和国水利部，2019. 2019 中国水利统计年鉴 [M]. 北京：中国水利水电出版社，19.

② 任建民，孙文，顾明林，2012. 中国西部地区水资源开发利用与管理 [M]. 郑州：黄河水利出版社，230.

③ 周金龙，2012. 新疆地下水科学事业的发展与成就 [M]. 北京：中国水利水电出版社，173-174.

④ 中华人民共和国水利部，2019. 2019 中国水利统计年鉴 [M]. 北京：中国水利水电出版社，9.

⑤ 廖成梅，2017. 中亚水资源问题研究 [M]. 北京：世界图书出版公司，32.

的冰川融水参与了水循环。据中国水利统计年鉴显示，2009—2019 年，新疆平均降水量为 182.9 毫米，比多年平均降水量 154.6 毫米³ 多 28.3 毫米；地表水资源量由多年平均 793 亿米³，增加到平均 871.5 亿米³，增加了 78.5 亿米³。由此推断，今后 10 年新疆冰雪消融量比多年平均消融量增加利用 20 亿米³ 是可能的。

借调黄河水

将黄河大统筹治理后节约冲沙入海的 160 亿米³ 水，调入新疆植树造林，效益则更高，存水量也将年年增加。新疆各大盆地和河西走廊四周都有高大延绵的山脉，黄土高原和内蒙古高原也有六盘山、贺兰山、阴山、秦岭、吕梁山和太行山脉及大兴安岭山脉，可以利用高山冷凝系统增加降水量。同样，若南水北调东、中线后续工程的完成，若东北为华北平原调水工程的实施，可将分配冀豫鲁 60 亿米³ 的黄河水，置换到河西走廊、巴丹·吉林、腾格里、乌兰布和、库布齐沙漠植树造林。这样，给新疆和河西走廊多增调水后，利用其优越的光热条件，林地可充分蒸发、降水，并在西风带的作用下，形成由西向东成梯次的不断的蒸发、降水，相当于向黄河流域空中调水，水的综合利用效能将非常高，实际上也能将借用黄河的水归还。

调用青藏水

为保障欧亚大陆水运，特别是补充出国境失水和改变青藏高原对欧亚大陆中心荒漠化的虹吸效应，所造成北方水循环链断裂问题，初算需从青藏高原每年向西北调水 300 亿米³，其中分配给新疆 260 亿米³。

以上极珍贵的"八水"约 800 亿米³ 以上，其中，增采地下水、利用湖泊水和用新增冰川融水，共 90 亿米³，只是权宜之计。根据各项工程的建设规模、难度和水资源分布，区别对待论证、规划、实施的时间，相继展开大规模植树造林。

一是用管网控失水、增采地下水、利用湖泊水和用新增冰川融水，大约需要 3 年时间准备。四项计 230 亿米³。在缺水的南疆喀什、和田、阿克苏、库尔勒等地，大面积种植灌木林如梭梭、沙柳、沙拐枣、沙蒿等微灌亩均用水量 100 米³，大面积造乔木经济林如枣树、梨树、苹果、核桃、红松、红柳等，微灌亩均用水量 225 ～ 310 米³。而在北疆的伊犁、塔城、阿勒泰、克拉玛依等地，大面积造乔木经济林微灌亩均用水量 195 ～ 230 米³[①]，估算在新疆造灌木林亩均用水量约 100 米³，造乔木经济林亩均用水量 300 米³ 左右。那么，在其他工程相继完成前 5 年时间里，可在沙漠戈壁、沙地、荒山脚及村镇居民区，造灌木林 2 亿亩，造

---

① 王忠，周和平，张江辉，2012.新疆农业用水定额技术应用研究 [M].北京：中国农业科学技术出版社，366–396.

乔木林 0.1 亿亩，共为 2.1 亿亩。

二是从青藏—新疆的高海拔线路调水 65 亿米^3，由曲麻莱—扎陵湖、鄂陵湖—柴达木盆地—塔克拉马干沙漠，共 55 亿米^3，大致需 6 年。

三是从西藏—青海—甘肃的中海拔线路调水 235 亿米^3，将澜沧江、金沙江、雅砻江、大渡河的四大江河水联合调入黄河，大致需 8 年。

四是从东北向华北平原调水和南水北调东、中线后期工程，并置换黄河下游和冲沙入海的水，相继约需 4 年和 8 年。

五是控产汇流失水和控国境失水，相继需要 5 ～ 6 年。2001—2005 年在新疆喀什河建设的吉林台一级水电站，坝高 157 米，总库容 25.3 亿米^3，总装机容量 50 万千瓦，用了 4 年。2011—2017 年在新疆叶尔羌河建设的阿尔塔什水电站，坝高 164.8 米，总库容 22.5 亿米^3，总装机容量 73 万千瓦，用了 6 年。

六是如果前期用水量不够，可适当调整农业生产结构，使用一些农业用水指标进行植树造林，待沙漠戈壁治理到一定程度后，再调整增加农业生产用水量，以最大限度发挥水资源潜力。

新疆绝对增加的水量为三项，控国境失水、近借黄河水、远调青藏水共 500 亿米^3，相当增加近一条黄河的水量。如果在大项工程相继完成后通水，再用 5 ～ 6 年时间可在沙漠、戈壁、沙地和荒山脚造灌木林 4 亿亩，乔木林 0.4 亿亩，加上前期用管网控失水、增采地下水、利用湖泊水和用新增冰川融水植树造林 2.1 亿亩，共造林 6.5 亿亩。其间根据用水量开始渐渐改良 4.5 亿亩林间沙漠、戈壁成为粮棉草地，另有 1 亿亩为不大规模用水的季节各大盆地所不断存水增加的湖面面积。新疆共可改造沙漠、戈壁、沙地和荒山脚等 12 亿亩，约 80 万千米^2，占新疆国土总面积近一半。

二、西北荒漠化统筹治理开发

西部地区真正的大开发，首先要通过增调水和大规模植树造林，改善西北地区气候环境，使西北的水资源能够形成负反馈，达到进出总水量基本平衡。然后，将使各类产业能快速成长、深度融合，各种资源能合理调配、高效利用，并走上绿色、低碳、循环、可持续发展道路。因而，应对黄河流域和西北地区各种资源大统筹，既要有效地治水、控水、节水、借水、调水，又要有效地用水、造水、存水。

高效用水

在新疆保持现有农田灌溉量的情况下，采用广节水、控失水、借调水、增调水等措施和途径，主要用于植树造林，其经济、社会、生态效用和价值，远高于耕地和草地利用。以种粮为例，全国年生产粮食共约 6.1 亿吨，平均亩产粮食约 340 千克。全国平均年降水量 648 毫米，折算每亩的降水量相当于 432 米³。而 1 亩农田灌溉用水量平均需要 300 米³，每亩耕地平均产粮 450 千克，每米³ 灌溉 用水产粮 1.5 千克。高效用水的以色列每米³ 灌溉用水产粮 2.3 千克。可是，新 疆地区平均年降水量 154.6 毫米，折算每亩地降水量相当于 103 米³，而由于新 疆地区蒸发量大，灌溉每亩农田用水量至少需要 500～600 米³，每米³ 水增产 的粮食 0.75～0.9 千克，要比全国亩均灌溉量高出一倍。可见，新疆与全国相 同的灌溉用水量，增产粮食却减少一半。种粮每亩地成本少则 500 元，多则上 1 000 元，比植树造林成本要高。尽管植树造林先期投入较多，但后期管理维护 投入少，缘于树木生长周期长、寿命长，短则数年、数十年，长则数百年，甚至 可达千年以上。

《2019 中国水利统计年鉴》显示，2018 年新疆农林果草业用水为 521.4 亿 米³，灌溉总面积 6 442.7 千公顷（9 664.3 万亩）。其中耕地灌溉面积 4 883.5 千 公顷，林地灌溉面积为 830.5 千公顷，果园灌溉面积为 450.7 千公顷，草地和其 他灌溉面积为 302.35 千公顷，农、林、果、草地分别占总灌溉面积的 75.8%、 12.9%、7% 和 4.3%。实际上耕地灌溉亩均用水量比林、草地高 2～6 倍。

应当说，造林的生态、经济、社会、军事、文化、休闲旅游价值都很高。因 为森林是国防和防护各种自然灾害的天然屏障，是工业原料的基地，能源的大储 仓，自然界的防疫员，农作物的保护者，绿色的疗养地，休闲旅游的"伊甸园"， 天然物种的摇篮，巨大的食品库（水果、干果）和药材宝库。

2014 年全球森林总面积 600 多亿亩，森林覆盖率 30%。中国森林总面积 31.2 亿亩，森林覆盖率 21.66%。2020 年中国森林覆盖率为 23.04%，力争 2035 年达到 26%。日本是一个岛国，森林覆盖率已高达 66%，但他们很少采伐本国 森林，而是大量从第三世界国家进口，就连吃饭用的筷子曾大量从中国进口，缘 于森林有很强的生态功能和非常大的生态价值。

据王冬米主编的《走进森林》、姚延梼主编的《林学概论》（第二版）和有关文 献资料，充分说明森林的生态功能和重大价值。

（1）森林是氧气的制造厂，二氧化碳的储存库。每公顷森林每天生产氧气 730 多千克，相当于 970 人的氧气吸入量，可吸收二氧化碳 1 000 多千克，相当 1 000 多人的呼出量。落叶林每公顷每年释放氧气 16 吨，针叶林为 30 吨。森林每生长 10 吨干物质，能吸收 16 吨二氧化碳，释放 12 吨氧气。森林释放的氧气比其他植 物高 9～14 倍。地球上绿色植物吸收的二氧化碳中森林占了 70%。亚马孙雨林生 产的氧气量占地球上氧气总量的 10%。

（2）森林是大自然的空调器，有调温增湿作用。森林内冬暖夏凉、夜暖昼凉、温差较小。夏季气温比空旷地低 8 ～ 14℃，有 80% 的太阳光被林冠和植被遮挡。冬季可阻挡寒风，气温高于林外 1 ～ 2℃。林区空气湿度比无林地高 15% ～ 25%，降水量也比无林区高 100 ～ 200 毫米。

（3）森林是水土保持的卫士，特殊的蓄水库。15% ～ 30% 的天然降水量被林冠截留，5% ～ 10% 的降水从林内蒸发，约 10% 的降水形成地表径流，50% 以上被林地植被、枯枝落叶和森林土壤储蓄起来。黄土高原 20 年生的刺槐，每公顷垂直根系通道在 15 000 条以上，有很强的水土保持能力。森林每公顷可贮蓄 300 ～ 1 000 米^3 的水。

（4）森林可防风固沙，是天然的抽水机。以"风库"著称的新疆吐鲁番，在 1961 年 5 月 31 日刮了一场持续 13 小时的 12 级大风，因无林带防护，全县受灾农田达 1.5 万公顷，其中 1 万公顷基本绝收。但在 1979 年 4 月一场持续 20 小时的 12 级大风，由于有人工林带防风，全县受灾农田只有 0.23 万公顷，只占前次的 18%。人工防护林带可降低风速 35% ～ 58%。一株成年普通树一年从土壤中吸水 4 吨左右。

（5）森林是最理想的吸尘器、吸毒器、杀菌器。每公顷森林年吸收粉尘 50 ～ 80 吨，空气中灰尘可减少 20% ～ 50%。距离人的呼吸带 1.5 米处的含尘量比没有绿化地段的含尘量约低 60%，PM2.5 浓度下降 10% ～ 15%。空气中含量最高的二氧化硫对人体危害最大，而每公顷华山松林年可吸收 840 千克。森林内每米^3 各种细菌的含量 300 ～ 400 个，比森林外低 10 倍，甚至上千倍。森林中的杉、松、桉、杨、柏等树种可分泌出一种"杀菌素"，能杀死空气中的白喉、伤寒、结核、痢疾、霍乱等病菌。

据印度加尔各答农业大学教授德斯研究：一棵 50 年树龄的树，按市场上木材价格计算最多 300 多美元，但按生态价值来计算，吸碳制氧、吸毒杀菌、吸尘防风、涵养水源、调节气候、产生蛋白质、增加土壤肥力、防噪声和大气污染、为动物提供繁衍场所等创造生态价值共 196 000 美元[①]。这些数据似乎很抽象，令人难以置信，但让人们都能切实感受到的是，森林能减少或防止风灾、水灾、旱灾、雹灾、霜冻、沙尘暴、泥石流的发生，能防止温室效应加剧和土地严重荒漠化等，能减少或防止鼻炎、气管炎、肺炎、哮喘等呼吸道疾病和有些癌症及皮肤病、过敏等。

2017 年，中国工程院钟南山院士和王辰院士指出，中国总死亡人数的 87% 由慢性疾病引起，其中心脑血管疾病占 45%，癌症占 23%，肺癌占到癌症致死第一位，慢性呼吸道疾病占致死亡总数的 11%，位于第三位。可见，树之于人，

---

① 王冬米，2016. 走进森林 [M]. 北京：中国农业科学技术出版社，29.

如水之于鱼。自古以来，人们的生存离不开森林。

2010 年 5 月 20 日，中国林业科学研究院首次对我国森林植被碳储量，以及森林涵养水源、保育土壤、固碳释氧、积累营养物质、净化大气环境与生物多样性保护等六项生态服务评估，总价值为每年 10 万亿，大体相当于当时国家 GDP 总量的 1/3。到 2018 年，森林每年提供的主要生态服务价值约 13.4 万亿元。全国森林覆盖率 22.96%，森林总面积 33 亿亩，总碳储量 91.86 亿吨。年固土量 87.48 亿吨，年滞尘量 61.58 亿吨，年释氧量 10.29 亿吨，年涵养水源量 6 289.5 亿米 ^{3}。[①]现中国干旱区总面积 540 万千米 ^{2}，占国土总面积的 56.2%。荒漠化土地总面积 261 万千米 ^{2}，占国土总面积的 27.1%，是全国现有耕地总和的 2 倍。每年因荒漠化造成的直接经济损失高达 540 亿元。

还有不可忽视的问题是，一方面我国近年体育产业年增长 18%，计划在 2020 年体育消费达到 1.5 万亿元，因新冠肺炎疫情各种体育赛事停下了。另一方面，我国近年医疗保健费同样增长很快，平均年增长 10%。医疗费总支出占 GDP 的 6%。说明无论体育产业再快速增长，医疗费却不是在下降，而是仍在快速增长。看来，改善生态环境和人们的生活方式将越来越重要。

试想，如果西北将荒漠变森林后，对建设天蓝、地绿、水清、土净的美丽中国，对减少黄河流域泥沙量，则有不可估量的作用。因而，习近平总书记反复强调"绿水青山就是金山银山"。

那么，若在西部各大盆地，由降水量多的山边向盆地内逐步进行大规模、集约化植树造林（中心留存一小部分沙漠戈壁给动物、植物，以保留生物的多样性），且采用防渗保肥、管网输水和微灌新技术效率效益更高。如在祁连山栽种青海云杉苗木，头 3 年浇水就可活。在新疆栽种高 2.5～3 米的天山云杉、油松、樟子松和胸径 4～6 厘米的新疆杨、金叶榆、国槐等苗木，头 5 年管护合理，定期浇水可成活。一棵树年均用水量 2～3 米 ^{3}，5 年后可逐年减少用水量，比每米 ^{3} 灌溉用水最多增产粮食 1 千克的价值要高得多。如果种植梭梭、沙棘、沙柳、柠条等灌木，每亩用水量 100 米 ^{3} 左右，比内蒙古平均用水量要多一些。

在广阔的大西北地区，若植物靠水固定和转移太阳能，可产生很高的生产力。前面也讲到，内蒙古生物质热电厂用平茬后的干沙柳每 2 吨发电的燃烧热量，相当于 1 吨煤炭发热量。因沙柳等灌木具有"平茬复壮"的生物习性，三年成树，越砍越旺，如果不砍长成的枝干到了 7 年就变为枯枝。种植中药材、经济果林价值则更大，如桑树、苹果、核桃等。因此，在西北特别是极度缺水的新疆地区，必须高效用水。其造林价值与种粮价值相比较，长远看是千倍万倍。

---

① 国家林业和草原局，2019.2018 年度中国林业和草原发展报告 [M].北京：中国林业出版社，43.

有效造水

森林能存水，也能造水。虽然我国西部地理、气候条件恶劣，但通过多调水后，大规模植树造林，利用几大盆地的强阳光、几大山脉高山冷凝系统的有利条件，进行大气库、土壤库和植被库的水循环，就能在大国统筹治理长河与大漠中，既可实现可控、可利用、可适应，又能实现成功、优化、良性循环的统一。

一棵树就是一台抽水机。有关资料显示，一株成年普通树一年从土壤中吸水约 4 吨。每株成年天山云杉平均储水 2.5 吨。营造 1 万公顷森林相当于修建 1 座 300 万~1 000 万米³ 水库。那么，新疆如果有 5 亿亩森林可储存 100 亿~330 亿米³ 的水。一般情况下，同面积、同纬度的森林，年蒸腾量比海平面蒸发量多50%。可见，造林不仅能最大效能地储存水，而且还能发挥森林"抽水机"作用，通过根系把地下水和大气水连接起来、循环利用。当然，森林的"抽水机"作用，是针对有地下水发挥正向作用的。对无水的地区植树造林将会使浅层地下水越抽越少。

新疆博斯腾湖水域面积约 960 千米²（最大时 1 600 多千米²），现年均蒸发量 8.7 亿米³，湖面年均蒸发水量与海平面蒸发量平均 1 米相同。造林能大大增加降水量的典型实例很多。延安市退耕还林 20 年山川变绿，森林覆盖率由 33.5% 增加到 52.5%，年平均降雨量增加 200 毫米以上。内蒙古自治区的库布其沙漠植树造林面积已达总面积的 1/3，林区与沙漠区相比年均增加降水量约 200 毫米。河北承德塞罕坝植树造林 112 万亩，林区年均增加降水量 66.3 毫米。甘肃是我国有名的干旱少雨省份，多年平均降水量 300 毫米，但陇南白龙江小流域面积仅 5 000 千米²，是个多林多雨区，"森林雨"现象比较明显，年降水量高达 700 毫米，比周围无林区降水多 100~200 毫米；广东省为我国降水量最多的地区之一，属亚热带海洋性季风气候，多年平均降水量高达 1 800 毫米。可是，广东雷州半岛在新中国成立前，林木稀少，干旱严重。新中国成立后，共造林 24 万公顷，森林覆盖率达 23%，年降水量增加了 32%。到 2016 年森林覆盖率约 30%，规划到 2035 年恢复到热带雨林气候。

据新疆老气象学家张学文撰写《雨量变化调节新疆的荒漠化和绿化》一文，新疆的绿洲和农田年蒸发量高达 1 000 毫米左右，其蒸发量与当地的湖泊相当。新疆的塔里木盆地和准噶尔盆地雨量稀少，这是上 10 万年来的事实。它也是沙漠、荒漠得以存在的最重要原因。20 世纪六七十年代降水偏少，沙漠就扩大一些。近十多年降水量多一些，天然绿洲就扩大一些，沙漠则在减少。现新疆的沙漠化面积近 74.7 万千米²，约占全国的 43.4%。

被沙漠包围的伊犁河谷是新疆最温和湿润的地区，因水多、森林草场保护好、覆盖率高，年均降水量 417.6 毫米，山区达 600 毫米，最多的地方达 800

毫米。克拉玛依市是在昔日"鸟儿也不飞"的戈壁滩，建设成国家园林城市的。2000年8月引额济克调水工程通水后，年调水4.5亿米^3，地下水位上升后抽水大搞植树造林，绿化率由1999年的21.6%，到2019年达43.43%，降水量由50年前的119毫米增加到200毫米，年蒸发量减少约1 400毫米，说明调水能改变局部小气候环境。

　　新疆远离海洋，四周多是4 000～6 000米的高大山脉，阻隔绝大部分低空水汽出入。由于海拔5 000米高空大气温度一般都低于0℃（山脉雪线高度一般低于5 000米），水汽每升高100米，温度下降0.65℃。温度每降低10℃，将有50%左右的水汽饱和析出。大气中水汽聚集、下沉在1 500～2 000米约占一半，5 000米以下约占90%（表13-1）。其中大部分水汽上升到2 000米左右在横向输送中，受温度下降饱和析出变成降水，少部分继续上升遇高山抬升时，受冷却降温产生降水。到10～12千米以上高度几乎绝迹了[①]。塔里木盆地和吐鲁番盆地中心年降水量10毫米左右，仅是新疆年均降水量的1/15。

表 13-1　温度、氧气和水汽与高程变化情况

序号	海拔（m）	温度变化差（℃）	氧气含量比例（%）	饱和水汽析出比例（%）	备注
1	0	30	100	0	如果地面温度为30℃
2	200	28.7	97.47	8.8	
3	500	26.75	93.8	20.6	
4	1 000	23.5	87.99	36.9	
5	1 500	20.25	82.54	49.9	
6	2 000	17	77.42	60.2	
7	2 500	13.75	72.62	68.4	
8	3 000	10.5	68.12	74.9	
9	3 500	7.25	61.9	80.1	
10	4 000	4	59.94	84.2	
11	4 500	0.75	56.23	87.4	
12	5 000	−2.5	52.74	90	一般雪线高度
13	5 500	−5.75	49.48		
14	6 000	−9	46.41		
15	6 500	−12.25	43.54		
16	7 000	−15.5	40.84		

---

① 王建，2010. 现代自然地理学（第二版）[M]. 北京：高等教育出版社，98，102.

（续表）

序号	海拔（m）	温度变化差（℃）	氧气含量比例（%）	饱和水汽析出比例（%）	备注
17	7 500		38.31		
18	8 000		35.93		
19	8 500		33.71		
20	9 000		31.62		

注：1.温度随海拔变化差参数，是按平均每升高100米，气温降低0.65℃计算所得；2.空气中氧气随海拔升高变化的含量，依据气象专家张学文2011年6月11日的博文《高山氧气的缺乏程度表》；3.饱和水汽析出比例参数，依据王建主编《现代自然地理学（第二版）》和百度百科。

有的专家对荒漠化效应进行模拟的结果表明，如果南美洲30°以北的森林被草地所取代，降水量将减少15%；如果亚马孙流域的森林被沙漠取代，降水量将减少70%，类似于非洲撒哈拉沙漠的干旱水平。从绿洲效应也可以说明。如灌溉后的土地，土壤湿度增大，其热容量也增大，也会起到绿洲效应。大规模的灌溉，可以改变区域气候。在美国俄克拉何马州、科罗拉多州、内布拉斯加州6.2万千米² 土地上的灌溉，使得这些地区初夏的降水量大约增加了10%[①]。

以上几种事实和假设多调水、多存水及蒸发、凝结、降雨的水分交换结论，符合《现代自然地理学》《气象学与气候学》的定量分析。说明本地存水多、水汽蒸发量越大越易形成降水，进入盆地高空的外来水汽很少降水，绝大多数是"来去匆匆的客水"。

由于青藏高原虹吸效应和新疆地区陆上出国境失水多的问题，使水循环链形成正反馈效应而不断失水，造成了严重的荒漠化。必须考虑大规模调水入疆后大规模的植树造林，利用优越的太阳能使植物吸足水分蒸腾，来加速天空、地表、浅层地下水系的多次循环利用，提高本地水汽返回率、利用率。

中国与很多欧美发达国家相比，平原少、水资源少，但上苍恩赐我们很多高山、盆地，就是恩赐给我们的巨大财富，有丰富的矿藏，有珍贵的冰、雪、水，也有能形成多降水的高山冷凝系统。特别是新疆的"三山夹两盆"中，地表水形成于山区的占98.4%，形成于平原区的占1.6%。西北内陆盆地周边的山脉延绵不断，海拔多在3 000～5 000米，东边低一些的在2 000米左右。南侧有喀喇昆仑山、昆仑山、阿尔金山、可可西里山、祁连山、六盘山和秦岭山脉，共7 000多千米；北侧有阿尔泰山、戈壁阿尔泰山、阴山、大兴安岭山脉，共4 900千米；中部有天山、贺兰山、吕梁山和太行山，共2 570千米。

---

① 王建，2010.现代自然地理学（第二版）[M].北京：高等教育出版社，318，320.

中国西北、华北大小盆地总面积共 240 多万千米^2，占国土总面积的 25%。其中：塔里木盆地面积 53 万千米^2，准噶尔盆地为 38 万千米^2，吐鲁番和哈密盆地、疏勒河流域、库姆塔格沙漠共 22 万千米^2，柴达木盆地为 25.7 万千米^2，可可西里盆地为 8.3 万千米^2，羌塘盆地为 16 万千米^2（不含中央隆起带），河西走廊和阿拉善高原的山间盆地（含银额盆地）为 30 万千米^2，二连盆地 10.1 万千米^2，鄂尔多斯盆地（陕甘宁蒙晋）37 万千米^2。

由此，我们就更容易理解，党的十八大以来，习近平总书记反复强调生态文明建设的伟大意义。对"人的命脉在田，田的命脉在水，水的命脉在山，山的命脉在土，土的命脉在树"中讲的人与自然的关系。他每年率领中央首长和机关植树，动员全民、全社会大规模植树造林，缘于林的命脉关键在人。只有形成人、田、水、山、土、林的科学循环，才能真正实现人与自然的和谐共处。

为此联想，对新疆盆地数十万年大量深层死水，在调水初期调水量少时，通过打井，用风电、光电抽取微灌造林（也解决了弃风、弃光电问题），蒸腾后变为活性水来培养低空"暖湿高压"造水。这样，大量增加的低空本地垂直蒸发水汽与高空外来横向水汽结合，通过三大超深盆地周边 4 000 ～ 5 000 米巨型山脉阻挡与冷凝，形成蒸发、降雨的水循环重复利用和地下水不断的补充、更新，其降水量平均由 154.6 毫米增加到 500 毫米以上很有可能。新疆三大盆地东侧靠河西走廊一个 C 形缺口。而大量水汽再利用长年盛行的西风带作用向东飘移，经河西走廊和阿拉善高原，到鄂尔多斯（陕甘宁）盆地，与黄河上中游治理相协调（用黄河节省 200 亿米^3 水及流域内的地下水，在上游和新疆、河西走廊沙漠造林），使内蒙古高原、黄土高原及华北一些山脉、小盆地，再形成降雨、蒸发的多次循环利用，相当于高效空中调水，并归还借用黄河的水。

随着中西部存水量、降水量增加，将在欧亚大陆中心营造天然大空调，也会减少农林草地灌溉量，再用节水造林增加绿洲；随着降水量增加，荒漠植被也增加，人造林、荒漠植物的蒸腾量也增加；随着空中水汽和云层厚度增加，阳光对地表辐射量减少，且林木吸收更多二氧化碳增大林冠遮挡地表，农林草地灌溉定额将减少。即使空中云层很厚，不降雨，农作物又需要降雨，可采用人工降雨。由此中西部地区水资源利用，将形成负反馈的良性循环并走向平衡，气候将渐渐温和湿润，青海北部和甘肃、宁夏、内蒙古中西部、陕北的年降水量，可由 290 毫米左右达到 500 毫米以上，大多山脉不用植树也能披上绿装。

不断存水

全球海陆水全部在岩层圈、水圈、大气圈、生物圈间循环，没有跑出大气层。据全球水量平衡统计[①]，海洋的年蒸发量 505 000 千米³，降水量为 458 000 千米³；陆地的年蒸发量为 72 000 千米³，降水量为 119 000 千米³，年径流入海水量 47 000 千米³。海洋蒸发水汽直接返回 90.69%，有 9.31% 以海陆大循环的方式返回海洋；陆地水汽返回地面约 60.5%

据檀成龙、檀佳关于《论调水增雨能彻底改变大西北干旱少雨的恶劣气候环境》一文中讲，水汽在大气中平均停留的时间约 8 天，大部分水汽在蒸发地的下风方向 1 000 千米以内的扇形地带形成降水。新疆距离东部海洋约 3 000 千米，从东部缺口飘移出的水汽不会直达海洋。

根据青海湖的古堤遗址和汉代建设的察汉城分析，青海湖盆地因青藏高原虹吸效应，自汉代以来湖面水位下降近 100 米，失水约 7 000 多亿米³，占 90%。但是，据赵麦换等著《青海湖流域水资源利用与保持研究》讲[②]，全新世以来，青海湖水位下降近 50 米，水面积为当时的 1/3。根据青海省水文部门 1959—2000 年的水文监测和计算，青海湖多年平均湖面降水补给 16.56 亿米³，地表水入湖补给 17.15 亿米³，地下水入湖补给 3.87 亿米³，总补给为 37.58 亿米³；湖水蒸发量 40.26 亿米³，湖滨蒸散发量 0.94 亿米³，湖区耗水量 41.2 亿米³。青海湖流域（盆地）平均每年水汽净流失 3.62 亿米³。青海湖流域多年平均降水量 354.5 毫米，降水总量 105.8 亿米³，每年蒸发总量 =105.8+3.62=109.42 亿米³，假性水汽流失率 =3.62÷109.42=3.31%。假性水汽返回率 96.69%。1956—2010 年，青海湖水位下降 3.02 米，水量减少约 133 亿米³。下降的年份共有 38 年。从 2005 年起，青海湖受全球气温升高影响，冰川融水增多，水位一直在回升。

塔里木盆地比青海湖盆地又大又深，在无外来水补充的情况下，假设假性水汽丢失率为 2%，少于青海湖盆地假性水汽丢失率 3.31%，那么，塔里木盆地现有地表水约 347 亿米³，湖泊和水库贮水 80 多亿米³，理论上讲，这是 50 年前的 0.98^{50} =36.41%，为 219 亿米³；100 年前的 0.98^{100} =13.26%，为 603 亿米³；200 年前的 0.98^{200} =1.76%，为 4 545 亿米³。罗布泊西北侧的楼兰古城，曾河水清澈、绿树环绕、牛马成群。在公元 330 年以前湖面约 1 万千米²，1942 年为 3 000 千米²，1962 年为 600 千米²，1970 年后干涸。准噶尔盆地的艾比湖不断缩减，由 20 世纪 50 年代初期 1 200 千米²，到现今约 500 千米²。

这些现象可由郭晓明教授提出《青藏高原的虹吸效应对欧亚大陆水循环的影响》和檀成龙提出《论特大规模调水能彻底改变大西北干旱少雨的恶劣气候》的

---

① 王建.2010.现代自然地理学（第二版）[M].北京：高等教育出版社，159.
② 赵麦换，武见，付永锋，等，2014.青海湖流域水资源利用与保持研究.郑州：黄河水利出版社.19，57–65.

论点能很好解释说明。再则，新疆塔里木盆地、黄土高原、内蒙古高原的煤炭、油气储量大，也充分说明西北地区千万年前森林多、存水更多。

　　再从中国南北各地区的水库、湖泊存水的典型事例看，存水能改变生态环境的事实非常有说服力。浙江省新安江水库（千岛湖）建库前后湖区蒸发量由 720 毫米增加到 775 毫米，增加了 55 毫米，水库面积 394 千米^2，影响范围达 8 ～ 9 千米，最大达 80 千米。库区植被增加很多，无霜期延长 25 天 [1]。黄河上游龙羊峡水库建成后沿库边 10 千米范围内降水量增加了 9.5 ～ 38 毫米。青海湖水面年蒸发 40.26 亿米^3，其周边生态环境比较好。地处同纬度却仅有一山之隔的青海湖盆地与柴达木盆地，多年平均降水量分别为 378.6 毫米、113 毫米，其湖泊中心与沙漠中心的年降水量分别约 400 毫米、25 毫米（最少 15 毫米），年均蒸发能力分别约 919 毫米、3 000 毫米。新疆吐鲁番托克逊县年平均降水量仅为 5.9 毫米。这都说明有水蒸发与无水蒸发形成降水的结果。

　　综合专家学者的观点，上述几种典型现象为：绿洲效应——蒸腾增雨，湖泊效应——存水增雨，沙漠化效应——减雨干旱，是由地球表层的岩石圈、水圈、大气圈、生物圈相互作用、相互影响，来改变气候环境的，人类活动对气候也有影响。上述各种情况，符合高校教材《现代自然地理学》《气象学与气候学》的定性分析，说明本地水多、植物多、蒸发多，降水就多，反之亦然。

　　可以预想，当西北严控失水、高效用水、大量存水后，通过培育各种优良的树苗，大地理尺度的植树造林增加植被，改良土壤以防降水和径流大量下渗，林木抽取浅层地下水，来培养的暖湿高压，可阻挡、削弱干燥的高空高速西风带，就是从新疆东侧缺口飘移出的水汽到河西走廊、内蒙古高原和黄土高原、华北平原，也会形成多次降雨、蒸发、降雨。

　　历史上的新疆、西藏、青海、内蒙古等地，在森林密布、气候温和时期，都是由于湖泊众多，存水量巨大。近千年来随着气候和生态环境逐渐恶化，如今大量湖泊消失或水位下降。青海湖现有 739 亿米^3 的水，只是 2 000 多年前的 1/10。柴达木盆地、塔里木盆地、准噶尔盆地、吐哈盆地因失水严重沙漠戈壁化，青海湖、罗布泊、居延海等大小湖泊失水、干涸，而得不到及时大量的水补充，都是造成西北大量森林消失，气候干旱寒冷和土地荒漠化的主要原因。

　　若大量的、不断的向新疆的罗布泊、博斯腾湖、沙尔湖、艾丁湖、艾比湖、芨芨湖、三塘湖和淖毛湖等存水后，利用周围高大山脉形成高山冷凝系统，这些盆地周围都有较高的山脉，在盆地大规模植树造林和农田节水灌溉后，都可充分蒸发、降水，形成不断的水循环重复利用。但是，有的靠近沿海

---

① 王建，2010. 现代自然地理学（第二版）[M]. 北京：高等教育出版社，317.

平原地区的沙漠，由于无高山冷凝系统，就形不成有效的降水，如澳大利亚大沙漠 155 万千米²、非洲撒哈拉沙漠 960 万千米²，红海和阿拉伯海之间的阿拉伯沙漠 233 万千米²。

中国有这些非常优良的天然高山水汽冷凝系统，如果给大西北大量调水后，该地区光热条件充足，田间、农作物大量蒸发，低空水汽数量成倍增加，与相对稳定的高空外来水汽作用，实际变雨率大大增加，再通过西风带使水汽通过这些天然的高山冷凝系统，就可反复蒸发降雨，多数水汽能参与内循环，虽然到耕地的雨量有限，但大量水汽变成雨降落到西北、华北地区，即使降落到山间的雨水，也会大量流到盆地、平原、沙漠、戈壁，北方的气候将变得湿润温和，能恢复大量林草植被。

目前，向新疆大量调水、存水问题，还没有上升到国家发展战略进入实质性规划。新疆 166 万千米² 国土，在平均年降水量 154.6 毫米的基础上，再有 5 660 亿米³ 的降水量，即平均增加 345.4 毫米的降水，可以达到总降水量 500 毫米以上。从理论上讲，按年远调青藏水 260 亿米³、近借黄河水 160 亿米³ 和控出国境水 80 亿米³，共 500 亿米³，二三十年后存水"增效倍数"将成等比数列达 8.78～10.0，即 $S_n = a(1-q^n)/(1-q)$，利滚利存水总量高达 4 390 亿～5 000 亿米³，这些水通过森林、农田、草地和水面参与蒸发、降雨多次循环利用，基本可使新疆进出水总量基本达到平衡。调水可"以一当十"，以用外调水形成负反馈作用，建立当地水循环，久而久之，年降水量达 500 毫米以上应当是可能的。可见，存水就是存钱，存水综合效益比存钱利息高得多。

还可考虑在青藏高原羌塘盆地、可可西里盆地、沱沱河盆地和主要山川，因地制宜、因势利导，分层筑坝、拦沙蓄水。坝高二三十米，或五六十米，工程量不大，造价也不高，尽量将水多留在高原，根据所需水量调用。这样，大量天然湖泊和水库大规模的存水，形成大量的水汽，不断蒸发、降雨循环使用，不仅能缓解甚至能改变青藏高原的荒漠化，而且能相应增加新疆和河西走廊的水汽返回率。

由此进一步设想，中国可与蒙古国协商并进行水利、造林等技术合作，将贝加尔湖上中游蒙古国境内的色楞格河及支流鄂尔浑河，进行分段筑坝拦截，以留存大量珍贵的水，在沙漠戈壁用管道输送，进行大规模的植树造林，形成蒸发、降雨、再蒸发、再降雨的多次循环利用，就能逐渐改善蒙古国的生态环境和气候，也减少沙尘暴对我国华北地区的袭击。同时，这些水汽在西北风的作用下，也能到我国内蒙古和华北、东北甚至西北陕甘宁地区增加降水量，我国三北地区治理后，部分水汽向北飘移到蒙古国、俄罗斯，形成的降水也不会少，蒸发后有部分水汽也会随西北风飘移到我国三北地区。2019 年 7 月，中国中铁四局集团承建蒙古国首条高速公路竣工移交①，这既标志着中蒙合作进入一个新的里程碑，又为将来蒙古国高效用水造林改善荒漠化有了一定基础。

那么，中国还可与周边有大量荒漠化国土的俄罗斯、哈萨克斯坦、吉尔吉斯斯坦、塔吉克斯坦、阿富汗和巴基斯坦等国协商合作，对各大小河流分段筑坝拦水存水，形成与中国植树造林治理荒漠化进行遥相呼应，以共同营造成真正意义上的欧亚大陆天然大空调，对控制全球气候变暖和治理荒漠化意义重大，也将是"一带一路"倡议的绿色繁荣发展之路，是"建立人类命运共同体"的重大行动。

统筹实施

中国现有荒漠化面积 39.1 亿亩（261 万千米²），沙漠、戈壁面积约占一半，主要分布在西部，植树造林、国土整治任务十分艰巨。

落实习近平总书记提出关于"坚持绿色低碳，建设一个清洁美丽的世界""全国动员、全民动手、全社会共同参与，深入推进大规模国土绿化行动"的指示要求，将西北长河与大漠治理，作为国家西部大开发的总体目标，作为 21 世纪垂直方向上的产业革命和水平方向上的地理建设任务，列入 21 世纪上半叶国家一项重大发展战略，并且进一步厘清自然地理气候和经济社会科技等方面的可控、可利用、可适应因素，加强宏观造林治沙的统筹规划设计和组织服务工作。

实现生态与生存、治沙与致富、造林与美化共赢，在重节水、控失水、借用水、远调水的基础上，要运用钱学森院士提出的"第六次产业革命"，即"创建农业型知识密集产业——农、林、草、海、沙产业和农、工、贸一体化"的科学理论，应用亿利资源集团和塞罕坝等治沙人，在治理沙漠中成功的经验和技术，充分利用我国西部得天独厚的太阳能、生物资源和无污染的辽阔土地，达到"多采光、少用水、高技术、高效益"。军队和武警部队要把参与治理西北荒漠化作为一次军民融合大行动，在节水治水、造林治沙中发挥先锋队作用，特别是管线、给水、工程、屯垦和交通运输等部队，要结合练兵习武发挥好专业化团队优势。

国家要统筹规划设计好，既要先期投资建设公路网（森林防火隔离道）、光伏发电网、供水管道网和打机井，又要因地制宜选育树木品种，利于林木预防病虫害合理搭配，使"路管成网、乔灌成格、田草成方、风电光电适度配置"，形成网格状、宽林带、多树种的布局，达到乔、灌、草结合，农、林、牧结合，种、养、加结合，绿化、美化、净化结合，实现林木围村庄、林带环乡镇、生产生活方便舒适的格局。

如果创建"中国林业发展银行"，给予林权抵押借贷、林业资产价值评估和交易支付信用等专业化服务，林企、林农、房地产商和社会参与治沙的能力和积

---

① 人民日报. 中蒙承建的蒙古国首条高速公路竣工移交 . 2019-1-11.

极性必将高涨。

在实施西北大漠的治理中，应当高起点打基础、高标准抓建设，全面、系统地组织规划和设计。在沙漠戈壁中要建设布局合理的公路、铁路网；运用军队两个给水团和地方地质石油勘察钻井公司打井，管道安装公司铺设管网；军队和武警部队的交通、管线、工程、屯垦部队给予大力支持，就能组织大规模的植树造林。还可将责、权、利结合起来，采取"谁造林、谁经营、谁受益"的政策，由企业、集体、个人、社会组织都可参与造林，但要以专业化的造林公司为主力。对造林规模大、质量高，贡献突出的单位和个人，国家既可大力宣传颂扬，还可将新建村镇以单位或个人的名字命名。

在充分发挥新疆生产建设兵团和内蒙古、吉林、长白山、龙江、大兴安岭五大森工集团作用的基础上，可参考新疆生产建设兵团的组织管理运营模式，主要吸收有组织纪律观念、有业务管理能力、有各种专业技能的五六十万退役军人，成立新疆的东疆、北疆、南疆，内蒙古的西蒙、中蒙，甘肃、青海和宁夏等规模大的半军事化的森工集团，装备先进的造林装备，作为西北的荒漠化治理开发的主力军、突击队。也需要发挥政治体制集中统一办大事的制度优势，由东南沿海各省（市）承担西北部分植树造林任务，进行对口支援，建设相应的各省（区、市）的移民开发区大量移民。

国家可发行植树造林国债，林业公司可股票上市，其投资回报可能要比其他产业前景广阔得多，人们的共同努力将使绿洲经济规模快速成长、壮大，拉动国家经济健康、稳定、持续增长，却不会助长经济过热、产能过剩，反而会消化过剩产能，增加就业率，并使国家的财富成几何倍数增长（必须搞好防火、防治病虫害），甚至会出现越来越多的公司和个人，热衷植树造林，热爱优美自然，胜过爱金钱和其他物质财富，这也是"备战备荒"具体的、最好的行动。否则，国家发展就不可能协调持续。即使东南沿海经济发展很快，国家经济发展的 GDP 数字增加很多，其真正的经济能力、财富总量增加也不会大，产业资本、商业资本、金融资本等都将失去发展根基，资本市场就不会真正健康发达，利率、汇率和证券政策无论怎么调整也是事倍功半。

由此设想，通过"严控失水、高效用水、不断存水、有效造水和调用青藏水、借用黄河水"共 900 多亿米^3，进行大规模水资源调配；用选育好的优质树种、树苗，由机械和人工相结合，进行低成本、快速度、高效能的微灌植树造林，对新疆、河西走廊、内蒙古中西部、宁夏和青海柴达木盆地，创伤面大的沙漠、戈壁和荒山脚进行治理，从工程启动算起，用 15 年时间，能营造防风固沙林带网 8.5 亿亩，逐步改良 5.5 亿亩林间沙漠为粮棉草地，在不大规模用水的季节向各大盆地不断存水增加的湖面面积 1.5 亿亩。利用 1 亿亩沙漠建设交通道路、光伏发电场和生活、公用等配套设施，共可治理沙漠戈壁约 16.5 亿亩（110 万千米²）。

随着中西部人造绿洲面积增大，降水量会不断增加，沙化的耕地、草场可逐步改良。新疆、河西走廊和阿拉善盟，开始大面积种植水稻。借鉴美国"罗斯福大草原林业工程"经验，对西北大草原因地制宜植树造林，树叶能成为优质草料。有些人工不易治理的荒漠也能依靠自然恢复植被。黄河流域多年平均降水量由 464 毫米增加到 600 毫米是可能的。塔里木、准噶尔、吐鲁番、柴达木等"干盆地"，二三十年后将变成"湿盆地"，像都江堰灌溉四川盆地一样成为天府之国，像郑国渠和泾惠渠等灌溉关中盆地一样成为风调雨顺的米粮川。中国在履行《联合国防治荒漠化公约》和实现《巴黎气候变化协定》中，将为全世界作出示范和历史性贡献。

三、改变西北生态环境的战略意义

国家的生态环境变好，经济社会才可能发展得更好。改善西北地区的生态环境，必须补上西北地区缺水的短板，才能突破国家经济社会生态发展的"瓶颈"。再则，国家的强大，军事能力和耐力都非常重要，而经济、科技、社会和生态等战争潜力同样重要，因为避免一场战争与赢得一场战争的目标是高度一致的。

突破东南经贸围堵

东南沿海是我国现代化建设的龙头和重心，又是美日等国对我国围堵遏制的前沿地带。美国为实现亚太再平衡战略，计划在 2020 年将海军 70% 的兵力和一些空军兵力部署在亚太，尤其是 2019 年来，不断调整部署兵力，经常派出侦察机、战略轰炸机、航母到我国东海、南海侦察、袭扰，一次次地触摸我国底线。因而，必须将经济建设重点向西部转移，建好西部并利用丝绸之路经济带战略，在军事战略上向西开辟国际通道，既防美帝霸权讹诈，封锁我国东南沿海经贸通道，又要防止一旦有事陷入难以应对的困境。

增加国防地理纵深

西部地区占国土面积的一半多，战略纵深大、回旋余地大。我国要在东海、台海、南海及中印问题上做好长期准备，就应像当年不惜重金建设"三线"一样（当时约占国家基础设施投资总量的 40%），大力开发建设大西部，集聚战略经济资源，增加战争物质基础，从根本上优化中国战略防守地位，以利于我国形成战略防御、战略机动、战略反攻的态势。

解决粮食能源危机

21 世纪，全世界都面临水资源匮乏、粮食短缺和能源危机。西北有 110

万千米^{2}的沙漠戈壁，按每平方千米年发电1亿度，用5万千米^{2}建设太阳能发电场，可发电5万亿度，加上其他地区利用的太阳能，还有风能、水能、生物质能、煤炭、天然气、核能、可燃冰等，未来中国的能源消费就有保证。中国人均耕地现只有1.4亩，如果将西北20多亿亩荒漠化的土地，尤其是无污染的沙漠、戈壁、沙化的土地和荒山脚植树造林约10亿亩，改良成优质耕地和草场约10亿亩，将来就不会出现地荒、粮荒、油气荒的问题。只要保证了粮食、能源自给自足，加上我国拥有健全的工、农业生产体系，拥有十四五亿人口的庞大市场，中国经济就不会产生灾难性危机的物质基础。

建设国家战略大后勤

通过优化我国国民经济发展和国防建设的布局结构，建设公路、铁路、机场、电力、通信、仓库、医院等军民共用，提升战略后勤保障能力，也会对边疆各民族落后的生产生活条件有极大改善，可就近就便保障提高部队战备训练生活水平。西部建设好后，还可以减少兵力部署和保障，节省大量经费。这种深度军民融合，能融出生产力大发展、生活水平大提高、国家安全大加强的态势。

使西部人民走向富裕

我国贫穷落后的地区和人口主要分布在西部，在脱贫后走向富裕还有较长的路要走。通过调水和荒漠化治理，使西部地区成为青山绿水，实现工农林牧产业集群化发展，就能将生产、生活、生态三大系统有机结合，形成生产越发展，生活水平越高，生态环境越好的良性循环，是中国最大的扶贫致富工程，不仅使西部地区广大群众彻底脱贫并由小康走向致富之路，彻底告别苦咸水、高氟水、污染水的历史，而且会成为中国经济增长的重点区域和支撑经济持续发展的重要基础，成为实现国家发展第二个一百年的战略目标。

使边疆民族团结稳定

近年来，虽然国家对西部维稳投入了大量的人财物，但边疆地区民族维稳问题任务仍然很重。而生态改善后发展边疆经济，并向少数民族地区移民进行杂居，能实现民族文化与经济深度融合，增加民族凝聚力，解决政治离心、社会维稳问题，确保国家主权、领土保持完整。虽然广西、云南、贵州的少数民族比例较高，但多民族杂居没有民族分裂问题。

拓展国际政经通道

通过对西北荒漠化治理，利用其天然资源发展潜力，建设形成强大的国家发展战略优势，是实施"一带一路"倡议的支撑和依托，可以拓展国际政经通道，与欧亚非三大洲的经贸往来会更加频繁，文化、政治交流会更加广泛深入，相互信赖和依赖将不断增强，国际地位和国家安全也将不断巩固提高。

第十四章　南水北调西线管网工程建设设想

南水北调西线工程，是我国通过跨流域调水，解决西北地区严重缺水问题的国家战略性工程，是支撑我国长治久安、稳定发展的千年大计。近 70 年来，它承载着亿万中国人的梦想与期望，它让几代优秀儿女付出了许许多多心血、汗水和泪水，也得到过无数仁人志士的大力支持和帮助。今天，在以习近平总书记为核心的党中央正确领导下，充分利用现有科技装备、研究成果和国家经济实力，来建设这项改变国运的宏伟工程。

一、基本设想

利用我国地理三级台阶地势的优势，在青藏高原澜沧江、金沙江、雅砻江、大渡河、黄河的五大江河上游各流域进行层层筑坝，拦水、拦沙、蓄水、蓄能、发电、引水。采用管网重力流输水中的强大水压，向西部 6 省（区）的三大高原、六大盆地的工农业生产、生活、生态供水，重点是新疆、河西走廊和内蒙古西部地区的生态用水。调水按"高水高调、低水低调、逐层截水、少建高坝，多点取水、多路输水，水量水能、高效利用，着眼西北、尽量保障"的原则。

修筑水坝

充分利用青藏高原"三江源"地区的盆地地形筑坝蓄水，在澜沧江、金沙江、雅砻江、大渡河和黄河五大流域上游大小支流和干流的河谷、峡谷，按阶梯规划层层筑坝蓄水。在各支流分段多修筑坝高在 20 ～ 80 米的水库，库容在 1 000 米³ ～ 10 亿米³；在调水主干线修筑坝高在 160 ～ 260 米的大型水库，库容在 20 亿～ 60 亿米³。用管网连接各大小水库引水，一并压入主管道。在河源区的羌塘盆地东北部、可可西里盆地，在楚玛尔河、沱沱河、通天河和雅砻江上游的宽缓河谷，分段筑坝拦沙、蓄水；在黄河源区的扎陵湖、鄂陵湖，适度围堰加高尽量多蓄水。当青藏高原五大江河的河源存储了大量水资源后，形成了广阔的层层水域面积，其规模要比我国南方十大龙脊梯田壮观上千倍，自然能形成区域蒸发、降雨的水循环气候，既能改变青藏高原的荒漠化，又可实现真正意义上的水源变水塔，向西北地区持续永久地供水，其战略意义重大而深远。

铺设管道

根据引水线路所经过的地形、地貌、地质条件，水头损失和管道流量，能承受的最高流速、安全压力和经济耐用性等，通过长距离管道输水的水力计算，合理确定管道内径、材质及浅埋、高架的方式方法。主干线从雅砻江—大渡河—黄河的输水量大，主管道可建筑 4～5 路。干线和大的支线管道应选抗压、抗拉、抗震，耐疲劳、耐腐蚀、易运输、易安装的预应力钢套筒混凝土管（PCCP 管）。对于地形和交通限制条件少，选用内径 5～11 米的，可用盾构机进行浅挖，拼装管片衬砌，钢筋箍定，混凝土浇筑。直径 4 米以下的 PCCP 管道，采用工厂化生产的成品管，用专用工程机械搬运、运输、安装，施工进度较快。在过河沟、公路、铁路和多障碍物等工程难点区段应浅埋或高架；对地质地形复杂、钢管承压高的、运输安装难度大的地段，可选用内径 3 米的钢管，采用多管并列、多层并行、多路铺设。每 800 米左右留有检测人员进出口，每 5 千米左右留有自动检测机械设备吊装进出口。不选用方形现浇钢筋混凝土暗渠。如天津引滦、上海黄浦江上游引水工程，采用了长宽尺寸在 3 米以上的方形现浇钢筋混凝土暗渠，都发生多次漏水事故，且维护相当困难[①]。

挖掘隧洞

参考黄河水利委员会 1996 年提出从通天河、雅砻江、大渡河调水方案中隧洞内径 9～10 米[②]，在各水库群用管道加水、加压、加速和利用高差较大的重力流牵引的情况下，中线干线各条输水线路隧洞内径约 8.5～11 米。在高海拔、高应力区，尤其是地质条件复杂，陡倾、断裂带较多的破碎岩层，甚至透水性较强的线路上，都可以利用国内生产的先进隧道掘进机装备，挖掘输水隧洞总长 85 千米，单洞最长 51 千米，内径最大 11 米左右，用标准化组合式钢筋混凝土管片，进行衬砌背伏，并灌注水泥。管片要强度大、精度高，抗剪与抗震性能比城市地铁的要强，施工后隧洞的整体性好，可在工厂生产线批量生产。为保持安全、较高的输水流速，通过水力计算隧洞与主管道的流量，使隧洞进、出口有一定高差。有压输水隧洞管片衬砌，国内外的工程实例很少，必要时可采用工厂生产的特型钢砖衬砌。已知南非—莱索托高原调水工程、希腊雅典调水二期工程，采用管片衬砌的压力输水洞总长度分别为 50 千米和 17.5 千米[③]。目前，我国已建、在建铁路隧洞总长超过 14 500 千米，尚有 10 000 多千米的隧洞正在规划

① 张亚平，赵铁军，2003. 世界最大的输水工程——利比亚大人工河 [M]. 北京：中国建筑出版社，3.

② 钱正英，张光斗，2001. 中国可持续发展水资源战略研究综合报告及各专题报告（第一卷）[M]. 北京：中国水利水电出版社，239.

③ 水利部南水北调规划设计管理局编，2012. 跨流域调水与区域水资源配置 [M]. 北京：中国水利水电出版社，35.

建设阶段。青藏铁路的建成已有许多成功经验，川藏铁路隧桥建设已取得重大突破，相信我国专家和技术人员有水平、有能力克服这些重大技术难题。

架设桥梁

在调水管线经过的河谷与公路、铁路交叉的地段，像修筑高速公路、铁路一样，架设高架桥梁支撑管道，或进行浅埋管道通过，不建倒吸虹工程。主干线和支线的输水管道，尽量避免出现坡度剧变的驼峰段，既防止水能损失影响流速、流量，又防止管道在高压输水到凸型点时产生"气囊"，易发生水锤事故。建设高架输水桥梁，要比跨江、跨海大桥工程难度小、投资少。

建水电站

调水各大小支线管道沿线，可利用落差大的地段建设水力发电站，既可增加发电量，又能适当控制管道流速和承压。如 1983 年我国建成第一座低水头贯流式水电站——湖南马迹塘水电站，水头高 25.3 米，总装机容量 5.5 万千瓦，为小水头小流量；1988 年我国建成第一座低水头径流式水电站——湖北长江干流葛洲坝水电站，水头高 27 米，转轮直径 11.3 米，引用流量 17 935 米³/秒，总装机容量 271.5 万千瓦，为小水头大流量；1992 年我国建成第一座特高水头发电站——广西天湖水电站，净水头高 1 074 米，总装机容量 8 万千瓦，为特高水头小流量[1]。在坡降大的地段，利用管道储能原理，修建引水式电站较经济。参考 1956—1972 年在金沙江中游支流以礼河，建成高差达 1 380 米的四级引水式梯级水电站，其中第三级的盐水沟、第四级小江水电站，引水隧洞长 2.24 千米、2.23 千米，利用水头落差为 629 米、628.2 米，年发电共 14.35 亿度。[2]可以设想，各引水大小支线，也能建设高水头、大流量的水电站，三峡水电站就是世界上最大的高水头、大流量的水电站。而从澜沧江、金沙江、雅砻江、大渡河至黄河的主管道线上，为保持输水较高流速，可不建水电站。

南水北调西线管网工程总体设想要点见下表。

表 14-1　南水北调西线管网工程总体设想要点一览

序号	要点	分项	主要内容
一	基本设想	五大江河	在青藏高原澜沧江、金沙江、雅砻江、大渡河和黄河的五大江河各流域上游干支流进行分段筑坝、拦水、拦沙、防洪、蓄水、发电。将各大小水库用管网连接引水，一并压入主管道各路，引水全程自流。中线主管线从澜沧江、金沙江、雅砻江、大渡河到黄河总长 660 千米

① 李菊根，2014.水力发电实用手册 [M].北京：中国电力出版社，25-26.
② 任建民，孙文，顾明林，2012.中国西部地区水资源开发利用与管理 [M].郑州：黄河水利出版社，296.

（续表）

序号	要点	分项	主要内容
一	基本设想	三大目的地	重点是新疆、河西走廊和内蒙古西部地区
		调水原则	高水高调、低水低调，逐层截水、少建高坝，多点取水、多路输水，水量水能、高效利用，着眼西北、尽量保障
二	修筑水坝	大小支流	在调水五大江河的河源和各大小支流，分段多修筑坝高 20～80 米水库，库容 1 000 万～10 亿米³
		主干线	在调水主干线的五大江河流域，分别修筑坝高在 160～260 米的水库，库容在 20 亿～60 亿米³
三	铺设管道	直径	地形和交通限制条件少，选用直径 11～5m 管片，现场组装、螺栓固定、钢筋箍定、混凝土浇筑。直径 4m 以下采用工厂化生产成品管，用专用工程机械搬运、运输、安装，施工进度快
		多管	对地质地形复杂、钢管承压高的、运输安装难度大的地段，可选用 2～3 米的钢管，采用多管并列、多层并行，也可多路铺设。不选用方形现浇钢筋混凝土暗渠
		选材	主干线和各支线管道应选抗压、抗拉、抗震，耐疲劳、耐腐蚀、易运输、易安装的预应力钢套筒混凝土管（PCCP 管）
四	挖掘隧洞	隧道掘进机	中线主干线隧洞总长 85 千米，单洞最长 51 千米。利用国内生产的先进隧道掘进机装备，可从山脚两端挖掘直径 8.5～11 米的输水隧洞
		选材	对陡倾、断裂带较多的破碎岩层，可在隧洞挖掘中，用标准化的组合式钢筋混凝土管片，进行衬砌背伏，灌注水泥，必要时采用特型钢砖衬砌。要求强度高、精度高，抗剪与抗震性能强，施工后隧洞的整体性好
五	架设桥梁	不建波浪线路	主干线和支线的输水管道，尽量避免出现坡度剧变的驼峰段，既防止水能损失以确保较高流速，又防止管道在高压输水到凸型点时产生"气囊"，易发生水锤事故
		不建倒吸虹	引水管线经过河谷与公路、铁路交叉的地段，像修筑高速公路、铁路一样，架设高架桥梁支撑管道，或浅埋管道，不建倒吸虹工程
六	建水电站	低水头	从澜沧江、金沙江、雅砻江、大渡河至黄河的主管道线上，为保持输水较高流速，不建水电站。调水主干线以上支流和各支线管道沿线，落差小的地段，建低水头贯流式水电站
		高水头	调水主干线的各支流和各支线管道沿线，落差大的地段，建高水头或特高水头水力发电站

二、调水量及分配重点

调水量

根据《中国水资源情况公报》《中国水利统计年鉴》和本篇第二章《西北地区荒漠化统筹治理开发构想》提出的用水量最低需求，从澜沧江、金沙江、雅砻江、大渡河共调水 300 亿米³。其中分配如下。

高海拔线路共调水 65 亿米³。经柴达木盆地留用 10 亿米³，调入新疆南疆 55 亿米³，主要用于人工生态建设中的植树造林。

中海拔线路共调水 235 亿米³。参考林一山多次组织实地考察提出自流调水方案[1]，南水北调规划设计管理局提出 3 600 米高程年均径流量[2]，郭开的调水线路方案和黄跃华的管网输水方案，利用从西到东海拔 3 500～3 400 米的凹槽地带，分别调澜沧江 60 亿米³、金沙江 55 亿米³（不含上游调通天河 65 亿米³ 到黄河）、雅砻江 80 亿米³、大渡河 40 亿米³。将四大江河水联合调入黄河支流贾曲。

低海拔调水视情而定，主要考虑金沙江、雅砻江、大渡河已建、在建、拟建的梯级水电站发电，其调水量根据各流域需要的水量进行适度补调。

分配重点

将从青藏高原四大江河调水 300 亿米³，黄河冲沙入海水和分配下游豫鲁冀的分水指标 220 亿米³，共 520 亿米³。都用在新疆、河西走廊、阿拉善盟。用水重中之重是新疆，共分配 420 亿米³。

利用黄河上游若尔盖草地至大柳树水库之间的河道，将所调中线水 235 亿米³ 和黄河水 220 亿米³，共 455 亿米³ 分配黄河上游两侧。一是黄河西侧分配 425 亿米³。其中：新疆 365 亿米³、河西走廊和阿拉善盟 50 亿米³、柴达木盆地 10 亿米³，主要用于植树造林。二是黄河东侧仅分水 30 亿米³，其中：给黄土高原的甘肃、宁夏和陕西分配生活用水和人工生态用水 10 亿米³。分配内蒙古鄂尔多斯地区 20 亿米³，主要用于植树造林。

如果按黄河年径流量 534.8 亿米³，到兰州为 330 亿米³，到大柳树水库约 333 亿米³，加上从中线调水 235 亿米³，两项共 568 亿米³，减去黄河大柳树水

① 林一山,2001.中国西部南水北调工程[M].共自流调水 526 亿米³,其中:怒江 198 亿米³、澜沧江 70 亿米³、金沙江 130 亿米³、雅砻江 101 亿米³、大渡河 27 亿米³.引水闸底板高程:怒江 3 910 米、澜沧江 3 880 米、金沙江 3 660 米、雅砻江 3 635 米、大渡河 3 500 米.北京:中国水利水电出版社,30-31.
② 陈元,郑立新,刘克崮,2008.我国水资源开发利用研究[M].五大江河年均径流量共 527 亿米³,其中:怒江 180 亿米³、澜沧江 70 亿米³、金沙江 120 亿米³、雅砻江 70 亿米³、大渡河 87 亿米³.北京:研究出版社,75.

库以上的东、西两侧共 5 路分水 455 亿米³，剩下 113 亿米³。现宁夏、内蒙古的黄河分水指标共 128.7 亿米³。由于宁夏、内蒙古都在大力开展高效节水灌溉，加之近年全球气温升高、降水量增加后，黄河年径流量在 660 亿米³ 左右，不仅对宁蒙地区原有的用水指标影响不大，而且还可视情向河西走廊多分配水量。如果出现枯水年，可将新疆、河西走廊和河套地区的农业用水指标，适当调整一点增加植树造林用水量，待西北地区气候变得湿润多雨后，再多调整一些用于农业和草业（表 14-2）。

表 14-2　调水量与分配量要点一览

线路	调水量				分配量	
	调水量（亿米³）	水原地	海拔（米）	引水量（亿米³）	省、区、域	分配量（亿米³）
合计	300			520		520
高海拔	65	金沙江上游通天河	4 456	65	新疆	55
					青海	10
中海拔	235	大渡河	3 440	40	新疆	205
		雅砻江	3 460	80	青海	10
		金沙江	3 480	55	内蒙古鄂尔多斯	20
		澜沧江	3 500	60		
低海拔	—	怒江			金沙江、雅砻江、大渡河	
		黄河		220	新疆	160
					甘、蒙、宁	50
					甘、宁、陕	10

注：洮河年径流量 48.4 亿米³，在引洮调水工程 5.5 亿米³ 的基础上，可在沿途已建或新建水库，增加调水量，实施浅埋、高架管道和暗挖隧洞相结合，将已有明渠逐渐改管道，向青海东南、甘肃东部和宁夏固原地区的一些市、县输供水，既节水，又扩大供水面。

三、调水线路

高海拔调水线路

青海—新疆，为柴达木盆地南线输水线路，全程自流引水共 65 亿米³（通天河多年平均径流量 124 亿米³）。曲麻莱—扎陵湖、鄂陵湖—都兰—柴达木盆地—罗布泊，以管道为主自流输送，主管线总长约 1 500 千米。

先从长江源头引水到黄河源头，即在通天河上游曲麻莱县治曲乡海拔 4 260 米处，修筑坝高 200 米左右的治曲水库，抬高蓄水水位到 4 456 米左右，回水至叶格乡的色吾曲，打两条内径 10 米的隧洞至黄河源头玛多县麻多乡的卡日曲（海拔 4 410 米左右）的河谷，采取浅埋 PCCP 管道与暗挖隧洞相结合，引水到扎陵湖（海拔 4 294 米）、鄂陵湖（海拔 4 272 米），此段主管道总长 80 千米左右，隧洞总长 30 千米左右，分 4 段开凿，并分别先在二湖东侧增加 20 米的拦湖坝，至少增加蓄水量 120 亿米³，由二湖进行调蓄。再浅埋管道并打隧洞穿过布尔汗布达山，到都兰县香加乡（海拔 3 680 米），此段线路管道总长 100 千米左右，隧洞长 20 千米左右，分 3 段开凿。从都兰县经柴达木盆地南边，经格尔木市南侧山边（海拔 3 050 米）进行浅埋、高架管道，沿途安装分支管道留用 10 亿米³ 水植树造林，将 55 亿米³ 水从阿尔金山西侧的三省份（青海、甘肃和新疆）交界海拔约 3 000 米的缺口处，此段管道线路长约 760 千米。再打隧洞约 2 千米，输送至新疆塔克拉玛干沙漠，距离约 500 千米。借全球气候变暖时机，冰川融化量增加和新疆增调水后蒸发降雨，一部分水汽会飘移到柴达木盆地，可渐渐增加盆地的降水量。请见附图 4：《南水北调西线引水线路示意地形图》[1]。

引水主干线中三段隧道总长约 52 千米，工程量小、难度和风险相比也小，沿途坡降大的地段可安装水力发电机。筑坝的高低与深挖隧洞的长短直接相关，坝高水位高，挖掘的隧洞就短，与之相反，这需要现地勘察地形、地质条件后规划设计。

中海拔调水线路

主干线：西藏—四川—青海。将澜沧江、金沙江、雅砻江、大渡河的四大江河水联合调入黄河。主管线到黄河输水距离总长 660 千米左右。利用青藏高原西高东低、南高北低有利地势，参考 1999 年 5 月 18 日到 6 月 22 日由国家有关部门组成的"南水北调"考察队测绘的高程数据。[2] 在从西向东海拔 3 500 ～ 3 400 米的凹槽地带，由昌都、白玉、甘孜、壤塘、阿坝、麦尔玛、贾曲到黄河主道。在各大江河干、支流上修建水库，将所调水用管道压入主管道，可通过加水、加压、加速来输水。主管道多点取水，多路输送。从澜沧江到金沙江为 1 条，从金沙江到雅砻江为 2 条，从雅砻江到大渡河为 4 条，从大渡河到黄河可增加到 5 条，隧洞直径为 8.5 ～ 11 米左右。其中：在金沙江的俄南西侧筑坝用管道和明渠引水，沿拉子扎、竹庆、窝公、玉隆到甘孜的一条东南方向的凹槽地带，可减少从白玉到甘孜间深挖一条贡呷日山隧洞的工程量。有的地段需要多打隧洞或高架管道，但没有冻土地施工难题。请见附图 3：南水北调西线（中

① 星球地图出版社，2012.甘肃省地形．1：155 万 [M]．北京：星球地图出版社．

② 李伶，2010．西藏之水救中国（新版）[M]．北京：华文出版社，192-201．澜沧江 3 498 米、金沙江 3 468 米、雅砻江 3 454 米、大渡河 3 449 米、黄河 3 399 米，各流域之间打隧洞穿过分水岭长分别为 51 千米、22 千米、6 千米和 6 千米。

海拔）引水主干线路示意图[①]。

中线所调水到若尔盖草地进入黄河后，与原有黄河的水一起经已建、在建、拟建的20多座梯级水电站直到大柳树水库。沿途呈树枝状向黄河东、西两侧分水；请见附图4:《南水北调西线引水线路示意地形图》[②]。

黄河以西分三路输水共 425 亿米^3

第一路：柴达木盆地北线输水 100 亿米^3。 主管道线路长 1 460 千米左右。参考林一山的输水路线，从拟规划的龙羊峡水库以上 10 个梯级水库第八级的玛尔挡水库 3 250 米高程，用两条内径 10 米管道输水，沿黄河河道边经铁盖、切吉、茶卡盐湖西侧，再打隧洞穿越到乌兰、德令哈，再沿柴达木盆地北边海拔约 3 100 米高程，到苏干湖调蓄，沿途给柴达木盆地留 10 亿米^3 水植树造林。在阿尔金山东侧海拔约 2 900 米的缺口处，打约 20 千米的隧洞，将 90 亿米^3 水输送至新疆罗布泊和塔克拉玛干沙漠植树造林。沿途根据高程变化建设水力发电站。

第二路：河西走廊南线输水 100 亿米^3。 主管道两条、内径 9 米、长 1 500 千米左右。从兰州的大峡水库（正常蓄水位 1 480 米）分水，沿祁连山北坡山脚，在 1 450 米左右的高程进行浅埋、高架管道，经武威、金昌、张掖、酒泉、玉门、敦煌到南疆，全程自流输水。将 90 亿米^3 的水输送到库姆塔格沙漠植树造林。沿途用管网适当向两侧供水 10 亿米^3，作为城乡生活用水，生态用水，与石羊河、黑河和疏勒河的水统筹调配使用。

第三路：河西走廊北线输水 225 亿米^3。 参考林一山勘察提出的输水路线，运河在河西走廊北线沿 1 250 米左右高程，向新疆输水 185 亿米^3。从靖远县乌金峡水库（正常蓄水位 1 436 米）和拟建大柳树水库（正常蓄水位 1 380 米）分水，像修筑高速公路和铁路一样浅埋、高架，向北成扇形，从两个取水水库分别铺设 3 条内径 9 米管道（共 6 条输水线路图上只显示 2 条），穿越腾格里沙漠、巴丹·吉林沙漠，沿途供水 40 亿米^3，到博勒—敖包以西（海拔 1 260 米），至额济纳旗（海拔 1 250 米），成东西走向的运河全程自流，既兼顾到腾格里、巴丹·吉林和乌兰布和沙漠面上供水分布，又兼顾沿途在各高程上向沙漠供水，距离 400～500 千米。向东分一点水与黄河三盛公水利枢纽（海拔 1 055 米）连通，形成西通新疆、东到渤海的运河。运河向西经伊哈托里，打通哈尔欣巴润乌蒙敖包山（海拔 1 658 米）与两座无名山（海拔 1 523 米和 1 517 米）之间垭口，为甘肃、新疆与蒙古国的交界点，进入北疆准噶尔盆地直到艾比湖。此段运河长约 2 360 千米，宽 260～300 米，水深 15 米左右。沿途利用额济纳旗居延海

---

① 成都地图出版社，2015.四川省地形.1：150 万 [M].成都：成都地图出版社.
② 星球地图出版社编，2012.甘肃省地形.1：155 万 [M].北京：星球地图出版社.

（海拔 900 米）和新疆的三塘湖（海拔 700 米）、苃苃湖（海拔 500 米）、艾比湖（海拔 190 米）等，修筑河湖堤坝蓄水，既大大增加了存水面积，又就近大规模向四周植树造林，可改变局部地区气候。将来到这些湖夏休度假的人要比到青海湖的多，甚至比到北戴河的还要多。若勘察后无法避开三塘湖、苃苃湖等煤矿正常开采，可考虑沿天山北坡山脚开挖运河。

从哈尔欣巴润乌蒙敖包山西南两座无名山（海拔 1 331 米和 1 446 米）之间的垭口下挖 200 米左右或打隧洞，分水 50 亿米³ 左右，用管道向哈密、吐鲁番盆地的沙漠戈壁输水，滴灌植树造林。

黄河以东分两路输水共 30 亿米 ³

第一路：靖远—同心—延安线路 10 亿米 ³。从靖远乌金峡水库（正常蓄水位 1 436 米）加高大坝 20 米，水位到 1 456 米取水，实施浅埋、高架两条内径 4 米管道和暗挖隧洞相结合。从靖远以南的王家山打隧洞穿越后，经宁夏的同心县，再分路到盐池和甘肃庆阳市，陕西延安、榆林、铜川、西安、咸阳、渭南市自流供水。尽可能提高输水管线沿途的高程，增加用水地区自流输水受益面。

第二路：中卫—鄂尔多斯高原线路 20 亿米 ³。从大柳树水库（正常蓄水位 1 380 米）取水，采用浅埋、高架两条内径 5 米管道输水，主要到鄂托克前旗（海拔 1 343 米）、鄂托克旗、杭锦旗、乌审旗等，为库布齐沙漠、毛乌素沙地生态造林供水。

黄河以东的黄土高原供水量安排少，主要是考虑供应城乡居民生活用水和人工生态补水。农林草地灌溉的生产、生态用水，要依靠黄土高原在水土保持工程中拦截大小支流蓄水灌溉，以及黄河干流建设的大柳树、碛口、古贤等大型水库引水灌溉。同时，待新疆和河西走廊调水工程建成后植树造林，通过植物蒸腾随西风带飘移来的水汽可形成不少降水。

低海拔调水线路

西藏—青海—四川。在海拔 2 900 米左右，将怒江水调补一些到金沙江、雅砻江、大渡河。根据各流域已建、在建、拟建的梯级水电站的装机容量，确定具体调水量和各流域的分配量补调，并确定引水线路。在我国十三大水电基地中，如 2014 年开工建设的雅砻江中游两河口水电站规模很大，水库正常蓄水位为 2 865 米，最大坝高 295 米，总库容 107.6 亿米 ³，总装机容量 300 万千瓦，年发电量 110 亿度。2019 年开工建设的大渡河上游双江口水电站，是目前世界上最高的大坝，高达 315 米，水库正常蓄水位 2 500 米，总库容 31.15 亿米 ³，总装机容量 200 万千瓦，年发电量 83.4 亿度。

请见附图 3：南水北调西线（中海拔）引水主干线路示意图；附图 4：南水北调西线引水线路示意地形图。

以上高、中、低海拔调水的具体线路和调水量，待进一步勘测论证后调整确定（表14-3）。

表14-3　南水北调西线管网工程调水线路一览

海拔	地域	线路	输水量（亿米³）	具体线路
高海拔	青海—新疆	长江源—黄河源（治曲乡—扎陵湖）	65	在通天河上游曲麻莱县治曲乡海拔4 260米处，修筑高200米左右大坝，抬高水位到4 456米左右蓄水，回水至叶格乡、色吾曲，打隧洞至黄河源头玛多县麻多乡卡日曲（海拔4 410米左右），通过浅埋管道与深挖隧洞，引水到扎陵湖（4 294米）、鄂陵湖（4 273米），并在二湖东侧增加20米的拦湖坝蓄水调蓄，至少增加蓄水量120亿米³。此段主管道距离80千米左右，隧洞约30千米
		鄂陵湖—塔克拉玛干（柴达木南线）		浅埋管道并打隧洞穿过布尔汗布达山，到都兰县香加乡，管道长100千米左右，隧洞长20千米左右。再经柴达木盆地南边海拔约3 100米高程，经格尔木市以南进行浅埋、高架管道，沿途安装分支管道留用10亿米³，将55亿米³水从阿尔金山西侧的青、甘、新交界海拔约3 000米缺口处，管道线路长约760千米。再打隧洞约2千米，输送至新疆塔克拉玛干沙漠，距离500千米左右。主管线路总长约1 500千米
中海拔	西藏—四川（主干线）	澜沧江、金沙江、雅砻江、大渡河	235+黄河220	将四大江河水串联起来联合调入黄河，最大坝高260米左右，主管线到黄河贾曲长约660千米。利用青藏高原西高东低、南高北低有利地势，在从西到东海拔3 500～3 400米的凹槽地带，由昌都、白玉、甘孜、壤塘、阿坝、麦尔玛、贾曲到黄河。在各大江河干、支流上修建水库，将所调水用管道压入主管道，加水、加压、加速来输水
		第一路（柴达木北线）	100	主管道长1 460千米左右。从拟规划的玛尔挡水库3 250米高程用管道自流引水，沿黄河河道边经铁盖、切吉、茶卡盐湖，再打隧洞穿越到乌兰、德令哈，沿柴达木盆地北边海拔约3 100米高程，到苏干湖调蓄，沿途给柴达木盆地留10亿米³水造林。在阿尔金山东侧海拔约2 900多米的缺口处，打约20千米隧洞，将90亿米³水输送至新疆罗布泊和塔克拉玛干沙漠植树造林
		第二路（河西走廊南线）	100	主管道长1 500千米左右。从兰州大峡水库（正常蓄水位1 480米）分水，沿祁连山北坡山脚，在1 450米左右的高程浅埋、高架管道，经武威、金昌、张掖、酒泉、玉门、敦煌到南疆，全程自流输水，将90亿米³的水输送到库姆塔格沙漠等地。沿途用管网分10亿米³作为城乡生活、生态用水，并与石羊河、黑河和疏勒河的水统筹调配使用

（续表）

海拔	地域	线路	输水量（亿米³）	具体线路
中海拔	黄河以西（支线）	第三路（河西走廊北线）	225	河西走廊北线沿 1 250 米左右高程开挖运河，向新疆输水 185 亿米³，长 2 360 千米左右。从乌金峡水库（正常蓄水位 1 436 米）和大柳树水库（正常蓄水位 1 380 米）取水，浅埋、高架管道，向北成扇形，兼顾水平面与高差，从两个取水水库分别铺设 3 路管网，穿越腾格里、巴丹·吉林沙漠等，沿途供水 40 亿米³，到博勒—敖包以西（1 260 米）至额济纳旗（1 250 米）东西一线运河，距离约 400 ~ 500 千米。向东分水一点与黄河三盛公水库（1 055 米）连通，形成西通向新疆、东到渤海的运河。运河向西经伊哈托里，打通哈尔欣巴润乌蒙敖包山（1 658 米）与两座无名山（1 523 米和 1 517 米）之间垭口，进入北疆准噶尔盆地直到艾比湖
	黄河以东（支线）	第一路（靖远—同心—延安）	10	从靖远乌金峡水库（正常蓄水位 1 436 米）取水，采用浅埋、高架管道和深挖隧洞输水，从靖远以南的王家山打隧洞穿越后，经宁夏的同心县再分路到盐池，并向甘肃庆阳，陕西延安、榆林、铜川、西安、咸阳、渭南市自流供水
		第二路（中卫—鄂尔多斯）	20	从大柳树水库（正常蓄水位 1 380 米）取水，采用浅埋、高架管道输水，主要到鄂托克前旗（1 343 米）、鄂托克旗，杭锦旗和乌审旗，为库布其沙漠、毛乌素沙地造林用水
低海拔	西藏—青海—四川		—	根据需要将怒江水就近调补一些到金沙江、雅砻江、大渡河，对已建、在建、拟建三大流域的水电基地补调

四、工程主要特点

不建高坝大库

过去考虑建高坝大库，主要是为增加集水量、蓄水量和抬高水库的输水水位。现在若采取干、支流分段筑坝，拦水蓄水，不修筑 300 ~ 400 米的高坝抬高水位，不建 300 亿米³ 以上的大库蓄水，各流域调水线以上修建大小水坝，支流多在 20 ~ 80 米，主干线水库坝高多在 160 ~ 260 米，必要时可将坝址选高一点，不会超过原南水北调小西线侧坊沟水库坝高 273 米。只要总蓄水量在丰、枯水年，供需平衡就可以。所建低坝水库，有些可用土石坝，能大大降低造价。这样，分解了修筑高坝大库的矛盾和问题，既降低了地震灾害的风险，水库淹没耕地少、移民少、生态影响小，又减少调水主干线路的压力。请见附表 13：中外部分高坝概况；附表 14：中外部分大库概况。

调水距离较短

通过高水高调、低水低调，多点取水，多路输水，实际上大大缩短了调水的输水距离，也减小了工程量和投资。一是高海拔调水线路较短。主管线总长约 1 500 千米，就可直达新疆塔里木盆地东侧。二是中海拔调水线可利用黄河河道。主管线：从昌都、白玉、甘孜、壤塘、阿坝、麦尔玛到黄河贾曲，总长 660 千米左右，比从雅鲁藏布江调水减少一半距离。支线：（1）柴达木盆地北线。从黄河玛尔挡水库、茶卡盐湖、柴达木盆地北线到新疆，输水主管道长 1 460 千米左右；（2）河西走廊南线。从兰州的大峡水库沿祁连山北坡至新疆主管道长 1 500 千米左右；（3）从靖远县乌金峡水库、大柳树水库，到河西走廊南线的黄河西流域运河，各支线的管道输水长 400 ～ 500 千米。三是黄河西流域运河线不长。从三盛公至新疆艾比湖，总长约 2 360 千米。可以说，最长的输水线路为中海拔调水线路，除利用黄河上游从贾曲、玛曲向下经 20 多个梯级水库发电至乌金峡和大柳树水库 1 700 千米左右，实际上中线调水的主管道和支管道长 1 860 ～ 2 160 千米。最长的为进入黄河西流域运河，调水线路修筑主管道和运河最长 3 520 千米左右。而红旗河工程调水线路，是绕行青藏高原外围海拔 2 558 ～ 1 700 米到兰州，经河西走廊到新疆南疆，输水距离共 6 188 多千米。

用管道输水优

在地形地质条件复杂的青藏高原和地形起伏的河西走廊、阿拉善高原，选择用管道输水方式，与修筑公路、铁路那样，可进行浅埋、高架管道，跨越河谷、湿地、山坡和交叉的公路、铁路、居民地等。也解决了"南水北调不能自流引水到任何内陆河流域上游"的顾虑。管道输水占用耕地少、打大隧洞少、生态环境损坏影响小；有压管道输水流速快，比同截面明渠流量大，水头损失少；输水过程中渗漏、蒸发量很少，水质不污染，运行维修和管理方便。南水北调东线调水 148 亿米^3，规划共需抽取江水 343.4 亿米^3，扣除用明渠输水损失后的净增供水量仅占 43.1%。南水北调中线调水 130 亿米^3，用明渠输水穿越、跨越大小河流 686 条，跨渠桥梁 1 800 多座，跨越公路、铁路、油气管道共几千处[1]。如果将盐环定扬黄工程的取水点，从青铜峡水库（正常蓄水位海拔 1 156 米）移到靖远的乌金峡水库，并加高该库大坝 20 米，正常蓄水位提高到海拔 1 456 米取水，通过大口径管道自流引水，可减少 300 米的扬程。建设管道输水工程，实际上要比建设明渠工程造价低、维护费用小。当年红旗渠引水工程因经济技术落后只能用明渠，如今类似这样工程用管道比用明渠造价低很多。目前，我国三峡水电站引水钢管内径 12.4 米，而长距离、大口径、高压力管道运输技术还需要探索，但其难度应当比隧洞技术难度要小。

① 国务院南水北调工程建设办公室组织编写，2013. 为了生命之水——中国南水北调工程科普读本 [M]. 北京：中国水利水电出版社，37，47.

水能利用率高

采取多层次、多线路，用管网沟通干、支流的五大水系进行引水，利用管道的储能原理，水的势能没有浪费，大多变为电能。通过管道全程自流，不用提水，做到边引水、边发电，节省了大量电能和建设经费。中线主管道调水进入黄河上游，从贾曲到兰州的大峡水库，有135亿米³的水可通过20个梯级水库发电。从乌蒙敖包山到艾比湖约1 400千米，落差1 060米，沿途修筑若干个水库和船闸，可蓄水、发电、航运、灌溉。

保证常年输水

高海拔、高纬度的地区，无论是用管道输水，还是利用黄河上游一段输水河道，都可避免雪崩、冰冻、坠石、泥石流、风沙等灾害，能保证一年四季输水，大大减少平时维护的人员和经费。而用明渠在每年冬、春季，平均有3个多月封冻不能输水。

工程难度小、风险小、投资少

在极其复杂的地形、地貌、地质和气象条件下，尽量做到因地制宜、因势利导，统筹规划。在干、支流分段筑坝，用管道多点取水、多路输水，不用像明渠输水受水位的严格约束，需要沿等高线布设线路。也不需在建高坝大库选址时，对地形、地质要求条件高。不修筑高坝大库和明渠，降低了地震、地质灾害风险和投资。在支流修筑很多低坝，有的可设计建设成土坝。采用浅埋、高架管道和深挖输水隧洞相结合，主管道输水线路比较短。所有工程项目尽量减小工程量，施工难度小，工期较短，工程投资少。20多年前，有些专家认为"南水北调西线工程是一项复杂艰巨、影响深远的工程，比三峡工程不知要难多少倍，风险也不知要大多少倍。"如今看来，通过调整思路和办法后，难度和风险将会大大降低。

拦截洪水和泥沙

长江洪水多发生在上、中游，如"长江2020年第1、2、3、4、5号洪水"，均在长江上游形成。干流寸滩站（重庆）流量最高达20 100米³/秒，超保证水位3～4米。三峡水库最大入库流量70 000米³/秒，11个泄洪口出库流量最高达49 200米³/秒，即在24小时内弃水高达40多亿米³。青藏高原和长江是在近千万年来的地质运动中形成的，火山爆发喷涌而出的火成岩在河槽中滚落形成砾卵石，每一座大山都是沙石堆积而成。因此，通过各大小支流分段筑坝拦截泥沙和砾卵石，能大大减少长江上游各大水库群和河床抬高（这也是我国著名水利工程学专家黄万里曾对修筑三峡大坝最为担心的），有利于保持长江中下游主河道的水深。长江是世界级黄金水道，货运量为全球第一。要保证2 000艘10万吨级轮船在长江入海口的深水航道往来，现有10艘"天吉"号超级疏浚船每天要连续工作20个小时，以解决每年从上游奔流而下的4.8亿吨泥沙淤积成宽300

多米、长约 60 千米的"拦门"水域。[①]

控制改变河源区荒漠化

由于全球气温变暖，青藏高原江河源区渐渐荒漠化、沙化趋势突出。在长江源区的楚玛尔河、沱沱河、通天河和雅砻江上游的宽缓河谷，以及黄河源区的草原地带，已出现连续沙丘链和沙化地带。贯彻落实习近平总书记提出的"坚持山水林田湖草沙综合治理、系统治理、源头治理"思想，对各流域上游大小支流，特别是在河源区的盆地，进行分段筑坝，拦沙、蓄水，可以形成局部的水循环小气候，能够含养水源，恢复生态，有效控制冰川融化、雪线升高、湖泊退缩、河流干涸、沼泽枯竭、草甸退化、荒漠化和沙化加剧等趋向。有的学者认为："将长江源的水调到黄河，会造成长江源的荒漠化和长江上游沙漠化的干热河谷。"难度改变水流方向，就造成河源区荒漠化吗？实际上，在各大江河上游层层筑坝蓄水，是控制青藏高原荒漠化的一条有效途径。

对长江流域发电航运影响小

在四大江河的高、中海拔共调水 300 亿米^3，其中从长江上游调水 240 亿米^3，占长江多年平均径流量 9 500 多亿米^3 的 2.53%，对长江流域发电和航运影响很小。低海拔从澜沧江向金沙江、雅砻江、大渡河可补调。

五、工程重点和技术难点

水坝抗震

玉树、甘孜、德格地区有地震断裂带，就不能在中线的昌都、白玉、甘孜、壤塘、阿坝等地建高坝大库。但是，通过分层级多建中小水坝，拦沙、蓄水、蓄能，用管道引水、发电，这样诱发地震可能性小，若出现地震后损失也较小。就是在四大江河干、支流修筑 160～260 米高坝，可选择"V"字形的峡谷，采用混凝土面板堆石坝或钢筋水泥心墙堆石坝，能抗震、防渗漏，工程量比混凝土重力坝小、造价低。原南水北调小西线方案调水 170 亿米^3，规划在长江上游 4 条主、干支流，筑坝高 240～292 米[②]。2014 年 10 月开工建设的雅砻江中游两河口水电站，这是世界上坝高第三的心墙堆石坝，高达 295 米，坝顶高程 2 875 米，库容 107.67 亿米^3[③]。说明在海拔 3 500～3 400 米高程，建设 260 米以下大坝是可能的。

---

① 中央电视台 2. 大国重器（第一季）第五集 . 布局海洋 . 2018-3-7.

② 钱正英，张光斗，2001. 中国可持续发展水资源战略研究综合报告及各专题报告 [M]. 北京：中国水利水电出版社，239.

③ 丁怡婷 . 人民日报 . 绝壁之上建电站 [N]（18）：2019-7-17.

隧桥安全

有的地区地质条件比较复杂，多为陡倾岩层，褶皱非常明显，活动断裂带较多，主要对修筑明渠影响较大，而用管线与桥梁、隧洞结合输水设计建设较灵活，使得打隧洞相应较短，最长的单条隧洞不超过 51 千米，可分 10 段开凿。有压输水流速大，高、中线调水隧洞内径在 9～11 米，比郭开方案中输水隧洞的直径 28 米要小一半多。桥梁架设输水管道，与修筑高速公路和高铁一样，可根据地形灵活设计建设。川藏铁路全长 1 629 千米，隧桥群工程总长 1 413 千米，占新建正线长 1 738 千米的 81.3%，且多是在海拔 3 000～4 000 米，最高的达到 4 400 米；埋深 1 500～2 000 米的高海拔地区，2020 年 5 月 14 日媒体报道，拉萨到林芝段的 47 座隧洞全部贯通，所经线路的地质、地震、生态等问题，与本设想提出调水线路上遇到的这些问题差别不大。记得中国铁建重工集团和中国中铁工程装备集团，两位董事长在中央电视台做客佳宾节目时都讲，"在青藏高原修筑铁路，无论遇到什么地形地质、气候气象条件，都能组织施工，其工程设备性能达到世界先进水平。"2019 年 4 月在海拔 4 774 米的西藏工布江达县米拉山，已建成了长 5.7 千米长的双隧道公路通车。青藏铁路风火山隧洞全长 1 338 米，海拔 4 905 米；新关角隧洞长 32.64 千米，最高海拔 3 497.45 米。墨脱嘎隆拉公路隧洞地质条件很差，长 3.3 千米，海拔 3 700 米。实际上，2002 年呈报的小西线调水 170 亿米^3 方案，施工难度并不小，各路输水隧洞总长 488 千米，14 段隧洞中最长 72.37 千米，最大设计洞径 9.62 米，工程区海拔 4 700～3 400 米，引水枢纽区河床海拔 3 600～3 400 米[①]。目前，我国已成功研制出直径 16 米盾构机装备。日本于 1964—1987 年建成了全长 54 千米的青函海底隧道。英法于 1986—1994 年建成了三条平行长 51 千米的英吉利海峡海底隧道。2006—2009 年我国建成了近 7.8 千米的青岛胶州湾海底隧道。相对来说在陆地上的青藏高原建设隧道难度要比海上低。引汉济渭秦岭隧洞越岭段长达 81.8 千米，布设施工辅助斜井 10 座[②]。滇中引水香炉山隧洞全长 62.6 千米，占总干渠线路的 92%。[③] 网上看到，分布在全国各地的 10 万福建平潭岛人，几乎修筑了全国 80% 的隧道项目，何况我国有大量优秀的工程技术人才和先进装备。

管道水锤

水锤是长距离管道输水系统的最大威胁，特别是在扬水高差大，或输水线路呈波浪形高差较大时，其压力过大会破坏管道阀门、断开接头或管道爆裂。防止

①② 水利部南水北调规划设计管理局，2012. 跨流域调水与区域水资源配置 [M]. 北京：中国水利水电出版社，67-68，47-48.

③ 中国水利水电勘测设计协会，2018. 水工隧洞技术应用与发展 [M]. 北京：中国水利水电出版社，1-2.

水锤事故发生应注意：（1）输水线路选择和布置时，尽量避免出现坡度剧变的驼峰段，通常利用重力流输水安全可靠，不会产生水锤；（2）坡降大的地段建发电站，可控制输水流速；（3）主管道由各水库的重力流加水加压加速，但都是由高向低输水，沿途分支管道数的增加及供水会减压；（4）在有的管段安装新型液控缓闭蝶阀、减压阀、进排气阀、气囊式水锤消除器，建设调压塔、沉沙井、跌水井等；（5）运用真空流技术，使管道中进入的空气少，发生水波振动小，可增加管道输水流量；（6）主、支管道选用抗压、抗拉、抗震、耐疲劳的预应力钢套筒混凝土管（PCCP）；（7）全线有自动化控制系统监控，如果发生地震，由地震波快速传递，设置多闸自动关闭；（8）对冬季、雨季不用或少用水的地区，可将水自动排入水库、水池、湖泊中储存备用。参考黄跃华提出的"多口进水、多管相通、多阀减压、百秒关完"，应不会发生水锤事故[①]。

冻土地施工

青藏高原的冻土地，是指零摄氏度以下，常年含冰的各种岩石和土壤。1998年在西藏那曲地区申扎县，建成了世界上海拔最高的甲岗水电站，坝顶高程达4 751.3米，虽然装机容量只有1 500千瓦，但也说明在金沙江上游通天河海拔约4 260米的坝址建设治曲水库，蓄水位4 456米，应当是可能的；2014年在雅鲁藏布江上游建成的藏木水电站，坝高116米，正常蓄水位3 310米，说明在中海拔3 500～3 400米地区，建设调水干流调蓄水库，施工也是可能的。青藏管网工程高海拔的调水线路在4 456～4 300米，所经冻土地线路不长，到柴达木盆地后在3 100米左右；中海拔的调水线路在3 500～3 400米，算不上冻土地，其施工难度应当说比青藏铁路要小得多，并且以大型机械作业为主。2001年启动的青藏铁路工程在海拔4 500～5 072米的地段，克服了多年冻土、高寒缺氧和生态脆弱三大世界性工程难题，要求的地质、坡度、环境等条件比建设管道引水工程条件与难度要大很多。

运河开挖

黄河西流域的河西走廊北线运河，高程1 250米左右，与巴拿马运河、尼加拉瓜运河的"凸"字形结构相似，而不同于苏伊士运河的"凹"字型结构。巴拿马运河水面高出两大洋26米，通过两端三级船闸和中间的加通湖相连，称作一条"海上悬河"、连接大西洋和太平洋的"水上之桥"。尼加拉瓜运河也是利用了高出两大洋29米的尼加拉瓜湖。而河西走廊北线运河，两端的垭口工程量，与两端设计船闸高程直接相关。虽然打通约260米高的山间垭口土石方工程量很大，但与修筑315米高坝的双江口水电站相比，与建筑632米高

---

① 黄跃华，2017. 强国千年计 [M]. 香港：中国图书出版社，55.

的上海中心大厦相比，工程技术难度不算大。如果从两端修建船闸的工程量和费用及从运行的长远综合效益考虑，该段约 1 000 千米的运河，若降低到海拔 1 200 米，可劈开西边高于河道 300 米左右，东边高于 215 米左右的山边豁口，则两端的船闸都可降低 50 米，更能体现出深挖运河的战略意义。西边进入新疆海拔在 1 200～190 米，东边三盛公海拔 1 055 米，中间额济纳旗东西海拔多在 1 000～1 100 米，最低处 900 米左右，考虑新疆供水需求下降后，通过围堰形成水面 2 万多千米² 的梯级大湖泊，比现在青海湖水面大 5 倍，比三峡水库水面大 20 倍，可蓄水养殖、调蓄航运、旅游休闲，也能改变局域气候环境。此段工程需勘测专题论证后规划设计。当然，开挖运河两端的山哑口工程量很大，但现代各类大型工程机械很先进，也很齐全配套，尤其是能制造像德国 4.5 万吨的克虏伯挖掘机，用 4 台可在 16 个月内挖掘的土方量，相当于三峡水库工程主体建筑物及导流槽土石方 1.34 亿米³ 的挖填量。

调水工程中修筑大坝、隧洞、桥梁和管线等建设均是关键的技术，国内在修筑电站、公路、铁路、输水、输气等方面的水坝、隧洞、桥梁技术已经非常成熟。但是，大口径、长距离、高压力输水管道，国内没有现成的事例，但与隧洞输水相比技术难度还是要小。可以说南水北调西线管网工程难度不是很大，也很少有超过国内现有水利水电、隧洞、桥梁的施工技术难度，即是超过青藏铁路和川藏铁路修筑中遇到的难题，超出的部分也十分有限。相信工程技术专家们应当有能力去解决。

六、投资情况分析及工期预计

水坝电站建设

在澜沧江、金沙江、雅砻江、大渡河和黄河五大流域上游的干流和大小支流，按阶梯规划分段筑坝蓄水。各支流分段修筑的坝高多在 20～80 米的水库。在"三江源"区的盆地及上游的宽缓河谷，或是有些径流量不大的可建土石坝，造价较低。在调水主干线的各流域干流和大的支流，可修筑坝高 160～260 米的混凝土面板堆石坝，或钢筋水泥心墙堆石坝，作为蓄水调节的大型水库，这也是青藏管网调水工程中投资最大项目之一。坝高 295 米的两河口水电站，总投资 660 亿元。坝高 315 米的世界第一高坝双江口水电站，概算总投资 366 亿元。因而，西线调水管网工程主干线水库造价，都不会比上述两个水电站高。

隧洞桥梁建设

高海拔调水线：从通天河的色吾曲，打隧洞至黄河源头卡日曲，隧洞最长地段约 30 千米；中海拔调水线：从澜沧江、金沙江、雅砻江、大渡河，到黄河上游调水的主干线上，从西到东海拔 3 500 ～ 3 400 米的凹槽地带，采取浅埋、高架管道和打隧洞输水相结合。隧洞单线最长不超过 51 千米，这是干线输水工程投资比较大的项目。架设桥梁主要是桥墩和横梁，造价不算大。南水北调西线管网工程主干线隧桥建设经费，应不超过修筑川藏铁路的隧洞和桥梁建设经费。

铺设管网工程

同内径和长度的管道应比隧洞建设成本要低。调水线的干、支流管道和从黄河上游两侧分路的支线管道建设经费，由国家财政统一安排支出。各省（区）通向市、县、乡镇到村的管道和蓄水等工程建设经费，由国家、各级地方政府从水资源税和土地出让收益计提比例中安排。

其他经费开支

勘测设计费、工程监理费、质量管理费等比例较低。另外，利用黄河上游 20 座梯级水库蓄水发电，可节省很多投资成本。

预计总工期需 8—10 年

由于在西线调水工程中，既不建高坝大库，又不像其它大型水库在大坝合拢后，再安装发电设备，应当说比一般同规模的水电站建设工期要短很多。在不同地点，大项工程可同时展开，平行作业，如修筑水库、挖掘隧洞、铺设管道、建沿途输水发电站等，最后再对接调试，能大大缩短工程总工期。尤其是在科技和生产力高度发达的 21 世纪，我国水电和交通运输工程建设队伍强大，不断出现的一些超级装备，正成为大国造血通脉的利器。同时，我国国力不断强大，有集中办大事的特有条件，勘测论证、规划设计和组织建设不需花很长时间。关于南水北调西线调水工程对西北乃至国运产生重大战略意义，笔者在第一、二篇中已从多方面、多角度进行了说明，几十年来国内有很多种方案，都从不同角度对西线调水的战略意义进行了多方面论述，在此不再赘述。

第十五章　"北水南调"从东北向华北平原调水的设想

自 20 世纪 80 年代以来，华北平原缺水越来越严重，原本缺水的海河、黄河水已无力支撑经济社会持续发展。可是，人们的目光却一直关注南水北调东、中、西线，全力谋划实施为华北平原供水和黄河补水，却很少关注研究从水源较足、水质良好，就近就便从东北为华北平原调水的重大战略问题。其初步设想如下。

一、东线从鸭绿江引水

从鸭绿江的水丰水库引水至鲁冀津，输水干线总长 1 100 千米左右，年可调水 55 亿米³，留辽东半岛 5 亿米³ 左右。调水主管道从丹东市的水丰水库取水，沿丹东（海拔 110 米）至旅顺（海拔 50 米）高速公路西侧，利用地形较高的有利条件，铺设 2 条内径 9 米左右，约 360 千米的输水管道。到辽东半岛的老铁山岬。利用庙岛群岛（也称长山列岛），建设总长约 113 千米，跨渤海大桥公路运输和管道输水工程，到山东半岛的蓬莱角。大桥上下两层，上层高速公路为双向六车道，通行小轿车、大小巴士、载重 20 吨以下货柜车等，设计时速 80 千米，能抗 16 级台风、8 级地震；下层铺设输水管道内径 4 米、两层共 10 条。为方便大型船舶自由进出天津、秦皇岛、曹妃甸、营口等大型港口，参考港珠澳大桥设计建设情况，深水区通航主跨大桥最大跨度 460 米左右，最小跨度 260 米左右，桥底净空 50 米，非通航桥梁跨度 85 米左右。南段的庙岛群岛桥面距海面约 40 米，通航桥梁跨度 260 米左右，非通航桥梁跨度约 110 米。当强大的水压通过桥梁管道自流输送到山东半岛后，利用半岛海拔较低的纵横廊道和海岸线，分路就近就便供水至烟台、威海、青岛、潍坊、东营、滨州、德州、衡水、沧州、保定和天津等地。

水丰水库的正常蓄水位 123.3 米，最大蓄水量 146.6 亿米³，年径流量 327.6 亿米³，为中朝两国共管共用。引水沿线的辽宁、山东、河北三省和天津市大多地区海拔在 20 米左右，平均坡降 0.11‰。主管道为 2 条，采取浅埋、高架管道网全程自流引水。沿途安装分支管道网，供应工农业生产和城乡居民生活。各地可根据需要与可能，合理选择设计建设调蓄水库。请见附图 5："北水南调"东线主干线经山东半岛地形图^①。

二、西线从松花江引水

西线调水从第二松花江的丰满水库引水至京津冀。输水干线总长约 1 230 千米，年调水 65 亿米³。引水主管道从吉林市丰满水库到长春，沿京哈高速公路西侧，利用其地形较高有利条件，铺设内径由 8 至 4 米的输水主管道，经四平、沈阳、锦州、秦皇岛到唐山、宝坻、雄安和北京等地，沿途两侧安装分支管道网。水量分配按吉林、辽宁、河北、天津、北京的五省、市的城乡需求统筹规划安排。其中：河北、天津、北京、雄安分配 50 亿米³。北京、雄安再有 20 亿米³ 的水就可保障工农业生产和生活、生态基本需要。

丰满水库正常蓄水位 261 米，总库容 108 亿米³，年径流量 136.5 亿米³。北京天安门广场海拔 44 米，京津冀供水地区平均海拔 20 米左右，主管线总长约 1 230 千米，沿途无较大的山脉阻隔，几乎不用打隧洞，平均坡降 0.2‰。主管道为双管径，由约直径 8 米渐渐到 4 米，全程自流引水。各地根据需要与可能，合理选择设计建设调蓄水库。

三、工程主要特点

水量足水质好

鸭绿江是中国和朝鲜两国间的一条界河，长 796 千米。流域面积 6.379 万千米²，中国境内约占一半。中朝两国相依的长白山山脉，为鸭绿江提供了丰富的水资源，年平均径流量 327.6 亿米³，在丹东以南汇入黄海。丹东和朝鲜山地多，年均降水量多在 1 000 毫米左右，利用鸭绿江水就近灌溉农田较少，优质淡水白白流入大海。中方与朝方分别占 163.8 亿米³ 的水量，年调水 55 亿米³ 不会影响鸭绿江两岸中朝两国的用水。

《2019 中国水利统计年鉴》^②显示，松花江流域多年平均径流量 762 亿米³，是中国七大江河之一，主要供应吉林和黑龙江两省。2018 年吉林省总用水量 119.6 亿米³（农业用水 84.4 亿米³，工业用水 16.7 亿米³，生活用水 14.1 亿米³，人工生态环境补水 4.4 亿米³）。在总供水量中来自地表水为 76.6 亿米³，占第二松花江

---

① 星球地图出版社，2012. 山东省地形 . 1 : 75 万 [M]. 北京：星球地图出版社 .
② 中华人民共和国水利部 . 2019. 2019 中国水利统计年鉴 [M]. 北京：中国水利水电出版社，15，90.

（165 亿米^3）和嫩江（251 亿米^3）多年平均径流量的 18.4%，占吉林省河川多年平均径流量 344 亿米^3 的 22.27%。而西线取水从第二松花江的松花湖，经丰满水库大坝的年径流量 136.5 亿米^3，调水 65 亿米^3 仅占松花湖径流量的 47.6%，而沿途还要分配吉林省一部分水量，应当不影响第二松花江流域的生产、生活、生态用水。同时，还可考虑由丰满水电站控制，白天多发电放水，而在夜晚少放水，让人感到第二松花江中下游的河川流量变化不大。

东北地区水土资源丰富，现有耕地面积 3.23 亿亩，灌溉耕地由 1999 年的 16% 增加 2019 年的 45.1%。也可能有不少人认为，东北地区干旱很严重。近十多年，东北地区旱灾确实很严重，特别是 2014 年农作物受灾面积，辽宁省为 2 717.7 万亩，吉林省为 852.4 万亩，黑龙江省为 92.8 万亩（《2014 中国水旱灾害公报》）。但是，东北地区农田干旱的主要原因还是结构性和工程性缺水，而不是资源性缺水。吉林省西部的查干湖在主汛期由松花江、嫩江、洮儿河、霍林河的过境水量高达 300 亿米^3。近年已与周边的"河湖连通"，工程量完成了 80% 以上，疏通了湖泡间的"毛细血管"，今后农业用水还可挖潜。如在大、小兴安岭的各大小支流，尽量多建水库存水，将洪水变资源灌溉农田。黑龙江流域多年平均径流量 1 166 亿米^3，可在我方支流筑坝蓄、引、提水，也可在干流用风电、光伏电提水（全国现有机井 511.73 万眼），就近引向平原和台地，扩大水稻种植面积，能充分利用大型农业机械在东北肥沃的黑土地上作业，比南方龙脊梯田耕作效率高百倍，也比从青藏高原调水省大量经费。

可见，引第二松花江和鸭绿江水，并不影响东北的水资源利用，完全是全国一盘棋考虑，就近就便、因地制宜、科学合理地调配水资源。丰满水库水质为三类，泥沙含量很低。鸭绿江流域山地面积占 80%，森林密布，水质无污染，为我国北方最优质水。今后尽量多利用，就是贯彻落实习近平总书记提出"节水优先、空间均衡、系统治理"的最好行动。

不建取水水库

第二松花江的丰满水电站，是 1937—1943 年日本侵占东北时期，为巩固扩大侵略中国的大好河山而兴建。先后招、骗了我关内 20 多万劳工，平均每天约 1.2 万名劳工分成两班，昼夜轮换参与修建大坝。水电站是当时亚洲最大的水电站，大坝高 90.5 米，长 1 080 米，为混凝土重力坝。总库容 108 亿米^3，主要用于防洪、发电、供水、灌溉等。1945 年日本战败投降时，完成了土建工程的 89%，安装发电工程完成了约一半。苏联接管后拆走了部分机组。1948—1953 年东北人民政府对水电站进行全面修复和改建。后经不断补修、加固。2012 年 10 月，吉林省提出移址重建方案，保证大坝按 500 年一遇洪水标准设计，经国家发改委核准，水电站大坝工程按规划设计于 2019 年 5 月建成，总装机容量 148 万千瓦，年发电量 18.9 亿度。

鸭绿江下游的水丰水电站，距入海口 109 千米，距下游丹东市约 100 千米。水电站最大坝高 106.4 米，为混凝土重力坝。总库容 146.6 亿米³，是当时世界第二、亚洲最大的人工湖。总装机容量 90 万千瓦，年均发电量 39 亿度。与丰满水电站一样，1937—1943 年日本侵占东北和朝鲜时期大规模兴建。1941 年 6 月建成发电，1945 年日本战败投降撤走后，先由苏联红军接管，拆走了 3 台机组。以后由朝方接管。抗美援朝战争期间，水电站厂房被炸，遭到一些破坏。1954—1958 年改建，所发电中朝各用一半。2009 年，在中朝两国建交 60 年之际，中朝水力发电公司在丹东市举行了电站防洪设施改造工程开工仪式，工程建设完工后电站运行正常。

这两座水电站经过多年维护改建、重建，是非常理想的调水水库，不需投大量资金再新建水库。丰满水电站正常蓄水位海拔较高，水丰水电站加高大坝 24.7 米，正常蓄水位到 148 米，可达到理想的管道输水压力和流速。调水会损失两个发电站一部分发电量，但如今风电、光伏发电应用越来越广泛，解决发电问题已不是什么难题，而解决东北与华北地区的水资源调配问题，才是当今的一项重大问题。

调水线路理想

西线从松花江调水条件优越。丰满水库正常蓄水位 261 米，比"南水北调"中线的丹江口水库蓄水位 170 米要高出 91 米，全程自流输水。调水主干线总长 1 230 千米左右，比"南水北调"中线 1 432 千米少近 200 多千米。沿途大陆地形简单，与公路、铁路、河流等交叉时，无高难度技术与施工问题。利用京哈高速公路西侧地形较高的有利条件，能方便地铺设管道，可不用打隧道，也不渗漏蒸发，不污染水质，不修筑施工道路，且占用耕地少，拆迁移民少。还能就近就便，大范围供应沿途两侧城乡居民生活用水和农田灌溉，使各路分支和绝大部分供水末端，能保持强大的自流水压供水。除在农田不用或少用的季节，存入调蓄水库待用外，供水一年四季基本能做到"适时适地适量"。

东线从鸭绿江调水线路条件较好。水丰水库正常蓄水位 123.3 米，主干线总长约 1 100 千米，用管道输水全程自流，在辽东半岛留用 5 亿米³，将 50 亿米³ 优质水输送到山东半岛后，分路就近就便供水至山东、河北、天津等地。"南水北调"东线从扬州抽长江水，共设 13 个抽水梯级，到黄河总扬程 65 米，第一期工程输水距离总长 1 467 千米，二者距离相差约 360 千米。第二、三期工程输水距离则多达 1 857 千米。从鸭绿江调水线沿途靠近黄海和跨渤海，大陆架地形简单，与较大的公路、铁路、河流等交叉少，除跨渤海公路和管道两用大桥，在建设中施工难度大外，其他段输水线路上施工难度、技术要求、经费投入，都要比从青藏高原调水工程小很多，就是所经小山与一座座大的横断山脉都无法相比。

可为华北地区解渴

李克强总理指出："水资源短缺且时空分布不均是我国经济社会发展主要瓶颈之一，华北、西北尤为突出。随着人口承载量增加，水资源供需矛盾将进一步加剧。"西北、华北都缺水，而华北平原若再大量使用黄河水，将制约西部大开发的历史进程。可是，中国地理气候条件和国家发展战略，客观上有了就近从东北为华北平原调水的需要与可能。2002 年国家出台"南水北调"规划时，对华北平原缺水预测，到 2030 年达 350 亿～ 400 亿米^3[①]。随着京津冀发展和人口增长，用水量还将增加。目前仅生态用水需求达 90 亿米^3 的缺口。

规划南水北调东线调水 148 亿米^3，供水范围为黄淮海平原东部地区和山东省胶东地区的 25 座地级以上城市生活和工业用水，适当兼顾沿线农业和航运用水，过黄河 90 亿米^3。其中第一期工程多年平均抽取江水总量 89.37 亿米^3，扣除损失后的净增供水量为 39.32 亿米^3。增供水量中的非农业用水为 26.73 亿米^3，约占 68%。第二、三期工程多年平均抽取江水总量分别为 105.86 亿米^3 和 148.17 亿米^3；[②]规划南水北调中线调水 130 亿米^3，供水范围为北京、天津、河北、河南及湖北五省市，重点供 20 座大中型城市的生活和工业用水，兼顾总干沿线农业及其他用水，过黄河 70 亿米^3 左右。

如果从东北为华北平原两条线共调水 100 亿米^3，那么，有几种情况综合考虑：一是北水南调东线自流调水，可替代南水北调东线抽水向河北、天津和山东胶东地区供水的第二、第三期工程，原规划此区域用水指标调整增加为其他地区农田灌溉。引黄（河）济青（岛）工程可不再输水。二是如果黄河悬河问题解决后能集水 45 亿米^3，这样就可调整珍贵的黄河水主要用于西部，减去《规划》分配冀豫鲁 60 亿米^3，再通过强化节水和中水利用等措施，以及增加冀、津、鲁沿海地区工业用水的海水淡化量。三是统筹考虑调用青藏水和借调黄河水到新疆、河西走廊、内蒙古西部等地区，水汽在西北风的作用下，会飘移到华北地区形成一小部分降水量，农田灌溉定额也比现在会相应减少。四是考虑所调水到华北平原，有大量水渗入地下，可抽取灌溉，多次循环使用，这样，通过统筹考虑各种确定、不确定因素，统筹使用各种可控、可利用的条件，统筹思考研究规划南、北调水的 4 条线路建设，基本能满足黄淮海平原地区经济社会可持续发展需要。

华北平原光热条件优良，大量增加调水后，不用再压采地下水，减少灌溉面积，还可用机械化作业大面积恢复水稻种植。北京、天津、雄安、河北和山东等城市的生活、生产、生态用水不再紧张，将一年四季环绕城区形成大量的景观，

[①②]　国务院南水北调工程建设办公室组织编写，2013. 为了生命之水——中国南水北调工程科普读本[M]. 2013. 北京：中国水利水电出版社，32，37.

以美化、绿化、净化城市的生态环境。华北的山区河流可分段筑坝蓄水，多引水就近灌溉农林草地。同时，在吉林、辽宁省的调水沿线供应城乡居民生活、工农业生产和人工生态补水，就可作为振兴东北的两条经济带，提高城乡人民的就业率。同时，也架通了辽东半岛与山东半岛的公路，大大方便了南北两大半岛人员流动和一般轻型货物的公路运输。环渤海经济圈有 20 个城市遥相呼应，是城市区、工业区、港口区最密集的地区之一，与长三角、珠三角形成三足鼎立之势。

四、工程重点和技术难点

跨海桥梁

北水南调东线跨渤海公路和管道两用桥梁建设，虽然工程施工难度较大，但与当今我国作为世界桥梁大国而言，已不是解决不了的大难题。参考西安交通大学霍有光教授在 1997 年提出的"鸭江南调"渡槽公路两用大桥方案[①]，跨渤海公路和管道桥梁全长 113 千米左右，直线距离约 104 千米。

北段：老铁山岬—北隍城岛大桥，总长约 45 千米。海槽为"U"字形，水深一般为 9.8～12.5 米，平均水深 25 米，最深处 35 米。武汉长江二桥最深水的桥墩处水深 25 米。应当说，北段跨海大桥，相比目前世界上最长的跨海大桥——港珠澳大桥，其工程技术难度不算太大。港珠澳大桥总长 55 千米，集"桥、岛、隧道一体"。大桥既有纵向高低的水上与水下高差近 100 米，又有横向的 S 形曲线。其中工程难度最大的是，将长 180 米、宽 37.95 米、高 11.4 米、排水量达 7.6 万吨（相当航母的排水量），共 33 节沉管，在异地工厂预制好，用几艘大船远距离运输到现场，组装成总长 6.7 千米的巨型隧道，仅用材料足以建造 8 座迪拜塔。钢材用量，等同 60 座埃菲尔铁塔，10 个鸟巢。

南段：北隍城岛—蓬莱角大桥，总长约 68 千米。所经庙岛群岛共有大小岛屿 30 多个，桥梁可利用露出海面的岛基，总长约 24 千米，实际跨海部分长约 44 千米，最长的蓬长跨海大桥约 8 千米。可充分利用庙岛群岛的大小岛链和海底岩礁做大桥墩基，各岛礁之间距离为 2～5 千米。渤海两岸岩层地质、庙岛群岛岩礁地质和海槽地质条件良好，尽管工程技术难度很大，但是以我国目前的桥梁建设技术和经验，应当能高质量地建设好。

也有人认为，建跨渤海大桥在大风大浪天气时，影响车辆行驶和大型轮船进出港，以及候鸟迁徙，就得考虑采用珠港澳大桥的桥隧结合建设的经验，建设跨渤海隧—桥结合的公路和管道工程。北段的老铁山岬—北隍城岛，所经海

---

① 霍有光，2012. 绸缪中国水战略 [M]. 西安：西安交通大学出版社，26-36.

底需采用"沉管法"搭在桩基上，距海面需要有25米的水深，确保大型船舶自由进出。但是，"沉管法"不仅工程技术难度增大很多，建设成本也增加很多，而且最大的问题是调水会损失55米的水头（水下25米、南段30米）。就是到蓬莱角水位保持在25米左右，也会带来管道输水中可能产生水锤的重大风险。当到山东半岛、河北、天津很多地区供水时，还需用电抽水供应，其工程前期投资和后期使用维护的费用都很大。应当说建设渤海湾跨海公路和管道大桥，既解决了调水和两大半岛交通问题，又给渤海湾增加了一道亮丽的风景。应当与建设南京长江大桥、港珠澳大桥的意义同样重大。至于遇有大风大浪天气时，就像高速公路一样遇有冰雪和暴雨天气时及时关闭。候鸟迁徙路径不是主要问题了，鸟自会有生存办法。

输水管道

大口径、长距离输水管道因其供水距离长、重要性大，且与人民的日常生活密切相关，是城市的生命线，不能出现任何断水事故，也不可能有其他输水方式替代。如果用明渠和渡槽，不仅工程成本高，损失很多水头，也污染水质，而且因冰冻不能保证长年输水。用管道输水，主干线和各支线可考虑选易施工安装、成本较低的PCCP管道，现场制作、钢筋箍定、混凝土浇筑；在过公路、铁路、河流和多障碍物等工程难点区段，应浅埋或高架；直径5～9米的，可用盾构机进行浅挖，并用钢筋水泥管片拼装衬砌，钢筋箍定、混凝土浇筑；对于地形和交通限制条件少，直径4米以下的PCCP管道，采用工厂化生产的成品管，用专用工程机械搬运、运输、安装，施工进度较快；两条主管道每10千米左右，之间用管道相连，节门控制，有利于管道轮流检修维护，而不影响其他线上继续供水；主管道每800米左右留有检测人员进出口，每5千米左右留有自动检测机械设备或机器人吊装进出口。

东线从鸭绿江引水的主管线沿丹东至旅顺高速公路段，利用公路西侧地形较高的有利条件，经过田地、河沟、公路、铁路、乡村、城市，也采用浅埋或高架管道。跨渤海公路和管道桥梁工程建设，主要是北段大跨度桥梁施工难度较大，而下层的管道与上层的公路结合架设难度不大，也没有铁路和公路两用桥的技术标准要求高。原因是管道在输水过程中基本稳定，可以说管道内能保持一个恒定的压力，管道之间相互不会发生扭矩力。而铁路和公路两用大桥则不同，一列列高速呼啸而过的列车，对桥梁突然产生的震动力很大，特别是相向而过的一对列车在桥梁上通过时，产生的扭矩力对整个桥梁的稳定性影响很大。

南水北调北京段56千米的输水管道，是大规模采用双排内径4米的PCCP管道，最大埋深20米，较好地解决了北京人口多，地表管网、通信、电力等各种市政设施交错密布等问题。

抗震措施

建设跨海桥梁和铺设输水管道，有一个非常重要的技术难题，就是要重视抗震问题。从百度上了解，渤海海峡位于郯庐地震带，北起黑龙江、吉林、辽宁，南到山东、江苏、安徽的长江边，纵贯中国大陆东部 2 400 千米一条主干断裂带。1888 年、1969 年、1974 年渤海湾先后发生一次 7.5 级、两次 7.4 级地震。自有记录的公元 1400 年以来，在这条地震断裂带 200 千米范围内，共发生 8.5 级地震 1 次（日照市莒县—临沂市郯城县，也是东部有记录以来最大地震），7.0～7.9 级地震 5 次，6.0～6.9 级地震 7 次，6 级以下就更多。有资料讲，二十多年前曾规划论证的"南桥北隧跨海大桥"，因担心将来发生地震而搁浅。

自 20 世纪以来，我国已发生 6 级以上地震近 800 次，遍布除贵州、浙江和香港之外所有的省、直辖市、自治区。我国的地震活动频度高、强度大、震源浅、分布广，是一个震灾严重的国家。自 1900 年以来，我国死于地震的人数达 55 万，占全球地震死亡人数的 53%。可是，我国已建摩天大楼和跨海跨江大桥，其数量规模和技术难度为世界之最，除贵州、浙江和香港以外地震活动强的省、直辖市、自治区，仍在大规模规划建设。然而，建设渤海湾公路与管道大桥，仍要像建设摩天大楼一样，研究拿出工程建设的抗震技术办法和措施。

工程重点和难点，仅谈谈粗浅想法，实际上桥梁、管道和抗震工程的专业技术性很强，则属于工程技术专家们的专长。

五、投资情况分析及工期预计

铺设管网工程

管道相比渠道，施工周期短，移民少、占地少，投资总费用较低。"北水南调"东、西两条线的主管道工程建设，所花经费列入水利事业经费项目，东线跨渤海桥梁建设经费应列入交通建设事业经费项目，由国家财政统一安排拨付。沿途各省（市）通向市（区）、县、乡镇到村的管道和蓄水等工程建设经费，由国家、各级地方政府按比例分担。田间地头管线和滴喷灌器材，由承包土地或流转土地经营者出资一部分，地方财政补贴一部分。

跨海桥梁建设

东线从鸭绿江引水的跨渤海公路和管道工程，将是世界上最长的跨海大桥，尤其是北段的老铁山岬—北隍城岛大桥总长约 45 千米，工程技术难度和投资都比较大；南段：北隍城岛—蓬莱角大桥总长约 68 千米，庙岛群岛共有 30 多个大小岛礁利用，工程难度小、投资相对低。所有投资全部由国家负责，费用列入交通运输事业建设规划。珠港澳大桥集桥、岛、隧于一体，总长 55 千米，总投资 1 269 亿元。本工程比珠港澳大桥增加投资多 2 倍也值得。网上看到，中国科学院院士、隧道与地下结构工程技术专家孙钧，2019 年在国际桥梁与隧道技术大会上表示，渤海湾跨海通道初步估算项目资金 3 000 亿元。

其他经费开支

勘测设计费、工程监理费、质量管理费等比例较低。

调水工程总工期

预计东线调水工程总工期 8 年，西线工程总工期约为 4 年。国内的青岛引黄、天津引滦、西安引黑、大连引碧、辽宁大伙房、上海黄浦江引水工程，南水北调中线工程河北至北京等较大型长距离输水工程，已积累了很多工程设计、施工、管理等经验。"北水南调"西线从松花江调水的管网工程，主要是铺设管道，工程量不大，技术也不难，工程可分段同时展开，平行作业，最后再对接调试，估计 4 年能完成。前面也提到，青藏铁路建设用了 5 年时间。东线从鸭绿江调水的管网工程，主要是跨渤海大桥工程施工难度大，估计需要 8 年。港珠澳大桥于2009 年 12 月至 2017 年 10 月建成通车，历时 8 年。

总之，"北水南调"东、西两条管道引水工程，既不用新建取水的水库，又不用耗电提水全程自流，还不用建大的水质处理站进行净化，除东线调水需要跨渤海一项难度大、投入经费多的工程外，其他项目工程量都较小，工期也较短，投资都不会大。应当说，比"南水北调"西线调水入黄河到华北，还是比"小江抽水"入黄河到华北，技术难度小、灾害风险小、经费投入低。这样，黄河下游除保障航运、河流生态、农田灌溉和应急用水外，可将节省的大量水主要用在极度缺水又可"一水多用"的河西走廊、新疆。应当说，"北水南调"为黄河下游的华北平原补水，更加现实、经济、科学。

第十六章　结　语

难题难点能够解决

人类虽不能直接改变大地理尺度的山川河流，更不能改变控制洋流、大气环流，但可以改变一些地表径流、地面植被和部分地貌形态，巧妙借助自然的力量，直接或间接的相互影响，逐步改变自然环境。不仅如此，人类能让陆地、河流、海洋和天空变成大规模商贸的通道，也能让河流改道，让沙漠变绿洲。

《大国统筹治理长河与大漠》，就是遵照习近平总书记关于"节水优先、空间均衡、系统治理、两手发力"的思想，对治河、治沙和调水事业中可控、可利用、可适应的各种相关因素及其关系矛盾，进行全国一盘棋大统筹深入思考。尽量以世界的视野、历史的眼光，在人类文明与地理的坐标系中，在大国政治、经济、科技、军事版图中，在各地区、各行业的发展中，在各层次、各类人的思想观念和关注期望中，用大量真实例证和有代表性数据作为基本依据，用大量专家、学者和社会有识之士在自然科学和社会科学中的研究成果，进行综合比较分析，用逻辑推理论证，用已知推导未知，努力寻找科学问题答案。

《方案》的提出，说明不用珍贵的黄河水和从青藏高原调水来冲沙入海，可以解决河堤不决口、河床不抬高、河道不断流等问题，这是对搞好黄河流域生态保护和高质量发展的一种新的思考与探索；《构想》的提出，说明只有治理好西北地区的荒漠化，才能人与自然和谐共处，这不是征服自然、改造自然的幻想，而是努力实现顺应和尊重自然的一种理性选择与超越；两个《设想》的提出，说明技术难题不应当限制想象的时空和科学方法。从青藏高原向西北地区自流引水，可将集中的矛盾层层分解，在上游分段筑坝拦水，不建高坝大库。多点取水，多路输水；从东北向华北平原调水，要比从青藏高原调水、引江济渭济黄济华北等，工程技术难度小、灾害风险小、经费投资少，其经济效益和社会效能更高。可以说，存水如存钱，输水像输血；沙漠变绿洲，干盆变湿盆。这些设想是梦想，也是可能实现的。

我国建设高坝大库的技术水平位于世界前列[①]。《世界高坝大库 TOP 100》[②] 显示，全世界已建水库高坝排名前 100 座的（坝高在 166～315 米），其中：中国 24 座（排名前 10 位的 7 座都建在澜沧江、金沙江、雅砻江、大渡河上）；美国 11 座，土耳其 9 座，伊朗 7 座，苏联 6 座，加拿大 6 座等。全世界已建水库的大库容排名前 100 座的（115.2～2 048 亿米³），其中：俄罗斯 20 座，总库容 8 075.2 亿米³；加拿大 17 座，总库容 6 674.4 亿米³；巴西 14 座，总库容 3 404.3 亿米³；中国 10 座，总库容 2 110 亿米³。

2014 年，我国建成的雅砻江锦屏一级水电站，坝高 305 米、库容 79.88 亿米³，超过苏联于 1980 年建设的努列克高坝 300 米。在建的金沙江白鹤滩水电站坝高 289 米，雅砻江两河口水电站坝高 295 米，尤其是大渡河双江口水电站坝高 315 米，将刷新为世界第一高坝。应当说，我国建设高坝大库的技术水平，是名副其实的世界第一。而《方案》和两个《设想》中涉及的水库、隧洞、桥梁、管道等重大关键技术问题，大多都没有超过现今的技术难题，即使有超过的部分也有限。

江河治理任重道远

中国是一个治水古国，也是一个治水大国。在农耕文明时代，水利是农业的命脉，以农立国是基本国策。在现代工商业文明时代，治水仍是重要的治国方略。因为，随着人口和社会财富的增长、生产力的提高和科学技术的发展，有效管控特大洪、旱灾害，既是确保人与自然和谐相处，保护和减少人员伤亡、财产损失的必要条件，也是国家解决水资源短缺与浪费、时空分布不合理等问题，进行大规模治理江河和荒漠化的一项重大紧迫任务。放眼世界上很多国家，都十分重视通过建库蓄水以防洪济旱，来解决天然水资源有效合理利用问题。美国有水库 82 700 座，总库容 135 000 亿米³，大多建于 20 世纪 80 年代前，库容为世界之最，是中国已建水库总库容的 15 倍。全世界已建坝高 30 米以上的水库：美国 6 294 座，中国 5 590 座，日本 3 103 座，印度 2 600 多座，韩国 1 271 座，南非 1 166 座，西班牙 987 座，加拿大 933 座，巴西为 823 座，法国和英国均超过 500 座[③]。

目前世界上有 40 多个国家建成了 350 项调水工程，长度在 20 千米以上、调水量在 1 000 米³ 以上，年调水总量约 5 000 亿米³ 的调水工程。加拿大共建有调水工程 61 项，年调水总量达 1 390 亿米³，位居世界首位；印度建有 46 项大、中

---

①　附表 13、14：中外部分高坝大库概况 .

②　水利部建设与管理司，水利部大坝安全管理中心，2012. 世界高坝大库 TOP 100[M]. 北京：中国水利水电出版社 .

③　李菊根，2014. 水力发电实用手册 [M]. 北京：中国电力出版社，56–59，66–75.

型灌渠，年调水总量达 1 386 亿米³，排世界第二位。调水灌溉面积达 3.15 亿亩，创世界之冠；巴基斯坦共建有 48 项大中型调水干渠，年调水总量达 1 260 亿米³；俄罗斯共建有调水工程百项，年调水总量达 862 亿米³；[1] 南非、埃及、墨西哥等国都是调水工程较多的国家。实际上早在公元前 2400 年前，古埃及兴建了世界上第一座跨流域调水工程，从尼罗河引水至今埃塞俄比亚高原南部进行灌溉、航运，促进了埃及文明的发展和繁荣。公元前 3500 年前，苏美尔人在美索不达米亚南部平原开掘沟渠，成功利用了底格里斯河和幼发拉底河引水灌溉农田，创造了两河文明。

美国建成跨流域调水工程 10 多项，年调水总量 300 亿米³，调水干线总长 6 000 千米，包括中央河谷工程、加利福尼亚北水南调工程、洛杉矶水道工程、全美灌溉系统等[2]，建在西南部的大型调水工程多，难度也大。由于西南地区气候干燥，降水量多在 350 毫米以下，但属温带海洋性地中海气候，气温年变化与日变化都不大，尤其是矿产能源丰富，靠近太平洋发展大港口运输业成本很低，与横贯大陆东西铁路大动脉相衔接，为西部大开发和缩小东西差距，创造了极优越的条件，也有利于美国的国防建设和对外扩张（西部海空军基地、航空航天研发和导弹试验发射基地、军事训练和保障基地、军事工业制造基地等都很多）。由此，1913 年，美国从欧文斯河引水 18 亿米³ 到洛杉矶市；1931—1941 年，美国建造了胡佛水坝，拦截了科罗拉河的水，为洛杉矶、拉斯维加斯、圣迭哥等 13 个缺水城市，每年引水 12 亿米³，建废水处理厂每年利用 5 亿米³；1934—1941 年修建了全美灌溉系统，向加州南部调水 42 亿米³。1935 年又在加州兴建中央河谷工程，20 世纪 60 年代大部完成，输水线路长 1 026 千米，提水 60 米，年调水 87.3 亿米³，其中灌溉农田 1 800 万亩[3]，从而很快发展繁荣了这些城市。南加州和洛杉矶的进一步发展，需要更多水源支撑，1960—1973 年建设了北水南调工程，输水干线总长 900 千米，调水总扬程 1 151 米，年调水量 52 亿米³[4]。以上共调水 211.3 亿米³，加州的人口、经济实力、粮食产量跃居美国第一，洛杉矶发展为美国第二大城市。

客观地讲，中国地理、气候环境的多样性、复杂性，在治理大江大河、蓄水调水和改善生态环境上，与调水条件较好的一些国家相比，实施的难度很大，但

---

① 任建民，孙文，顾明林，2012. 中国西部地区水资源开发利用与管理 [M]. 郑州：黄河水利出版社，250-270.

②④ 国务院南水北调工程建设办公室组织编写，2012. 为了生命之水——中国南水北调工程科普读本 [M]. 北京：中国水利水电出版社，15.

③ 水利部国际合作与科技司等，2009. 各国水概况（美洲、大洋洲卷）[M]. 北京：中国水利水电出版社，116-117.

水资源调配利用问题确实已成为制约生态环境改善和经济社会发展的瓶颈。

兴建水库能有效的调控径流和水量的季节变化。我国所建水库的数量不多，库容规模不大，与有 14 亿人口的大国相比差距很大。1979 年时中国已建水库 86 132 座，总库容 4 081 亿米³；2018 年已建水库 98 822 座，总库容仅为 8 953 亿米³[①]。韩国国土面积 10.02 万千米²，与我国的江苏、浙江省国土面积相当，而其多年平均降水量 1 159 毫米，接近我国湖北省多年平均降水量 1 180 毫米；水资源总量 1 140 亿米³，人均水资源 3 700 米³，对一个缺水并不多的小国来讲，坝高 30 米以上的水库总数是我国总水库数的 22.7%。

我国各大流域频繁出现汛期洪水成灾、非汛期干旱缺水的原因是多方面的，但所建 9.8 万座水库中 95% 的为小型水库，许多还是"带病"运行。主要是在新中国成立后的前 30 年经济困难时期，建设的不规则小型土坝多。近十多年，对 3 万多座病险水库实施了除险加固。后 40 年建设的 1.27 万座水库，总库容 4 872 亿米³。其中，西南地区建设以发电为重的高坝大库多。

我国跨流域调水工程的建设规模与实际需要差距较大，除正建设的南水北调东、中线工程规模大外，已建的 20 多项跨流域调水工程规模大的太少。如江苏江水北调 41 亿米³，云南滇中引水 34.2 亿米³，天津引滦入津 19.5 亿米³，辽宁大伙房输水 17.8 亿米³，广东东深供水 17.43 亿米³。而陕西引汉济渭、甘肃引大入秦、新疆引额济克、山西引黄入晋、山东引黄济青、河北引黄入卫、辽宁引碧入连、吉林引松入长等，调水规模多在 10 亿米³ 左右。全国 600 多座城市中有 400 多座供水不足，其中 100 多座城市严重缺水。

江河治理应当改变以工程为主的方式为以生态为主。我国堤防工程已由 20 世纪 60 年代总长 10 万千米，到 2018 年总长高达 31.19 万千米。可是，每年城市遭受洪涝灾害的问题都很严重。2009—2018 年，全国水利建设投资由 1 894 亿元增加到最多时 2017 年的 7 132.4 亿元。其中：防洪工程投资（干支流河堤防洪、滩区和河口治理、城市防洪、山洪地质灾害防御和除涝等），由 674.8 亿元增加到 2 175.4 亿元；而同期水土保持及生态建设投资（淤地坝、梯田、造林、种草、封禁和小型水土保持工程等），则由 86.7 亿元增加到 741.5 亿元[②]。二者比例虽从 8 倍缩小为近 3 倍，但仍说明我国治理大小江河，重下游筑堤防洪，远重于上游水土保持。

每当有的地区遭遇特大洪灾，就说是几十年、几百年不遇，这不能说明老天下特大暴雨是意外，也不是因花钱少，防洪标准不高，而是防洪思路要调整，应当着眼百年，甚至有的应当千年。都江堰、灵渠水利工程历经二千多年冲刷、地

---

①② 中华人民共和国水利部，2019.2019 中国水利统计年鉴 [M].北京：中国水利水电出版社，30，35，112.

震，而不垮掉仍在发挥作用。2020 年，湖北鄂州被长江超级大洪水围堵的一座古庙——观音阁，在滚滚长江中屹立江心 700 年却依旧神奇的不倒。

江河治理与中医治病，虽属隔行如隔山，但不隔理。《黄帝内经》中讲："上医治未病，中医治欲病，下医治已病"。意在医术高明的医生并不是擅长治病的人，而是能够预防不生病至少不生大病的人，强调"未病先防，既病防变"。在我国南北方洪涝和干旱灾害频发，西部荒漠化严重的广大国土上，要像防控疫情一样将治理关口前移，重点从水害、水失的源头上进行防护、治理，从水资源时空调配和输送的方式建设上下大功夫，并作为 21 世纪我国垂直方向上的产业建设和水平方向上的地理建设任务，也为实现人类第六次产业革命——农业技术产业革命，奠定良好的基础。

大国统筹治理长河与大漠，解决我国水荒、地荒、粮荒和油气荒的战略问题，具有很强的现实必要性、紧迫性。既要从防洪安全、供水安全、粮食安全考虑，又要从经济安全、生态安全和国家安全考虑；既要加大对黄河流域和西北的大小河流及荒漠化的治理力度，又要搞好对其他大江、大河、湖泊、湿地和海绵城市的治理力度；既要多建以发电为主，经济效益高的水电站，更要多建以防洪、拦沙、供水、灌溉为主，兼顾发电、水运等综合效益更高的大容量骨干水利工程。特别是在全球气候变暖、冰川加速融化、北方降水量增加的情况下，生态环境治理处于窗口期，应着重抓紧在各大小江河上中游的干、支流河谷分段筑坝，搞好防洪、拦沙、蓄水、济旱。

尽早准备统筹规划

大国统筹治理长河与大漠，不仅是必要的，也是可行的。一是治理需求迫切。面对国内国外两个大局，统筹黄河流域生态保护和高质量发展、解决西北和华北地区严重缺水，以及搞好西北地区荒漠化治理开发，既是经济社会发展、民族复兴和生态环境建设的大事，也是统筹解决新时代西部大开发和中部崛起的"短板"工程。近年我国每年水利基础设施建设总投资 7 000 亿元左右，约是交通固定资产总投资的 1/5。二是治理经验丰富。我国水利建设从古到今积累了很多成功的经验，特别是新中国成立以来，持续不断的治理长江、黄河、淮河、海河等流域，建设了三门峡、葛洲坝、三峡、龙滩、小浪底等 100 多座特大型水利工程，也为亚非拉一些国家承建了大型水利工程。在新中国成立后极其困难的前 30 年，共建设了 8.6 万座水库，解决了大量工农业生产和城乡大量居民生活用水，现 90% 以上的城市供水主要依靠水库。近 30 年在西北八大沙漠大量的植树造林，将一片片大沙漠变成了绿洲。三是治理时机成熟。当今国家人才济济、技术先进、设备优良、资金雄厚、产能过剩、库存量大，特别是有坚强正确的党中央领导，有风清气正的政治经济社会环境。通过举国努力，可逐步形成"除水害、兴水利、控水失、通水运、治荒漠"目标。应该说治理工程投资小、易实施、见效快、无风险。笔者提出《方案》《构想》和两个《设想》是思路性的，不是工程技术性的，需要依靠有关专家和技术人员勘察评估、优化细化，需要广泛征求各部门、各地区及各路专家、学者和群众意见，进行早规划、早建设、早见效。四是治理分步实施。按照"统筹规划、精心设计、先易后难、逐步展开"的原则，先上一些小的工程项目，后待大项工程具备开工条件后展开。如对新疆地区用管网控失水、增采地下水、利用湖泊水和用新增冰川融水，黄土高原大小支流分段筑坝拦水拦沙，黄河流域规划设计的大柳树、碛口和古贤水库已准备了几十年，北水南调从松花江调水等工程，都可先期进行。对南水北调西线管网工程，北水南调从鸭绿江调水的工程，黄河主干道开挖平原湖等工程，在具备开工条件后马上展开。在沙漠戈壁中的植树造林工程，视水利工程进度逐步大规模的展开。

大力发展管道输水

近40年来，公路、铁路、机场、天然气和油气管道建设增速很快，而长距离、大口径输水管道建设增速缓慢，研究出版的书籍也不多。西北、华北、东北地区，农业用水量占总用水量70%左右，优先发展节水农业，特别是大力发展工程性节水——管道输水技术，是解决水资源短缺和浪费的一种长远与根本性措施。管道输水灌溉有效利用率可达95%以上，比防渗明渠节水高20%以上。在铺设时受地形、地貌、地质限制少，易越沟、爬坡、穿路，少架桥、少打隧洞，且省地、省工、省能，防洪、防冻、防风沙，还有易安装、见效快，先期投资和后期维护费用总体上比明渠低。各地区、各单位用水，可根据季节、气象和需求，实行用水计划与需求变化及时调控，做到统一定价、按表计量，防止争水和农田漫流漫灌。实际上在丘陵、平原、草原、沙漠铺设管网挖填土方量小、成本低。在黄土高原台形地带、不饱和黄土地，铺设优势更大，是解决中上游地区水土保持、饮水短缺、水质安全及支持贫困地区发展，最快捷、最经济、最有效的途径。能利用黄河分水岭的天然优势，沿黄河两岸铺设管网，在各河段筑坝或加高大坝抬升水位，或打洞自流一部分，或用水泵在50米以内深的河中抽水一部分，可覆盖黄土高原和内蒙古高原中西部大部分国土面积（除山地）。目前，国内管材品种型号多，质量优良，技术成熟，而国内管道应用多是城市供、排水和油气输送。党的十九大报告提出将管道与水利、铁路、公路、水运等列入基础设施网络建设，将成为国家经济发展的一项先导性、支柱性产业，能疏通国家高质量发展的血脉。过去讲"要致富、先修路"，今后北方缺水地区"要发展、建管网"，应当作为一项基本国策。水运管网建设，如果像公路网建设实现99.9%的村村通一样，快速发展形成规模，价格会大幅下降。

2018年我国交通固定资产投资共完成3.77万亿元。其中高速公路9 972亿元、高速铁路 9 164 亿元、城市轨道交通 5 470 亿元、民航 858 亿元，可是，内河航运仅为 628 亿元，管道投资数据在统计中没有显示[①]。因而，国家应将管道运输和内河航运与高速公路、高速铁路一样对待，最好将大口径、远距离输水管道工程建设，由国家交通运输部负责，重点安排支持大项水资源调配工程，并出台管道输水的财税、信贷等优惠政策，以调动地方政府和广大农民群众建设管网的积极性。

国家统一组织实施

《方案》《构想》和两个《设想》，尽管治理投资规模大，涉及面广，但国家已有治理能力和条件，对解决国家产能过剩、消费低迷、出口下降、失业率高等问题意义重大。应当在党中央、国务院和中央军委统筹主导下，由国家发展和改革委员会和中央军民融合发展委员会，负责顶层设计和战略筹划，国家和军队有关职能部门负责协调制定规划，地方政府和水电运工程技术队伍负责落实，组织实施采用招、投标的市场化运作。中央与地方和有关部门要划分好投资项目和比例。投融资渠道为各级财政拨款、发行国债、银行信贷、社会资本参与等。凡涉及河道、码头、船闸、桥梁、隧洞、管道和水利枢纽等重大公共基础设施建设，均应由国家控股，防止影响整个流域经济、社会、生态、航运等综合效能的提高。

[①] 国家发展和改革委员会综合运输研究所，2019. 中国交通运输发展报告 2019[M]. 北京：中国市场出版社，2-4.

参考文献

一、规划、计划、报告

邓英淘，2010.再造中国，走向未来——西部大开发调研实录［M］.上海：上海人民出版社.

国家发展和改革委员会综合运输研究所，2019.中国交通运输发展报告［M］.北京：中国市场出版社.

国家国土资源部，2017.全国土地整治规划（2016—2020）.

国家林业局，2010.全国防沙治沙规划（2011—2020）.

国家水利部，2011—2020.中国水利发展报告［M］.北京：中国水利水电出版社.

国家水利部，2017.水利改革发展"十三五"规划［M］.北京：水利水电出版社.

国家水利部黄河水利委员会，2013.黄河流域综合规划（2012—2030）［M］.郑州：黄河水利出版社.

国务院印发，2018.打赢蓝天保卫战三年行动计划.

黄河水利科学研究院，2009.黄河河情咨询报告［M］.郑州：黄河水利出版社.

李群，于法稳，2020.中国生态治理发展报告（2019—2020）［M］.北京：社会科学文献出版社

〔美〕林伯强，2019.中国能源发展报告［M］.北京：北京大学出版社.

钱正英，张光斗，2001.中国可持续发展水资源战略研究综合报告及各专题报告［M］.北京：中国水利水电出版社.

钱正英，沈国舫，潘家铮，2004.西北地区水资源配备生态环境建设和可持续发展战略研究［M］.北京：科学出版社.

水利部，2013—2016.水利系统优秀调研报告.第13、14、15、16辑［M］.北京：中国水利水电出版社.

水利部水利水电规划设计总院，2014.中国水资源及其开发利用调查评价［M］.北京：中国水利水电出版社.

魏后凯，盛广耀，胡浩，2016.西部大开发"十三五"总体思路研究［M］.北京：经济管理出版社.

中共十八届五中全会，2015.中共中央关于制定国民经济和社会发展第十三个五年计划的建议.

中共中央国务院办公厅印发，2015.深化农村改革综合实施方案.

中共中央国务院印发，2018.乡村振兴战略规划（2018—2022年）.

二、专著

（一）水利

陈传友，陈根富，2016.江河连通——构建我国水资源调配新格局［M］.北京：中国水利水电
　　出版社.

陈桥驿译注，王东补注，2016.水经注［M］.北京：中华书局.

陈亚宁，2014.中国西北干旱区水资源研究［M］.北京：科学出版社.

葛剑雄，胡方生，2007.黄河与河流文明的观察［M］.郑州：黄河水利出版社.

管新建，张文鸽，2014.黄河流域水资源利用效率综合评估［M］.郑州：黄河水利出版社.

郭秉晨，2015.大柳树深思［M］.北京：中国经济出版社.

黄跃华，2017.强国千年计［M］.香港：中国图书出版社.

霍有光.2012.绸缪中国水战略［M］.西安：西安交通大学出版社.

李国英，2009.黄河问答录［M］.郑州：黄河水利出版社.

李伶，2005.西藏之水救中国［M］.北京：中国长安出版社.

廖成梅，2017.中亚水资源问题研究［M］.广州：世界图书出版公司.

林凌，刘宝珺，2015.南水北调西线工程备忘录［M］.北京：经济科学出版社.

林强，2015.林则徐水利思想研究［M］.福州：海峡文艺出版社.

刘道兴，等，2017.南水北调精神初探［M］.北京：人民出版社.

卢勇，2016.问水集校注［M］.南京：南京大学出版社.

潘春辉，2015.西北水利史研究 开发与环境［M］.兰州：甘肃文化出版社.

钱正英，2012.中国水利（新版）［M］.北京：中国水利水电出版社.

邱锋，鸿玲，2011.中国如何拯救世界［M］.香港：香港新闻出版社.

任建民，孙文，顾明林，2012.中国西部地区水资源开发利用与管理［M］.郑州：黄河水利出
　　版社.

山东黄河局，2015.凌汛与防凌［M］.郑州：黄河水利出版社.

水利部建设与管理司，2012.世界高坝大库［M］.北京：中国水利水电出版社.

水利部南水北调规划设计管理局，2012.跨流域调水与区域水资源配置［M］.北京：中国水利
　　水电出版社.

王浩，2010.中国水资源问题与可持续发展战略研究（中国水电院士丛书）［M］.北京：中国
　　电力出版社.

王俊，2015.中国古代水利［M］.北京：中国商业出版社.

闫琴，付尧，尹桂淑，等，2013.世界著名湖泊河流［M］.北京：北京理工大学出版社.

杨明，2016.极简黄河史［M］.桂林：漓江出版社.

姚汉源，2003.黄河水利史研究［M］.郑州：黄河水利出版社.

翟平国，2016.大国治水［M］.北京：中国言实出版社.

张含英，2014.历代治河方略探讨［M］.郑州：黄河水利出版社.

张胜利，康玲玲，董飞飞，等，2015.黄河中游暴雨产流产沙及水土保持减水减沙回顾评价［M］.郑州：黄河水利出版社.

赵麦焕，武见，会永锋，2014.青海湖流域水资源利用与保护研究［M］.郑州：黄河水利出版社.

中国社科院经济文化研究中心，2007.林一山纵论治水兴国［M］.武汉：长江出版社.

（二）交通运输

毕艳红，王战权，2017.综合交通运输体系概论［M］.北京：人民交通出版社.

大连理工大学土木建筑设计研究院 译，2019.港口航道设计指南［M］.大连：大连海事大学出版社.

闵朝斌，2005.水资源综合利用与航运现代化［M］.北京：中国水利水电出版社.

孙忠焕，2011.杭州运河史［M］.北京：中国社会科学出版社.

魏向清，邓清，郭启新，等，2017.世界运河名录［M］.南京：南京大学出版社.

伍镇基，2008.解读古灵渠之谜［M］.北京：中国水利水电出版社.

杨林，温惠英，2016.交通与能源［M］.北京：人民交通出版社.

张沛文，2016.中国内河航道建设［M］.北京：中国水利水电出版社.

（三）农业

陈林，王海波，2017.新疆主要农作物滴灌高效栽培实用技术［M］.北京：中国农业大学出版社.

程满金，郭富强，2007.内蒙古农牧业高效节水灌溉技术研究与应用［M］.北京：中国水利水电出版社.

何新林，王振华，杨广，2014.微咸水滴灌荒漠植物研究［M］.北京：中国农业科学技术出版社.

贺雪峰，2019.大国之基：中国乡村振兴诸问题［M］.北京：东方出版社.

李宁，王兴鹏，2014.新疆南疆特色农林经济作物高效用水技术模式研究［M］.北京：中国水利水电出版社.

刘建明，梁艺，2015.节水灌溉技术［M］.北京：中国水利水电出版社.

王忠，周和平，张江辉，2012.新疆农业用水定额技术研究应用［M］.北京：中国农业科学技术出版社.

吴卫熊，何令祖，邵金华，等，2016.太阳能光伏提水灌溉技术手册［M］.北京：中国水利水电出版社.

奕永庆，沈海标，劳冀韵，2015.喷滴灌效益 100 例［M］.郑州：黄河水利出版社.

（四）林草业

高润宏，丛林，周效明，2016. 中国沙地云杉［M］. 北京：中国林业出版社.

李景文，2017. 森林生态学（第2版）［M］. 北京：中国林业出版社.

李俊清，2017. 森林生态学（第三版）［M］. 北京：高等教育出版社.

内蒙古沙产业草产业协会，2012. 钱学森——第六次产业革命理论学习读本［M］. 西安：西安交通大学出版社.

王冬米，2016. 走进森林［M］. 北京：中国农业科学技术出版社.

姚延梼，2016. 林学概论（第2版）［M］. 北京：中国农业科学技术出版社.

余新晓，朱建刚，李轶涛，等，2016. 森林植被—土壤—大气连续水分传输过程与机制［M］. 北京：科学出版社.

中国林业学会，2016. 林业专家建议汇编［M］. 北京：中国林业出版社.

（五）地理、气候、气象

郭纯青，方荣杰，代俊峰，2012. 水文气象学［M］. 北京：中国水利水电出版社.

何跃青，2013. 中国自然地理［M］. 北京：外文出版社.

刘斌，门国发，2008. 塔里木盆地地下水勘查［M］. 北京：地质出版社.

刘国伟，2017. 江河治理的地学基础［M］. 北京：科学出版社.

刘希林，黄志全，2012. 南水北调西线工程地质灾害研究［M］. 北京：地质出版社.

王建，2010. 现代自然地理学（第2版）［M］. 北京：高等教育出版社.

夏自强，黄峰，郭利丹，2015. 额尔齐斯河流域水文地理特征分析及人类活动影响研究［M］. 北京：中国水利水电出版社.

周淑贞，张如一，张超，1997. 气象学与气候学（第三版）［M］. 北京：高等教育出版社.

（六）生态

陈亚宁，2009. 干旱荒漠区生态系统与可持续管理［M］. 北京：科学出版社.

丁永建，2016. 西北地区生态变化评估报告［M］. 北京：科学出版社.

孟早明，葛兴安，2017. 中国碳排放权交易实务［M］. 北京：化学工业出版社.

田世民，王兆印，杨吉山，等，2011. 南水北调西线工程的生态影响［M］. 北京：中国水利水电出版社.

中央新影历史节目部，2014. 大漠长河［M］. 北京：中国人民大学出版社.

（七）能源

陈卫东，孟凡奇译；迈克尔·伊科诺米迪斯〔美〕，谢西娜〔美〕著，2016. 能源——中国发展的瓶颈［M］. 北京：石油工业出版社.

邓英淘，2013. 新能源革命与发展方式跃进［M］. 上海：上海人民出版社.

郭庆芳，董昊鑫，2015. 新能源破局［M］. 北京：机械工业出版社.

韩晓平，2014. 美丽中国的能源之战［M］. 北京：石油工业出版社.

三、主要论文

第六次产业革命文集编委会，2015. 21 世纪的产业革命 ——纪念钱学森第六次产业革命思想三十周年文集〔M〕. 北京：清华大学出版社.

郭晓明，2007 第 1 期. 青藏高原的虹吸效应对欧亚大陆水循环的影响及逆转措施〔J〕. 南水北调与水利科技（总第 28 期）.

矫勇，2006. 西北地区水资源问题及其对策高层研讨会论文集〔M〕. 北京：新华出版社.

上海交大钱学森研究中心，2015. 知识密集型大农业理论研究——纪念钱学森第六次产业革命创建三十周年学术研讨会文集〔M〕. 上海：上海交通大学出版社.

檀成龙，檀佳. 新浪博客. 2016. 特大规模调水能彻底改变大西北干旱少雨的恶劣气候；① 四两拨千斤——西北内流区巨型超深盆地群有极大的"调水倍增效益；② 深入研究和科学利用地表四大圈层相互作用的客观规律；③ 绝对不能低估陆地内部水循环的巨大作用；④ 青藏高原和中蒙干旱区特别是新疆半个世纪气候变化的证据作用；⑤ 西北内流区历史气候和中亚干旱区现代气候的证据作用；⑥ 本地水汽比外来水汽容易在本地形成降水的证据和联想；⑦ 柴达木盆地与青海湖盆地气候环境的比较、原因探析和联想.

四、综合

戴健，顾秀林，朱宪超译. 威廉·恩道尔〔美〕，2013. 目标中国——华盛顿的"屠龙"战略〔M〕. 北京：中国民主法制出版社.

戴旭，2017. C 形包围圈. Q 形绞索〔M〕. 武汉：长江文艺出版社.

江宇，2019. 大国新路〔M〕. 北京：中信出版集团.

金一南，2013. 心胜〔M〕. 武汉：长江文艺出版社.

金一南，2017. 胜者思维〔M〕. 北京：北京联合出版公司.

林尔蔚，陈江译. 哈·麦金德〔英〕，2007. 历史的地理枢纽〔M〕. 北京：商务印书馆.

刘天禄，2004. 统筹学概论〔M〕. 北京：中国商业出版社.

罗伯特·D·卡普兰〔美〕，2016. 即将到来的地缘战争〔M〕. 广州：广东人民出版社.

孙中山，2011. 建国方略〔M〕. 北京：中国长安出版社.

注　释

一、度量单位换算

长度： 1公里 =1千米 =1 000米，1米 =10分米 =100厘米 =1 000毫米。

面积： 1平方公里 =1平方千米 ^{2}（km^2）=100万米 ^{2}（m^2）=100公顷 =1 500亩。

体积： 1立方公里 =1立方千米（km^3），1立方米 =1米 ^{3}（m^3），1升 =1 000毫升。

重量： 1吨（t）=1 000千克（kg）=1 000公斤 =2 000斤，1公斤 =1千克（kg）=1 000克（g）。

电量： 1兆瓦（MW）=1 000千瓦（kW）=1 000×1 000瓦（W），1度 =1千瓦·小时（kW·h）=1 000瓦·时。

二、中国地理三级阶梯地势

第一级阶梯： 平均海拔在4 000米以上的青藏高原，以昆仑山、祁连山、横断山脉为界构成了中国地形的第一级阶梯。该阶梯地势高，高原边缘气流上升运动强烈，局部地区降雨量为全国之最，高原风特别是腹部地区由于暖湿气流伸入受阻，水汽难以到达而降水稀少，高原上雪峰连绵，湖泊众多，人烟稀少。

第二级阶梯： 介于青藏高原和大兴安岭、太行山、巫山、雪峰山之间，由内蒙古高原、黄土高原、云贵高原和塔里木盆地、准噶尔盆地、四川盆地等组成，海拔为1 000～2 000米。该阶梯夏季风北缘可伸入其上空，除内陆戈壁、沙漠区外，年降水量比第一阶梯有显著增加。

第三级阶梯： 由第二级阶梯东缘的大兴安岭、太行山、巫山和雪峰山一线，向东直至海滨，大部分海拔在500米以下，期间丘陵与平原交错分布，包括东北平原、华北平原、长江中下游平原和辽东半岛、山东半岛、东南沿海、江南丘陵以及一些山地。该阶梯上空夏季风活动频繁，降水受季风气候影响很大。

三、中国地理三大气候区

东部季风区： 大兴安岭以东、内蒙古高原以南、青藏高原以东地区，面积约占全国的45%，该区域背靠内陆高原，面向海洋，夏季受海洋季风影响，湿热多雨，冬季受北方冷气流控制，大部分地区干冷少雨。

西北干旱半干旱区： 大兴安岭以西、昆仑山—阿尔金山—祁连山和长城一线以北，面积约占全国的30%，该区远离海洋，季风影响小，气候干燥，降水量小。

青藏高原寒区： 昆仑山—阿尔金山—祁连山以南、横断山以西，面积约占全国的25%，平均海拔在4 000米以上，大气水汽含量少，降水量小。

六大温度带： 热带雨林、亚热带、暖温带、中温带、寒温带、高原山地。

秦岭—淮河一线，是中国南方地理分界线，大体相当一月0℃等温线和800毫米等降水量线。历史上华北与华东是以秦岭—淮河分界，山东被划为华北。解放战争期间，在军事和行政上将山东划为华东，将内蒙古划为华北。

历史上东北与华北以山海关分界，东北包括内蒙古东部的赤峰、通辽、兴安、呼伦贝尔，西北包括内蒙古西部的包头、鄂尔多斯、乌海、巴彦淖尔、阿拉善。

四、中国地理四大经济区

东北地区： 黑龙江、吉林、辽宁，共3个省。

东部地区： 北京、天津、河北、山东、江苏、上海、浙江、福建、广东、海南，共10个省（直辖市）。

中部地区： 山西、河南、安徽、江西、湖北、湖南共6个省。

西部地区： 内蒙古、广西、贵州、云南、重庆、四川、西藏、陕西、甘肃、宁夏、青海、新疆，共12个省（自治区、直辖市）。

五、中国地理七大行政区

东北地区： 黑龙江、吉林、辽宁，跨越寒温带、中温带、暖温带，属大陆性季风气候。

华北地区： 北京、天津、河北、山西、内蒙古，跨越温带、暖温带及湿润、干旱和半干旱区，属大陆性季风气候。

华东地区： 上海、山东、江苏、浙江、安徽、江西、福建、台湾。该区临近海岸，降水量丰富。

华中地区： 河南、湖北、湖南。该区南北温差大，夏季炎热，冬季较寒冷，降水量丰富，自然条件优越。

华南地区： 广东、广西、海南、香港、澳门。该区气候炎热多雨，无冬季，跨越南亚热带和热带气候区。

西北地区： 陕西、甘肃、宁夏、青海、新疆。该区大部分为大陆性季风气候，寒暑变化剧烈，大部分地区降水量稀少。

西南地区： 重庆、四川、贵州、云南、西藏。该区垂直高差大，气温差异大，形成明显的垂直气候带与相应的森林植被带。

六、三线建设

1964—1978年那个特殊的年代，由中国大陆的国境线依其战略地位的重要性，将当时经济相对发达且处于国防前线的沿海沿边地区，向内地收缩划分的三道线。

一线地区： 指位于沿海和沿边的前线地区。

二线地区： 指一线地区与京广铁路之间的安徽、江西及河北、河南、湖北、湖南四省的东半部。

三线地区： 指长城以南、广东韶关以北、京广铁路以西、甘肃乌鞘岭以东广大地区。包括四川（含重庆）、贵州、云南、陕西、甘肃、宁夏、青海等西部省区及山西、河北、河南、湖北、湖南、广西等省区部分地区。其中：云、贵、川、陕、甘、宁、青俗称"大三线"，一、二线地区腹地俗称"小三线"。

三线地区位于我国腹地，离海岸线最近700多千米，距西面边界上千公里，周围有青藏高原、云贵高原、太行山、大别山、贺兰山、吕梁山等连绵山脉作天然屏障，在准备打仗的特定形势下，成为较理想的战略后方。

后　记

　　每到荒凉无垠的西北大漠，到高寒缺氧的雪域高原，到日益沙化的内蒙古草原，到水土流失的黄土高原，到滔滔汹涌的黄河岸边，都是心潮澎湃，思绪万千，对长河、大漠的统筹兼顾治理，以及对西部大开发、一带一路的实施实现，有着很多思考。

　　笔者在37年军旅生涯中，尽管从事的专业工作岗位较多，但在部队、院校和总部机关从事综合性的工作有30年。从1995年起，得到我国统筹学理论的奠基人刘天禄老师的指点，增强了大局观、统筹研究问题的思维和能力。近年有较多时间静下心来，梳理自己几十年来的感受、心得和一些粗浅认识，深感有必要全面系统研究藏水北调、黄河流域统筹治理和西北荒漠化治理开发等重大战略问题，对曾有的大胆设想开始小心求证。在广泛学习了解相关专家、学者和社会有识之士的学术研究成果，并将一系列与之相关的、连续不断因果关系的事物、事态、事例进行疏理的基础上，找出相互作用的关键因素，厘清思路后形成了本书的基本框架。

　　经过五年的潜心研究，《大国统筹治理长河与大漠——解决中国水荒、地荒、粮荒、油气荒的战略思考》终于同读者见面了，对这个课题的研究是我多年的心愿[①]。在中国共产党建党百年即将到来的庄严历史时刻，愿把这本书献给敬爱的党，献给亲爱的祖国和人民。

　　书中的《方案》《构想》和两个《设想》属国家级的大课题，其核心思想突出了"大统筹"。就是面对我国西北地区极其复杂的自然环境和国家经济社会大环境，着眼全局，追求整体效益的最优化，统筹黄河流域生态保护和高质量发展、西北荒漠化治理开发及欧亚运河开发，统筹西北、西南、华北、东北地区水资源节约和调配、国土资源整治与气候环境改善及可再生能源开发利用等，完全超越了系统工程理论的研究范畴，将很多地区、行业，很多可控、不可控，可利用、可适应的各种关系和矛盾等因素，从体系上进行统筹兼顾的疏理谋划，提出

[①]　还有一个二十多年思考难实现心愿，是探索在大型客机前后和两侧安装减速伞，以减少或减轻空难事故发生，呼吁有条件和能力的团队早日实现

对策性建议，供国家决策层参阅，给关心国家建设发展的民众了解思考，以群策群力。

诚然，对大国统筹治理长河与大漠，解决中国水荒、地荒、粮荒和油气荒的战略思考，不管是某些专业研究机构、人员，还是作者自己与许多满腔热血、豪情万丈的爱国仁人之士一样，所提的方案、构想、设想，都是要经过充分论证、严格审批的，且实施后也是要经过实践检验的。因为，历史会追问，后人会验证。在此，笔者对自己提出的一些观点、设想，倘若是有研究参考价值，也心感足矣。

本书稿在形成和审修中，得到军委装备发展部原部长助理张忍奎少将，解放军总医院原政委袁安升少将，原总后勤部财务部副部长刘书记少将，原总后勤部军需物资油料部副部长翟振发少将，东部战区陆军副参谋长王仕权少将，国务院原三峡工程建设委员会移民开发局副局长、原南水北调工程领导小组办公室主任张宝欣，中国文联副主席、中国报纸副刊研究会会长郭运德，军事统筹学会的创建者并担任副理事长兼秘书长、中国优选法统筹法与经济数学研究会统筹分会学术带头人刘天禄，中国未来研究会军事分会理事长、原《军事展望》杂志社社长兼总编辑刘胜俊大校，原总后勤部政治部创作室主任王宗仁大校等，都给予多方关心和指点。

全军信息化专家咨询委员会副主任、原总后勤部军需物资油料部部长冯亮少将，《科技日报》副总编辑、高级记者郭姜宁，用心用情为本书审定提纲、审修内容，并作了序。朱瑞国、王银锋和刘凯同志，帮助研究管道建设的重难点问题。

还得到郑群本、温品琳、杨易林、卢风义、徐四海、权顺、曲清文、吴吉海、王兴民、侯志华、洪海涵、戴立、杜韫、张国利、宋晓郎、朱吉刚、谢苏明、张天敬、李宏伟、陈建民、赵汐潮、王志、丁军平、王树明、王泽、雷步新等同志多方面的帮助支持，也得到高万龙、赵政才、袁丁兴、刘双锁、高贺龙、张潇文等家乡领导和亲友的帮助支持，在此都表示诚挚敬意和衷心感谢！

感谢中国农业科学技术出版社张国锋等编辑，为本书的出版做了大量富有成效的工作。感谢北京帅恩科技有限责任公司，为本书出版给予资助。

本书思想性、前瞻性很强，涉及领域敏感，研究范围内容广泛，难度又非常大。笔者在书中引用了很多专家学者不同的思想观点，不仅丰富了书的思想内容，便于从多方位、多层次进行立体延展思考，而且从多方面、多角度进行深入论证，力求论点准确、论据充分。但由于专业水平、研究力量和资料所限，书中不足以致谬误在所难免，在此，衷心地期待予以补正。请把批评意见发送到邮箱 gg51110@163.com，谢谢！

附录　世界主要运河概况

　　运河的开凿与利用，孕育了城乡发展，滋养了社会文明，传播了科技文化，促进了商贸互通，发挥了军事政治作用，推动了人类文明的发展进程。现中国内河航道长 12.7 万千米，在淮河流域及其以南的内河航道里程占总的内河航道里程 80% 多。人工运河不仅少，且与高速公路和高铁相比建设发展缓慢。西欧连通最密集的内河水运网，为工业革命的出现起到了催化剂作用。法国的国土面积与四川省相当，却有大小近百条运河，总长 6 200 千米。美国陆军工程兵团修了 1.8 万千米运河，沟通了主要河流，使美国成了世界上第一运河大国，并增强了抗御洪旱灾害的能力。全世界各大洲有大小运河 500 多条，而欧亚大陆中心却没有一条通江达海的运河大动脉。本书参阅《世界运河名录》《中国内河航道建设》《中国大运河发展报告》《中国小百科全书》"百度百科"等，摘要编录了影响世界发展历史进程，或产生重要影响，具有独特风情的各类大小运河共 40 条，以方便广大读者了解研究古今中外运河建设发展，也许能给大家一些启示。

1. 京杭大运河（中国）

　　京杭大运河，是世界上开凿最早、最长的一条人工河道，从开凿距今已有 2 500 年的历史。与长城、坎儿井并称为中国古代三项伟大工程，且使用至今。

　　京杭大运河，由人工河道和部分河流、湖泊组成。南起杭州，北到北京，途经今浙江、江苏、山东、河北四省及天津、北京两市，贯通海河、黄河、淮河、长江、钱塘江五大水系，全长 1 797 千米，相当于 9 条苏伊士运河的长度。

　　它如一条项链，串起了众多运河之城，承载了军运和漕粮等经济物资的运输。它作为南北贯通的交通大动脉，加强了南北物资交换，促进了北方、中原文化与南方文化的融合，对中国南北地区之间的经济、文化发展与交流，特别是对沿线地区工农业经济的发展起了巨大作用。沿线城市的发展，使它们成长为经济繁荣、人民富庶、文化昌盛的明星城市。

　　早在春秋末年（公元前 486 年），吴国国王夫差为讨伐齐国，而开凿了长江（扬州）与淮河（淮安）的运河——邗沟。后开凿了连通淮河与黄河的运河——深沟，又称菏水，连接济水和泗水、沂水。邗沟与深沟的开凿，连通了长江、淮

254

河、黄河。

隋朝（公元 604—610 年）则以洛阳为中心，隋唐大运河南起杭州，北至涿郡（北京）。隋炀帝动用上百万人，开始大幅度扩修。开凿了向东北方向的永济渠，沟通沁河、淇水、卫河，通航至天津，溯永定河而上，通涿郡；开凿了向东南方向的江南运河，使得镇江至杭州段通航。沟通了海河、黄河、淮河、长江、钱塘江五大水系，贯通了南北交通大动脉，总长 2 700 千米。

元代则以北京为首都，为缩短从北京到杭州绕道洛阳的航线，1283—1293 年开挖了自北京城到通县的通惠河、从山东临清到东平的会通河、从东平到济宁的济州河，将运河改为一字形的直线，比隋唐大运河缩短了 900 千米。清咸丰五年（1855）大运河断航，民国年间曾施行江北运河复建工程，因资金和战乱等原因未能全部复航，至此，山东济宁以北运河多数河段逐渐废弃。

近年来，北方部分河道得到开发利用，修建了一系列桥、闸设施，拓展了航道，增强了泄洪能力。目前，运河通航里程为 1 442 千米，其中全年通航里程为 877 千米，主要分布在黄河以南的山东、江苏和浙江三省。是我国仅次于长江的第二条"黄金水道"，其价值堪比长城。

京杭大运河对中国南北统一和稳定起到至关重要作用。有史学家认为：大运河缓解了唐宋北方征服南方所引发的矛盾，从此中原地区作为中国这一农业大国的核心地位得到巩固。中国华北和华南地区之间自古就存在严重分歧，南北朝曾持续两个世纪之久，如果没有后来修建的大运河，这很可能成为永久性的现实。

京杭大运河在人类文明史中具有很高的价值和地位，2014 年，第 38 届世界遗产大会宣布大运河成功入选世界遗产名录。

2. 灵渠—湘桂运河（中国）

广西兴安县的湘桂运河——灵渠，也称兴安运河，是古代中国劳动人民创造的一项伟大工程。灵渠全长 34 千米，宽约 5 米。它能爬坡、越岭，连通了湘江与漓江、长江三角洲与珠江三角洲以及中国的中部与岭南地区。

灵渠是世界上最古老的运河之一，当时无测量仪器、无开挖机械、无爆炸火药，只能用目测、步测方法，用铁锥、锄铲开凿，完成了结构完整的水利工程体系，被誉为"世界古代水利建筑明珠"。2018 年 8 月 13 日，灵渠入选第五批世界灌溉工程遗产名录。

灵渠水系由南北两渠组成，南渠长约 30 千米，其中 4.5 千米为人工开凿，北渠长约 4 千米。将海洋河的水一分为二，用石块筑成呈"人"字形的拦河堤坝，一流入南渠，另一流入北渠，南渠、北渠流量为三比七，故有"湘七漓三"

之说。共有陡门 36 个（北渠 4 个，南渠 32 个）。渠首海拔高程为 212.08 米，河口海拔高程 181.8 米，平均纵坡 1.09‰，多年平均水位 184.10 米、流量 11.39 米³/秒。

秦并六国后，为开拓岭南，统一中国，公元前 221 年，秦始皇命屠睢率兵 50 万分为 5 路军南征，各路军要各占领五岭一个主要隘道，而占领湘桂两省边境山岭隘道的，就是其中的一路军。最初遭到当地民族抵抗，3 年兵不能进，粮饷转运困难。公元前 219 年，秦命监御史禄掌管军需供应，督率士兵、民夫在兴安境内湘江与漓江之间修建一条人工运河，运载粮饷。公元前 214 年灵渠凿成，作为运河用于军事，及时供应 10 多万大军军需物资，很快收复岭南实现了国家统一。

灵渠的凿通，沟通了长江支流湘江、珠江支流漓江，打通了南北水上通道，为秦王朝统一岭南提供了重要的保证，大批粮草经水路运往岭南，有了充足的物资供应。灵渠凿成通航的当年，秦兵就攻克岭南，随即设立桂林、象郡、南海 3 郡，将岭南正式纳入秦王朝的版图。

"北有长城，南有灵渠"，说明了灵渠的历史地位和作用。由于灵渠连接了长江和珠江两大水系，构成了遍布华东华南的水运网。因此，自秦至今已使用 2 230 多年，对巩固国家的统一，加强南北政治、经济、文化的交流，密切各族人民的往来，都起到了积极作用。虽经历代修整，至今仍然在农田灌溉、交通和旅游中发挥着重要的作用。

3. 雷州青年运河（中国）

雷州青年运河，源于广东省湛江廉江县鹤地水库，经遂溪、海康（今雷州市旧称）、湛江等县市。运河总干河长 74 千米。另有东海河、西海河、东运河、西运河和四联河 5 条分支。在运河畔建起渡槽 14 座，水电站 18 座，铁路公路桥 45 座，大小建筑 2 300 多座。

雷州青年运河以农业灌溉为主，兼有工业、生活供水和防洪、发电、养殖、航运、旅游等功能。共灌溉农田 200 万亩，每年为农业创造数以亿计的财富，还解决了九州江下游 20 多万人民、16 万亩耕地的洪涝灾害，为湛江、廉江、遂溪、雷州等城镇提供工业和生活用水，发挥了巨大的经济效益。雷州人民亲切称青年运河是幸福河、致富河，甚至称为母亲河。

1958 年 5 月，湛江地委作出《关于兴建雷州青年运河的决定》。世世代代饱受干旱折磨的雷州人民要拦腰斩断九州江，建水库凿运河，1960 年建成，清澈的甘泉流进千年沉睡的雷州大地，改写了雷州半岛地处江南水乡又干旱苦难的历史。

雷州青年运河由廉江县鹤地水库供水，廉江、遂溪、海康、湛江等 7 个县市 16 万民工参加建设，高潮期民众达 30 万人。军队也给予了很大支持。1958 年 5 月至 1959 年 9 月鹤地水库基本建成，总库容 11.51 亿米³，成为广东省内最大的"人造海"。随后建起的运河总干渠和 4 547 千米分流配套渠道，基本上根治了雷州半岛的旱患，创造了水利工程的奇迹，谱写了一曲战天斗地、气壮山河的壮丽乐章。

湛江地委一直在酝酿建设大水库蓄水，开凿运河贯通半岛南北，从根本上治理雷州半岛的旱患。原计划在第三个五年计划期间，即 1967 年前实施。在大跃进形势推动下，提前于 1958 年 5 月 15 日果断作出《关于兴建雷州青年运河的决定》。运河工程艰巨，重任交由青年一代担负完成，而命名为青年运河。

雷州人民仅用三年时间，靠人力和土办法，建成了中国十大水库之一——鹤地水库和规模巨大的运河主干渠。

应当说，雷州半岛多年平均降水量 1 711.6 毫米，远高于全国平均降水量 648 毫米。但是，降水时间分布不均，雨季为 6—9 月，以南风为主；旱季为 11 月至次年 3 月，以北风为主，年内年际变化都很大；降水空间分布不均，东部、中部、北部为多雨区，而西部、南部为少雨区。内陆为多雨区，沿海为少雨区。半岛虽临近大海，大气中水汽资源丰富，但水汽难以停滞致雨。因半岛以台地为主，低丘为辅，河流冲积平原相间。地势多低、矮、平，难以形成地形抬升水汽增加降水，三面倾斜的"龟背"地形又不利存水，加之日照时间长、蒸发量大等。

因而，半岛有的地区旱魔肆虐，十种九不收，人民祖祖辈辈生活极端贫困，以草结舍，以薯充饥。遇上大旱灾，草根树皮啃尽也难于度荒。不毛之地成了雷州半岛的代名词，成为封建王朝流放谪臣贬官的异域。

在旧社会，为了争水，甚至大动干戈，村斗族斗，死人流血，世代结仇，时有发生。雷州市特侣塘的塘上塘下村，因水的纠纷，从宋朝建村到新中国成立前，800 多年械斗不绝，结下深仇大恨，互不通婚，生死不相往来。据统计仅民国的 30 多年里，因水械斗死亡 61 人，特侣塘群众称为"血泪塘"。

4. 江汉运河（中国）

现代"江汉运河"，指南水北调中线一期引江济汉工程，造就了一条连接长江和汉江的人工大运河。运河建于 2009—2014 年，全长 67.23 千米，底部宽 60 米，航道水深 5～6 米，可通行 1 000 吨级船舶。

2016 年 9 月 26 日，全新的江汉运河通水通航。该工程为南水北调中线工程的重要组成部分，是国家规划的 19 条内河主通道之一。工程以汉江水补充北方用水，再以长江水补充汉江下游用水，年均输水 37 亿米^3。

这条人工运河是名副其实的"黄金水道"，它缩短两江之间的绕道航程 673 千米——按照长江航船通常速度，顺水每小时 20 千米，680 千米意味着 34 个小时的行程，节省一天半时间。同时，运河兼具水利、交通运输、防洪、灌溉、生态补水等功能。

江汉运河流经荆州、荆门、潜江、天门 4 市 11 个乡镇，辐射带动荆州区、沙洋、潜江等地 12 个乡镇。北方的煤炭通过重载铁路运至襄樊后，可以通过汉江，经引江济汉航道，转运至长江沿线地区，成为"北煤南运"的重要能源通道。工程还将武汉、襄樊和宜昌三个经济区域通过水路连成一体。

如今，江汉运河沿线文化旅游资源十分丰富，历史人文、乡村休闲、水利景观兼而有之。运河上架设有 59 座代表各个时期、形态各异的桥梁，是名副其实的"中国桥梁展览带"，与船闸、渠道一道构成独具特色的平原水利景观。

5. 胶莱运河（中国）

山东省胶莱运河，古时亦称运粮河。南起黄海灵山海口，北抵渤海三山岛，流经现胶南、胶州、平度、高密、昌邑和莱州等，全长 200 千米，南北贯穿山东半岛，沟通黄渤两海。

胶莱运河开创于元世祖至元中期，历史上又称运粮河，是因江南粮米由此运往京师而得名。在元代，南方经济得到迅速发展，作为政治中心的北方，特别是京津地区，各类生活和生产物资大量依赖南方，特别是漕粮运输，成为元代一个非常突出的社会问题。为此，元朝政府主要采取了大规模扩修运河和大力发展海运。

胶莱运河经历了一段曲折的历史，其中有兴盛的时期，也有被冷落的年代。时兴时废，命运多舛。元明二代，关于胶莱河开通与否的问题上，经过多次的争论以及具体的实践，均告以失败。主要问题：一是泥沙极易淤积，虽花费巨资，但劳而无功，所谓"大潮一来，沙壅如故"。二是水量不能得到充分保证，运河虽开但无充足水量，依然无法通航行船。

明代中期以后至整个清代，由于沿海倭寇为乱，政府实行海禁政策，而着力利用京杭大运河的漕运，对胶莱运河的浚治则采取轻视或反对的态度，虽然期间有人提起胶莱运河的疏浚攒运之事，但也屡议屡次作罢。

新中国成立前的国民党执政时期，曾经制订过重新开通胶莱运河的计划，但由于当时多方面的原因，该计划并未真正实施。

新中国成立后，在制订第二个五年计划时，曾经将建设开通胶莱运河列入其中，但因各种原因未能实现。新华社资深记者岳国芳在其所著的《中国大运河》一书中把开通胶莱运河列为 21 世纪中国应该首先开凿的运河。

6. 伊利运河（美国）

美国在 1817—1825 年建设的伊利运河长 584 千米，宽仅 12 米、深 1.2 米，最高可以行驶排水量 75 吨的平底驳船。共有 83 个船闸，每一个都采用石材建造，以用于提升或降低船只的航道高度，这些船闸的设计要保证只需要一个人就能进行操作。运河同时配备了 18 条水渠用于调控运河的水量。

运河开通后 9 年内所收的通行费就超过了建设费用。到 1882 年取消通行费时，已用运河的收入支付了几条运河支线的建设费用，并向国家上交了大量税收。运河后来扩建到宽 21 米、水深 2.1 米。后经数次扩建，到 1909 年改建后，运河长 544 千米，宽增到 45 米，水深 3.6 米，能通航 2 200 吨驳船，成功地抗衡了铁路的竞争。

运河深入腹地进入密西根、俄亥俄、印第安纳州，与北方五大湖泊串联起来连接纽约港，是第一条提供美国东海岸与西部内陆的快速运输工具，这比当时最常用的以牛马拉动的拖车快许多。运河不只加快了物资的运输速度，也将沿岸地区与内陆地区的运输成本减少了 95%。从伊利湖到纽约的货运费用只需要从前的 1/10，使曾比费城和波士顿小得多的纽约，迅速发展成为全国最大的港口和城市。伊利运河的开凿对美国东部经济及纽约的发展，起了重大的促进作用，也快速增强了国力、军力。在 20 世纪，纽约成为世界上最大、最发达的国际大都市，也是世界金融中心。一条运河，改变了一个城市的命运。

伊利运河带来的一个直接影响就是纽约市的人口开始爆炸似地增长。1820 年纽约人口为 12.3 万，费城人口是 11.2 万；1860 年两个城市的人口分别为 108 万和 56 万。纽约作为一个港口城市迅猛发展，由 1800 年美国外来商品约 9% 通过纽约港进入美国，到 1860 年跃升为 62%。

在当时没有火车的情况下，运输货物的成本是非常高的。一位有远见的政治家——狄维特·克林顿，为纽约市市长，在考察了各方面情况后，决定在伊利湖与哈德逊河之间修建一条运河。当时联邦政府一年的财政支出还不到 2 200 万美元，而要修建该运河需要授权的借款就高达 700 万美元，超过了历史任何公共设施项目。因此，联邦政府拒绝提供任何帮助。纽约运河的修建计划也遭到很多人的激烈反对，只有运河规划区内的人支持，仅占纽约民众很小一部分。纽约市长狄维特·克林顿排除万难，在他当选纽约州长之际，敦促州立法机关通过了一项法案，伊利运河破土动工。

这项工程在 21 世纪也需要巨额经费，而在 19 世纪根本无法想象。当时的美国总统托马斯·杰斐逊曾称此计划为"差点是疯狂"的计划，他认为伊利运河计划非常不切实际且不可行，拒绝提供支持。然而，运河建设提议者杰西·华利得到纽约州长狄维特·克林顿的支持，虽然许多人不认同建造运河可以为纽约州带来利益，所以反对者便处处阻挠运河兴建法案的批准，并将伊利运河的计划称为"狄维特的愚蠢计划"或是"狄维特的小水沟"等谬称，但是克林顿在 1816 年 4 月 17 日成功得到纽约州议会对伊利运河计划案的支持与兴建经费的批准，工程于 1817 年 7 月 4 日破土动工。

批评家们嘲笑这项投资有勇无谋，讥笑这一项目为"克林顿沟"。这个项目花费 700 万美元，超过了历史上任何公共设施项目。它的设计也很大胆，要挖掘数百英里质地坚硬的土地，且大部分靠人工完成。

在众多提出兴建运河的人中，一位对伊利运河建造产生较大推动作用的人是杰西·华利（Jesse Hawley）。1805 年，他计划在当时还空无人居的纽约州地区种植谷物，并以一种便捷的交通工具将收成运至东岸的市场贩卖，但是，他在尝试各种交通工具时因为资金问题而破产。当他躲避债权人时，想到建造运河的点子。华利的设想得到了大众以及政府的注意，又得到当地地产商乔瑟夫·艾利卡特的大力支持，因这条运河的开通将会提高他所出售地产的价值。

美国当时没有合格的土木工程师，所有设计及监工都是由无经验的人来担任。运河的路线是由詹姆斯·歌德斯（James Geddes）与班杰明·莱特（Benjamin Wright）所决定，但是这两位都是法官，并不是工程师，他们对土地测量的唯一经验是来自裁判土地界线纠纷时所做的测量，而歌德斯更是对使用测量仪器只有几个小时的练习。不过后来陆续有许多人前来帮忙。一名 27 岁的业余工程师凯维斯·怀特说服了纽约州长克林顿，让他自费前往英国去系统学习运河开凿修筑技术，后来他在 1818 年制成了可在水下固化的水泥。约翰·B·哲毕斯在当时只是个 22 岁无知年轻人，在八年后他成为运河的总工程师，并设计纽约市的引水道，后来成为铁路工程师。

伊利运河的开通一定程度上使得纽约成为经济和金融中心。一条运河改变了一个城市的命运，也创造了一个国家的历史。伊利运河将五大湖串联起来，使得以纽约为代表的商业重镇和西部传统的农业地域直接的运输时间和成本大为缩减，再利用纽约天然良港的优势，打通了美国东西部，并借助与世界相连的水上通道，使得美国农产品畅销世界。纽约的地位确立，间接地导致华尔街地位的逐渐确立，而伊利运河功不可没。

2000 年，美国国会将伊利运河列为"国家遗产廊道"。如今，伊利运河因水面窄、水道浅，已不再航运物资，主要供旅游、休闲。现每年冬季部分河段水被抽干进行维护。

7. 圣劳伦斯航道（美国、加拿大）

为北美五大湖与圣劳伦斯水道的总称。建于 1954—1959 年，是美国、加拿大联合设计的一个庞大内陆水运系统。航道是一个综合体系，包括天然水路、深水航道、若干人工河道的开凿和建设船闸，主航道总长度达 3 766 千米。人工开凿的河道长 304 千米。万吨级船只畅行无阻。但冬季仍有冰冻，5—11 月航运最繁盛。

圣劳伦斯水道体系连同五大湖共提供 15 000 多千米可航行的水路，被认为是伟大的工程奇迹，是从大西洋至五大湖西端，辽阔的美加航道的伟大工程。整个航道克服了从苏必略湖至大西洋的 183 米的落差。只限中等大小的船只使用。在加拿大总计有 12 个港口，在美国有 66 个港口为航道服务。最大宗的货运是粮食，其次为铁矿和煤。大宗商品占年货运吨数约 90%，但许多国家的货船也利用此航道装运一般货物。五大湖—圣劳伦斯水系成了世界上最繁忙的国际贸易路线之一。航道的航行季节为 4 月初至 12 月中旬，约 250 天。

圣劳伦斯河不仅是连接美、加两国的国际航道，而且通过远洋航线可与西欧和世界各地连接，在地理上、经济上具有重要意义的巨大水道系统。古代冰川消蚀，河道由入海口形成，这在世界各大河中是独一无二的。

五大湖—圣劳伦斯河谷地区是加、美两国人口和城市集中、工农业发达的地区，深水航道的开辟为其提供了巨大的货运动脉，密切了大湖和大西洋的关系，具有重要的经济意义。

圣劳伦斯河属雨雪补给型，有五大湖水调节，加以流域内降水季节分配均匀，水量丰沛而稳定。河口年均流量为 1 054 米³/ 秒，流量年变幅在 70% 左右，含沙量较小。每年 12 月至翌年 4 月初河流封冻。

运河在建造过程中雇用了约 2.2 万名工人，用了大量的混凝土修建一条 1 609 千米长的公路，大量钢铁架起了桥梁，挖了隧道，筑了堤坝和铺设了道路，在航道上用现代化方法改建了船闸，成为世界上最大的有调升水位功能的河道。虽然航道船闸注水或排水只需 7 分钟左右，但船只通过船闸约需半小时。

为避免圣劳伦斯河上安大略湖和蒙特娄之间 69 米的急流落差所造成的航行危险，并为发展其水电潜能，加拿大政府在锡达、喀斯开和拉欣的急流地段修建了两条运河、5 道船闸和 3 座航道堤坝。美国政府在急流地段修建了两座航道堤坝，并清理了浅滩。这一系列工程造成了一条 8 米深的水道，取代了只有 4 米深的原有 6 条运河和 22 个船闸。

8. 华盛顿湖通海运河（美国）

美国西部的华盛顿湖通海运河，也称西雅图鲑鱼湾运河，连接华盛顿湖与普吉特海湾。运河长 13 千米，水深 8.7 米以上。上下游水位差 8 米，能通航 236 米长船只。华盛顿湖水面面积 87 千米²，平均水深 32.9 米，最深 65.2 米。

1854 年，为方便运输原木和压缩板材等材料，关于是否在连接华盛顿湖与普吉特海湾之间修建运河议论纷纷。1867 年，美国海军公布了一份运河修建方案，包括在与运河连接的华盛顿湖上建造一个海军造船厂。1891 年，美国陆军工程兵团为运河修建制定了具体规划，1906 年开始工程前期准备工作。1911 年开始修建，1934 年竣工。修建华盛顿湖通海运河，使得华盛顿湖的水位降低了约 2.7 米，同时又抬高了鲑鱼湾的水位，把华盛顿湖从一个进潮口变成了蓄水池。华盛顿湖通海运河被列入美国"国家历史遗迹名录"。

9. 莫斯科运河（俄罗斯）

莫斯科运河，1947 年前称"莫斯科—伏尔加运河"，建于 1932—1937 年。全长 128 千米，河宽 85 米，水深可通航载重 5 千吨的船只。

莫斯科运河是一个独一无二的综合建筑群，体现了苏联人民的智慧。在运河河段修建了 8 座船闸和 8 座水电站，各种拦水大坝、水泵站、闸门、河下隧道、倒虹管、铁路桥等人工建筑设施达 200 多个。

莫斯科运河的建立，使莫斯科与下诺夫哥罗德、圣彼得堡间航程分别缩短 110 千米和 1 100 千米。并且将莫斯科市与伏尔加河水系连通，轮船能从莫斯科一直驶入里海、亚速海、黑海、波罗的海和白海，成就了莫斯科作为"五海"之港的重要交通与经济地位。

除了航运、旅游用途之外，运河也为莫斯科提供大约一半的用水量。曾在第二次世界大战中，运河是交战各方争夺利用的战略要地。

运河在斯大林执政时期由劳改犯人建造。起于杜布纳镇附近的伊万科夫水库，在距离莫斯科河河口 190 千米的图希诺把后者连接起来。

10. 伏尔加河—顿河运河（俄罗斯）

伏尔加河—顿河运河，建于 1948—1952 年，全长 101 千米。位于俄罗斯西部的伏尔加格勒州，将伏尔加河下游与顿河相连。运河主要以修筑大型水利枢纽，进行梯级开发为重点，通过修筑水库，人工凿的河道，清理水道、建设河港，与自然河、湖相连，最终注入亚速海。

沿途设有 13 个船闸，到窝瓦河的落差为 88 米，到顿河的落差为 44 米。有卡尔波夫卡、别列斯拉夫卡和瓦尔瓦罗夫卡 3 个水库，共长 45 千米。可通行 5 000 吨大型内河船只及小型海轮，打开了窝瓦河—卡马河—海的通海航道。

被誉为俄罗斯人母亲河的伏尔加河，全长 3 600 千米，是欧洲第一长河。它流量丰富，水流平稳，航运价值很高。可通航伏尔加河的干、支流达 6 600 千米，既产生了灌溉、发电、航运、供水、渔业和旅游等综合效益，带动了全流域国民经济综合发展，又沟通了波罗的海、白海、黑海、亚速海、里海，实现了"五海通航"，方便了俄与中亚、西亚、欧洲等地交通联系。在运河上，西运的主要货物是木材，东运的主要货物是煤炭。

11. 伏尔加河—波罗的海运河（俄罗斯）

旧时称马林斯基运河系统，也称伏尔加河—波罗的海列宁水道，是 19 世纪上半叶水利工程的杰作之一，极大地推动了国家经济发展。

伏尔加河—波罗的海运河，在伏尔加河上游的雷宾斯克水库同奥涅加湖间，自南向北由舍克斯纳河、别洛耶湖岸运河、科夫扎河、马林运河及威捷格拉河组成。经奥涅加湖、斯维尔河、拉多加湖及涅瓦河，与波罗的海相连，并经北德维纳河通巴伦支海，全长 1 100 千米。其中，切烈波韦茨至奥涅加湖航道长 368 千米，设 5 处水利枢纽工程。还通过北德维纳河连接白海，通过伏尔加河沟通了亚速海、黑海和里海。

1960—1964 年，苏联对伏尔加河—波罗的海运河进行了一些重要改建，用 7 道新水闸替换了原有的 39 道木制水闸。新建水闸长 210 米，宽 17.6 米，深 4.2 米，可通 5 000 吨的河海直达船，从切烈波韦茨到圣彼得堡的航程由原先的 15 天缩短至现在的 3 天。如今，运河为俄罗斯出口石油和木材作出了重要贡献，也吸引众多游客前来观光。

12. 欧亚运河（俄罗斯拟建）

欧亚运河是俄罗斯拟建运河，亦称里海与黑海运河，位于库马—马内奇洼地地区，即将里海西侧的库马河与亚速海东侧的马内奇河打通，是连接里海与黑海之间盆地地带的运河系统，全长约 800 千米，比绕行伏尔加河—顿河运河短约一半距离。这条运河路线东起俄罗斯卡累利阿共和国的里海海湾，穿越俄罗斯南部平原的库马—马内奇洼地，进入罗斯托夫州后，分别进入顿河下游和河口，最后借亚速海通往黑海，是一条比绕行伏尔加河—顿河运河更为简短的路线。

里海与黑海、亚速海、咸海都曾是古地中海的一部分。里海与黑海最后分离成为一个内陆湖泊，距今不过 1.1 万年。它南北狭长，形状略似"S"形，南北约 1 200 千米，是世界上最长且唯一长度超过千千米以上的湖泊。东西平均宽 320 千米，面积 37.1 万千米²，与波罗的海面积相当，比北美五大湖面积总和（24.5 万千米²）还大出 51.42%。

俄罗斯认为修建运河具有重要意义，为俄罗斯南部经济发展有必要重启运河修建工程。2007 年 6 月，哈萨克斯坦总统纳扎尔巴耶夫在里海沿岸峰会上提议了修建一条经俄罗斯境内连接里海与黑海的"欧亚运河"的提议。俄罗斯总统普京在随后召开的第二届里海沿岸国家峰会上也表示，建设连接里海和黑海的运河将有助于提高里海沿岸国家的运输潜力。10 月 22 日，俄罗斯驻哈萨克斯坦大使博恰尼尔科夫在哈首都阿斯塔纳表示，俄支持修建连接里海与黑海的水路运输通道，将为里海沿岸 5 个国家开辟一条通向世界的出海口，有助于推进里海周边国家的合作。因种种原因至今还未启动运河工程。

修建"欧亚运河"意义重大，也能为其他亚洲国家带来益处。如今，伏尔加河—里海地区与欧洲国家的货物运输量不断增加，而现经伏尔加河—顿河运河不足以承担预期的货运量。

根据修建提案，预期耗资 60 亿美元，需 10 年时间完工，可望通行数万吨货轮。里海比黑海的海平面要低 28 米，平均水深 180 米。可将黑海水引到里海，为面积不断缩小的里海提供充足水源。

13. 苏伊士运河（埃及）

埃及的苏伊士运河，建于 1859—1869 年，全长 190 千米，水面宽度（北／南）345 ~ 280 米，水深 22.5 米；最大船舶吃水 18.9 米；最大吨位 21 万吨；满载油轮限速 13 千米／小时；货舱船限速 14 千米／小时。苏伊士运河是一条海平面的水道，在埃及贯通苏伊士地峡，连接地中海与红海，提供从欧洲至印度洋和西太平洋国家最近的航线。它是世界上使用最频繁的航线之一，也是亚洲与非洲人民来往的主要通道，以及亚洲与非洲的交界线。

3 000 多年前，古埃及第十二王朝法老，发动开凿了"尼罗河—红海运河"，比秦始皇开凿灵渠早约 1 000 年，此后历经改进、摧毁、重建、使用、废弃。

18 世纪末，拿破仑占领埃及时，计划建立运河连接地中海与红海。由于法国人错误的勘测结果计算出红海的海平面比地中海高 10 米，没考虑建船闸调节水位就放弃计划。法国在拿破仑失败后，为重建法兰西第二殖民帝国，1854 年和 1856 年与埃及交涉特许后，于 1858 年 12 月建立苏伊士运河公司。强迫穷苦埃及人穿过沙漠，挖掘运河 10 年多，于 1869 年 11 月 17 日通航，共花费 1 860 万英镑，高出预算两倍多。

1882 年，英国骑兵进驻运河。1936 年，英国与埃及签订《英埃条约》，英国坚持保留对运河的控制权。1941 年，德国曾准备武力夺取苏伊士运河遭到英国阻击未得逞。1956 年 7 月 26 日，埃及经多年努力终于收归运河为国有。

1956 年 10 月 29 日，以色列军队入侵埃及，为期一周的苏伊士运河战争，亦称第二次中东战争，导致运河关闭，直到联合国在 1957 年援助下被清理完毕。1967 年，六日战争爆发，运河又关闭，1974 年，联合国维和部队入驻西奈半岛。1975 年，苏伊士运河重开海运。

100 多年前，马克思把苏伊士运河称为"东方伟大的航道"。苏伊士运河建成后，大大缩短了从亚洲各港口到欧洲的航程，缩短了 8 000 ～ 10 000 千米，沟通了红海与地中海，使大西洋经地中海和苏伊士运河与印度洋、太平洋连接起来，是世界上一条重要的国际航运通道，具有重要经济、军事战略意义。苏伊士运河与巴拿马运河，均是世界上最繁忙、最重要的国际水道。

2014 年 8 月新苏伊士运河项目开工，2015 年 8 月竣工开通，耗资约 85 亿美元。施工项目包括 35 千米新开凿河道以及 37 千米原有河道的拓宽和加深。该项工程完成后，航道将允许更大体量的船只通过，有效缩短了船舶行驶和等待的时间。

苏伊士运河是世界贸易的咽喉要道，约占世界贸易总量的 12%，也是埃及主要外汇来源之一。埃及政府将沿苏伊士运河建设"苏伊士运河走廊经济带"，包括修建公路、机场、港口等基础设施，以及多个高科技工程项目，每年为埃及带来 1 000 亿美元收入。

14. 巴拿马运河（巴拿马）

巴拿马运河 1914 年建成时长 81.3 千米，水深 13 ～ 15 米，河宽 150 ～ 304 米，整个运河水位高出两大洋 26 米，设有 3 个梯级，6 座长 304.8 米、宽 33.53 米、深 12.55 米的船闸，可通航 7.6 万吨级轮船。2014 年新扩建通航的船闸长 427 米、宽 55 米、深 18.3 米，可通航 20 万吨级轮船，年货运量由 3 亿吨增至 6 亿吨。

巴拿马运河横穿巴拿马地峡，连接太平洋和大西洋，被誉为世界七大工程奇迹之一的"世界桥梁"。与苏伊士运河一样，是世界上最具战略意义的两条人工水道之一。

曾行驶于美国东西海岸之间的船舶，原本不得不绕道南美洲的大西洋与太平洋的分界线合恩角，使用巴拿马运河后，可缩短航程约 15 000 千米。由北美的一侧海岸至另一侧南美洲港口，也可节省航程多达 6 500 千米。航行于欧洲与东亚或澳大利亚之间的船只，经由该运河可减少航程 3 700 千米。

巴拿马曾是西班牙的领地，1534 年西班牙国王卡洛斯一世下令对巴拿马地峡进行勘查。从 18 世纪开始，西班牙政府陆续勘查了四个备选点：其中有巴拿马地峡和尼加拉瓜地峡。巴拿马在 19 世纪则成为新兴的哥伦比亚共和国的一个省。

1880 年，苏伊士运河的缔造者斐迪南·德·雷赛布，组织法国公司建设巴拿马运河。由于毒蛇蚊虫和传染病肆虐，丛林地形复杂及热带雨林气候的不利影响，运河工程投入 2.7 亿美元，死了 2 万人，进行了 8 年半，却未能成功开通运河。

美国总统西奥多·罗斯福意识到，谁拥有两大海洋，并控制连接两大海洋的通道，谁就是世界强权。他举起拳头告诉美国人："如果要想成为世界强权，我们必须建造巴拿马运河！"在美国的纵容支持下，1903 年 11 月 3 日，巴拿马宣布从哥伦比亚统治下开始独立，并立即与美国签订了《美巴条约》，授权美国于 1904 年开始修建巴拿马运河。美国组织修建了 10 年，投入 3.5 亿美元，死了5 000 人，1914 年运河竣工、通航，并由美国全权管控。罗斯福认为，成功开凿和管控巴拿马运河，足以"与购买路易斯安娜和获得德克萨斯相提并论"。

巴拿马运河在 1934 年时年通行量约 8 千万吨，2015 年则通行船运总吨位数达 3.4 亿吨。2007—2016 年，巴拿马运河拓宽投入资金 50 亿美元，新船闸建设耗资 54 亿美元，进行扩建并投入商业运营[①]。2017 年，运河通过增容年运货量已达 6 亿多吨，可让世界上大吨位的船只通过。

15. 基尔运河（德国）

德国基尔运河也称北海与波罗的海运河，建于 1887—1895 年，全长 98.6 千米，宽 102.5～162 米，水深 9 米，船闸 8 座，船闸闸室长 125 米、宽 25 米。

基尔运河每个新船闸闸室拥有 29 个注水口、3 个闸门。运河两端各增建船闸两座，闸室长 330 米，宽 45 米。运河每 10 千米左右就设有专用交会区，建有缆桩，供过往船舶临时系靠，以方便船舶交会和穿越。

基尔运河是最安全、最便捷、最经济的水道。德国为了海军舰艇和货轮在北海与波罗的海之间自由航行，避免绕道丹麦半岛 756 千米（370 海里），1887 年开挖了基尔运河，自第一次世界大战以来在军事和经贸上发挥作用很大。

1905—1914 年，基尔运河得以拓宽并加深。由于其在军事和贸易上意义重

---

① 参考消息.巴拿马运河拓宽令多方受益.2017—10—11.

大，1919 年通过《凡尔赛和约》，规定运河采取国际化的管理模式，由德国全权管控。1936 年希特勒推翻《凡尔赛和约》的有关规定，关闭了运河。第二次世界大战后，又重新实现所有国家船只自由通航的规定。

目前，运河宽 160 米，深 11 米，运河上建有 7 座桥梁，桥梁净空均为 42 米，可以通行大型远洋船只。现通行海轮最大 3.5 万吨级，年约 6.6 万艘，其中 60%属德国。基尔运河作为国际运河，运输货物以煤、石油、矿石、钢铁为大宗。有商船约 5 万艘，年货物通过量达 6 000 余万吨，其中西行占 54%，东行占 46%。

德国政府对过路船舶采取快速的通关方式，在提交真实报关单之后，除海关当局存在疑问的船舶外，通常不进行登轮检查。船舶与海关之间的信息沟通和手续办理全部交由船舶代理来完成，极大地缩短了船舶在运河内的停留时间，使整个运河通行时间保持在 8 ～ 10 小时，实现了船舶的即时通行。

自 1895 年开凿成功以来，基尔运河一直是世界上最繁忙的运河之一。历经百年沧桑，基尔运河是仅次于巴拿马运河和苏伊士运河的世界第三繁忙的运河。这主要得益于德国政府以及基尔运河管理当局对开发基尔运河的重视，致力于改善运河通航的软硬件，提高了运河通航能力，保证了运河航运安全。

2007 年初，德国政府投资 1.3 亿欧元对基尔运河航道进行拓宽改造，2008年动工，2014 年竣工。根据运河扩建工程规划，基尔运河航道将由 44 米拓宽至 79 米，而运河水面将拓宽至 130 米，与苏伊士运河相仿，运河原有的弯道将被拉直，可以通航船舶的船体长度从 235 米增加到 280 米，船舶宽度可以达到32.5 米，吃水可以达到 9.5 米。

而德国基尔运河船闸实际长度是 330 米，宽度为 45 米，吃水 13 米，这就是说，留有余地的德国基尔运河在必要时可以满足更大型船舶的通航要求。此外，德国政府另外拨款 2.8 亿欧元建造基尔运河新船闸，让基尔运河与汉堡附近的易北河连接，进一步扩大内河集装箱驳船航运能力，缓和公路和铁路集装箱地面运输交通网络拥堵。基尔运河改造扩建工程项目于 2017 年全部完工。

16. 中部运河（德国）

德国中部运河建于 1905—1930 年，全长 321.3 千米，水深 3 米，水面宽33 ～ 39 米，是德国最长的运河，也是其水运交通网络中十分重要的一环，东西内陆水运运输重要纽带。同时，运河还将法国、瑞士、比利时、荷兰、卢森堡与波兰、捷克和波罗的海连接在一起。

17. 莱茵—美茵—多瑙河运河（德国）

德国的莱茵—美茵—多瑙河运河，亦称美茵—多瑙河运河，全长 171 千米，宽 55 米，深 4 米，有 16 道水闸，是一条通航主干道。最大可通行船只长 190 米，宽 11.45 米，2 000 吨级货船。开通美茵—多瑙河之间的人工运河，通过莱茵—美茵—多瑙河，连接了北海、大西洋与黑海。

1938 年，运河修建计划首次提出，因第二次世界大战发生，运河修建计划被搁置。1966 年德国政府批准修建运河，1992 年运河建成，共耗资 23 亿欧元。运河主要运输钢铁、石头、泥土、化肥、食物。

莱茵河是欧洲最重要的一条国际性河流，发源于瑞士，流经德国、法国、荷兰，在荷兰的鹿特丹流入北海，全长 1 076 千米，年运量超 2 亿吨，内河运输总量的 2/3 与莱茵河有关。

多瑙河流经德国、奥地利、捷克斯洛伐克、匈牙利、南斯拉夫、罗马尼亚、保加利亚、乌克兰等国后流入黑海。被称为"欧洲命脉"的这条运河，在沟通欧洲交通方面发挥着积极作用。美茵河是莱茵河的重要支流。美茵—多瑙运河的建设成为连接东西欧的一条非常重要的运输纽带。

18. 曼彻斯特运河（英国）

英国的曼彻斯特运河，是世界十大运河之一，为通海运河，与爱尔兰海相连。全长 58 千米，水深 9 米，宽 14～24 米，有 5 个船闸，通过桥梁的船限高 24.25 米。1887 年开凿，1893 年竣工，共耗资 1 500 万英镑，相当于 2011 年的 16.5 亿英镑。1894 年 1 月运河通航，是当时世界上最大的航运运河，这也使曼彻斯特港成为英国第三繁忙港口。

19. 牛津运河（英国）

牛津运河位于英国英格兰中部，河道较狭窄，全长 126 千米，建于 1769—1790 年。运河由英国议会法案批准开凿，历经 20 多年分阶段修建。随后很快成为英国最重要、盈利最多运河之一。牛津运河曾经是米德兰郡与伦敦之间的一条货运干线，主要运输煤炭、矿石、农产品等。1805 年，主河道长 220 千米的大联盟运河建成，使伦敦与米德兰郡之间有了更近的一条捷径，由此，牛津运河的运量也受到很大影响。20 世纪 60 年代，因旅游事业的发展，运河沿岸风景如画的乡村，使运河再次焕发生机。目前，牛津运河成为英国最受欢迎的运河之一。

20. 庞特基西斯特输水道和运河（英国）

英国威尔士东北部的通海运河，引导兰戈伦运河穿过迪河，或被看作兰戈伦运河的一部分。庞特基西斯特水道及运河，全长 18 千米，其中 17 千米在威尔士境内，1 千米在英格兰境内，建于 1795—1805 年。水道桥高约 38 米，在迪伊河上由 18 个石柱支撑，其中水道桥铁槽部分长 306.9 米，宽 3.6 米，水深 1.6 米。其水由迪伊河引入，源头来自靠近兰哥伦的马蹄瀑布。

水道桥是土木工程与金属建筑相结合的工程，采用生铁与锻铁强化弧形结构，重量轻但坚固，成为在英国可通航的最高水道桥，是工业革命土木工程技术和艺术的典范。其独特的工程结构、美丽的自然风光和卓越的历史功绩，成为英国"运河旅游"的重要目的地，被联合国教科文组织列入《世界遗产名录》。

21. 兰戈伦运河（英国）

英国的兰戈伦运河，跨越英格兰与威尔士边界，长 73.5 千米，有 21 道水闸、3 条隧道、49 座桥梁，以及 2 座大型高架水渠。

运河建于 19 世纪初，是英国工业革命时代的巅峰之作。200 多年来，兰戈伦运河以其美丽如画的乡村风光和令人惊叹的建造工艺，吸引世界游客源源不断前来观光。2009 年，格勒德里德大桥至马蹄布长约 18 千米的一段运河，被联合国教科文组织列入世界文化遗产。

22. 南特—布雷斯特运河（法国）

法国北部的南特—布雷斯特运河，连接着南特和布雷斯特两座城市，全长 360 千米，有 238 道水闸，建于 1811—1838 年。最初用于军事目的。当时英国海军封锁了布雷斯特，建造运河是为了确保两座军事港口之间通行无阻。后主要运输铁矿石、建筑材料等。驳船吃水 1.5 米。

1923 年，盖莱当湖大坝的竣工，切断了马厄卡赖和彭提维之间的航道，致使运河上游 8 千米的河段以及 17 道水闸被淹没。

23. 马恩—莱茵河运河（法国）

法国的马恩—莱茵河运河，位于法国东北部，建于 1838—1853 年。全长 313 千米，有 154 道水闸，4 个隧道，主要运输铁矿石、煤和建筑材料等。

19 世纪末第一次加深后深达 2.2 米，船只吃水达 1.8 米。20 世纪 60 年代第二次加深后，深达 2.5 米，船只吃水达 2.2 米。改造后的河道适合小型船只通过，可容纳最长 38.5 米、宽 5 米的船只。

马恩—莱茵运河起初只为连接巴黎及法国北部地区与阿尔萨斯、莱茵河和德国。运河与改造后的马恩河河段相连，使巴黎与法国东部运河能够相通。运河沿岸地貌各具特色，一路美景让游客心旷神怡。

24. 米迪运河（法国）

法国米迪运河蜿蜒流淌 360 千米，各类船只通过运河在地中海和大西洋间穿行，建于 1667—1694 年，为工业革命开辟了一条航线。整个航运水系涵盖了船闸、桥梁、渡槽、泄洪道和隧道等 328 个大小不等的人工建筑，创造了世界近代史上最具辉煌的土木工程奇迹。河道由 5 部分构成：即 240 千米的主河道，36.6 千米的支线河道，两条引水用的水源河道及两小段连接河道，船闸有 65 座。

1666 年 10 月，法国国王路易十四授权皮埃尔·保罗·德里凯，建设了成为 17 世纪最宏大的土木工程项目之一的米迪运河。建造布里亚尔运河（1642）时，船闸技术及高海拔直水道的运用已臻完美。几十年后建造米迪运河，其目的是连通大西洋和地中海，"通过避开直布罗陀海峡、海盗和西班牙国王的船队，促进贸易的繁荣"，并"大大提高朗格多克省和吉耶纳省的优势"。该运河有时被称作双海运河。

在米迪运河流过的法国南部优美的自然景色中，散布着众多中世纪的小镇，有罗马时期、中世纪和文艺复兴时期的教堂，远古洞穴遗址，古老的葡萄酒庄园，小巧精致的特色博物馆。米迪运河现有上万只游船运营。

运河水利工程技术特色突出，代表着内陆水运技术在工业社会发展到新水平，1996 年被列入《世界遗产名录》。

25. 阿尔贝特运河（比利时）

阿尔贝特运河位于比利时东北部，连接默兹河和斯凯尔特河。尤其是它通过高度工业化的地区，连接了安特卫普和列日两个重要工业区。运河全长 130 千米，最狭 24 米，水最浅 5 米，有 6 座三厢船闸，最大吃水量 2.7 米，可通航 2 000 吨级船只。

阿尔贝特运河建于 1930—1939 年，受第二次世界大战影响，运河于 1946 年才投入正常使用。在第二次世界大战期间，比利时曾用此运河作为军事防线。1940 年 5 月 11 日，德国军队穿过阿尔贝特运河，并摧毁埃本—埃美尔要塞，该事件成为德国入侵比利时的重要标志。盟军解放比利时期间，从南部解放比利时的加拿大第二分队和英国军队都需穿过运河北上，往返列日到安特卫普以往需要 7 天行程，而运河修建后将往返时间缩短至 18 小时。同时运河还承担了大量货运。

如今运河两岸道路平坦，风景如画，尤其是拉纳肯和马斯梅赫伦沿岸，成为颇受欢迎的休闲度假胜地，被联合国列入《世界遗产名录》。

26. 约塔运河（瑞典）

瑞典的约塔运河，是世界十大运河之一，是横贯瑞典南部连接维纳恩湖和波罗的海的人工水道。运河全长 190.5 千米，其中 87.3 千米为人工挖掘和爆破而成，宽 15 米，深 3 米，船闸共 58 道，一级一级地改变水位，可通航长 32 米、吃水 2.8 米的船只。它利用许多湖泊、河道，并加上人工开凿的河道相连而成。

运河由海军军官波尔查·冯·普拉顿发起修建，于 1810 年开凿，1832 年竣工，共动用 5.8 万名士兵。运河的建成实现了瑞典人用运河连接波罗的海和大西洋的夙愿，是连接斯德哥尔摩和哥德堡的水路纽带。

运河流经众多工业城镇，促进了经济发展，缩短了东西航运距离 370 千米。运河沿岸风景如画，旅游业颇为发达，被誉为"漂浮在瑞典国土上的蓝色缎带"。

在历史上，这条黄金水道对促进瑞典国内贸易的发展起到了巨大作用，与苏伊士运河、巴拿马运河一样，在世界著名土木工程中占有着很高的地位，被联合国教科文组织列入世界文化遗产。如今，运河部分河段依然用来运输货物，但主要作为旅游休闲景点，每年约接待 200 多万游客。

27. 威尼斯大运河（意大利）

大运河是意大利威尼斯市主要水道，运河呈"S"形，穿过威尼斯市中心。长仅 3.8 千米，宽 30～90 米，平均深度为 5 米，与 177 条支流相通，全城由 118 个小岛组成，城市里共有 2 300 多条水巷。市内交通运输大部分通过这些水道。人们最便捷、最经济的方式莫过于乘坐"水上巴士"了。

威尼斯大运河被誉为威尼斯的水上"香榭丽舍"大道。在大运河两岸有宫殿、教堂、旅馆等宏伟建筑，有罗马式的、哥特式的和文艺复兴式的。房屋建造独特，地基都淹没在水中，像从水中钻出来似的。遍及运河两岸的住宅、店铺、市场以及银行等等，也给这个水上大都市增添了无穷的活力。

威尼斯是世界上著名的水上城市，河两岸的建筑风格迥异，艺术家的足迹随处可寻。伟大的剧作家莎士比亚曾在其大作《威尼斯商人》中提到过"水上华尔街"。

威尼斯古城兴建于公元452年，当时，沿岸居民因逃避他族迫害，被迫迁往威尼斯湖中定居。由于特殊的地理位置，到14世纪末，威尼斯已发展成当时地中海最大的贸易中心之一。

28. 多瑙河—黑海运河（罗马尼亚）

多瑙河—黑海运河，在罗马尼亚东南部，1975年开凿，南支流于1984年建成，北支流于1987年通航。全长64.2千米，运河底宽70～90米，河面宽110～150米，水深7米，两端建有4道船闸和发电设施，还有灌溉和排水作用。主航道可通行5 000吨，长138米，吃水5.5米的船只，年通过能力约8 000万吨。运河避开水域危险、难以航行的多瑙河三角洲，提供了一条从多瑙河通往黑海更短更便捷的水路。南支流航程缩短约400千米。

29. 爱尔兰大运河（爱尔兰）

爱尔兰大运河位于该国南端，建于1755—1804年，实际上在1715年就有人提议建设这条运河。它长131千米，有43道水闸，其中5道是双向水闸，3道是海闸，沿岸建有旅游及河运设施，客货运都很繁盛。沿岸城市有都柏林和塔拉莫尔等。

30. 北海运河（荷兰）

荷兰人工北海运河，连接阿姆斯特丹和北海。运河全长23千米，宽235米，水深15米，在运河靠近北海入海口的地方修建了几处水闸。运河修建于1865—1876年，通航后海上航行的船只可以直抵阿姆斯特丹港口。之后，运河又经历了多次扩建与加深，形成了与10条支流通航的运河。第二次世界大战时被炸毁，20世纪60年代修复通航。

31. 阿姆斯特丹运河（荷兰）

阿姆斯特丹是座十分美丽漂亮的水城，河道纵横，河网密布，一年四季，无论日夜，都有船游运河。阿姆斯特丹运河有大小 165 条人工开凿或修整的运河道，总长度超过 100 千米，有大约 90 座岛屿和 1 500 座桥梁，使得该市被称为"北方的威尼斯"。运河带已被联合国教科文组织列入《世界遗产名录》。

阿姆斯特丹运河体系的大部分是城市规划的成功结果。17 世纪初，在移民达到高峰之际，一个综合规划也付诸实施，即同时开挖了四条主要的同心半环形运河，称为运河带。三条运河（绅士运河、皇帝运河和王子运河）的沿岸主要为住宅区，外侧的第四条运河用于军事防御和水处理（今已转变为居住和商业发展）。这个规划还设计了辐射状运河与主要运河相互连通。

西北段修建于 1613—1625 年。1664 年以后，开始修建南段，不过由于经济萧条，进展缓慢。在此后数百年中，那片土地大部分成了公园、植物园、敬老院、剧院和其他公共设施，没有规划更多的水道。

17 世纪的阿姆斯特丹运河带，作为城市建设和建筑设计的艺术品，在世界上是独一无二的，也是荷兰"黄金时代"阿姆斯特丹在政治、经济和文化方面蓬勃发展的具体体现。

32. 根特（比利时）—特尔纽曾（荷兰）运河

亦称跨国通海运河，连通比利时的根特市与荷兰的特尔纽曾市，亦译为泰尔讷曾运河，为根特市提供了更为便利的入海通道。运河建于 1823—1827 年，扩建于 1870—1885 年，长 31 千米，河面宽增至 68 米，河底宽为 17 米，河深为 6.5 米。20 世纪初再次扩建，1911 年通航后，6 万吨船舶能进入根特港。20 世纪 60 年代初扩建规模最大，到 90 年代也进行了扩建。如今，运河长 32 千米，宽 200 米，能容纳总吨位达 12.5 万吨船舶。

1888—1954 年，著名的科索恩—泰恩顿克赛艇大会曾在此举办。1913 年根特世博会期间，欧洲赛艇锦标赛也在该运河上举行。2018 年 2 月 24 日，中国春节巡游活动在比利时千年文化古城、百年运河名城的根特市举行。

2015 年，比利时与荷兰签订协约，在特尔纽曾港建造 1 道新水闸，与同期进行的巴拿马运河扩建项目中的水闸大小基本相同，预计 2021 年竣工，将耗资 9.2 亿欧元。

33. 里多运河（加拿大）

里多运河，全长 202 千米，共有 47 座石建船闸和 53 个水坝，连接渥太华河与安大略湖，东达大西洋，西面则通往北美五大湖区。它建于 1826—1832 年，总造价 80 万英镑，是 19 世纪工程技术的奇迹之一，由英国皇家工程师、海军陆战队中校约翰·拜设计。秀丽的里多运河横贯全城，为首都平添了几分秀色。

里多运河建造的初衷是为替代圣劳伦斯河，作为商业及战略的重要通道。但是，它的原始使命早已被公路、铁路、轮船等现代交通工具取代。现在，它最为人知的美誉当属"世界最长的滑冰场"，但是联合国教科文组织对它的评语是，"它是美洲大陆北部争夺控制权的见证"。

在运河建造初期，英国人采用"静水"技术，避免了大量挖掘工作，并建立了一连串的水库和大型水闸，将水位抬高到适航深度。这是北美保存最好的静水运河，表明当时北美已大规模使用这项欧洲技术，是唯一一条始建于 19 世纪初北美大规模兴建运河时代，流经途径至今保持不变，且绝大多数原始构造完好无损。

运河贯穿整个市区，有十座大桥横跨东西两岸，当时起重要的运输作用，现今已不能容纳大型船只通过。当年河上的水闸、水坝等工程，现在成为历史性文物。但是，它却是首都重要的旅游资源，春、夏、秋三季可乘船游览观光，冬季冰上健儿可以在此一展身姿。每年深冬，著名的冬季狂欢节就在结冰的里多河上举行。

联合国教科文组织的定名公函称其为"北美保存最好的止水运河，佐证了这项欧洲技术在北美的大规模运用。它是上溯到 19 世纪初北美大修运河时代，唯一还按原河道作业、其原有结构大部分保存完好的运河"。里多运河 2007 年也被联合国教科文组织列入《世界遗产名录》。

34. 尼加拉瓜运河（尼加拉瓜在建）

尼加拉瓜国家人工大运河，于 2014 年 12 月 22 日开挖，设计长 278 千米，宽 230～520 米，水深 27.6 米，航道的通过能力约 9 100 艘 / 年，可通行船舶最大吨位达 40 万吨，货运能力将超过巴拿马运河。原预定 2020 年投入使用。

尼加拉瓜位于中美洲中部，地理位置重要。尼加拉瓜人的"运河梦"可以追溯到 200 年前。直到 1914 年，巴拿马运河通航，开凿尼加拉瓜运河的计划即束之高阁。

进入 21 世纪，世界上最重要的两条运河巴拿马运河和苏伊士运河都面临着一个共同的问题，即运河航道狭窄，可通过货轮的吨位有限。因此，尼加拉瓜政府认为，中国和拉美国家不断增进的贸易往来需要尼加拉瓜运河通道，委内瑞拉也希望将石油出口方向从美国转向中国。中国将会用大型油船从委内瑞拉进口石油。

2012 年 7 月 3 日，尼加拉瓜国民议会以 86 票赞成、2 票弃权、0 票反对的结果，高票批准了政府提交的一份跨洋运河修筑草案，计划开凿一条运河连通太平洋和大西洋。2014 年，虽然修建运河的时间整整推迟了 100 年，但尼加拉瓜人工大运河终于正式开挖。

凭着不亚于巴拿马运河的通航条件，将与巴拿马运河形成互补，进一步扩大与苏伊士运河在国际航运中的竞争优势。中美洲这个小国林立的狭长地带，全球大国的目光将会重新注视这里，伴随而至的是更多机遇与挑战。

运河线路从加勒比海的蓬塔戈尔达河，沿杜乐河进入尼加拉瓜湖（湖面海拔 29 米），再流入太平洋岸的布里托河口，是巴拿马运河长度的 3 倍多。从委内瑞拉开往中国，将节约两个月的航行时间；而从上海到巴尔的摩，走尼加拉瓜运河航线要比苏伊士运河短 4 000 千米，比绕过好望角短 7 500 千米。

运河修建期间预计创造 5 万个就业岗位，运营期间预计创造 20 万个就业岗位。工程将耗资 500 亿美元。中国富商王靖的 HKND 集团，在香港成立尼加拉瓜大运河开发公司投资承建运河，将拥有运河经营许可有效期 50 年，并有权再延续 50 年。

运河计划的设计者作过计算，以纽约—日本的货运航线为例，大型和超大型货轮由于无法穿越巴拿马运河和苏伊士运河，行驶路线长度超过 2.4 万千米，耗时 36 天。如果通过未来的尼加拉瓜运河，其航程将缩短至 1.7 万千米，并可提前 11 天到达。

因移民、环境和融资等问题，运河开工不久停下来。

35. 京仁运河（韩国）

通江达海的韩国"大运河"——韩国京仁运河，建于 2009—2012 年。全长 18 千米，宽 80 米，水深 6.3 米，有 2 个港区、3 座船闸、15 座桥梁。连接汉江与西海、连通首尔与仁川。运河具有航运、防洪和游览三大功能。历时三年修筑的这条通江达海的人工运河，轮船可以从仁川港直接驶入首尔的汉江，将首尔变成了"沿海城市"，拉近了首尔与外界的距离。也使得在雨季的汉江有了第二个出海口，可以分流一部分水量，降低了汉江下游地区发生洪水的风险。这是一个利国利民的超级工程，世界各国的船舶，可以通过这条运河直接驶入韩国首都首尔。

站在 80 多米高的"阿拉航道"景观瞭望台上，一条宽阔的人工河尽收眼底。咖啡店、水乡园、客运站、水运码头、人工瀑布、生态公园、文艺广场、自行车道等休闲娱乐设施，在人工河两岸排开，一切都显得井然有序。在专用车道上骑自行车健身的，在河边观光、游玩、散步的，则与这些美丽的景色构成了一幅自然和谐的画面。来自世界各地的飞机，在不远处的仁川机场频频起降，为这幅画面平添了别样的景致。

京仁运河是在平地与高山间开挖的，将大山劈为两半，工程量大，施工难度也很大。总投资达 2.5 兆韩元（当时折合人民币约 140 亿元），移动土方达 3 000 万米³。令人惊讶的是，这个国家级重点工程，政府投资只占 1/5，大部分资金都是管理部门成功运作来的，这也给其他地区与国家提供了成功的经验。

在高丽王朝时期，崔献忠之子崔怡就曾试图修筑这条运河，终因技术困难未果。此后，朝鲜王朝一位君主再次尝试修建运河，限于人力、物力、财力和技术能力，很难实施这么浩大的工程。由于首尔地区年平均降水量可达 1 100～1 600 毫米。1972 年台风登陆朝鲜半岛，大雨在首尔和中部下了三天三夜，首尔许多地方都被洪水淹没。1987 年夏，仁川地区发生洪灾，6 000 多人受灾。1990 年 9 月的汉江流域降水量达 370 毫米，发生 200 年一遇的特大暴雨洪水。为解决这一问题，韩国政府开始实施掘浦川防水工程，同时进行为期五年的调查研究。1995 年，韩国政府开始筹划京仁运河项目，但随之而来的是长达 20 年的争议。争议不仅出现在 1995 年的掘浦川防水工程调查阶段，京仁运河修造期间也从未断绝。

开挖这条运河，既能发展航运，又能发挥蓄水、泄洪等多种功能。既可以改善生活环境，又可以推动旅游产业，京仁运河的社会效益、生态效益、经济效益都已彰显出来。沿线居民的生活质量迅速提升，两岸也很快变成投资的热土，地价也在很短的时间内提了 3 倍。近年沿河住宅、饭店等设施都在热火朝天地兴建。

36. 阿拉伯运河（沙特阿拉伯在建）

沙特阿拉伯运河，长 75 千米，宽 150 多米，深 6 米。运河两端都建有水闸，以控制潮汐。计划耗时 15 年，总体项目将耗资 610 亿美元（约 2 240 亿迪拉姆），将成为世界规模最大的也是成本最昂贵的工程之一。

它将从迪拜滨水区附近杰贝勒·阿里棕榈岛作为起点，蜿蜒伸入内陆地区，经过在建中的迪拜世界中央国际机场，最后在通向朱美拉棕榈岛处折回再次入海，为蛇形，投资约 110 亿美元，于 2007 年底开工。

迪拜将依托运河南侧长约 33 千米的 2 万公顷滨水区改造成"城中城"，投资约 500 亿美元，于 2008 年底开工。

阿拉伯运河建成后，把商业及休闲中心延伸至沙漠中心地带，令沙漠变得充满生机。而改建后的滨水区"城中城"面积将比曼哈顿和贝鲁特还要大。

阿拉伯运河将成为中东地区规模最大的土木工程，并且无疑将成为世界工程史上的一大奇迹。该运河工程是迪拜人长久以来的梦想，它将为人类在沙漠生活创造条件，开创人类在沙漠生活的先河。

37. 伊斯坦布尔运河（土耳其在建）

土耳其人工在建的伊斯坦布尔运河，位于博斯普鲁斯海峡以西，即欧洲一侧，连接黑海与地中海，最终流向爱琴海和地中海，以缓解博斯普鲁斯海峡运输压力，并将伊斯坦布尔的欧洲部分一分为二，从而在欧洲与亚洲大陆之间形成一个岛屿，环岛海岸线将与黑海、马尔马拉海、伊斯坦布尔运河和博斯普鲁斯海峡分别相连。计划拟建一条长 40～50 千米，河面宽 150 米，河床宽 120 米，深约 25 米的运河，能够提供最大的船舶甚至潜水艇航行。2011 年 6 月开始可行性研究和设计，2013 年 4 月开工，在 2023 年土耳其共和国成立一百周年时建成。

修建目的，一则黑海和马尔马拉海之间水上交通运输非常繁忙，唯一的水上通道博斯普鲁斯海峡已经不堪重负，有必要增加一条水道从伊斯坦布尔开凿这一条运河，连接黑海与地中海，为缓解博斯普鲁斯海峡运输压力。将伊斯坦布尔一分为二的项目能对付持续增长的人口问题，预计该市人口很快会达到峰值 1 700 万。19 英里长的波斯普鲁斯海峡贯穿伊斯坦布尔，也是连接黑海和地中海的唯一水道。因此大量进出保加利亚、罗马尼亚、格鲁吉亚、乌克兰和俄罗斯南部的油船，让航道不堪重负，除拥堵外，航海事故频发。每年波斯普鲁斯海峡承载的运量奇高，其中包括 1.39 亿吨的石油、400 万吨的液化石油气，以及 300 万吨化学品，威胁着沿岸近 200 万居民的安全。1994 年一起油船与货船相撞事故造成 29 名水手死亡，波斯普鲁斯海峡航道关闭数日。1999 年一艘俄制油船在海峡入口处裂成两半，23.5 万加仑的汽油泄漏，污染了沿岸数英里区域。

伊斯坦布尔地跨亚洲和欧洲，是土耳其最大城市和港口，已做好修建伊斯坦布尔运河的准备，这条运河规模宏大，将是几个世纪以来最伟大的工程之一。

38. 额尔齐斯—卡拉干达运河（哈萨克斯坦）

哈萨克斯坦的额尔齐斯—卡拉干达运河，长 458 千米，水面宽 20～40 米，深 5～7 米。运河上建有 11 座水力发电站、22 座提水泵站、2 座备用水库、14 座土坝、5 条渠下涵管和 17 座桥，灌溉农田 160 万亩，沿岸还建有一条 524 千米长的高速公路。运河建于苏联时期，1962 年动工，1971 年竣工，1974 年正式使用。

运河修建缓解了哈萨克斯坦中部地区工农业缺水矛盾。1975—1983 年，年实际引水量不足 10 亿米³。20 世纪 80 年代中期运河进行第二期工程（其中运河长 125 千米，管道长 540 千米）。目的是把这条运河向西南延展到杰兹卡兹甘铜矿区，年引水量约 20 亿米³。

39. 卡拉库姆运河（土库曼斯坦）

卡拉库姆运河，也称"列宁运河"，由苏联于 1954 年始建，1967 年完成 840 千米，1981 年完成了 1 100 千米，1988 年达 1 375 千米。现全长 1 400 千米，横跨土库曼斯坦南部国境。卡拉库姆运河是世界最大的灌溉及通航运河之一，起自阿姆河中游左岸引水，从阿姆河到穆尔加布河段 450 千米适于航行，从此里海和咸海之间可通过运河相连。

这条运河主要功能是农业灌溉，年输水 130 亿米³，共灌溉耕地 1 500 万亩，其中新垦耕地 750 万亩，曾使土库曼成为苏联稳定的长纤维优质棉生产基地。改良牧场 2.25 亿亩，让百万牧民结束游牧生活，将畜牧业推向新的水平。它向土库曼居民提供生活和工业用水，使克拉斯诺伏斯克、涅比特—达格等石油天然气田得到大规模开发，一座座工业新城矗立在荒漠之上。运河开凿采取边施工、边受益，在挖河的同时建好蓄水库、灌溉渠和通航水闸，凿通一段使用一段。

阿姆河全长 2 540 千米，发源于阿富汗高原，流经卡拉库姆沙漠北端，拐进乌兹别克斯坦，注入咸海。平均秒流量 1 520 米³，略少于黄河而超过淮河，足够浇灌沙漠。列宁生前曾提出发展土库曼灌溉系统的蓝图，经几十年的勘察设计，1964 年付诸实施。

卡拉库姆运河，东起靠近阿富汗边境的山区，引来阿姆河上游的水，向西穿过卡拉库姆沙漠的南部；最后一段沿着靠近伊朗的科佩特山脉的北坡，通过土库曼干旱的产棉区，流入里海。沿线建有一系列"蓄水池"，不少是上亿米³ 的大型水库。

卡拉库姆即土耳其突厥语"黑色沙漠"之意，因大漠岩石为棕黑色，岩层沙化后也是黑褐色，故有黑色沙漠之称。这片世界第七大沙漠介于里海和阿姆河之间，面积 35 万千米²，广布龟裂土和盐沼，年降水量不到 150 毫米，即使下雨也是干打雷不落雨滴，被沙暴吸净刮走。然而，点点绿洲成了土库曼人的乐园，南部靠伊朗边界山麓有大片草原牧场，300 多万人在这片土地上生息。这里的沙地相当肥沃，地下还蕴藏着石油、天然气，人们渴望得到足够的水，让大漠变成良田和牧场。

　　乘快艇航行在卡拉库姆运河上，只见两岸绿树丛丛，往日的沙原变成棉田和瓜果园，草地上放牧着大群牛羊。土库曼首都阿什哈巴德，过去吃水靠凿井，生活艰难，1962 年送来运河水后，市内街道、广场绿树成荫，出现了许多花园、草坪、喷泉，市郊甚至有了水库和游泳池。运河通过的克尔基、巴伊拉姆——阿里、德詹等城市，都发生了类似的变化，形成适宜人们生活的小气候，"花园城市"的理想成了现实。

　　对于年径流量 430 亿米^3 的阿姆河来说，被卡拉库姆运河分流 130 亿米^3 水，再加上其他引水灌溉设施的分流和沿途的自然流失，最终导致了阿姆河下游河水的急剧减少和咸海的大面积萎缩。20 世纪 50 年代以 6.8 万千米^2 的面积位列世界第四大湖泊，水体总量 1 万亿米^3。而从 1960—2004 年，咸海萎缩到 1.71 万千米^2，为原有面积的 25％。湖水位下降给生态环境带来不利的影响。运河通过酷旱的沙漠带，蒸发、渗漏极其严重。土库曼沙漠研究所一直在研究这方面的问题，为减少卡拉库姆运河的消极影响提供治理方案。

　　古代最长的运河在中国，现代最长的运河在土库曼斯坦。但卡拉库姆运河并不知名，默默地开凿了 30 多年也不见标明在地图上，也没有收进教科书。这与它地处偏僻、纯属苏联境内工程有关。反之，世界上最出名的巴拿马、苏伊士、基尔等运河，都是沟通海洋的国际运河。

40. 克拉运河（泰国拟建）

　　克拉地峡运河位于泰国境内的一段狭长地带，是马来半岛北部最狭窄的地方，宽仅 56 千米。北连中南半岛，南接马来群岛，地峡以南约 400 千米（北纬 7°～10° 之间）地段均为泰国领土，最窄处 50 多千米，最宽处约 190 千米，最高点海拔 75 米。

　　拟建的克拉运河，全长 102 千米，宽 400 米，水深 25 米，双向航道运河，横贯泰国南部的克拉地峡。该方案需耗资 300 亿～400 亿美元，建设工期需 7—10 年。运河建成后，船只进入太平洋不必穿过马六甲海峡，绕道马来西亚和新加坡，可直接从印度洋的安达曼海进入，航程至少缩短约 1 200 千米。

　　对于中国、日本、韩国等国的商业贸易都将造成重大影响，尤其是在 2016 年，马六甲通行船只达到了惊人的 84 000 艘，接近其最高容量。

附表　有关情况统计表

表 1　黄河三大忧患

问题原因	分项	主要情况
洪水灾害	时间、位置	1949 年来，黄河经不断治理下游没有发生大的洪灾，但历史上洪水灾害非常严重。从公元前 602 年到 1938 年的 2 540 年中，黄河下游决口泛滥的年份有 543 年，决堤次数达 1 590 次，经历 5 次大改道和迁徙。1919—1938 年的 20 年间，有 14 年发生决口。上游兰州河段自明代至 1949 年有记载的大洪灾有 21 次；宁蒙河段自清代至 1949 年有记载的大洪灾有 37 次。1926 年至 1951 年曾发生严重的凌汛灾害。1986 年以来曾发生 6 次凌汛堤防决口，灾害严重。支流：沁河下游在公元 237 年至 1711 年，有 117 年发生洪水决溢，决口 293 次。河口以下一般高出两岸地面 2～4m，最高达 7m。渭河自 1401—2005 年间，有 233 年发生洪灾
	范围、程度	洪灾北达天津，南抵江淮，包括冀、鲁、豫、皖、苏五省的黄淮海平原，纵横 25 万 km²。如 1933 年下游两岸发生 50 多处决口，受灾地区有河南、河北、山东、江苏 4 省的 30 多个县，面积 6 592km²，受灾人口 273 万
	概率	下游洪灾三年两决口，百年一改道；上游在 20 世纪 60 年代以前，宁蒙河段凌汛灾害几乎年年都不同程度发生。黄河最大支流渭河，自明清以来，每 2.6 年发生一次洪灾
地上悬河	位置、程度	下游新乡、开封、济南市的河床分别高出地面 20m、13m 和 5m。北岸：沁河口—原阳—陶城铺至津铁路桥以下；南岸：郑州—开封—兰考至东平湖及济南以下。上游内蒙古有的河段形成悬河。1919—1960 年实测三门峡站年均 16 亿 t。1990—2007 年实测输沙量为 6 亿 t，为枯水枯沙系列，与历史上 1922—1932 年 11 年连续枯水段基本相当。黄河来沙的年际变化很大，实测最大来沙量为 1933 年陕县站 39.1 亿 t，实测最小来沙量为 2008 年三门峡站 1.3 亿 t。现状垫面条件下，正常降雨年份四站的沙量为 12 亿 t。下游河道泥沙淤积 70% 集中在主槽内
	现实风险	下游悬河一旦发生洪水决溢，将涉及冀、鲁、豫、皖、苏五省的 24 个地区（市）所属 110 个县（市），约 13 万 km²，耕地面积 1.12 亿亩，人口 9 064 万。郑州、开封、新乡、济南、聊城、菏泽、东营、徐州、阜阳等大中城市，京广、京沪、陇海、京九等铁路干线，京珠、连霍、大广、永登、济广、济青等高速公路，中原油田、胜利油田、永夏煤田、兖济煤田、淮北煤田等能源工业基地。将会造成巨大经济损失和人员大量伤亡，铁路、公路、机场及生产生活设施及治淮、治海工程，引黄灌排渠系等遭受毁灭性破坏。战时遭敌袭击和平时遭敌特和坏人破坏的风险亦然存在
水土流失	位置、程度	黄河流域水土流失面积为 46.5 万 km²，占流域水土流失总面积的 97.1%。下游泥沙 89% 来源于黄河中游地区。侵蚀模数大于 8 000t/（km²·a）的极强度水蚀面积 8.5 万 km²。侵蚀模数大于 5 000t/（km²·a）、粒径大于 0.05mm 的粗泥沙的输沙模数在 1 500t/（km²·a）以上地区，分布在黄河中游河口镇至龙门区间的黄甫川、窟野河等 23 条支流及泾河和北洛河上中游地区，面积达 7.86 万 km²，占黄土高原地区水土流失面积的 17.4%，但年输沙量高达 11.82 亿 t（1954—1969 年平均值），占全河同期总输沙量的 62.8%；粒径大于 0.05mm 的粗泥沙输沙量高达 3.19 亿 t，占全河同期粗泥沙量的 72.5%

问题原因	分项	主要情况
水土流失	旱情加重	黄河流域多年平均降水量464mm，耕地亩均占年径流量345m³，粮食平均亩产160kg。黄土高原年降水量多在100～300mm，蒸发量高达1 000～1 400mm。历史上十年九旱。黄河中游河口镇年均径流量331.75亿m³，花园口为532.7亿m³，流失量高达205亿m³。历史上黄河流域是旱灾最为严重的地区之一。从公元前1766—1944年的3 710年中，有历史记录的旱灾就有1 070次。如光绪年间的1876—1879年连续三年大旱，死亡人数达1 300多万人。1920年的晋、陕、鲁、豫大旱，受灾人口多达2 000万人，死亡人口50多万人。1950—1974年的25年中，黄土高原共发生旱灾17次，严重干旱的有9年。2008年冬到2009年春，仅甘、陕、晋、豫、鲁等地区干旱达1.13亿亩
	河床抬高	黄河下游每年的泥沙沉积在河道中约4亿t，河床抬高约10cm，并用180亿m³左右的水向渤海输送泥沙约8亿t
主要原因	自然因素	黄河降水量少，植被就少，且时间和空间分布不均。汛期在6—10月，多来自上中游。上游7—9月多为强连阴雨，具有面积大、洪量大、历时长的特点，最长连续降雨约一个月。中游具有暴雨频繁、强度大、洪峰高、历时短和陡涨陡落的特点，多发生于7月中旬至8月中旬，一次洪水历时一般为2～3天，有时5～10天甚至更长。黄河水量的60%～70%集中于汛期，洪水特点为峰高、量小、时短。黄河丰水期平均持续9年，枯水期平均持续11年，其水量是丰水期水量的24%
	人为因素	主要是历史上因战争多、破坏多；各个朝代在黄河流域大兴土木建造宫殿，上中游地区森林过度砍伐和放牧、垦荒、排污等行为，导致大量水土流失、土地沙化、沙漠化、盐碱化及气候变化
	保护治理	重下游堤防洪、轻源头泥沙管控。尽管上、中游实施了小流域综合治理很有效，如打淤地坝、修梯田、造林种草、封禁和小型水土保持工程等，建设了一些水库，但是，水土流失严重的陕西、山西省在大小支流建的水库很少，干流也没建1座大型水库，水土流失仍很严重，又耗费大量经费年年加高加固大坝。黄河流域是资源性、结构性、工程性缺水，不合理的配置水资源，将大量珍贵的黄河水通过5大水库联合调水调沙入海，并没解决悬河问题，使上中游用水少，调配到下游流域外。节水意识不强，管道输水应用不广泛，管理措施不硬，农田灌溉用水系数0.56，有些污水未经处理排放等。习近平总书记讲："黄河一直以来也是体弱多病，水患频繁。""究其原因，既有先天不足的客观制约，也有后天失养的人为因素。表象在黄河，根子在流域"，要求"大保护、大治理"

注：资料主要来源水利部黄河水利委员会《黄河流域综合规划（2012—2030）》2012.黄河水利出版社

表2 黄河流域水土流失治理情况

河段	所在省（区）	河长（km）	径流量/亿 m³	输沙量（亿 t）	流域面积（km²）	水土流失面积%	已治理水土流失（km²）	已建在建水库 大型	中型	小型	总库容（万 m³）	已建骨干淤地坝（座）	灌溉面积（万亩）	2030年前建拦水沙骨干坝 大型	中型	淤地坝（座）
湟水河	青海、甘肃	374	48.76	0.2	32 863	57.2	3 933	1	3	86		1 961	237.2		474	913
洮河	青海、甘肃	673	48.25	0.27	25 527	53.8	4 452		62		1 920		92.8		427	1 431
祖厉河	青海、宁夏	224	1.53	0.52	10 614	99.6	4 709		25			129	49.4		686	2 058
清水河	宁夏、甘肃	320	2.02	0.46	14 481	77.6	2 732		10	76		852	99		427	1 281
大黑河	内蒙古	226	3.77	0.05	15 911	68.6	3 978	17			17 600		391.1		300	704
黄甫川	内蒙古、陕西	137	1.52	0.5	3 246	94.5	1 286			19	4 300	582	10.3	1	378	414
窟野河	内蒙古、陕西	242	5.54	1.38	8 700	95.4	3 157		6		17 600		31.48	3	568	1 704
秃尾河	内蒙古、陕西	134	3.84	0.2	3 294	98.7	1 095	2					11.2	2	290	870
无定河	内蒙古、陕西	491	11.51	1.27	30 261		13 600	4		99			124.5	4	1 525	4 575
清涧河	陕西	169	1.66	0.37	4 080		1 960	2	2				16.3		326	978
延河	陕西	286.9	3	0.47	7 725	95.3		2					3.48	1	574	1 722
汾河	山西	694	18.47	0.22	39 471	60.7	15 092	3	13			14 611	712.4		1 008	4 032
渭河	甘肃、陕西	818	92.5	4.43	134 766	77.6	45 400	4					1 639		5 060	14 201
1.泾河	甘肃、陕西	455.1	18.5	2.74	45 400			3			410 000				1 091	
2.北洛河	陕西	608	9.43	0.95	26 905			1							504	
伊洛河	河南、陕西	447	28.32	0.12	18 881	61.8	3 804	2	11	318	298 000	1 905	215.3		337	729
沁河	山西、河南	485	13	0.05	13 532	74.6	4 855	1	6	95	37 600	4 598	171.3		360	1 408
大汶河	山东	239	13.7	0.01	9 098	62.5	2 253	2		755	176 700		362.2		85	170

注：1．资料主要摘自《黄河流域综合规划（2012—2030）》第84-85页，188-204页，262-264页；2．百度百科；3．库容在500万 m³ 以上的为大型拦沙坝，库容在50万～500万 m³ 为中型拦沙坝；4．表中所选支流为面积大于1万 km²，或径流量大于10亿，或输沙量大于0.2亿 t；5．表中为《规划》现水年

表3 各流域片年平均降水量、径流量

序号	地区	流域面积（km²）	河长（km）	多年均降水深（mm）	多年均径流深（mm）	多年均降水量（亿m³）	多年均径流量（亿m³）	耕地亩均占年径流量（m³）	粮食总产量（万t）	平均亩产（kg）
一	全国			648	284	61889	27115			
1	黄河流域片	794 712	5464	464	83	3 691	661	345	2 758	160
2	长江流域片	1 808 500	6300	1 071	526	19 360	9513	2 636	14 334	279
	1. 金沙江	490 650	2920	706	313	3466	1535			
	2. 雅砻江	128 444	1190	456			586			
	3. 大渡河	77 000	852				470			
	4. 岷江	135 868	711	678			921			
	5. 嘉陵江	157 928	1120	441			696			
	长江上游	1 001 672		896	446	8 570	4 467			
3	黑龙江流域片	903 419		496	129	4 476	1 166			
	1. 嫩江	267 817	1 369	450	94	1205	251			
	2. 第二松花江	78 723	799	666	210	524	165			
	3. 松花江干流	210 640		573	164	1206	345			
	松花江流域	557 180	2308	527	137	2935	762	467	2 921	224
4	辽河流域片	345 027	1 390	551	141	1 901	487	191	1 770	308
5	海滦河流域片	318 161	1 090	560	91	1 781	288	169	3 731	221
6	淮海流域片	329 211	1 000	860	225	2 830	741	330	6 122	247
7	珠江流域片	580 641	2 214	1 544	807	8 967	3338	4 800	2 196	236
8	西南诸河片	851 406		1098	688	9 346	5 853			
	1. 雅鲁藏布江	240 400	2 900				1 654			
	2. 怒江	136 000	3 200				700			
	3. 澜沧江	164 400	2 153				742			
9	羌塘内陆河	721 182		170	34	1 226	246			
10	河西内陆河	488 708		123	14	599	69			
11	准噶尔内陆河	316 530		168	40	532	125			
12	中亚细亚内陆河	93 130		468	207	436	193			
13	塔里木河	435 500	2 437	17.4～42.8			398.3			

注：1. 摘自《2019年中国水利统计年鉴》（第4-8、15-17页）《各国水概况》《江河连通—构建我国水资源调配新格局》。2. 黄河流域多年平均天然径流量，《黄河流域综合规划》第4、第5页1919—1975年系列为580亿m³，1956—2000年系列为534.8亿m³。而《2019年中国水利统计年鉴》第4、第20页，1949—1998年系列约为628亿m³，1956—1979年系列为661亿m³；3. 降水量1956—1979年系列为464mm；1956—2000年系列为446mm；近十年在500mm左右。其中2014年降水量为487.4mm，2015年为411.8mm，2018年为551.6mm

283

表4 各省份多年水资源基本情况

序号	地区	多年平均降水量（亿 m³）	河川多年平均流量（亿 m³）	多年平均降水深（mm）	多年平均水资源量（亿 m³）	多年平均地表水量（亿 m³）	多年平均地下水量（亿 m³）	地表与地下水重复（亿 m³）	年均产水模数（万 m³/km²）	1987分水指标（亿 m³）	2012分水指标（亿 m³）
	全国	6 188.9	27 841.5	648	27 460.3	26 478.2	8 149	7 166.9	29.5	370	401.7
1	新疆	2 541	789	154.6	882.8	793	579.5	489.7	5.4		
2	青海	2077	611	290.8	626.2	623	258.1	254.9	8.7	14.1	15.6
3	甘肃	1 197	260	301	274.3	273	132.7	131.4	6.9	30.4	37.5
4	宁夏	149	10	287.7	9.9	8.5	16.2	14.8	1.9	40.0	64.7
5	内蒙古	3 263	408	282.1	506.7	371	248.3	112.6	4.4	58.6	64.0
6	陕西	1 349	396	656.2	441.9	420	165.1	143.2	21.5	38.0	42.0
7	山西	795	85	508.8	143.5	115	94.6	66.1	9.2	43.1	47.3
8	河南	1 278	303	771.7	407.7	311	198.9	102.2	24.4	55.4	57.3
9	山东	1 064	197	679.1	335	264	154.2	83.2	21.9	70.0	66.7
10	河北	988	120	531.7	236.9	167	145.8	75.9	12.6	20.0	6.2
11	天津	69	11	574.9	14.6	10.8	5.8	2	12.9		
12	北京	98	18	584.7	40.8	25.3	26.2	10.7	24.3		
13	辽宁	987	303	678.1	363.2	325	105.5	67.3	25		
14	吉林	1 145	344	610.7	390	345	110.1	65.1	20.7		
15	黑龙江	2 426	686	533.5	775.8	647	269.3	140.5	16.6		
16	上海	69	24	1 094	26.9	18.6	12	3.7	43.5		
17	江苏	1 014	266	994.5	325.4	249	115.3	38.9	31.9		
18	浙江	1 664	944	1 604.1	897.1	885	213.3	201.2	88.1		
19	安徽	1 636	652	1173	676.8	617	166.6	106.8	48.5		
20	福建	2 079	1 180	1 676.5	1 168.7	1 168	306.4	305.7	96.3		
21	江西	2 735	1 546	1 638.3	1 422.4	1 416	322.6	316.2	85.1		
22	湖北	2 194	1 006	1 179.9	981.2	946	291.3	256.1	52.8		
23	湖南	3 072	1 682	1450	1 626.6	1 620	374.8	368.2	76.8		
24	广东	3 144	1 820	1 770.5	2 134.1	2 111	545.9	522.8	100.7		
25	广西	3 637	1 892	1 537	1 880	1 880	397.7	397.7	79.1		
26	海南	597	304	1 750							
27	重庆	976	568	1 184.1							
28	四川	4 740	2 615	978.8	3 133.8	3 131	801.6	798.8	55.2	0.4	0.4
29	贵州	2 070	1 062	1 178.6	1 035	1 035	258.9	258.9	58.8		
30	云南	4 900	2 210	1 278.8	2 221	2 221	738	738	57.9		
31	西藏	6 876	4 395	571.8	4 482	4 482	1 094.3	1 094.3	37.7		
32	台湾	906	668	2 515.2							
33	香港	24.2	14.25	2 193.3							
34	澳门	0.55	0.35	2 031.4							

注：资料来源于《中国水资源及其开发利用调查评价》第32—33、44—45页；《2019年中国水利统计年鉴》第19页；《黄河流域综合规划（2012—2030）》第42页等

表5 2018年各大流域水资源量

序号	地区	多年平均径流量（亿 m³）		2018年水资源量（亿 m³）				2018年降水量（mm）
		1956—1979年	1949—1988年	水资源总量	地表水	地下水	地表与地下水重复	
1	黄河区	661	628	869.1	755.3	449.8	336	551.6
2	松花江区	762	733	1 688.6	1 441.7	553	306.1	569.9
3	辽河区	148	126	387.1	307.8	161.6	82.3	511.3
4	海河区	228	288	338.4	173.9	257.1	92.6	540.7
5	淮河区	622	611	1 028.7	769.9	431.8	173	925.2
6	长江区	9 513	9 280	9 373.7	9 238.1	2 383.6	2 248	1 086.3
7	珠江区	3 338	3 360	4 777.5	4 762.9	1 163	1 148.4	1 599.7
8	东南诸河			1 517.7	1 505.5	420.1	407.9	1 607.2
9	西南诸河			5 986.5	5 986.5	1 537.1	1 537.1	1 147
10	西北诸河			1 495.3	1381.5	889.4	775.6	203.9
	全国			27 462.5	26 323.2	8 246.5	7 107.2	682.5

注：资料来源于《2019年中国水利统计年鉴》（第4-7页，第21页）、《各国水概况》

表6 2018年各水资源区供用水量

单位：亿 m³

序号	地区	供水量				用水量				
		合计	地表水	地下水	其他	合计	农业	工业	生活	生态
	全国	6 015.5	4 952.7	976.4	86.4	6 015.3	3 693.1	1 261.6	859.7	200.9
1	黄河	391.7	260.5	117.2	14	391.7	264.4	56.3	49.6	21.4
2	松花江区	479.2	279.1	198.4	1.7	479.3	399	36.2	29	15.1
3	辽河区	193.7	86.8	102	4.9	193.7	130.5	24.6	31.4	7.2
4	海河区	371.3	171.9	175.3	24.1	371.2	217	46.4	68	39.8
5	淮河区	615.7	451.2	150.1	14.4	615.7	406.9	90.5	92.7	25.6
6	长江区	2 071.7	1 994.9	62	14.8	2 071.7	995.1	722	328.3	26.3
7	珠江区	826.3	792.9	28.1	5.3	826.4	487	166	163	10.4
8	东南诸河区	304.7	297.2	4.9	2.6	304.3	136.2	93	67	8.1
9	西南诸河区	106.4	101.3	4.1	1	106.5	84.9	8.4	11.8	1.4
10	西北诸河区	654.8	516.9	134.3	3.6	654.8	572.1	18.2	18.9	45.6

注：资料来源于《2019年中国水利统计年鉴》第91页

表7 2018年全国各省（市、区）水资源基本情况

序号	地区	多年平均水资源总量（亿m³）	2018水资源量（亿m³）				2018降水量（mm）	人均水资源量（m³）
			水资源总量	地表水	地下水	地表与地下水重复		
	全国	27 460.3	27 463	26 323	8 247	7 107.2	682.5	1 972
1	新疆	882.8	858.8	817.8	497	456	186	3 572
2	青海	626.2	961.9	939.5	424.2	401.8	403.9	16 018
3	四川	3 133.8	2 952.6	2 951.5	635.1	634	1050.3	3 548
4	甘肃	274.3	333.3	325.7	165.6	158	371.9	1 266
5	宁夏	9.9	14.7	12	18.1	15.4	389.2	214
6	内蒙古	506.7	461.5	302.4	253.6	94.5	328.2	1 823
7	陕西	441.9	371.4	347.6	125	101.2	703	965
8	山西	143.5	121.9	81.3	100.3	59.7	522.9	329
9	河南	407.7	339.8	241.7	188	89.9	755	355
10	山东	335	343.3	230.6	196.7	84	789.5	342
11	河北	236.9	164.1	85.3	124.4	45.6	507.6	218
12	北京	40.8	35.5	14.3	28.8	7.7	590.4	164
13	天津	14.6	17.6	11.8	7.3	1.5	581.8	113
14	辽宁	363.2	235.4	209.3	79.8	53.7	586.1	539
15	吉林	390	481.2	422.2	137.9	78.9	672.9	1 775
16	黑龙江	775.8	1 011.4	842.2	347.5	178.3	633.3	2 675
17	上海	26.9	38.7	32	9.6	2.9	1 266.6	160
18	江苏	325.4	378.4	274.9	119.7	16.2	1 088.1	471
19	浙江	897.1	866.2	848.3	213.9	196	1 640.2	1 520
20	安徽	676.8	835.8	766.7	203.7	134.6	1 314.7	1 329
21	福建	1 168.7	778.5	777	245.7	244.2	1 566.6	1 983
22	江西	1 422.4	1 149.1	1 129.9	298.5	279.3	1 487.6	2 479
23	湖北	981.2	857	825.9	257.7	226.6	1 072.2	1 450
24	湖南	1 626.6	1 342.9	1 336.5	333.5	327.1	1 363.7	1 952
25	广东	2 134.1	1 895.1	1 885.2	460.6	450.7	1 843.1	1 683
26	广西	1 880	1 831	1 829.7	440.9	439.6	1 560	3 733
27	海南		418.1	414.6	98	94.5	2 095.9	4 496
28	西藏	4 482	4 658.2	4 658.2	1 105.7	1 105.7	619	136 804
29	重庆		524.2	524.2	104	104	1 134.8	1 697
30	贵州	1 035	978.2	978.2	252.7	252.7	1 162.9	2 726
31	云南	2 221	2 206.5	2 206.5	772.8	772.8	1 337.5	4 582
32	台湾							
33	香港							
34	澳门							

注：资料来源1.《2019年中国水利统计年鉴》第19-20页；2.水利部水利水电规划设计总院著.《中国水资源及其开发利用调查评价》第44-45.2014.中国水利水电出版社

表8　2018年部分地区供用水量

单位：亿 m³

序号	地区	供水量				用水量				
		合计	地表水	地下水	其他	合计	农业	工业	生活	生态
	全国	6 015.5	4 952.7	976.4	86.4	6 015.5	3 693.1	1 261.6	859.9	200.9
1	新疆	548.8	445.8	101.3	1.7	548.8	490.9	12.6	14.8	30.5
2	西藏	31.7	27.9	3.7	0.1	31.7	27	1.5	2.9	0.3
3	青海	26.1	20.9	5	0.2	26.1	19.3	2.5	3	1.3
4	四川	259.1	248.1	10.3	0.7	259.1	156.6	42.5	54.4	5.6
5	甘肃	112.3	83.6	24.8	3.9	112.3	89.2	9.2	9.2	4.7
6	宁夏	66.2	59.8	6.1	0.3	66.2	56.7	4.3	2.6	2.6
7	内蒙古	192.1	99.5	88.7	3.9	192	140.3	15.9	11.2	24.6
8	陕西	93.7	59.4	31.7	2.6	93.8	57.1	14.5	17.4	4.8
9	山西	74.3	39.8	30	4.5	74.2	43.3	14	13.4	3.5
10	河南	234.6	112.4	116	6.2	234.6	119.9	50.4	40.7	23.6
11	山东	212.7	125.7	78.3	8.7	212.6	133.5	32.5	36	10.6
12	河北	182.3	70.4	106.1	5.8	182.5	121.1	19.1	27.8	14.5
13	北京	39.4	12.3	16.3	10.8	39.3	4.2	3.3	18.4	13.4
14	天津	28.5	19.5	4.4	4.6	28.4	10	5.4	7.4	5.6
15	辽宁	130.2	72.5	53.3	4.4	130.4	80.5	18.7	25.5	5.7
16	吉林	119.5	76.6	42.5	0.4	119.6	84.4	16.7	14.1	4.4
17	黑龙江	344	190.3	152.8	0.9	343.9	304.8	19.8	15.7	3.6
18	江苏	592.1	575.5	7.9	8.7	592	273.3	255.2	61	2.5
19	浙江	173.8	170.4	0.8	2.6	173.8	77.1	44	47.2	5.5
20	安徽	285.8	251.5	29.8	4.5	285.8	154	91	34.1	6.7
21	湖北	296.8	289	7.8		296.9	153.8	87.4	54.4	1.3
22	湖南	337	322.6	14.3	0.1	337	194.5	93.5	45.7	3.6
23	广东	420.9	406.1	12.6	2.2	421	214.2	99.4	102.1	5.3
24	广西	287.9	276.1	10	1.8	287.8	196.4	47.6	40.8	3

注：资料来源于《2019年中国水利统计年鉴》第90页

表9　2018年三北地区灌溉面积

单位：千公顷

序号	地区	灌溉总面积	耕地	林地	果园	牧草	耕地实灌	耕地灌溉面积增减
1	新疆	6 442.9	4 883.5	830.5	450.7	278.3	4 715.1	−68.83
2	青海	295.8	214	38	3.5	40.3	190.5	7.43
3	四川	3 181.5	2 932.5	100.6	139.1	9.2	2 406.5	59.44
4	甘肃	1 550.2	1 337.5	150.6	44.6	17.4	1 168.6	6.11
5	宁夏	623	523.4	43.8	39.5	16.3	473.2	12
6	内蒙古	3 816.3	3 196.5	85.2	10.3	524.3	2 621.9	21.69
7	陕西	1 431.8	1 275	19.9	135.6	1.3	1 045.6	11.9
8	山西	1 625.2	1 518.7	47.9	53.2	5.4	1 481.8	7.47
9	河南	5 408.1	5 288.1	62.8	56.5	0.3	4 549.1	15.06
10	山东	5 832.3	5 236	213.8	375.4	7.2	4 805.4	44.93
11	河北	4 835.6	4 492.3	124.7	210.7	7.9	4 066.4	20.16
12	北京	212.1	109.7	59.5	41.7	1.2	97	−5.81
13	天津	329.7	304.7	18.2	6.8		275.1	−1.96
14	辽宁	1 762	1 619.3	29.7	106.5	6.5	1 374.9	8.77
15	吉林	1 922.2	1 893.1	2.9	12.3	14	1 431.3	
16	黑龙江	6 146.9	6 119.6	9.9	6.6	10.7	4 896.5	88.6
	全国	74 541.8	68 271.6	2 510	2 645	1 114.6	58 573.6	472.6

注：资料来源于《2019年中国水利统计年鉴》第70、75页

表10　2018年三北地区节水灌溉面积

单位：千公顷

序号	地区	节水灌溉总面积	喷灌	微灌	低压管灌	2017年农田灌溉亩均用水量（m³）	2017年农田灌溉水利用系数	2018年农田灌溉水利用系数
1	新疆	4 088.84	37.97	3 618.17	122.75	569	0.542	0.548
2	青海	129.38	2.4	11.38	48.68	505	0.496	0.499
3	四川	1 762.71	47.3	38.04	137.61	404	0.467	0.471
4	甘肃	1 066.21	38.51	257.56	231.39	470	0.553	0.56
5	宁夏	385.69	41.65	151.38	43.47	680	0.524	0.535
6	内蒙古	2 925.95	637.58	1 103.41	413.69	308	0.538	0.543
7	陕西	965.52	35.67	67.21	364.09	311	0.565	0.572
8	山西	985.18	78.36	53.34	599.4	191	0.538	0.543
9	河南	1 997.86	179.9	43.58	1 242.94	159	0.608	0.611
10	山东	3 372.32	145.8	121.28	2 371.8	162	0.637	0.641
11	河北	3 591.43	252.02	145	2 775.15	202	0.672	0.673
12	北京	211.22	31.85	22.27	148.52	179	0.732	0.742
13	天津	245.71	4.49	2.96	178.24	228	0.703	0.708
14	辽宁	968	163.47	367	266.5	342	0.589	0.59
15	吉林	800.6	373.44	230.35	145.41	318	0.579	0.588
16	黑龙江	2 150.97	1 598.56	84.72	11.76	409	0.6	0.607
	全国	36 134.72	4 410.52	6 927.02	10 565.77	377	0.548	0.554

注：资料来源《2019年中国水利统计年鉴》第81页；《2017中国水资源公报》等

表 11　2018 年全国已建成水库数量、容量

序号	地区	已建成水库		大型水库		中型水库		小型水库	
		座数	总库容（亿 m³）	座数	总库容（亿 m³）	座数	总库容（亿 m³）	座数	总库容（亿 m³）
	全国	98 822	8 956	736	7 119	3 954	1 127	94 132	710
1	北京	87	52	3	46	17	5	67	1
2	天津	27	26	3	22	10	3	14	1
3	河北	1 070	207	23	183	45	16	1 002	8
4	山西	610	70	11	39	70	22	529	9
5	内蒙古	607	110	16	66	90	33	501	11
6	辽宁	795	371	35	341	75	21	685	9
7	吉林	1 621	334	20	291	106	30	1 495	13
8	黑龙江	1 031	269	28	218	101	35	902	16
9	上海								
10	江苏	952	35	6	13	45	12	901	10
11	浙江	4 308	446	34	373	158	45	4 116	28
12	安徽	6 063	204	15	142	111	31	5 937	31
13	福建	3 673	171	21	91	186	50	3 466	30
14	江西	10 809	321	30	190	262	65	10 517	66
15	山东	6 192	220	38	129	217	55	5 937	36
16	河南	2 654	426	26	370	124	34	2 504	22
17	湖北	6 946	1 263	77	1 135	284	79	6 585	49
18	湖南	14 092	515	45	351	359	93	13 688	71
19	广东	8 394	451	37	290	343	96	8 014	65
20	广西	4 537	710	59	594	231	68	4 247	48
21	海南	1 109	111	10	76	76	23	1 023	12
22	重庆	3 076	127	18	81	103	27	2 955	19
23	四川	8 239	523	47	414	211	62	7 981	47
24	贵州	2 414	444	22	390	113	32	2 279	22
25	云南	6 702	758	36	645	283	70	6 383	43
26	西藏	116	39	8	33	14	5	94	1
27	陕西	1 102	95	12	54	77	29	1 013	12
28	甘肃	388	103	9	83	42	14	337	6
29	青海	207	317	11	309	19	5	177	3
30	宁夏	327	28	1	6	36	14	290	8
31	新疆	674	210	35	144	146	53	493	13

注：资料来源于《2019 年中国水利统计年鉴》第 31 页。

表12　黄河干（支）流大型水库基本情况统计

序号	名称	建设地点	蓄水位（m）	坝高（m）	最大水头（m）	总库容（亿m³）	有效库容（亿m³）	装机容量（MW）	年发电量（亿度）	建设时间
1	·龙羊峡水电站	青海共和县	2600	178	148.5	247	193.5	1280	59.4	1977—1989
2	·拉西瓦水电站	青海贵德县	2452	250	220	10.1	1.5	4200	102.2	2004—2010
3	·尼那	青海贵德县	2235.5	48.7	18.1	0.3	0.1	160	7.6	2000—2003
4	山坪	青海贵德县	2219.5		15.5	1.2	0.1	160	6.6	
5	·李家峡水电站	青海尖扎县	2180	155	135.6	16.5	3	2000	60.6	1988—1997
6	·直岗拉卡	青海尖扎县	2050	42.5	19.6	0.2	0.12	192	7.6	2002—2005
7	·康扬	青海尖扎县	2033	45	22.5	0.2	0.1	283.5	9.9	2003—2008
8	·公伯峡水电站	青海循化县	2005	139	106.6	6.2	0.75	1500	51.4	2000—2006
9	·苏只	青海循化县	1900	51.6	20.7	0.4	0.1	225	8.78	2003—2005
10	·黄丰	青海循化县	1880.5	49	19.1	0.7	0.1	225	8.65	2012—2019
11	·积石峡	青海循化县	1856	101	73	2.4	0.4	1020	33.63	2005—2012
12	大河家	青海、甘肃	1783		20.5	0.1	—	120	4.7	
13	·炳灵	甘肃积石山	1748	61	25.7	0.5	0.1	240	9.7	2004—2008
14	·刘家峡水电站	甘肃永靖县	1735	147	114	57	35	1690	60.5	1958—1974
15	·盐锅峡	甘肃兰州	1619	57.2	39.5	2.2	0.1	472	22.4	1958—1961
16	·八盘峡	甘肃兰州	1578	33	19.6	0.5	0.1	252	11	1969—1975
17	河口	甘肃兰州	1558	37	6.8	0.1	—	74	3.9	
18	·柴家峡	甘肃兰州	1550	42	10	0.2	0.16	96	4.9	2004—2007
19	·小峡	甘肃兰州	1499	50.7	18.6	0.4	0.1	230	9.6	2001—2004
20	·大峡	甘肃兰州	1480	72	31.4	0.9	0.6	324.5	15.9	1991—1996
21	·乌金峡	甘肃靖远	1436	55	13.4	0.2	0.1	140	6.83	2005—2009
22	大柳树	宁夏中卫	1360	210	137	114.8	57.6	2000	74.2	
23	·沙坡头	宁夏中卫	1240.5	39.7	11	0.3	0.1	121.5	6.1	2001—2004
24	·青铜峡	宁夏青铜峡	1156	42.7	23.5	0.4	0.1	302	13.7	1958—1975
25	·海勃湾	内蒙乌海市	1076	16.5	9.9	4.9	1.5	90	3.82	2010—2014
26	·三盛公	内蒙磴口县	1055	9	8.6	0.8	0.2			1959—1961
	上游小计					468.5	295.53	17398	603.61	
27	·万家寨	山西、内蒙古	977	105	81.5	8.96	4.5	1100	27.5	1994—2000
28	·龙口	山西、内蒙古	898	51	36.2	2	0.7	420	13	2004—
29	·天桥	山西、陕西	834	42	20.1	0.7	—	128	6.1	1970—1977
30	碛口	山西、陕西	785	120	73.4	125.7	27.9	1800	43.6	
31	古贤	山西、陕西	633	199	167.1	146.6	55.56	2100	71.7	
32	禹门口	山西、陕西	425	83.5	38.7	4.1	2.4	440	13	
33	·三门峡水利枢纽	山西、河南	335	106	52	162	—	410	12	1957—1960
34	·小浪底水利枢纽	河南	275	154	138.9	126.6	51	1800	58.5	1994—2001
35	·西霞院	河南	134	20.2	14.4	1.5	0.45	140	5.8	2004—2009
36	桃花峪	河南	110	27		17.3	11.9			
	中游小计					595.4	154.41	8338	251.2	
1	东庄	陕西礼泉县		230		29.87	4.2			2017—
2	河口村	济源市		117		3.17	1.5			2008—2016
3	故县	洛宁县	553	125	90	11.75	4.2	60	1.76	1958—1994
4	陆辉	洛阳市	331.8	55		13.2	4.5	1.045		1959—1965
	支流小计					57.99	14.4			
	总计					1121.9	464.34	25736	854.81	

注：1. 资料来源于《黄河流域综合规划（2012—2030）》《百度百科》；2. · —为已建在建工程

表 13　中外部分高坝概况

序号	坝名	所在国家	所在河流	坝型	坝高（m）	总库容（亿m³）	装机容量（MW）	主要作用	建设时间
1	双江口水电站	中国·四川	大渡河	土心墙堆石坝	315	31.15	2 000	发电、防洪	2019—
2	锦屏一级水电站	中国·四川	雅砻江	拱坝	305	79.88	3 600	发电、防洪	2005—2014
3	努列克坝	塔吉克斯坦	瓦赫什河	水泥心墙堆石坝	300	105	3 015	发电、灌溉、航运	1961—1980
4	两河口水电站	中国·四川	雅砻江	黏土心墙堆石坝	295	107.67	3 000	蓄水、防洪	2014—
5	小湾水电站	中国·云南	澜沧江	拱坝	294.5	150	4 200	防洪、灌溉、拦沙、航运	2002—2010
6	白鹤滩水电站	中国·云南	金沙江	拱坝	289	206	16 000	发电、防洪、拦沙	2013—
7	溪洛渡水电站	中国·四川	金沙江	拱坝	285.5	126.7	13 860	发电、防洪、拦沙	2005—2014
8	大狄克桑斯坝	瑞士	狄克桑斯河	混凝土重力坝	285	4	2 069	发电	1953—1962
9	英古里坝	格鲁吉亚	英古里河	双曲拱坝	272	11.1	1 320	发电、防洪	1978—1982
10	乌东德水电站	中国·四川、云南	金沙江	混凝土双曲拱坝	270	76	10 200	发电、防洪、拦沙	2015—2020
11	博萨卡水坝	哥斯达黎加	特拉瓦河	黏土心墙堆石坝	267	149.6	1 400	发电	—1990
12	瓦依昂坝	意大利		双曲拱坝	262	1.6	9	发电	—1961
13	糯扎渡水电站	中国·四川	澜沧江	心墙堆石坝	261.5	237	5 850	西电东输骨干工程	2006—2014
14	奇柯阿森坝	墨西哥	格里哈尔瓦河	心墙堆石坝	261	16.13	2 430	发电、防洪	1974—1980
15	特里水电站	印度	邦巴吉拉蒂河	斜心墙堆石坝	260.5	35.5	1 000	发电、灌溉、防洪	1978—2006
16	莫瓦桑坝	瑞士	德朗斯河	混凝土双曲拱坝	250.5	2.1	384	发电	1951—1958
17	拉西瓦水电站	中国·青海	黄河	混凝土双曲拱坝	250	10.79	4 200	发电、防洪	2004—2010
18	德里内尔水坝	土耳其	乔鲁赫河	混凝土双曲拱坝	249	19.7	670	发电	1998—2010
19	瓜维奥坝	哥伦比亚	瓜维奥河	斜心墙堆石坝	247	9.7	1 150	发电	1981—1989
20	萨彦舒申斯克水电站	俄罗斯	叶尼塞河	混凝土重力拱坝	245	313	6 800	发电、灌溉、航运、供水	1968—1989

（续表）

序号	坝名	所在国家	所在河流	坝型	坝高（m）	总库容（亿m³）	装机容量（MW）	主要作用	建设时间
21	麦卡水坝	加拿大	哥伦比亚河	心墙堆石坝	243	250	1 740	发电、防洪、调节水量	1965—1973
22	二滩水电站	中国·四川	雅砻江	混凝土双曲拱坝	240	58	3 300	发电	1991—2000
23	长河坝水电站	中国·四川	大渡河	堆石坝	240	10.75	2 600	发电、防洪	2010—2013
24	契伏坝	哥伦比亚	巴塔河	斜心墙堆石坝	237	7.6	1 000	发电	1970—1975
25	奥罗维尔坝	美国	费瑟河	斜心墙堆石坝	235	43.6	675	蓄水、发电、防洪、旅游	—1967
26	埃尔卡洪坝	洪都拉斯	胡马亚河	混凝土双曲拱坝	234	57	300	发电、防洪、灌溉	1980—1985
27	水布垭水利枢纽	中国·湖北	清江	混凝土面板堆石坝	233	45.8	1 840	发电、防洪、航运	2001—2009
28	奇尔克伊水电站	格鲁吉亚	拉克河	混凝土双曲拱坝	233	27.8	1 000	发电、灌溉、防洪	1963—1977
29	构皮滩水电站	中国·贵州	乌江	混凝土双曲拱坝	232.5	64.5	3 000	发电、航运、防洪	2003—2009
30	卡伦四级水电站	伊朗	卡伦河	混凝土双曲拱坝	230	22	1 000	发电、防洪	1997—2010
31	贝克赫姆水电站	伊拉克	底格里斯河	土坝	230	170	1 560	发电、防洪、灌溉	在建
32	巴克拉坝	印度	印度河	混凝土重力坝	226	96.2	1 326	发电、防洪、灌溉	1948—1963
33	卢佐内坝	瑞士	布莱尼奥河	混凝土双曲拱坝	225	1.1	418	发电	1958—1963
34	猴子岩水电站	中国·四川	大渡河	面板堆石坝	223.5	7.06	1 700	发电、防洪	2011—2017
35	胡佛大坝	美国	科罗拉多河	混凝土重力坝	221.4	373	2 080	防洪、灌溉、发电、航运	1931—1936
36	南俄三号水电站	老挝	湄公河	面板堆石坝	220	13.2	440	发电	1998—2002
37	姆拉丁其坝	黑山	德里纳河	混凝土双曲拱坝	220	8.9	360	发电	1969—1976
38	孔特拉坝	瑞士	韦尔扎斯卡河	混凝土双曲拱坝	220	1.1	105	发电	1961—1965
39	江垭河水电站	中国·湖北	水河	面板堆石坝	219	13.66	450	发电、防洪并改善上游航运	2005—2019
40	德沃夏克水电站	美国	哥伦比亚河	混凝土重力坝	219	42.8	400	发电、防洪、供水、旅游	1965—1973
41	埃尔梅内克工程	土耳其	埃尔梅内克河	混凝土双曲拱坝	218	45.8	306.5	发电、防洪	2002—2007

（续表）

序号	坝名	所在国家	所在河流	坝型	坝高（m）	总库容（亿m³）	装机容量（MW）	主要作用	建设时间
42	格伦峡坝	美国	科罗拉多河	混凝土拱坝	216	333	1 021	航运、发电、灌溉、防洪	1957—1966
43	托克托古尔水电站	吉尔吉斯斯坦	纳伦河	混凝土重力坝	215	195	1 200	发电、灌溉、航运	1965—1978
44	丹尼尔·约翰逊坝	加拿大	马尼夸根河	混凝土重力/重力拱坝	214	1418.5	2 656	发电、灌溉	1961—1968
45	凯班坝	土耳其	幼发拉底河	堆石坝/重力坝	210	310	1 240	发电、灌溉、防洪等	1965—1975
46	大岗山水电站	中国·四川	大渡河	混凝土双曲拱坝	210	7.77	2 600	发电	2009—2014
47	奥本	美国	阿美加	混凝土双曲拱坝	209	31	750	灌溉、供水	19—1975
48	伊拉佩坝	巴西	热基蒂尼奥尼亚河	黏土心墙堆石坝	208	59.6	360	发电、防洪、供水、灌溉	2002—2006
49	锡马潘坝	墨西哥	莫克特苏马河，图拉河	混凝土双曲拱坝	207	13.9	292	发电	1992—1994
50	巴昆水电站	马来西亚	巴卢伊河	面板堆石坝	205	438	2 400	发电	1996—2003
51	卡伦三级水电站	伊朗	卡伦河	混凝土双曲拱坝	205	29.7	2 280	发电、防洪、灌溉	1997—2005
52	拉克瓦尔坝	印度	亚穆纳河	混凝土重力坝	204	5.8	300	防洪、发电	1979—1996
53	迪兹水电站	伊朗	迪兹河	混凝土拱坝	203	33.4	520	灌溉、供水、发电	1959—1962
54	阿尔门德拉坝	西班牙	托尔梅斯河	混凝土拱坝	202	26.5	810	发电	1965—1970
55	玫普斯诺沃斯坝	巴西	卡诺阿斯河	混凝土面板堆石坝	202	16.5	880	发电	2001—2006
56	伯克坝	土耳其	杰伊汉河	混凝土拱坝	201	4.3	512	发电	1991—1999
57	胡顿坝	格鲁吉亚	英古里河	拱坝	200.5	3.7	2 100	发电	1982—1991
58	光照水电站	中国·贵州	北盘江	混凝土重力坝	200.5	32.45	1 040	发电、航运、灌溉、供水	2003—2009
59	卡伦一期水电站	伊朗	卡伦河	混凝土双曲拱坝	200	31.4	2 000	灌溉、发电、防洪	1969—1976

（续表）

序号	坝名	所在国家	所在河流	坝型	坝高（m）	总库容（亿m³）	装机容量（MW）	主要作用	建设时间
60	圣罗克坝	菲律宾	阿格诺河	黏土心墙堆石坝	200	8.4	345	灌溉、供水、防洪	1998—2003
61	柯恩布赖茵坝	奥地利	马尔塔河	双曲薄拱坝	200	2	881	供水、发电	1974—1977
62	卡拉恩琼卡坝	冰岛	布鲁的冰河	面板堆石坝	198	21	690	发电	2003—2008
63	新布拉兹巴坝	美国	北尤巴河	混凝土双曲拱坝	197	12.5	284.4	防洪、灌溉、发电、旅游	1966—1969
64	伊泰普	巴西和巴拉圭	巴拉那河	双支墩空腹重力坝	196	290	14 000	发电	1975—1991
65	阿尔廷卡亚水电站	土耳其	克孜勒河	心墙堆石坝	195	57.6	700	发电、防洪	1980—1988
66	龙滩水电站	中国·广西	红水河	混凝土重力坝	192	162.1	4 900	发电、防洪、蓄水	2001—2009
67	新梅浓坝	美国·加州	斯坦尼劳斯河	心墙堆石坝	191	35.4	300	防洪、灌溉、养殖	—1979
68	特克泽坝	埃塞俄比亚	米尔河	双曲薄拱坝	188	94	300	发电、供水、灌溉	1999—2009
69	瀑布沟水电站	中国·四川	大渡河	土心墙堆石坝	186	53.9	3 600	发电、拦沙	2004—2009
70	三板溪水电站	中国·贵州	沅水	面板堆石坝	185.5	40.95	1 000	发电、防洪	2002—2007
71	三峡水利枢纽	中国·湖北	长江	重力坝	175/181	393/450	22 500	防洪、发电、航运	1994—2009
72	斯马诺坝	伊朗	斯马诺河	混凝土双曲拱坝	180	32.2	480	发电	1997—2010
73	蒂涅坝	法国	伊泽尔河	混凝土拱坝	180	2.4	93	发电	1948—1952
74	洪家渡水电站	中国·贵州	乌江	面板堆石坝	179.5	49.47	600	西电东输骨干工程	2000—2004
75	官地水电站	中国·四川	雅砻江	堆石坝/重力坝	168	7.6	2 400	发电	2010—2013
76	阿尔塔什水库	中国·新疆	叶尔羌河	面板堆石坝	164.8	22.51	730	防洪、灌溉、发电	2011—2017
77	向家坝水电站	中国·云南、四川	金沙江	混凝土重力坝	162	51.63	6 400	发电、防洪、拦沙	2006—2014

（续表）

序号	坝名	所在国家	所在河流	坝型	坝高（m）	总库容（亿m³）	装机容量（MW）	主要作用	建设时间
78	金安桥水电站	中国·云南	金沙江	堆石坝/重力坝	160	9.13	2 400	发电、防洪、拦沙	2003—2015
79	托巴水电站	中国·云南	澜沧江	堆石坝/重力坝	158	10.4	1 250	发电、防洪、拦沙	2010—2016
80	吉林台一级水电站	中国·新疆	伊犁喀什河	面板堆石坝	157	25.3	500	发电、防洪、灌溉	2001—2005
81	吉勒布拉克水电站	中国·新疆	额尔齐斯河	面板堆石坝	147	2.32	160	发电	2009—2013
82	鲁地拉水电站	中国·云南	金沙江	堆石坝/重力坝	140	17.18	2 160	发电、防洪、灌溉	2007—2013
83	奎卢坝	刚果	奎卢河	混凝土拱坝	137	350			—1992
84	漫湾水电站	中国·云南	澜沧江	面板堆石坝	132	10.06	1 670	发电、防洪、灌溉	1986—1995
85	阿海水电站	中国·云南	金沙江	堆石坝/重力坝	132	8.85	2 000	发电、防洪、灌溉	2008—2013
86	藏木水电站	中国·西藏	雅鲁藏布江	重力坝	116	0.886	510	发电	2010—2014
87	羊湖抽水蓄能电站	中国·西藏	雅鲁藏布江				112.5	发电（取水高程4426m）	1989—1997
88	甲岗水电站	中国·西藏	申扎藏布河		22.3	1.5		发电（坝顶高程4715.3m）	1996—1998

注：1. 资料来源《世界高坝大库》《水力发电实用手册》《百度百科》；2. 世界150m以上高坝，排名前60位的是按坝的高低顺序。其中：中国28座（前10座中国有7座），美国11座，土耳其9座，伊朗7座，苏联6座，加拿大6座；3. 全世界已建坝高30m以上的水库：美国6 294座，中国5 590座，日本3 103座，印度2 600多座，韩国1 271座，南非1 166座，西班牙987座，巴西为823座，加拿大933座，土耳其740座，墨西哥668座，澳大利亚565座，法国和英国均超过500座；4. 排名60位后选择多后选择国内有代表性的

表 14　中外部分大库概况

序号	坝名	所在国家	所在河流	坝型	总库容（亿 m³）	坝高（m）	装机容量（MW）	主要作用	建设时间
1	欧文瀑布水库	乌干达	尼罗河	混凝土重力坝	2048	31	180	发电、灌溉等	—1954
2	卡里巴水电站	赞比亚/津巴布韦	赞比西河	混凝土双曲拱坝	1806	128	1500	发电、灌溉等	1955—1959
3	布拉茨克水电站	俄罗斯	安加拉河	混凝土重力坝	1690	125	4500	发电、航运、供水、养殖	1955—1964
4	阿斯旺高坝	埃及	尼罗河	堆石坝	1620	111	2100	灌溉、发电、防洪、航运	1960—1970
5	阿科松博坝	加纳	沃尔特河	心墙堆石坝	1500	134	1020	发电、防洪、灌溉、航运	1961—1965
6	丹尼尔·约翰逊坝	加拿大	马尼夸根河	混凝土重力拱坝	1418.5	214	2656	发电、养殖	1961—1968
7	古里水电站	委内瑞拉	卡罗尼河	混凝土重力坝	1350	162	10235	发电、防洪、灌溉等	1963—1986
8	本尼特坝	加拿大	皮斯河	心墙堆石坝	743	183	2730	防洪、发电等	1962—1967
9	克拉斯诺雅尔斯克电站	俄罗斯	叶尼塞河	混凝土重力坝	733	124	6000	发电、航运、供水等	1955—1972
10	结雅坝	俄罗斯	阿穆尔河	混凝土重力坝	684	115	1330	发电、防洪、航运等	1964—1978
11	拉格朗德二级水电站	加拿大	拉格朗德河	心墙堆石坝	617.2	168	7722	发电	1973—1992
12	拉格朗德三级水电站	加拿大	拉格朗德河	心墙堆石坝	600.2	93	2418	发电	1975—1984
13	乌斯季伊利姆水电站	俄罗斯	安加拉河	混凝土重力坝	593	102	3840	发电、航运、供水等	1963—1979
14	博古昌水电站	俄罗斯	安加拉河	混凝土重力心墙坝	582	87	4000	发电、航运、供水等	1975—2010
15	古比雪夫水电站	俄罗斯	伏尔加河	混凝土重力坝	580	45	2320	发电、航运、灌溉等	1950—1957
16	塞拉达梅萨水电站	巴西	托坎廷斯河	黏土心墙土石坝	544	154	1275	发电、防洪等	1986—1998
17	卡尼亚皮斯科水库	加拿大	卡尼亚皮斯科河	心墙堆石坝	537.9	54	712	发电、养殖等	—1981
18	卡博拉巴萨水电站	莫桑比克	赞比西河	混凝土双曲拱坝	520	171	4150	发电、航运、防洪、灌溉	1969—1987
19	上韦恩根格工程	印度	韦恩根格河	土坝	507	43	600	发电、灌溉等	1972—1998
20	布赫塔尔马水电站	哈萨克斯坦	额尔齐斯河	混凝土重力坝	498	90	675	发电、航运、灌溉等	1953—1966
21	阿塔图尔克水电站	土耳其	幼发拉底河	心墙堆石坝	487	169	2400	发电、灌溉等	1983—1991
22	伊尔库茨克水电站	俄罗斯	叶尼塞河	土坝	481	44	660	发电、供水、灌溉	1950—1958

（续表）

序号	坝名	所在国家	所在河流	坝型	总库容（亿m³）	坝高（m）	装机容量（MW）	主要作用	建设时间
23	图库鲁伊水电站	巴西	托坎廷斯河	混凝土重力坝	455.4	98	8 370	发电、航运、养殖、灌溉	1975—2002
24	三峡水利枢纽	中国·湖北	长江	重力坝	450/393	181/175	22 500	防洪、发电、航运	1994—2009
25	巴贡水电站	马来西亚	巴卢伊河	混凝土面板堆石坝	438	205	2 400	发电	1996—2003
26	塞罗斯科罗多多斯	阿根廷	内格罗河	土石坝/重力坝	430	35	450	防洪、灌溉	—1978
27	胡佛大坝	美国	科罗拉多河	混凝土重力拱坝	373	221.4	2 080	防洪、灌溉、航运、发电	1931—1936
28	维柳依水库	俄罗斯	维柳依河	心墙堆石坝	359	75	650	发电	1967—1976
29	奎卢坝	刚果	奎卢河	混凝土拱坝	350	137		防洪、灌溉	—1992
30	索布拉廷水电站	巴西	圣弗兰西斯科河	黏土心墙土石坝	341	41	1 050	发电、防洪、航运、灌溉	1971—1979
31	丹江口水库	中国·湖北	汉江	重力坝	339.1	111.6	900	防洪、供水、发电、航运	1973/2010年加高
32	格伦峡坝	美国		混凝土拱坝	333	216	1 021	航运、发电、防洪	1957—1966
33	丘吉尔瀑布水电站	加拿大	丘吉尔河	重力坝	323.2	32	5 428	发电	1967—1974
34	詹帕格/基斯基托水电站	加拿大	纳尔逊河	土坝	317	15	135	发电	1972—1979
35	伏尔加格勒水电站	俄罗斯	伏尔加河	土坝/混凝土重力坝	315	47	2 563	发电、航运、灌溉等	1950—1962
36	萨彦舒申斯克水电站	俄罗斯	叶尼塞河	混凝土重力拱坝	313	245	6 800	发电、灌溉、航运、防洪	1968—1989
37	凯班坝	土耳其	幼发拉底河	心墙堆石坝/重力坝	310	210		发电、灌溉	1965—1975
38	加里森坝	美国	密苏里河	土坝	302.2	64	583.3	防洪	—1953
39	易洛魁水电站	加拿大	圣劳伦斯河	混凝土重力坝	299.6	20	1 880	发电	—1958
40	奥阿希湖水坝	美国	密苏里河	土坝	291.1	74.7	595	发电、灌溉、防洪、航运	—1962
41	卡普恰盖水库	哈萨克斯坦	伊犁河	土坝	281	56	432	发电、灌溉等	1963—1972
42	科苏水电站	科特迪瓦	邦达马河	混凝土重力坝	276.8	58	175.5	发电	1969—1973
43	龙羊峡水电站	中国·青海	黄河	混凝土重力拱坝	276.3	178	1 280	发电、防洪、灌溉	1976—1999
44	龙滩水电站	中国·广西	红水河	碾压混凝土重力坝	273	216.9	4 900	发电、防洪、防凌、航运	2001—2009
45	雷宾斯克水库	俄罗斯	伏尔加河	土坝	254	33	346	发电、航运、供水	1935—1945

（续表）

序号	坝名	所在国家	所在河流	坝型	总库容（亿m³）	坝高（m）	装机容量（MW）	主要作用	建设时间
46	麦卡水坝	加拿大	哥伦比亚河	心墙堆石坝	250	243	1 740	发电、防洪、调节水量	1965—1973
47	奥塔若斯4号水电站	加拿大	奥塔若斯河	面板堆石坝	243.52	133	785	防洪、发电	1964—1969
48	布罗科蓬多水库	苏里南	苏里南河	重力坝/堆石坝	240	66	120	发电	1959—1965
49	齐姆良斯克水电站	俄罗斯	顿河	混凝土重力坝/土坝	240	41	160	发电、航运、灌溉等	1949—1952
50	肯尼坝	加拿大	尼查科河	斜心墙堆石坝	238	104	1 670	发电	1951—1954
51	糯扎渡水电站	中国·云南	澜沧江	心墙堆石坝	237	261.5	5 850	西电东输骨干工程	2006—2014
52	佩克堡坝	美国	密苏里河	水力冲填土坝	235.6	78	185	航运、防洪、发电、灌溉	—1940
53	乌斯季汉泰卡水电站	俄罗斯	叶尼塞河	冰碛土心墙堆石坝	235	65	441	发电、供水	1963—1972
54	富尔纳斯水电站	巴西	格兰德河	斜心墙堆石坝	229.5	127	1216	发电	1958—1963
55	索尔泰拉乌水电坝	巴西	巴拉那河	混凝土心墙坝/土坝	222.7	74	3444	航运	1966—1978
56	拉杰加特坝	印度	贝德瓦河	混凝土重力坝/土坝	217, 2	44	44	灌溉、发电	1975—2006
57	新安江水库（千岛湖）	中国·浙江	新安江	混凝土重力坝	216.2	105	850	防洪	1957—1959
58	特雷斯玛丽亚斯水电站	巴西	圣弗兰西斯科河	土坝	210	75	387.6	调节、防洪	1961—1969
59	白鹤滩水电站	中国·云南	金沙江	拱坝	206	289	16 000	发电、防洪、蓄水	2013—
60	埃尔乔孔坝	阿根廷	内格罗河	黏土心墙土石坝	202	86	1 200	发电、防洪、灌溉	1968—1973
61	波尔图普里马韦拉水电站	巴西	巴拉那河	混凝土面板堆石坝	199	38	1 540	发电、防洪、航运	1980—1999
62	卡霍夫卡水电站	乌克兰	第聂伯河	重力坝/土坝	181.8	37	351	发电、航运、灌溉等	1951—1958
63	三门峡水电站	中国·河南	黄河	混凝土重力坝	162	106	410	防洪、防凌、发电	1957—1961
64	小湾水电站	中国·云南	澜沧江	拱坝	150	294.5	4 200	发电、防洪、蓄水	2002—2010
65	伦迪尔湖水库（驯鹿湖）	加拿大	伦迪尔湖出口	混凝土重力坝	148.6	12		调节流量	—1942
66	水丰水电站	中国·辽宁·朝鲜	鸭绿江	混凝土重力坝	146.6	106.4	900	发电、防洪、灌溉	1937—1943

（续表）

序号	坝名	所在国家	所在河流	坝型	总库容（亿m³）	坝高（m）	装机容量（MW）	主要作用	建设时间
67	新丰江水库	中国·广东	新丰江	重力坝	138.96	105	355	发电、防洪、灌溉、航运	1958—1969
68	小浪底水利枢纽	中国·河南洛阳	黄河	壤土斜心墙堆石坝	126.5	160	1 800	防洪、拦沙、灌溉、发电	1994—2001
69	丰满水电站（松花湖）	中国·吉林	第二松花江	混凝土重力坝	109.88	91.7	1 020	防洪、发电、灌溉	1937—1953
70	天生桥一级水电站	中国·广西	南盘江	混凝土面板堆石坝	102.57	178	1 200	西电东输骨干工程	1991—2000
71	东江水库（东江湖）	中国·湖南	湘江	混凝土双曲拱坝	91.5	157	500	发电、防洪、灌溉	1958—1992
72	尼尔基水利枢纽	中国·黑龙江·内蒙古	嫩江	混凝土双曲拱坝	86.11	41.5	250	防洪、灌溉、发电	2001—2005
73	柘林水电站	中国·江西	九江	混凝土双曲拱坝	79.2	63.5	420	防洪、灌溉、发电	1958—1975
74	白山水电站	中国·吉林	第二松花江	混凝土重力重力坝	64.31	149.5	1 800	发电、防洪、蓄水	1975—1994
75	长洲水利枢纽	中国·广西	浔江	混凝土重力坝	56	53.4	621.3	防洪、灌溉、发电	2003—2009
76	密云水库	中国·北京	潮河、白河	碾压式黏土斜墙坝	43.75	66.4	96.4	防洪、供水、灌溉	1958—1960
77	官厅水库	中国·河北	永定河	黏土心墙土石坝	41.6	52	30	防洪、灌溉、发电	1951—1954
78	西津水电站	中国·广西·南宁	郁江	混凝土宽缝重力坝	30	41	234.4	防洪、发电、灌溉	1958—1979
79	大伙房水库	中国·辽宁	浑河	黏土心墙坝	22.68	49.8	32	防洪、供水、灌溉	1954—1958
80	飞来峡水利枢纽	中国·广东	北江	均质土坝	19.04	52.3	140	防洪、灌溉、发电	1994—1999
81	镜泊湖水库	中国·黑龙江	牡丹江	混凝土重力坝	18.2	10.9	96	防洪、灌溉、发电	1938—1978
82	二龙山水库	中国·吉林	东辽河	黏土心墙砂壳坝	17.92	32.16	8.36	防洪、灌溉、供水	1943—1966
83	宿鸭湖水库	中国·河南	汝河	均质土坝	16.56	16.2	1	防洪、供水、灌溉	1958—1958

（续表）

序号	坝名	所在国家	所在河流	坝型	总库容（亿m³）	坝高（m）	装机容量（MW）	主要作用	建设时间
84	白石水库	中国·辽宁	大凌河	混凝土重力坝	16.45	50.3	9.6	防洪、供水、灌溉	1995—2000
85	南湾水库	中国·河南	㵲河	黏土心墙砂壳坝	16.3	38.3	6.8	供水、供水、灌溉	1952—1955
86	红山水库	中国·内蒙古	老哈河	均质土坝	16.19	31.4	8.7	防洪、灌溉、供水	1958—1965
87	葛洲坝水电站	中国·湖北	长江		15.8	47	2 715	发电、航运、泄洪、灌溉	1971—1988
88	于桥水库	中国·天津	州河	均质土坝	15.59	24	50	防洪、灌溉、供水	1959—1988
89	峡山水库	中国·山东	潍水	均质土坝	14.05	21	4.13	防洪、灌溉、供水	1958—1960
90	鸭河口水库	中国·河南	白河	均质土坝	13.16	34	11.7	防洪、灌溉、供水	1958—1959
91	石头口门水库	中国·吉林	饮马河	均质土坝	12.64	21.5	1.6	防洪、灌溉、供水	1958—1965
92	黎尔森水库	中国·内蒙古	洮儿河	黏土心墙坝	12.53	40	12.8	灌溉、防洪、发电	1973—1990
93	洪门水库	中国·江西	黎滩河	黏土心墙坝	12.14	38.7		防洪、灌溉、供水	1958—1960
94	黄壁庄水库	中国·河北	滹沱河	均质土坝	12.1	30.7	16.8	防洪、灌溉、发电	1958—1968
95	月亮湖水库	中国·吉林	洮儿河	均质土坝	11.99	9.57		防洪、灌溉	1974—1976

注：1. 来自《世界高坝大库》《水力发电实用手册》百度百科；2. 排名前60位的是按库容大小排序；3. 世界已建库容在115亿m³以上的前100名水库中，俄罗斯有20座，总库容8 075.2亿m³（独联体共26座，总库容9 526.2亿m³）；巴西14座，总库容6 674.4亿m³；加拿大17座，总库容3 404.3亿m³；中国12座，总库容2 312.7亿m³；美国6座，总库容1 652.9亿m³；印度3座；4. 表中库容200亿m³以上的，坝高在100m以下的有28座

表15　中外30条人工运河有关数据

序号	国家	名称	全长（km）	宽窄（m）	水深（m）	吃水（m）	载重（t）	船闸（道）	容纳船只尺寸（m）	落差（m）	建设时间
1	中国	京杭大运河	1797	15~70	1.2~3						604—610
2	中国	灵渠—兴安运河	37.4	6~50	1~3			36		31	前218—214
3	中国	江汉运河	67.23	60	5~6		1000	83			2009—2014
4	美国	伊利运河	584	12	1.2		75	5	27×4.5		1817—1825
5	美国、加拿大	圣劳伦斯通海水道	304		8		10000			183	1954—1959
6	美国	华盛顿湖通海运河	13		8.7				230	8	1911—1934
7	俄罗斯	莫斯科运河	128		6	5.5	5000				1932—1937
8	俄罗斯	伏尔加河—顿河运河	101	85			5000	13		132	1948—1952
9	俄罗斯	伏尔加河—波罗的海的海运河	368		4.2		5000			39	1960—1964
10	埃及	苏伊士运河	190	280~345	22.5	19	210000	无	210×17.6×4.2		1859—1869
11	巴拿马	巴拿马运河	81.3	152~304	18.3		200000	8	305×33.5×12.5	26	1880—1914
12	德国	基尔运河	98.6	102~162	11	9.5	35000	8	280×32.5×9.5		1887—1895
13	德国	中部运河	321.3	33~39	3						1905—1930
14	德国	莱茵—美茵—多瑙河	171	55	4		2000	16	190×11.45		1966—1992
15	英国	曼彻斯特运河	58	14~24	9						1887—1894
16	英国	兰戈伦运河	73.5	3.7	1.6			21			1887—1896
17	法国	南特—布雷斯特运河	385			1.5		238			1811—1838
18	法国	马恩—莱茵河运河	313		2.5	2.2		154	38.5×5×2.2		1838—1853
19	荷兰	北海运河	23	235	15						1865—1876
20	比利时、荷兰	根特—泰尔讷曾运河	32	200		12.5	125000		265×34×12.5		1823—1827
21	比利时	阿尔贝特运河	130	24~	5~			6			1930—1939
22	瑞典	约塔运河	87.3	15	3	2.8		58	32×7×2.8	34	1810—1832
23	意大利	米兰大运河	49.9	22~50	7		5000	6			1157—1258
24	罗马尼亚	多瑙河—黑海运河	64.2	110~150	6			4			1975—1987
25	沙特阿拉伯	阿拉伯运河（任建）	75	150	25			2			2007—2022
26	土耳其	伊斯坦布尔运河（在建）	40~50	150	6						2013—2023
27	哈萨克斯坦	额尔齐斯—卡拉干达运河	458	20~40	5~7						1962—1971
28	韩国	京仁运河	18	80	6.3			11			2009—2012
29	尼加拉瓜	尼加拉瓜运河	278	230~520	27.6		400000	3			2014—2019
30	泰国	克拉运河	102	400	25						拟建

注：资料主要来源于《世界主要运河》《中国小百科全书》，百度百科等。

表 16 我国部分地区湖泊基本情况

序号	地区	湖泊数量（个）					湖泊面积（km²）				
		合计	淡水湖	咸水湖	盐湖	其他	合计	淡水湖	咸水湖	盐湖	其他
1	新疆	116	44	44	2	26	5 919.8	2 606.8	2 682.2	15.8	615.1
2	西藏	808	251	434	14	109	28 868	4 341.5	22 338.3	1235	953.5
3	青海	242	104	125	8	5	12 826.5	2 516	10 193.8	103.7	13
4	甘肃	7	3	3	1		100.6	22	13.6	65	
5	宁夏	15	11	4			101.3	57.1	44.3		
6	内蒙古	428	86	268	73	1	3 915.8	571.6	3 101.4	240	2.8
7	陕西	5		5			41.1		41.1		
8	山西	6	4	2			80.7	18.8	61.9		
9	四川	29	29				114.5	114.5			
10	云南	29	29				1115.9	1115.9			
11	湖北	224	224				2 569.2	2 569.2			
12	湖南	156	156				3 370.7	3 370.7			
13	江苏	99	99				5 887.3	5 887.3			
14	浙江	57	57				99.2	99.2			
15	安徽	128	128				3505	3505			
16	江西	86	86				3802.2	3802.2			
17	河南	6	6				17.2	17.2			
18	山东	8	7	1			1 051.2	1 047.7	4		
19	河北	23	6	13	4		364.8	268.5	90.7	5.6	
20	辽宁	2	2				44.7	44.7			
21	吉林	152	27	39	67	19	1 055.2	165.6	486.4	338.9	64.3
22	黑龙江	253	241	12			3 036.9	2 890.68	146.1		

注：1.面积大于或等于1km²；2.青藏高原湖水面积 36 560km²，湖水贮量 5 460 亿 m³；蒙新高原湖水面积 8 670km²，湖水贮量 760 亿 m³；东北平原湖水面积 4 340km²，湖水贮量 200 亿 m³；东部平原湖水面积 23 430km²，湖水贮量 820 亿 m³；3.数据来源《2019 中国水利统计年鉴》第 11 页

表 17 中外主要湖泊概况

序号	所在国	湖名	湖泊面积（km²）	湖水贮量（亿 m³）	湖面高程（m）	平均水深（m）	最大深度（m）	水型
1	中国·新疆	博斯腾湖	960	77	1 048	9.7	15.7	微咸水湖
2		赛里木湖	454	210	2 072	46.4	106	咸水湖
3		乌伦古湖	730	59	478.6	8		咸水湖
4		阿牙克库木湖	570	55	3870			咸水湖
5		艾比湖	522	9	190	3		咸水湖
6	中国·西藏	纳木湖	1 961	768	4 718		99	咸水湖
7		羊卓雍湖	638	146	4 441	23.5	59	咸水湖
8		班公湖	412	74	4 240		57	东淡西咸

（续表）

序号	所在国	湖名	湖泊面积（km²）	湖水贮量（亿m³）	湖面高程（m）	平均水深（m）	最大深度（m）	水型
9	中国·青海	青海湖	4 200	742	3 196	18.6	32.8	咸水湖
10		鄂陵湖	610	108	4 272	17.6	30.7	淡水湖
11		扎陵湖	526	47	4 294	9	13	淡水湖
12		哈拉湖	538	161	4 078		65	咸水湖
13	中国·内蒙古	呼伦湖	2 000	111	545.5	5.7	8	咸水湖
14		岱海	140	13	988	9	18	咸水湖
15		达里诺尔	210	22	1 226	6.8	13	咸水湖
16	中国·山东	南四湖	1 225	19	36～37	4.2	30.8	淡水湖
17	中国·江西	鄱阳湖	3 960	259	21	6.9	16	淡水湖
18	中国·湖南	洞庭湖	2 740	178	33.5	6.7	30.8	淡水湖
19	中国·湖北	洪湖	402	8	25	1.9		淡水湖
20	中国·江苏	太湖	2 338	44	3.1	2.1	5	淡水湖
21		洪泽湖	1 851	24	12.3	1.4	5.5	淡水湖
22	中国·安徽	巢湖	753	18	10	4.4	5	淡水湖
23	中国·吉林	松花湖	425	108	261	35	75	淡水湖
24	中国·黑龙江	镜泊湖	95	16	350	17.2	62	淡水湖
25	中国吉林、朝鲜	白头山天池	9.8	20	2 194	204.1	373	淡水湖
26	中国黑龙江、俄罗斯	兴凯湖	4 380	109.6	69	0.6	10	淡水湖
27	苏联、伊朗	里海	370 999	760 000	−28	180	1 025	咸水湖
28	哈萨克斯坦、乌兹别克斯坦	咸海	64 000	1 056	53	13	67	咸水湖
29	俄罗斯	贝加尔湖	31 500	236 000	456	730	1 620	淡水湖
30	哈萨克斯坦	巴尔喀什湖	18 200	1 140	340	6	25	淡水湖
31	吉尔吉斯斯坦	伊塞克湖	6 300	17 380	1 607	279	702	淡水湖
32	乌干达、坦桑尼亚、肯尼亚	维多利亚湖	69 480	27 760	1 134	40	82	淡水湖

注：资料来源于《2019年中国水利统计年鉴》第9页、《中国小百科全书》第八卷第163页；《各国水概况》和百度百科

表18　中外主要山脉概况

序号	名称	长度（km）	最高海拔（m）	雪线高程（m）	冰川面积（km²）	位置
1	昆仑山脉	2 500	7 723	5 000	11 639	中国
2	喀喇昆仑山脉	800	8 611	5 100～5 400	3 265	中国
3	冈底斯山脉	1 400	7 095	5 800～6 000	2 188	中国
4	唐古拉山脉	1 000	7 162		2 082	中国
5	念青唐古拉山脉	1 400	7 111	4 500～5 700	7 536	中国

（续表）

序号	名称	长度（km）	最高海拔（m）	雪线高程(m)	冰川面积（km²）	位置
6	帕米尔高原		7 579		2 258	中国
7	横断山山脉		7 556	4 600～5 500	1 456	中国
8	阿尔泰山山脉	2 000	4 374	3 000～3 200	287	中国
9	阿尔金山脉	730	6 161	4 000～5 800	878	中国
10	羌塘高原		6 596		3 566	中国
11	祁连山脉	1 200	5 827			中国
12	阴山山脉	1 200	2 250			中国
13	大兴安岭	1 200	2 029			中国
14	秦岭	1 600	3 771			中国
15	六盘山	200	2 942			中国
16	贺兰山	220	3 556			中国
17	吕梁山	400	2 831			中国
18	太行山	400	2 882			中国
19	喜马拉雅山脉	2 450	8 848	4 300～6 200	11 055	中国、巴基斯坦、印度、尼泊尔、不丹
20	天山山脉	2 500	7 435	3 600～4 400	9 548	中国、哈萨克、吉尔吉斯
21	安第斯山脉	8 900	7 010			南美洲
22	洛基山脉	4 800	4 399			美国、加拿大
23	阿巴拉契亚山脉	2 600	2 039			美国、加拿大
24	乌拉尔山脉	2 000	1 895			俄罗斯西伯利亚
25	海岸山脉	2 000	4 044			美国阿拉斯加、加拿大
26	兴都库什山脉	1 600	7 690			巴基斯坦、阿富汗
27	大分水岭	1 800	1 611			澳大利亚东部
28	大高加索山脉	1 500	5 642			苏联
29	锡霍特山脉	1 200	2 078			苏联远东地区
30	高止山脉	1 500	2 637			印度

注：资料来源于《中国小百科全书》第八卷第152、153、165页；百度百科。

表 19　中外主要盆地概况

名称	面积（万 km²）	海拔（m）	概　况
塔里木盆地	53	780～1 300	塔里木盆地东西长1 500km，南北宽约600km。北、西、南为4 000～6 000m的天山、帕米尔、昆仑山、阿尔金山环绕，东北接河西走廊，为世界第一大内陆盆地。盆地从边缘到中心，依次为边缘戈壁滩、冲积扇平原、沙丘地区，盆地腹部是塔克拉玛干沙漠，年均降水量不足100mm，大多在50mm以下，为"干盆地"。盆地中心有面积33.7万km²的塔克拉玛干沙漠
准噶尔盆地	38	500～1 000	盆地位于天山和阿尔泰山之间，略呈三角形，东西最长约800km，南北最宽处约800km，西北边缘有一缺口，一般海拔400米左右，艾比湖189m。盆地年均降水量200mm左右，为"干盆地"。盆地腹部为面积4.73万km²的古尔班通古特固定半固定沙丘，沙丘大多为被固定植物所固定。年均降水量100mm左右
吐鲁番盆地	5	500以下	盆地东西长245千米，南北宽162km，大部分地面在海拔500m以下，四周为海拔多在3 500～4 000m的山地环绕，艾丁湖-155m，低于海平面的面积在4050km²。盆地属大陆荒漠气候，干旱炎热。年均降水量约16mm，最少的托克逊县为3.9mm，最安量达3 000mm，蒸发量大。夏季最高气温有过49.6℃，6～8月平均气温都在38℃以上，中午沙面温度最高82.3℃，日照全年约3 200h
哈密盆地	5.35	500～1 000	哈密盆地介于新疆东部巴尔库山、库鲁克塔格山之间，四接吐鲁番盆地，东到马鬃山，处于温带大陆性干旱气候。日照时间长，年、日温差大，干燥少雨、蒸发强，春季多风，秋季晴朗，冬季严寒。沙尔湖海拔51m
柴达木盆地	25.7	2 700～3 200	柴达木盆地介于阿尔金山、祁连山、昆仑山之间，中国地势最高的内陆盆地，地面多为荒漠（包括沙漠、戈壁），盆地地势平坦，中部盐湖，西北部多风蚀残丘
陕甘宁盆地	37	1 000左右	地质学上称鄂尔多斯盆地。北起阴山、大青山，西至贺兰山、六盘山，东到吕梁山、太行山，南抵北山（陇山）、桥山和黄龙山，资源分布广，能源矿产齐全，储量规模大，被誉为"中国能源金三角"，有"半盆油，满盆气"之说，煤层深有四层楼高
银额盆地	12.3	900～1 400	位于内蒙古中西部，东起贺兰山，西至额济纳旗，北接阿尔泰山，北面戈壁阿尔泰山，南接祁连山，是中国地质和石油学界对阿拉善沙漠所在盆地的称呼，位列中国十大盆地之六。地貌以沙漠、戈壁为主，气候干旱，降水稀少。世界第三大流动沙漠巴丹吉林、吉林善沙漠位于盆地中部，地下油气资源丰富
关中盆地	3.9	400左右	关中盆地南依秦岭，北靠北山，西起宝鸡，东至潼关，东西长360km，南北宽30～60km。盆地由河流冲积和黄土堆积形成，地势平坦，土质肥沃，水源丰富，机耕、灌溉条件好，是陕西自然条件最好的地区，号称"八百里秦川"，先后有13个王朝在此建都

（续表）

名称	面积（万 km²）	海拔（m）	概况
汉中盆地	0.8	500 左右	位于秦岭和大巴山之间的汉中平原，丘陵、河谷，也是汉江上游，是断陷盆地，为"湿盆地"。盆地气候湿润多雨，河湖年很多，年降水量 800mm 左右。地势平坦，土质肥沃，灌溉条件好，物产丰饶。机耕，被称为"鱼米之乡、国宝之府"，水稻是主要农作物
四川盆地	26	400～800	四川盆地西靠青藏高原，东至巫山，北面大巴山，南面为云贵高原，周围山地在 1 000～3 000m。盆地中西部为面积很大的平原，丘陵低山，海拔在 500m 左右，盆地中西部为面积很大的平原，属亚热带季风性湿润气候，为真正的"湿盆地"。盆地年降水量 1 000～1 300mm，盆地土地肥沃，地表岩石为紫红色砂岩和页岩，富含钙、磷、钾等营养元素，是中国最大的水稻，为中国最大的自然土壤，油菜籽产区
西伯利亚盆地	700	150 以下	地球上最大的陆相盆地，年降水量 400～1 200mm，蒸发量小。西西伯利亚盆地 350 万 km² 为界，西缘以叶塞尔乌拉尔山脉为界，北临北冰洋。南接阿尔泰山脉彦岭至萨彦岭克丘陵地带，海拔 260 万 km² 的大平原，海拔多在 150m 以下。盆地中有 3 000 多个大小不等的湖泊或沼泽湿地。南部为广阔的草原，海拔中西 50～200m，河流、湖泊，沼泽，面积 350 万 km²，沼泽区面积占 80% 左右，盆地中陆地面积约 150 万 km²；东西伯利亚盆地（不含中西伯利亚高原），面积 350 万 km²，东西盆地以叶塞尔河为界
亚马孙盆地	560	多在 150 以下	也称亚马孙平原，主要在巴西，哥伦比亚、秘鲁和玻利维亚也各有一小部分。世界上第一长河——亚马孙河流入其支流所经之处，盆地与平原地形兼具，是亚马孙河的冲积平原，其中巴西境内 220 万 km²，大部分海拔在 150m 以下。盆地处赤道附近，终年高温多雨，年平均降水量 1 500～2 500mm，是世界上最大的热带雨林区，占地球上热带雨林面积的一半。它是"地球之肺"，不断从大气中吸收二氧化碳，它蕴藏着世界 1/5 的森林资源，贮蓄着地球淡水总量的 23%，地球上维持人类生存的氧气将亚马孙河年径流量 6.6 万亿 m³，占世界河流注入入海洋水总量的 1/6 减少 1/10。
南美大盆地	60		位于哥伦比亚东部和委内瑞拉中部，是世界上最大的沉积盆地，主要是平原、丘陵
美国西部大盆地	52	1 200～1 500	位于美国西北内华达、犹他等州，盆地由一系列南北走向 1 800～3 300m 的块状山脉及其间许多盆地构成。盆地西向东部大分水岭附近，气候干燥，年降水量 100～350m，植物稀少。地底部海拔 1 200～1 500m，最低部的死谷低于海平面 85m。
澳大利亚大自流盆地	177	200 以下	位于澳大利亚中部偏东，为浅碟型盆地，属热带草原和热带海洋气候，近邻海洋但不属于东部大分水岭的降雨。盆地降水来自东太平洋的东南风，但被大分水岭阻挡，遂过水汽稀少。盆地地下水主要来自东流向西部沿雨地区，地下水透过钻井或天然泉眼等涌出地表水渗到地下含水层。因岩层覆盖着不透水层，承压向西部内陆地区。现有自流井 4 500 眼，另有油水机井的半自流井达 2 万表水总涌流量近 2 亿 m³。地下水位 3～2 100m，盆地年总涌流量近 2 亿 m³。有自流井温度（最高 110℃），可在旺沟降温后使用，也可供牲畜饮用眼，不利农业灌溉，可进行沟温降温后使用，也可供牲畜饮用

（续表）

名称	面积（万 km²）	海拔（m）	概况
刚果盆地（扎伊尔盆地）	337	400～1 000	位于扎伊尔、刚果，赤道横贯中部，原为内陆湖泊，因地盘上升和湖水外泄，形成典型的大盆地。盆地内部为100万km²的大平原，平均海拔700～800m的中非高地。在20世纪初期，被视为"地球第二大肺"，而现在不到10%。盆地内部上升利湖水外泄，形成典型的大盆地。盆地外部为100～1 000m的山地和丘陵。盆地外围降水量1 500～2 000mm。北缘海拔700～800m的中非高地。非洲为世界第一大热带雨林地区，森林覆盖率达60%以上，被
卡拉哈里盆地	63	700～1 000	非洲南部
乍得盆地	25	250～300	非洲中部

注：资料主要来源于《中国小百科全书》第八卷第155、167、168页；百度百科。

表 20　中外主要沙漠概况

名称	面积（万 km²）	海拔（m）	降水量（mm）	蒸发量（mm）	位置	备注
撒哈拉沙漠	960	-133～3 415	50～250	3 000	非洲北部	东西长4 800km，南北宽1 300～1 900km，约占非洲总面积的32%，形成250万年前
阿拉伯沙漠	233	300～1 000	148		阿拉伯半岛	沙漠三面环海，但气候十分干旱
利比亚沙漠	169	100～1 800	50		非洲东北部	大部分地区是平均海拔500m的低高原，荒漠与半荒漠占总面积的90%
澳大利亚沙漠	155	200～500	250以下		澳大利亚中西部	澳大利亚的荒漠和半荒漠面积340万km²，约占国土总面积的44%，70%为旱地带，半干旱地带，12月至次年2月为夏季，6～8月为秋季，3～5月为春季，9～11月为春季
戈壁沙漠	130		76～230		中国与蒙古国	北抵阿尔泰山和杭爱山，东接大兴安岭、阴山，西达天山东部，南至阿尔金山，为世界第五大沙漠
巴塔哥尼亚沙漠	67.3	300～1 003	200以下		阿根廷南部	全国年降水量621mm，年均降水量在500mm以下的占52%，不足200mm的占30%，全国年均水资源量2 760亿 m³，人均可利用水资源量2.1万 m³
鲁卜哈里沙漠	65	100～500	50～150		阿拉伯半岛南部	世界第一大流动沙漠

（续表）

名称	面积（万 km²）	海拔（m）	降水量（mm）	蒸发量（mm）	位 置	备 注
卡拉哈利沙漠	52	700～1000	125～250		博茨瓦纳、纳米比亚	位于非洲南部一个盆地中，占博茨瓦纳全部、纳米比亚东部的1/3，四周被高1500m山地和高地环绕
大沙漠	41.6				澳大利亚西北部	
卡拉库姆沙漠	35		100～220	600～1200	中亚	
塔克拉玛干沙漠	32.76	780～1200	5～100	2500～3400	中国·新疆	中国第一大沙漠，世界第二大流动沙漠
叙利亚沙漠	32.5		少于125		叙利亚、伊拉克、约旦和沙特	
塔尔沙漠	26	100～200	100		印度、巴基斯坦	
吉布森沙漠	22.1	500			澳大利亚哥西北部	
阿塔卡马沙漠	18.2	3800～4000	10～300		智利北部	
莫哈维沙漠	6.5				美国加州南部	
古尔班通古特沙漠	4.73	300～600	70～150		中国·新疆	中国第二大沙漠
巴丹·吉林沙漠	4.71	1300～1500	40～80	1600～3200	中国内蒙古	中国第三大沙漠，世界第三大流动沙漠
穆云库库沙漠	4.2				中亚地区	
腾格里沙漠	4.27	1200～1400	33～150	2250	中国·内蒙古	中国第四大沙漠
柴达木沙漠与风蚀地	3.5	2500～3000	10～170		中国·青海	中国第五大沙漠
库姆塔格沙漠	2.28				中国·甘肃和新疆	

注：资料来源《中国小百科全书》第八卷第156、157、165页和百度百科。

表 21 古今治水治军治国历史人物概览

姓名	年代	学历、任职	治水业绩	治军治国业绩
孙叔敖（河南淮滨）	春秋时期楚国公元前630—前593	公元前601年楚国令尹（楚相）	《史记》《水经注》等记载，淮河洪涝频发，孙叔敖主持治水，倾尽家资，发动农民数十万人，在河南固始县主持兴修最早的渠系水利工程——期思陂思，后在安徽寿县修筑了我国历史上第一座大型水利工程——芍陂，既能灌溉上游农田，又防下游水涝，有兴修水利之经济。芍陂与章河渠，郑国渠、都江堰并称为中国古代四大水利工程。2600年来仍发挥着作用。1957年，毛主席在视察淮河时，称赞孙叔敖是水利专家	孙叔敖是春秋时期楚国著名的政治家、军事家，水利家。公元前597年，他辅助楚庄王成功击溃晋军，使其逃回黄河以北，楚国成为春秋五霸之一
西门豹（山西运城）	战国时期，生卒不详	担任邺令	《史记》记载，公元前422年，西门豹担任魏国邺令，他巧妙地利用三老、巫婆等地方豪绅，"官吏为河伯娶媳"的机会，惩治了地方恶势力，破掉了"河伯娶媳"。同时，原先出走自己的人家也回到了自己的家园。同时，他又亲自带人勘测水源，发动百姓在漳河周围开掘了12渠，使大片田地成为旱涝保收的良田，发展了当地经济。《滑稽列传》称其"名闻天下"，泽流后世"	《史记》《战国策》《水经注》等记载，西门豹是著名的政治家、军事家、水利专家。在发展农业生产的同时，还实行"寓兵于农"，藏粮于民）政策，很快使邺城民富兵强。西门豹曾发兵攻燕，收复大量失地，立下赫赫战功
史禄	秦朝，生卒不详	监御史——主管军队粮饷供管，监察和行政，军事	《史记》《汉书》记载，公元前219年，史禄率10万秦军主持修筑广西兴安灵渠。经5年建设灵渠工程槽运，秦军粮饷经湘江转入灵渠，再进入漓江，源源不断运到秦前线，一的大秦帝国完成了。灵渠是世界上最早的船闸式运河，能爬坡翻岭。通过将湘江和珠江水系连通，把中原和岭南连接了起来。灵渠修成后最大的福利是为粤人民带来了水利便利，是秦代中与都江堰、郑国渠并称的三大水利工程	秦始皇为统一南方百越各部，公元前221年任命大将屠睢带领50万秦军，兵分五路，攻城略地。而向广西进攻的第一路军，因天然屏障南岭阻挡，军需物资供给困难，对峙3年难推进。秦始皇命分管筹供转运粮饷的军需官史禄，而通粮道。"以卒凿渠，灵渠修建是秦破敌故事的关键性槽运水利工程，作用意义重大，称秦代"北有长城，南有灵渠"

（续表）

姓名	年代	学历、任职	治水业绩	治军治国业绩
蒙恬（山东蒙阴）	秦朝公元前259至公元前210	任内史（京城最高行政长官）、大将军。公元前210年冬与赵高与苏密谋修遭冤杀	中国西北最早的开发者，是古代开发宁夏第一人。为就近解决军队粮军需供应问题，大规模移民十万多人，并率官兵和移民开渠引黄河水灌田。十年时间成为宁夏历史上首次的农业水利大开发时期。公元211年还发遣3万多名罪犯北到洮河、榆中一带垦殖，发展经济，加强军事后备力量	秦统一六国后，蒙恬率领30万大军北击匈奴，收复河南之地（今内蒙古河套旗以北）至榆中（今内蒙古金霍旗以北），设34个县，驻守九原郡十多年，威震匈奴，誉为"中华第一勇士"。还修筑西起陇西临眺县，东至辽东的万里长城，把原燕、赵、秦长城连为一体，阻挡了匈奴南进，使中原地区长治久安。后受遣为秦始皇巡游天下开九州直道，从今包头直达咸阳，全长1800里，克服了国内交通闭塞的困境，大大促进了北方各族人民群众的交流和融合
邓艾（河南新野）	三国魏国公元197—264	太守；兖州刺史；长水校尉，安西将军，镇西将军，征西将军；太尉（最高军事长官）	邓艾曾上书，一个国家最当务之急，是农业和战备。国家才强盛。240—249年初，魏国在东南一带屯兵开田，广积军粮，对付吴国。邓艾考察后提出建议：一是开凿河渠，兴修水利，以便灌溉农田，提高单位面积产量和疏通漕运；二是在淮北、淮南实行大规模军屯，开挖河渠，引水灌溉，边田边守。随后魏国屯田军兵挖掘了淮北二万，淮南三万，灌溉农田二万顷，淮水流域的水利和军屯建设得到飞速发展，淮河上游诸积蓄三千万斛军民吃上5年。魏国在东南的防御力量也大大加强，淮河便可乘船而下，直达江淮。军队又有战事，大有战事，还没水害。邓艾主持修筑最著名的工程是京东南有名的防御。应留军备粮。邓艾主持淮河漕运，他还著有《济河论》，故能并水东下，大兴水田	邓艾是三国末期最为杰出的军事家之一，文武全才，其才能可比诸葛亮与司马懿。少时酷爱军事，常研读兵书战策，学行军布阵之法。他每见高山大川，都要在那里勘察地形，指画军营处所。邓艾在战争中目光远大，见解超人，具有难得的战略头脑。作战中科料敌先机，掌握战场主动权，在与姜维数次交战中未尝败绩。公元263年他与钟会分别率军攻打蜀汉，其偷渡阴平一役，堪称中国战争史上历次入川作战中诸最出色的一次，已作为军事史上的杰作而载入史册。邓艾虽善于作战，却不善自保，后因遭见忌而被收押，与其子邓艾忠一起被杀。三国魏国保存实力最强，应当说，是邓艾忠的许多政治主张起了很大作用。裴松之评价：今国家一举而灭蜀，方邓艾以万人江由之险，未有如此之速者也。钟会以二十万众留剑阁而不得进

（续表）

姓名	年代	学历、任职	治水业绩	治军治国业绩
郦道元（河北涿州）	南北朝 466—527	曾任尚书郎、御史中尉、北中郎将、东平将军、青州刺史等职，还做过冀州长史、鲁阳郡太守、东荆州刺史、河南尹等职务。执法严明，后被北魏朝廷任命为关右大使。后追赠吏部尚书、冀州刺史等	郦道元是一位杰出的地理学家、散文家。编写的地理书籍《水经注》。他引《水经注校注》用的文献多达480种，其中属于地理类的就有109种。经过多年辛苦，终于写成各青史的著作《水经注》，共40卷。全书记述了1252条河流及有关的历史遗迹，文字比原著增加了近千条。人物掌故、神话传说等，增加了20多倍，内容比其《水经》原著要丰富得多。这书中记载了郦道元在野外考察得的大量成果，表明他为了获得真实的地理信息，到过许多地方考察，足迹踏遍北域以目，积累以至中原广大地，积累了大量的实践经验和地理资料。《水经注》记录河流1252条，而《水经》只有1.5万字，而《水经注》竟达30万字，为6世纪前我国第一部全面、系统的综合性地理著述。对于研究我国古代历史和地理具有重要参考价值	525年，梁朝派遣将领攻打扬州，刺史元法僧在彭城反叛。诏令郦道元为行台尚书，兼行台，依照小射李平的先例，兼侍中，军队到达涡阳，战败被撤退。后郦道元任侍御史中尉，多有斩杀伴获。郦道元执政平素严厉，颇遭左右豪强和皇族忌恨。司州牧、汝南王元悦与丘念亲近的人，常与他们起居。丘念选州官的时候，多取改牛丘念。到南王官偷偷收下元悦送给他的宅第，其关密查访得知此事，逮捕了丘念并将便诏令郦道元上奏灵太后，请保全丘念之身。把丘念处死，并用此事检举元悦的违法行为。元微，元悦便诏命令下达之前就从中央丘念免丘念。元悦使出借刀杀人之计，郦道元和弟弟郦道峻、郦道博，长子郦伯友、次子郦仲友都被杀害
范仲淹 苏州吴县	北宋 989—1052	进士。曾任知府；参知政事化令；相当副举相，枢密院副职，相当于兵部副职；户部侍郎，死后追加为兵部尚书	公元1034年，他在治水方面是一个"总工程师"。黄海潮倒灌，他疏通、蓄、楚、泰，海四州的民夫4万历时4年，修复捍海堰工程。数百里堤在黄海滩，被称作范公堤，受灾流亡的民户，返回生产。兴化、海陵县恢复农田生产。太湖流域洪灾多，他招募机民兴修水利，他主持疏浚河道，修建一系列闸门，遇到大旱，即可引水灌溉，遇到洪涝，又能宣泄洪水，还能规避海潮侵袭时泥沙淤塞，使太湖治理成效显著。他结合自己的治水经验，总结出了"修围、浚河、置闸，三者如鼎足，缺一不可"的治水实践经验	北宋杰出的思想家、政治家、军事家、教育家。著名的文学家、政治家。他为政清廉，体恤民情，刚直不阿，力主改革，屡遭奸佞诬谤，三度被贬。在政治上，他是皇帝的智库，创立了著名的庆历新政，提出《答手诏条陈十事》，即十项改革主张；在军事上，他带兵打仗有勇有谋，是西北百万宋兵的名将，有"军中有一范，西贼闻之惊破胆"的美誉；在文学上，他以《岳阳楼记》中"先天下之忧而忧，后天下之乐而乐"为千古名句

311

（续表）

姓名	年代	学历、任职	治水业绩	治军治国业绩
欧阳修（江西吉安永丰）	北宋 1007—1072	二甲进士。曾任滁州、扬州、阜阳、商丘太守；开封知府；翰林学士；枢密副使（主管军事的副职）；1061年任参知政事，又相继任刑部尚书、兵部尚书等职	据《宋代黄河史研究》讲，他从年轻时代在洛阳赋诗黄河以来，就对黄河十分关注。曾在庆历年间主持治水约一年。他积累了25年时间的知识和经验，先后四次上书朝庭分析治河利弊，实施其为之奋斗的治水方略。据《极简黄河史》讲，他曾任开封知府时，对治河理论有深刻的认识，参与黄河治理决策研究。针对朝中研究确定黄河改道东流还是北流争论异常激烈，他代表北流派系统分析当前的治河形势，提出“皆下流淤壅，河水已弃之高地屡复屡决，理不可复”。“不然，下游梗塞，则终虞上决，为患无涯”。然而，朝廷还是没有采纳他们的建议，结果，在商胡决口堵复的当天晚上，黄河便再次决口，死者数千万人	北宋政治家、文学家，唐宋散文八大家之一，参与纂写《新唐书》250卷、《五代史》等，是宋代文学史上最早开创一代文风的文坛领袖。1043年，范仲淹、韩琦、富弼等人推行“庆历新政”，欧阳修参与革新，提出改革吏治、军事、贡举法（进士殿试罢诗、赋、论三题而改试时务策）等主张。但在守旧派阻挠下，新政又遭失败，范、韩、富等相继被贬，欧阳修上书分辩，因被贬为滁州太守。后又改扬州、颍州（阜阳）、应天府（商丘）太守。但他加深了“重文轻武”的国策，为之后中华屡遭异族入侵铺平了道路
王安石（江西抚州）	北宋 1021—1086	进士。曾任扬州签判、鄞县知县、舒州通判；翰林学士；参知政事（副宰相）；节度使；同平章事（位同宰相）；2次任左仆射（首相）；吏部尚书；司空（管水利、营建）	王安石被列入中国水利工程事业十大祖师之一。他任鄞县（宁波）知县4年，大力兴修水利。1069年任宰相，大力推行新法之一的《农田水利约束》。又被称为《农田利害条约》，规定用工、材料由当地居民照户分派。只要是靠民力不能兴修的，其不足部分可向政府贷款，取息一分。如一州一县不能胜任的，可联合若干州县共同负责。由此，人民负担减轻，社会经济繁荣，到1075年全国各地兴修工程1万多处，灌溉农田36.1万顷。他对浚黄河，清汴河，也有独到的见解。据《极简黄河史》，他和司马光代表东流派，虽与代表北流派欧阳修意见相反而失败，原因是意见比较激进。实际上黄河北流后，河道致灾的严重程度不亚于东流派们只重视眼前利益，没有考虑到长期积累的风险及采取的应对措施	北宋杰出的思想家、政治家、军事家、文学家、改革家。1070年拜相，主持变法。因守旧派反对，1074年罢相。一年后，宋神宗再次起用，旋又罢相，退居江宁。“富国强兵”是王安石变法的总方针。富国之法：对国家和地方政府机构、编制、财税、信贷、市易、水利、科举、兵役等实行全面改革，提高了国力。强兵之法：精简军队、合并军营、建立储备、加强管理和训练，提高马匹和武器装备生产的数、质量，并扭转了西北边防长期屡战屡败的被动局面。1073年，在王安石指挥下，由王韶率军进攻吐蕃，收复河、洮、岷等五州，拓地两千余里，受抚羌族30万帐，这是北宋军事上一次空前的大捷，也是朝廷开疆拓土、大展神威的唯一战例。对宋与西夏战争格局起了翻天覆地变化

（续表）

姓名	年代	学历、任职	治水业绩	治军治国业绩
沈括（杭州钱唐）	北宋 1031—1095	进士。曾任太子中允、检正中书刑房、提举司天监、史馆检讨、三司使；知延州兼鄜延路经略安抚使，驻守边境，抵御西夏后，因永乐城之战率连被贬	北宋科学家，在众多学科领域都有很深的造诣和卓越的成就，被誉为"中国整部科学史中最卓越的人物"。他博学善文，于数学、物理（磁、光、声）、化学、天文、地理、地图、律历、水利、经济、音乐、卜算无所不通，皆有所论著。1054年，沈括任海州沭阳县主簿，主持治理沭水，修筑渠堰，解除水灾威胁，参与治理芜湖田70万亩。1061年任安徽宁国县令，筑芜湖万春圩等治圩工程。1072年主持汴河的疏浚，亲自测量开封至泗州淮口直线距离420km，水平高差63.3m，是最早记录水平高程测量的方法。他通过生物化石正确推论华北平原古代为海，"石油"这一沧海桑田之变。沈括在世上第一次提出了"石油"这一名称。据《宋史·艺文志》记载，沈括的著述有22种共155卷。除《梦溪笔谈》等，还有综合性著作文集《长兴集》《志林录》《良方》《景表议》《熙宁晷漏》《圩田五说》《万春圩图记》《天下郡县图》《营阵法》《乐论》《乐律》《乐器图》等，但音乐类著作存世较少	沈括也是北宋政治家，曾参与王安石变法。还是军事家。1074年，沈括调任河北西路察访使，兼任判国防，负责兵器的铸造与储备。同年2月奉命修订"九军成名"，分九军为九营，各占为九阵，灵活多变，名之为"边阵阵法"。1080年，任鄜延路经略安抚使（主帅），抵御西夏。1081年，蕃部数万人进攻关要塞，屈理常带三千兵马进攻下关要塞。沈括派少将景思忠，军心涣散，末军率率乐乐东还，携带十万人的军粮。11月奉命西讨的河东兵十二将率乐乐东，蕃命前锋任绥德城处，驻守西夏。过鄜延，沈括命攻克任绥德城而遗，随即拿下浮图，攻克城西城川。兵下金汤、葭芦、浮图、吴堡等五寨，1082年兵下金汤、葭芦、浮图、吴堡等寨。他善于研究兵器和装备发展上，古代名将的战例，《边阵阵法》和《修城法》，编成一些先进的科学技术。《梦溪笔谈》中有近20个条目与军事有关，记述了沈括亲历的一些战例，古代名将的战略，为后人提供了珍贵的军事研究资料
陈瑄（安徽合肥）	明朝 1365—1433	历任大将军幕府、都指挥同知（武官从三品）、右军都督佥事（正二品）、总兵官（临时差遣）；领兵打仗，多由公、侯、伯、都督担任；海运总督	明代将领、水利家。明清漕运制度的确立者。永乐九年，明成祖命其丰城侯李彬系领浙江、福建士兵连年，捕海盗。后因海潮溢岸，改命其40万士兵修筑海堤，其海堤长108里。后黄河水泛入淮河道，运河也受到黄河淤泥影响。三河河道议开凿20里河渠为漕江浦，陈建议开凿15里提高船只运输能力，且修筑4个大闸以适时泄洪，济宁徐州济宁运河的运行。他习阳湖、济宁南旺湖的长堤。疏开芜湖临清运河改造方案及其治江。在高邮修建湖堤，从淮河至临清漕河直通长江。建闸47处。在任30年，所规划的运河改造方案及其治理，"精密弘远，举无遗策"	陈瑄父亲陈闻，率起义军跟随朱元璋，从小以善达长骑时闻名。陈瑄为徐达幕长将领，逐蛮、建昌、建昌、梁山、天星寨、卜水瓦寨。之后再攻征讨平南蛮。宁夏等寨地。之后再攻征讨哈刺，并做子盐井，之后兵涉打冲河，以示土军不胜不还。大军于盐井渡河后，以兵涉渡梁渡河，大军于是连战获胜。此后，又会河南部队征讨百夷，升任四川云南部队指挥知

（续表）

姓名	年代	学历、任职	治水业绩	治军治国业绩
徐有贞（江苏苏州）	明朝 1407—1472	进士。曾任左金都御史，封武功伯兼华盖殿大学士；左都御史；兵部尚书	1452年，徐有贞为右谕德（从五品），当时，黄河在沙湾一段决口已有7年，一直治理不好。群臣一致推荐徐有贞治河。于是，他被任命为左金都御察，负责治河大计。经过实地详细的勘察，他提出了三条水闸、开支流、疏通运河三条措施，并积极组织大量民工，亲自督察治河。终于消除了水患。徐有贞因治河有功，被提升为左都御史	1457年，徐有贞与参将军石亨和张轨迎英宗复位，授兵部尚书，后封武功伯兼华盖殿大学士（宰相级），因与石亨、曹吉祥交恶，后为石亨等诬陷，贬云南保山为民。石亨败亡，得以放归，复官无望，阴恨、方迹山水间。凡天文、地理、兵法、水利等，无不研究。著有《武功集》，书法古雅雄健，山水画清劲不凡。传世作品有《别后帖》，藏北京故宫博物院
刘大夏（江西瑞昌）	明朝 1436—1516	进士。曾任兵部职方司郎中；右副都御史，主管黄河治理；陕西巡抚；右都御史广，统管两广军务；户部尚书；兵部左侍郎；兵部尚书	1493年，黄河在张秋决防口。他57岁被群臣推荐治河方案：北堵南分，引水入淮。又提出先治上游，分别开新河，疏浚旧河，将洪水导入河道正流。在技术上有创新，主要在黄陵冈疏通治河第5次大政道。主要在黄陵冈疏通河分，从而引分水势。从贾鲁河，又疏通会通河，长垣到徐州修筑360里长堤，张秋镇改名为"安平镇"	1464年，刘大夏考中进士，翰林院拟请留职，他却要求到兵部任职。他调升郎中，通晓兵事，他所奏复的大多很合皇帝的旨意，常尚书把他当作左右手。到1502年他任兵部尚书，他在任位时请理更讲："处理天下事，以理不以势"，用兵训练、部署兵力，人事安治、减免官费供应，他曾被人陷害入狱，排者都有显著成就，后平反返乡
刘天和（湖北麻城）	明朝 1479—1545	进士。曾任南京礼部主事；大学士；湖州知府；右副都御史（正三品）；兵部左侍郎，南京户部尚书兼太子太保（从一品官）；兵部尚书、提督	刘天和被朝廷任命为水利官员时，他亲自勘察。注重数据量化，创制了"手制乘沙采样器"，来测定河水中泥沙的数量。有一年黄河发大水，河南山东受淹。刘天和征集2万民工疏浚许河及山东72泉，为后世留下宝贵的资料，曾编《松窠冈刘氏保寿堂经验方》四卷，其中共25门，140余首药方。随任工部右侍郎。刘天和还是一位医学家，明朝就被敕刻印成书，广为民间流传，明代著名医学家李时珍在《本草纲目》等也大量引用其验方。还有《伤寒六书》《幼科类萃》等书流传于世。	刘天和是政治家、军事家、水利家、医学家。嘉靖、隆庆、万历三朝重臣。他大胆改革武器装备，把需要20人推动的双轮战车改造成只需1人就可驾驭的战车，组成可分可合的战车队，随车携带小帐篷，使士兵在战场上免受风餐露宿之苦，提高了作战的机动性，灵活性。还创制类似左轮手枪的三眼枪，以便防身。蒙古贵族组织了围歼，为后来的皇帝所喜爱，刘天和在黑龙河设伏状组织了围歼，收复大量疆土，以成功进了兵部尚书，后指挥平定云南边境叛乱

（续表）

姓名	年代	学历、任职	治水业绩	治军治国业绩
朱之锡（浙江义乌）	清朝 1623—1666	进士。曾任弘文院学士，吏部右侍郎，兵部尚书兼都察院右副都督，河道总督	顺治十五年（1658年）十月，黄河自柴沟决口，建义，马逻堤频也出现决口。朱之锡驰赴清江堵住决口。康熙元年黄河秋汛，黄河发生一次大洪讯，曹县泛滥严重，他亲往河南督办组织堵口。他采多次对黄河岁修夫役、物料筹措、修守制度，提出了改进措施，并付官存和运河的管理运用等问题。朱之锡对黄河、准河、运河等地的治河经验勘察，驰驱大河上下，筑堤疏渠，积劳成疾，病逝。徐、扬、准一带群众称颂他"河神"。他著有《河防疏略》一书20卷	康熙元年（1662），朱之锡进阶为资政大夫，继任河道总督，成为顺治、康熙两朝治河重臣。朱积极整顿河官，加强对官员的选拔、管理、考核与监督，使清代河政逐渐走上正轨。曾督促纂修《资治通鉴》。康熙五年（1666）卒于任上，44岁。雍正元年（1725），追封他为河神"朱大王"
靳辅（辽宁辽阳）	清朝 1633—1692	曾任翰林院编修，内阁国史院中书，兵部员外郎中，武英殿学士兼礼部侍郎（从一品），安徽巡抚，河道总督和云贵总督，兵部尚书命兼右副都御史	康熙14岁亲政以三藩、河务、漕运为国之三大事。正是黄河、准河泛滥极其决口之甚，准河之滥受到严重影响，使江南的漕粮不能顺利地运宗。他主张须有个全局观念。从整体上采取措施，把河道、运道合起来同治理。靳辅的八项举措：一是疏治运河，重点是黄河下游；二是修筑洪泽湖之处大堤；三是修河各处决口……他认为准、湖的残缺堤岸，四是包土堵决黄河，准河各方案修行有效	清康熙平定三藩时，靳辅立即在池州（今贵池），安庆地方部署军队，不但保卫了本地区的安全，还有力地支援了江西平定三藩之乱的战斗。任河务安徽巡抚6年，因当地连年荒旱，民多流亡，他请求蠲免钱粮，号召流民回到生产岗位，经他召见安抚有数千户，并大力举办小农田水利建设
林则徐（福建侯官）	清朝 1785—1850	人选庶吉士（中进士第二甲第四名），授翰林院编修，曾任江苏巡抚，湖广总督，陕甘总督，陕西巡抚和云贵总督，两次受命钦差大臣，官至一品	林则徐是我国历史上伟大的民族英雄、政治家，曾兴修浙江、上海的海塘、太湖的主要河流水利工程，治理运河，黄河，长江，今谙帝多次称赞。1831年任河道总督，验催河工，处分办事不力官员，洪讯来时两岸巡视，非常重视农业、水利、救灾等。1832年任江苏巡抚，1837年任湖广总督，对湖北境内每年水灾泛滥行之有力措施，"江汉数千里长堤"安澜被誉为《北直水利书》。曾著《四洲志》，虎门销烟，成了朝廷的一名"罪臣"，1841年5月，林则徐发任新疆，"从重发往新疆伊犁，效力赎罪"，遭受了5年悲壮出色的流放生活。林则徐专心"屯田耕战"，从伊犁到游疆各地，"西域行二万里"，勘察了南疆一个城后，向伊犁将军布彦泰提出兴办水利，推广坎井并纺车有备无患。他还领导群众兴修水利	他是政治家、思想家、军事家、外交家、诗人、官至一品。1839年于广东禁烟。后提出"师夷之长技以制夷"主张；提出制炮造船的意见；他至少略通英、葡萄外两种外语，且着力翻译西方报刊和书籍；为了了解西方国军事、政治、经济、法律、文化等，将英商主办的《广州周报》译成《澳门新闻报》；为了解西方的地理、历史、政治，较为系统介绍世界各国情况，又组织翻译了英国人慕瑞的《世界地理大全》，编为《四洲志》；为适应斗争对敌外交涉的需要，迅速编译了《各国律例》，可以说他是中国引进西方国际法第一人。他命令当时的俄国商人迫请沙俄侵略中国的严重性、临终时曾大声疾呼，指出沙俄威胁的可怕性，临终时曾大声疾呼"终为中国患者，其俄罗斯中！"

（续表）

姓名	年代	学历、任职	治水业绩	治军治国业绩
魏源（湖南邵阳）	清朝 1794—1857	进士。任两江总督裕谦幕府；东台、兴化知县，高邮州知州	任知县期间筑堤治水，1841 他接过林则徐的治河方略《四洲志》的全部资料，于 1852 年写出了《筹河篇》上、中、下三篇，主张改开封以下黄河改道北流，从大清河入海。1855 年黄河按林则徐设想改道北流。他曾在鸦片战争前提出了一些改革水利、漕运、盐政的方案和措施，以利于国计民生	他是政治家、思想家、军事家。1841 年人两江总督裕谦幕府，直接参与抗英鸦片战争。1842 年完成了《圣武记》，叙述了清初到道光年间的军事历史及军事制度；到 1852 年编写了百卷《海国图志》，含世界地理、历史、政治、经济、文化、物产等。对强国御侮、匡正时弊，振兴国家作了探索。主张学习西方制造战舰，火器等先进技术和选兵、练兵、养兵之法，战胜外国侵略者。还告诫人们在"英吉利垂食乎南"时，勿忘俄国并吞西北之野心。他总结鸦片战争的经验教训："守外洋不如守海口，守海口不如守内河"。调客兵不如练土兵，调水师不如练水勇"。还主张"诱敌深入"，发挥人民群众作战未祈人侵之敌。他还在推崇民主、兴办实业等方面提出了很多思想
傅作义（山西临猗）	1895—1974	北伐任第五军团总指挥兼天津警备司令；任绥靖军 35 军军长；抗战历任国民党第 7 集团军司令、第 8、第 12 战区司令兼绥远省主席、察哈尔省政府主席。解放战争任全国民党华北"剿总"司令；新中国成立后任水利部部长、水利电力部部长 22 年	傅作义又生在黄河之滨，青少年时期家乡的黄泛灾害，在心中留下了许多苦难的记忆。主政绥远时，对水患感受颇深。1943 年提出"治军治水并重"的口号，发放农田水利贷款，大兴水利，并成立了水利指挥部，统一调配军工、民工。军工所修干渠达 1700 里，支渠 1 万里多，水浇地面积达 1 000 万亩以上，一时有"塞上江南"的美称。1945 年夏，他请黄河水利委员会测量队到河套，进行从宁夏石嘴山到后套的黄河流速、降波、河床变迁等一系列勘察，积累了多年宝贵的治理黄河第一手资料。1949 年任水利部部长后，每年都用大量的时间深入各大中型水利、电力工地，调查研究，检查指导	1936 年绥远抗战共歼灭和瓦解伪军 1 个步兵师，2 个步兵旅，2 个骑兵师，收复百灵庙等战略要点多处，挫败日军西侵绥远，安图建立"蒙古帝国"阴谋。1942 年 5 月 4 日，召集军政高级干部会，颁发职官十二成条："绝不贪污腐化"，"绝不吸食食鸦片烟，绝不赌博"，"绝不蒙上欺下"，"绝不接受人民下级馈赠"，"绝不与商人来往，不兼营商业"等，违者惩训。1949 年 1 月促成北京和平解放，率 25 万北平守军起义，200 万北京市民的生命和财产免遭战火摧残，使古老的文化故都北京及全部珍贵历史建筑完好地得到保存。毛泽东说："你是北京的大功臣，应授奖你一枚天坛一样大的奖章。"

（续表）

姓名	年代	学历、任职	治水业绩	治军治国业绩
林一山（山东文登）	1911—2007	任胶东特委书记和胶东区游击支队司令员；胶东军政委员会主席兼"三军"总指挥，青岛市委书记兼市长；辽南省委书记兼辽宁省军区副政委；长江流域军区副政委；长江流域规划办主任；长江水利委员会主任；水利部副部长，顾问等	林一山在周恩来总理亲自领导下，负责编制了长江流域规划和三峡工程设计。1953年2月，毛主席乘"长江"号军舰视察长江，林一山向主席详细报告了长江的基本情况、洪灾成因以及除害兴利的种种设想。毛泽东听后十分高兴，并要林一山抓紧三峡水利工程、"南水北调"的研究。1954年毛泽东乘专列路经武汉时要林一山到火车上汇报三峡工程的可行性。组织了荆江分洪、丹江口、葛洲坝、三峡水利工程的设计建设；他提出"把黄河的水与沙当作宝贵资源"的独具一格的治黄方略。完成了《葛洲坝工程的决策》《中国西部南水北调工程》《河流辩证法与冲积平原河流治理》和《林一山论治水兴国》等专著	当代中国水利泰斗，毛主席称他为"长江王"。1937年，前在胶东组织领导抗日武装起义。1942年，面对日寇的铁壁合围，他按照八路军总部和山东军区的命令，积极组织反扫荡斗争，粉碎了敌人围剿胶东抗日根据地的图谋。第27集团军，就是他任胶东当时的第一大队，塔山阻击战的41军，就是当时他令拉起的第二大队（《林一山纵论治水兴国》第165页）

注：1. 资料来源于《中国古代水利》《中国水利史》《黄河水利研究》《彼简黄河史》，百度百科等；2. 中国水利工程事业10大祖师：禹、李冰、王景、范仲淹、王安石、鄂守敬、潘季驯、李仪祉、朱之锡、靳辅；3. 古今治水治国人物中，有6位是治水治国人才，有8位担任过兵部尚书（范仲淹、欧阳修、徐有贞、刘大夏、刘天和、潘季驯、朱之锡、靳辅），有1位是三国时的大将军（最高军事长官），有1位是末胡安相曾任节度使（军区司令），3位是明清时总督，1位是省军区政委，1位是我军国防委员会副主席。4. 明代由工部尚书、兵部侍郎兼任总督同专门设立河道总督，清代康熙年间专门设立河道总督。治水治军功臣中2人被杀，4人被贬或被罢

附图 有关调水路线图